中国轻工业"十四五"规划立项教材

高等学校食品质量与安全专业适用教材

食品原料安全控制

（第二版）

艾启俊　主编
孙远明　主审

U0219816

中国轻工业出版社

图书在版编目（CIP）数据

食品原料安全控制/艾启俊主编. —2 版 . —北京：
中国轻工业出版社，2023.4
ISBN 978-7-5184-4252-2

Ⅰ.①食…　Ⅱ.①艾…　Ⅲ.①食品—原料—质量控制—
高等学校—教材　Ⅳ.①TS202.1

中国国家版本馆 CIP 数据核字（2023）第 028716 号

责任编辑：马　妍　　责任终审：劳国强
文字编辑：巩孟悦　　责任校对：宋绿叶　　封面设计：锋尚设计
策划编辑：马　妍　　版式设计：砚祥志远　　责任监印：张　可

出版发行：中国轻工业出版社（北京东长安街 6 号，邮编：100740）
印　　刷：三河市万龙印装有限公司
经　　销：各地新华书店
版　　次：2023 年 4 月第 2 版第 1 次印刷
开　　本：787×1092　1/16　印张：21.75
字　　数：508 千字
书　　号：ISBN 978-7-5184-4252-2　定价：55.00 元
邮购电话：010-65241695
发行电话：010-85119835　传真：85113293
网　　址：http://www.chlip.com.cn
Email：club@ chlip.com.cn
如发现图书残缺请与我社邮购联系调换
210083J1X201ZBW

高等学校食品质量与安全专业教材
编审委员会

本书编写人员

主　　编　　艾启俊（北京农学院）

副 主 编　　殷文政（内蒙古农业大学）

冷向军（上海水产大学）

胡晓苹（海南大学）

高秀芝（北京农学院）

参编人员　　（按姓氏笔画排列）

王　芳（北京农学院）

王　郡（安徽合肥学院）

王储炎（安徽合肥学院）

朱晓东（北京农学院）

任争光（北京农学院）

刘慧君（北京农学院）

李向梅（华南农业大学）

胡婉峰（华中农业大学）

顾　泉（安徽合肥学院）

徐文生（北京农学院）

董　翔（北京农学院）

韩永霞（内蒙古包头职业技术学院）

主　　审　　孙远明（华南农业大学）

序 | Introduction

    食品安全问题受到了各国政府、相关国际组织、学术机构、食品企业和广大民众的普遍关注。习近平总书记在 2017 年 1 月国务院食品安全委员会第四次全体会议前，对食品安全工作作出重要指示，指出："民以食为天，加强食品安全工作，关系我国 13 亿多人的身体健康和生命安全，必须抓得紧而又紧"。体现了我国党和政府对于食品安全工作的高度重视。

    食品安全问题是一个涉及从农田到餐桌的全产业链的问题，其中，食品原料的安全控制尤其重要。食品原料生产中的食品安全控制是从农田到餐桌这一食品安全链条中的源头，是确保食品安全的关键环节，离开源头去谈食品安全问题将会事倍功半。

    《食品原料安全控制》是食品质量与安全专业知识结构体系中唯一涉及食品原料生产过程中食品安全控制问题的教材，是确保食品生产中源头安全的重要知识体系，是食品质量与安全专业知识结构体系的核心组成部分，是食品质量与安全专业学生的必修和核心课程之一。

    本教材第一版出版十几年以来，我国的食品安全工作取得了巨大进步。随着脱贫攻坚任务的全面胜利和乡村振兴国家战略的全面实施，食品原料安全控制工作也跨入了一个新的起点。本教材第一版的部分内容已经难以满足新时代食品质量与安全专业学生培养的需要。第二版《食品原料安全控制》从宏观到微观、从理论到实践系统介绍了食品原料生产过程中食品安全控制问题，《食品原料安全控制》教材的修订为新时代食品质量与安全专业学生的培养提供了有力的支持。

    本教材取材广泛、涉及面广、内容新颖、结构合理、重点突出，可作为食品质量与安全专业、食品科学与工程专业和酿酒工程等相关专业的本科教材，也可作为食品领域从事生产、科研和管理技术人员，以及从事农业、畜牧业生产的科技人员的参考书。

孙远明

2023.1 于广州

前言 | Preface

　　食品是人类生命赖以生存的基础。加强食品质量与安全的监管，建立和完善农产品原料和食品质量与安全控制、监督、监测检验体系，以人为本，保障人民健康和舌尖上的安全，是食品质量与安全专业建立的初心和出发点。中国轻工业出版社为了配合食品安全教育事业的发展，组织编写了全国第一套食品质量与安全专业统编教材，为我国食品质量与安全专业建设与发展做出了突出贡献。《食品原料安全控制》即是该套教材之一。

　　《食品原料安全控制》关注的是从农田到餐桌这一食品安全链条中的源头——食品原料生产中的食品安全控制问题。教材从宏观到微观、从理论到实践，系统介绍了食品原料生产过程中食品安全控制问题，是完善食品质量与安全专业学生知识结构体系的核心课程之一。

　　第一版教材出版十几年以来，我国社会主义建设事业获得了持续高速发展，食品安全工作也取得了巨大进步。随着脱贫攻坚任务的全面胜利和乡村振兴国家战略的全面实施，随着习近平总书记"七一"讲话发出的向新的时代前进的进军号，食品原料安全控制工作也来到了一个新的起点。第一版教材的一些内容已经难以满足新时代食品质量与安全专业学生培养的需要。教材的修订工作刻不容缓。

　　在华中农业大学、华南农业大学、海南大学、内蒙古农业大学、内蒙古包头职业技术学院、上海水产大学、安徽合肥学院、北京农学院等学校和老师的支持下，经过近一年的努力，《食品原料安全控制》教材修订工作终于完成。在此对上述学校和老师的支持和付出表示感谢。

　　全书共十一章。主要内容包括：农业生态系统与食品原料安全；食品原料安全控制体系；食品原料基础；食品原料生产中的污染；食品原料生产的安全控制；植物性食品原料的安全控制；畜产品食品原料的安全控制；水产品原料的安全控制；其他食品原辅料的安全控制；食品原料的运输、检验与法规等。

　　本教材在编写过程中得到各方面的帮助，特别是得到了我国著名的食品安全科学家孙远明老师的大力支持和帮助。孙远明老师作为本教材的主审，提出了许多很好的修改意见，并为本教材的修订作序；北京农学院教务处的马兰青处长，王冠愚老师，食品科学与工程学院的张红星院长，张巍老师都对本教材的修订工作给予了积极支持，陈志迪同学在教材排版工作中也付出了努力，在此一并予以感谢。同时也借此机会向参加第一版编委会编写工作的陈辉、易美华、闵燕萍、陈湘宁、肖红、冯礼明老师表示感谢。

　　食品安全学科发展迅速，食品原料安全控制技术不断进步，教材难免存在不足之处，欢迎广大读者批评指正，以便编者进一步改进和完善。

编者

2023.1

| 目录 | Contents

第一章

CHAPTER

绪论

1

【提要】食品安全问题事关民生福祉，是当今国际社会普遍关注的重大社会问题。食品安全风险存在于从种养殖到餐桌的食品生产链条的全过程之中，食品原料生产的种养殖环节是链条的源头环节。加强食品原料安全控制是食品安全工作取得成果的基础，具有事半功倍的效果。

【教学目标】了解内容：我国政府高度重视食品安全工作，了解食品安全管理、食品安全控制、食品安全检测的逻辑关系；了解食品原料安全控制的状况和发展趋势；掌握内容：熟悉食品原料安全控制研究的对象、任务、目的；熟悉食品原料生产过程中的主要食品安全风险来源及食品原料安全控制研究的重点工作。

【名词及概念】食品安全管理，食品安全控制，食品安全检测，食品原料安全控制，食品原料安全控制研究的对象、内容、任务。

【课程思政元素】食品安全问题事关民生福祉，党和政府对食品安全问题极为重视；食品原料安全控制的发展成果；新时代农业强国、食品安全强国建设；食品原料安全控制中的绿色、生态及跟跑、并跑、领跑的责任意识讨论。

"民以食为天，食以安为先"。食品是人类赖以生存和发展的物质基础，食品的安全性是食品必须具备的基本要求。我国《食品安全法》第一百五十条规定："食品，指各种供人食用或者饮用的成品和原料以及按照传统既是食品又是中药材的物品，但是不包括以治疗为目的的物品。""食品安全，指食品无毒、无害，符合应当有的营养要求，对人体健康不造成任何急性、亚急性或者慢性危害。"食品应当无毒、无害，是指正常人在正常食用情况下摄入可食状态的食品，不会对人体致病、不会对人体健康造成任何急性、亚急性或者慢性危害。

1996 年世界卫生组织（WHO）发表的《加强国家级食品安全性计划指南》中把食品安全明确定义为"对食品按其原定用途进行制作和（或）食用时不会使消费者受害的一种担保"。

食品安全是一个涉及物理、化学、生物和社会发展的复杂系统问题，确保食品安全风险能够得到有效控制，是一个系统工程问题。要将食品安全风险降低到人们可以接受的水平，必须从食品安全管理、食品安全控制、食品安全检测三个维度上发力，三者缺一不可。

食品安全管理，包括法律法规建设，技术标准、技术规范的制定落实，检查等，是食品生产、加工、贮藏、运输、销售过程的法律遵循，是确保食品质量安全的纲，必须得到严格的执行。

食品安全控制，是食品质量安全的相关法律法规、技术标准、技术规范得到完整落实的具体技术实施过程，是确保食品质量安全的关键操作环节，也是确保不发生食品安全风险的最关键、最直接的技术环节。

食品安全检测，是检验食品生产过程控制技术的控制效果的必要手段，是确认生产制造的食品是否达到设定的安全水平的科学手段。

食品安全管理、食品安全控制、食品安全检测三位一体，其中，食品安全控制技术措施的落实是确保食品安全性最直接、最重要的环节。

食品安全风险存在于从种养殖到餐桌的整个食品生产链条的全过程之中，要保证食品的安全性，必须在食品生产过程中对原料的生产、选择、加工、包装以及贮存、运输直到销售进行全过程的安全控制。从种养殖到餐桌的食品安全链条中，种养殖环节是源头环节，离开这一环节去谈食品安全将会事倍功半。

目前农畜业种植、养殖源头污染对食品安全性的威胁仍然存在，其中农药、化肥、兽药、动物激素滥用造成的食品原料中农兽药残留等食品安全问题仍然突出。世界各国，均将种养殖环节列为食品安全控制的头等重要的环节，食品加工企业也将食品原料入厂验收列为最重要的关键控制点加以监控，从源头上确保食品的安全性。

食品安全问题事关民生福祉，是当今国际社会普遍关注的重大社会问题。

我国政府对食品安全问题极为重视。在国家制度层面上，为了加强食品安全监管工作，我国于 2001 年专门成立国家质量监督检验检疫总局，和农业部、卫生部、食品药品监督管理局、工商总局等部门共同分段负责我国的食品安全管理监督工作。2010 年国务院专门成立了国务院食品安全委员会，作为国务院食品安全工作的高层次议事协调机构，并由当时的副总理李克强任国务院食品安全委员会主任，2018 年，又对国务院食品安全委员会组成人员进行了调整，由韩正副总理任主任。2018 年还将不同部门的食品安全监管范围和职能进行了统一和调整，成立了国家市场监督管理总局，将食品安全监管职责进一步集中，大大改善了九龙治水各管一段带来的职责不清、效率不高的现象，加强了食品安全工作的组织领导，提高了食品安全监督管理工作的水平和效率。

政府的相关部门为解决和减少食品安全问题，加强了食品安全工作的领导和监管，开展了一系列卓有成效的工作。2005 年质检总局发布了《食品生产加工企业质量安全监督管理实施细则（试行）》。2006 年 1 月 1 日《定量包装商品净含量计量检验规则》开始实施。2007 年 8 月《食品召回管理规定》实施。2008 年 11 月 1 日 GB/Z 21922—2008《食品营养成分基本术语》开始实施。2009 年 1 月 1 日 GB/T 13393—2008《验收抽样检验导则》开始实施。质检总局还发布了《食品生产许可管理办法》《食品添加剂生产监督管理规定》，自 2010 年 6 月 1 日起施行。食药监局发布的《食品安全监督抽检和风险监测工作规范（试行）》2014 年 3 月 31 日开始实施。

在法规标准建设方面，我国也开展了大量卓有成效的工作。2009 年 2 月 28 日，全国人大常委会通过了我国首部专门的食品安全法律《中华人民共和国食品安全法》，2015 年 4 月 24 日进行了修订并于 2015 年 10 月 1 日起正式施行。2018 年 12 月 29 日、2020 年 4 月 29 日又分别进行了两次修正。2009 年 7 月 20 日发布了《中华人民共和国食品安全法实施条例》。2019 年 10 月 31 日，发布了新修订的《中华人民共和国食品安全法实施条例》，并于 2019 年 12 月 1 日起正式施行。国务院的《国家食品安全事故应急预案》于 2011 年 10 月 14 日公布并开始实施。GB/T 30642—2014《食品抽样检验通用导则》于 2015 年 5 月 1 日实施。2018 年 12 月 29

日第十三届全国人民代表大会常务委员会第七次会议通过了《中华人民共和国产品质量法》的第三次修正。2017 年 4 月 21 日国务院办公厅发布《关于加快发展冷链物流保障食品安全促进消费升级的意见》，2017 年 9 月 22 日国务院办公厅发布《关于进一步加强农药兽药管理保障食品安全的通知》。国家市场监管总局发布的《食品安全抽样检验管理办法》自 2019 年 10 月 1 日起实施。国务院办公厅发布的《地方党政领导干部食品安全责任制规定》自 2019 年 2 月 5 日起施行。2022 年 9 月 2 日，中华人民共和国第十三届全国人民代表大会常务委员会第十三次会议修订通过《中华人民共和国农产品质量安全法》，自 2023 年 1 月 1 日起施行。为新时代我国农产品质量安全工作提供了法律保障。

在食品安全人才培养方面，国家在 2001 年批准设立食品质量与安全本科专业，随后开展了硕士研究生和博士研究生的培养工作，为我国的食品安全行业培养了大批高质量的专门人才。国家还启动了食品安全科技攻关计划、无公害食品行动计划、绿色食品计划，制定了《"十三五"国家食品安全规划》，2021 年，农业农村部、国家发展改革委、科技部、自然资源部、生态环境部、国家林草局联合印发了《"十四五"全国农业绿色发展规划》，农业农村部发布了《农业生产"三品一标"提升行动实施方案》，明确了我国"十四五"时期食品安全特别是农产品质量安全工作的指导思想、基本原则、发展目标和主要任务，将农产品质量安全工作纳入国家统一发展规划，我国的农产品质量安全工作进入了新时代。

第一节　食品原料安全控制概述

随着食品和农产品贸易的全球化，世界各国特别是发达国家为了保护本国利益，强化自己的贸易地位，通过提高检测标准，增加检验、检疫项目，制定各种法规措施来实施贸易技术壁垒。2001 年我国加入世界贸易组织（WTO）以来，我国食品出口企业和产品曾经遭遇国际贸易绿色标准限制与投诉等各种技术壁垒，农药残留和兽药超标成为我国食品出口受限的主要因素。国际贸易中越来越多的"绿色壁垒"成为我国农产品开拓国际市场的屏障，如何顺利跨越"绿色壁垒"成为我国食品出口企业必须解决的问题，也是食品原料安全控制学科需要面对和解决的课题。

一、食品原料安全控制研究的对象及重要性

食品安全学科是食品科学与工程学科下的一个分支学科，是最近几十年发展起来的一个新兴学科。食品安全学科的研究内容和要解决的科学问题包括食品安全管理、食品安全控制和食品安全检测三个方面。食品安全控制是确保不发生食品安全风险最关键、最直接的技术环节，是食品安全学科最重要和最基础的分支学科。食品原料安全控制学科是食品安全控制学科的重要组成和分支学科，研究的是食品安全链条源头的食品安全问题。

食品原料安全控制学科研究从农田、牧场到餐桌的食品安全风险控制问题。主要是食品原料生产过程中影响食品原料安全性的各种问题。具体对象包括各种风险因素的识别、检测、分析并采用科学精准的技术措施，有效控制食品原料的安全风险。目前阶段，直接影响食品原料的安全风险主要涉及农业生产过程中五个方面的问题：一是化肥、农药残留；二是抗生素、激

素与有害物质残留；三是病疫性生物污染；四是动植物中的毒素和过敏污染；五是转基因食品原料的负面反应。

食品原料安全控制进行的是源头控制，是食品安全控制的最重要环节，是可以做到绿色环保、事半功倍的环节。因此，发达国家在食品加工方面广泛应用的 HACCP 体系中，无一例外地把涉及到种养殖环节的原料收购作为关键控制点，而且是最重要的关键控制点。

二、　食品原料安全控制研究的目的

食品原料生产是从农田、牧场到餐桌这一整个食品安全链条中的源头。离开这一源头去谈食品安全将会事倍功半，并且很难获得满意的效果。要确保消费者舌尖上的安全，必须全面了解、及时发现食品原料安全生产过程可能产生食品安全风险的环节、影响因素，并及时控制、有效解决和消除这些潜在的风险，将食品安全风险降低到消费者可接受范围之内。确保生产出的食品原料的绝对安全性，达到保护消费者健康的目的，这也是食品原料安全控制学科研究的目的和初心。

三、　食品原料安全控制研究的重点和任务

食品原料安全控制面对的是食品原料生产这一十分庞大而复杂的系统。在这一系统中影响食品安全风险的环节因素众多，关系复杂，既涉及自然科学领域如生产中的环境因素、生产过程中的投入品使用、农业生态系统的特点、科技水平、农艺措施等因素，也涉及生产者的道德水平、职业素质及政策、法规、标准、政府监管等社会人文因素。

食品原料安全控制学科需要关注和解决的问题主要集中于自然科学领域影响食品安全风险的环节和因素。食品原料安全控制的任务就是针对食品原料生产过程这一包括可能存在的环境污染、物理、化学和生物危害的复杂系统，开展包括降低兽药、农药残留和动物疾病等种养殖方面农艺技术、生物防治和生态控制技术、食品安全追溯技术、食源性疾病与危害监测技术的研究；开展食品原料安全技术标准、法规、管理等方面的研究，并有效地减少从农场到餐桌的食物链主要食源性危害，全面提高我国食品安全的监管和控制水平。

第二节　食品原料安全控制的发展现状

一、　食品原料安全控制研究基础

食品安全性风险，可能产生于人类食物链的各个环节。首先，人类农牧业生产的生态环境，包括水、土壤、大气的质量是否良好，生物学环境是否健康无害，都会影响到食品的质量和安全性。农业措施不当引起生态环境退化或生态循环失调，可能使农作物的产量、品质下降，同时加剧农作物及养殖动物的病虫害，进而危及人类的食品安全。其次，在整个生产、流通和消费过程中，都存在着因管理不善使病原菌、寄生虫滋生及有毒有害化学物质进入人类食物链的风险。

现代人类食物链通常可分为自然链和加工链两部分。从自然链部分来看，种植业生产中有

机肥的搜集、堆制、施用，如果忽视严格的卫生管理，可能将多种侵害人类的病原菌、寄生虫引入农田环境、养殖场和养殖水体，进而进入人类食物链。滥用化学合成农药或将其他有害物质通过施肥、灌水或随意倾倒等途径带入农田，可使许多合成的、难以生物代谢的有毒化学成分在食物链中富集起来，构成人类食物中重要的危害因子。由于忽视动物保健及对有害成分混入饲料的控制，可能导致真菌毒素、人畜共患病原菌、有害化学杂质等大量进入动物产品，为消费者带来致病风险。而滥用兽药、抗生素、生长激素等化学制剂或生物制品，因畜产品中微量残留在消费者体内长期超量积累，产生不良副作用，尤其对儿童可能造成严重后果。从人类食物链的加工链部分来看，现代市场经济条件下，蔬菜、水果、肉、蛋、乳、鱼等应时鲜活产品及其他易腐坏食品，在其贮藏、加工、运输、销售的多个环节中如何确保不受危害因子侵袭而影响其安全性，是经营者和管理者始终要认真对待的问题，不能有丝毫疏忽。食品加工、包装中滥用人工添加剂、包装材料等，也是现代食品生产中新的不安全因素。在食品送达消费者餐桌的最后加工制作完成之前，清洗不充分、病原菌污染、过量使用调味品、高温煎炸烧烤等，仍会使一些新老危害因子一再出现，形成新的饮食风险。由此可见，食品安全性中的危害因子，可能产生于人类食物链的不同环节上，其中某些有害物质或成分特别是人工合成的化学品，可因生物富集作用而使处在食物链顶端的人类受到高浓度毒物之害。认识处在人类食物链不同环节的可能危害因子及其可能引发的食品安全风险，掌握其发生发展的规律，是有效控制食品安全性问题的基础。

二、 食品原料安全控制发展概况

（一）"十二五" 以前我国食品原料安全控制面对的主要问题

"十二五"以前我国食品原料安全控制面对的主要是农产品生产源头污染问题。当时的现状是：环境污染导致农产品产地环境污染严重，直接威胁农产品的产地安全；种植、养殖过程中的农业投入品滥用，特别是化肥过量使用以及农药、兽药、禁止使用的饲料添加剂的违规使用，造成土壤质量下降，农药、兽药、残留问题严重，对食品原料安全性造成严重影响。

1. 环境污染对食品安全的影响

"三废"污染：在工业化高度发达的今天，产生了大量的工业"三废"（废水、废气和废渣），使生态环境受到严重破坏，也产生了诸如蓝藻、荒漠化、水土流失、沙尘暴、雾霾等新的环境问题，波及农产品产地安全。最严重时，全国有70%左右的城市不能达到环境空气质量标准，水体污染突出，土壤污染退化现象凸显。

农业污染：2010年第一次全国污染普查显示，我国农业面源污染已经超过工业的7.5倍。2014年我国发布的新中国成立以来第一个全国性土壤污染状况调查公报数据显示：截至2013年年底，中国土壤侵蚀总面积达294.91万平方千米，占普查范围总面积的31.12%，全国土壤的污染超标率达36.1%。公报还显示，我国西南和中南地区的土壤金属超标范围较大。全国受污染的耕地约有10万平方千米，耕地污染总体点位超标率高达19.4%，其中中度污染占1.8%，重度污染占1.1%。

工业三废中的许多有害化学物质如汞、铅、铬、镉等金属毒物和氟化物等非金属毒物，"三废"的排放，使水、土壤和空气等自然环境受到污染，动物和植物长期生存在这种环境中，有毒物质就会蓄积污染食品。粮食重金属的污染主要是镉、砷、铅、汞。从粮食部门检测的情况看总超标率已经达到了9%以上；从地区来看，重金属超标率比较高的是南方和西南方的粮食产区，这与土壤中金属的污染情况一致。由此说明环境污染导致农产品产地环境污染严重，直接威胁农产品的产地安全。种植、养殖过程中的农业投入品的过量使用和残留问题严重。

2. 化肥过量使用对土壤环境的影响

化肥污染主要表现在过量的氮肥投入。我国化肥的使用量是全球的 4 倍，已成为世界上化肥施用最多的国家之一，氮肥（纯氮）年使用量 2500 多万吨。我国的化肥目前只能吸收 30%，据估计，每年我国氮肥损失高达 1500 万吨。同时大量化肥蓄积在土壤中并造成地下水环境污染。大量未被农作物吸收利用的氮素以滞留、吸附、反硝化等方式污染土壤环境，并进一步造成农作物的污染，其中硝酸盐和亚硝酸盐超标在叶菜类蔬菜中表现最为突出。

3. 农药过量使用对食品原料安全性的影响

农作物病虫草害等是农业生产的重要生物灾害，迄今为止化学防治仍然是我国农业生产过程中有害生物治理中最主要的手段和措施。我国耕地单位面积农药使用量比发达国家高出一倍多，长期、大量、超量使用化学农药可能导致农药残留超标，可能造成消费者急性中毒，并有可能引发慢性疾病，如肿瘤、生育能力降低等。不合理使用农药会严重污染和破坏农业生态环境，影响农产品质量安全，阻碍农产品的对外贸易，使我国农业可持续发展面临严峻挑战。

4. 兽药滥用对食品原料安全性的影响

从广义上来说，兽药包括化学药物、饲料药物添加剂和抗生素等生物制品。兽药的应用极大地促进了畜牧业的发展。但兽药的滥用会造成兽药残留问题，对人体健康带来不利影响。主要表现为生态反应与过敏反应、急性毒性作用、细菌产生耐药性、免疫力下降、儿童性早熟、三致（致畸、致突变及致癌）作用等。

5. 饲料添加剂滥用对食品原料安全性的影响

饲料添加剂滥用的现象包括：在饲料中添加违禁药品，如盐酸克仑特罗、地西泮、喹乙醇、土霉素、金霉素、呋喃唑酮等；超范围使用饲料添加剂；不按规定使用药物饲料添加剂；在反刍动物饲料中添加和使用动物性饲料，造成一定的"疯牛病"隐患；污染及霉变造成的饲料卫生指标超标，如铅、黄曲霉毒素 B_1、沙门氏菌等。

农药和兽药的大量使用，不仅导致农兽药在农产品中的大量残留，而且产生了新型环境污染物——抗生素抗药性基因，引起世界卫生组织（WHO）的高度重视。研究人员在养殖场粪便中发现了数量和浓度水平高得惊人的独特抗生素抗性基因；从粮食和蔬菜基地土壤中检测到抗生素含量超过兽药国际协调委员会提出的生态毒害效应触发值；从城市污水处理工厂出水及底泥中分离到数量庞大的耐药菌株和多种类的抗生素抗性基因；从许多蔬菜、肉、鱼、蛋、乳中检出含有大量常用抗生素的耐药菌株和多种类的抗生素。这些抗生素抗性基因能通过基因的水平转移，在环境中传播和扩散，对养殖区域及其周边环境造成潜在的抗生素抗性基因污染，并对公共健康、食品和饮水安全构成威胁。

另外，农业用地膜和塑料大棚的应用导致塑化剂残留问题严重，成为影响食品原料安全的潜在隐患。

（二） 我国食品原料安全控制方面的努力

（1）"十一五"期间，国家相继制定了《农产品质量安全法》《食品安全法》和与之相配套的《食品安全法实施条例》《乳品质量安全监督管理条例》，农业部和地方人大、政府依法制定了一系列配套法规和规章，农产品质量安全步入依法监管新阶段。

（2）农业农村部加强了农产品质量安全监测能力建设，全国新建和改扩建农产品部级质检中心 49 个、省级质检中心 30 个、县级质检站 936 个，检验监测制度不断完善，覆盖全国主要城市、主要产区、主要农产品的检验监测网络基本形成。标准化创建活动全面启动。

（3）"三品一标"快速发展 "三品一标"即无公害农产品、绿色食品、有机食品和地理标志农产品的简称。是农业部自 20 世纪 90 年代初期，为适应我国农业发展新阶段对农产品质量安全的新要求，先后推出的安全优质农产品政府公共品牌。

农业部 1993 年初发布《绿色食品标志管理办法》，绿色食品发展成为一个安全优质农产品精品品牌；2001 年在全国启动实施"无公害食品行动计划"，2002 年 4 月，农业部、国家质检总局联合发布了《无公害农产品管理办法》，2003 年农业部开展无公害农产品产地认定和产品认证，全国无公害农产品产业发展正式起步；2004 年 9 月，国家质检总局发布了《有机产品认证管理办法》，2002 年 10 月农业部设立农业部门发展绿色食品的专门管理机构，农业部门有机食品产业发展正式起步；2007 年底农业部发布了《农产品地理标志管理办法》，标志着农业部门农产品地理标志登记保护工作正式启动。

到"十一五"末，部省地县的"三品一标"工作机构基本形成，"三品一标"认证总数超过 8 万个，认定产地已占食用农产品产地总面积的 30%，认证农产品也已占到商品总量的 30%，农产品质量安全整体水平大幅度提升。

（三）"十二五"的成就

"十二五"期间，为保障人民群众舌尖上的安全，面对作为食品原料的食用农产品生产过程中存在的各种安全风险，国家相关部门特别是农业部门进行了大量卓有成效的工作。

（1）2013 年国务院通过了《畜禽规模养殖污染防治条例》，2014 年正式实施，这是针对农业污染领域的第一部国家级行政法规。2015 年，农业部出台《关于打好农业面源污染防控攻坚战的实施意见》，明确提出了农业面源污染防控的"一控两减三基本"目标。自此开启了农业领域系统开展污染治理和环境保护的序幕。

（2）2015 年，经国务院同意，农业部、国家发展改革委、科技部、财政部、国土资源部、环境保护部、水利部、国家林业局 8 个部门联合印发了《全国农业可持续发展规划（2015—2030 年）》，《规划》提出建设 100 个左右国家农业可持续发展试验示范区。2015 年，党的十八届五中全会明确提出"创新、协调、绿色、开放、共享"的新发展理念。

（3）农产品质量安全监管法规体系建设 国家修订了《中华人民共和国食品安全法》、饲料管理条例等法律法规，启动了《中华人民共和国农产品质量安全法》及农药、转基因管理条例等法律法规的修订工作。最高人民法院、最高人民检察院出台了食品安全刑事案件适用法律司法解释，农业部制修订了饲料、兽药、绿色食品、农产品监测管理办法等 10 多个部门规章，印发了加强农产品质量安全全程监管的意见，出台了 8 项监管措施和 6 项奶源监管措施。18 个省份出台了农产品质量安全地方法规，国家法律法规为主体、地方法规为补充、部门规章相配套的法律法规体系不断完善。国务院办公厅印发了加强农产品质量安全监管工作的通知，农业部与国家食品药品监督管理总局签订了监管合作协议，形成了全过程监管链条。

（4）强化生产过程质量控制，推进标准化示范 编制了加快完善农药残留标准体系 5 年工作方案，制定农药残留限量标准 4140 项、兽药残留限量标准 1584 项、农业国家标准及行业标准 1800 余项，清理了 413 项农药残留检测方法标准。各地因地制宜制定 1.8 万项农业生产技术规范和操作规程，加强农业标准化宣传培训和技术指导。创建标准化示范县 185 个，新认证

"三品一标"产品 2.8 万个，累计认证产品总数达 10.7 万个。

（5）农产品质量安全评估体系建设 农业部部级监测范围扩大到 152 个大中城市、117 个品种、94 项指标，深入实施农药、兽药、饲料、水产药物残留 4 个专项监控计划，认定 100 家风险评估实验室，145 家风险评估实验站，覆盖主要城市、产区、品种、参数的监测网络初步建成。

（四）"十三五" 的成就

为保障人民群众舌尖上的安全，在"十三五"农产品质量安全形势进一步向好的基础上，国家层面上进一步加强了食品安全工作，提出了《"十三五"国家食品安全规划》，并通过规划的实施，系统全面地提高了我国农产品质量安全水平。

（1）2016 年中央一号文件专设《加强资源保护和生态修复，推动农业绿色发展》一章，官方文件中首次使用"农业绿色发展"一词。2017 年 4 月农业部出台《关于实施农业绿色发展五大行动的通知》，将绿色发展理念转化为实际行动。同年 9 月，中办、国办印发《关于创新体制机制推进农业绿色发展的意见》，是以党中央国务院名义印发的第一个以农业绿色发展为主题的文件，习近平总书记主持审议该意见时指出"推进农业绿色发展是农业发展观的一场深刻革命"。

（2）为配合《"十三五"国家食品安全规划》的落实，农业部制定发布了"农质发〔2017〕2 号"《"十三五"全国农产品质量安全提升规划》，将 2018 年确定为农业质量年，部署实施一系列行动和措施，并牵头抓总，制定了农业质量年八大行动分工方案，建立工作台账并定期调度进展情况，编制了《国家质量兴农战略规划（2018—2022 年）》。全面推进果菜茶有机肥替代化肥试点和病虫全程绿色防控试点，化肥农药使用量双双实现负增长；支持养殖大县整建制推进畜禽粪污资源化利用，综合利用率达到 70%；积极创建水产健康养殖示范场，大力推广集装箱养殖、循环流水"跑道"养殖等现代养殖模式，稻鱼综合种养面积超过 200 万 hm^2。

（3）2018 年，农药和兽用抗生素等监测指标，由 2017 年 94 项增加到 122 项，增幅达 29.8%，对粮油、蔬菜、畜禽、奶产品等重点食用农产品开展风险排查，提出预警提示和防控建议，组织开展农畜水产品中持久性环境污染物和鸡蛋中农药残留专项评估，为解决公众关注的突出问题提供了技术支撑。

农业农村部还开展了农药、"瘦肉精"、兽用抗生素等 7 个专项整治行动，严防、严管、严控农产品质量安全风险，努力解决面上存在的问题隐患。加快了健全标准体系，新制定农药残留限量标准 2967 项，农药残留限量标准总数达 7107 项。当年新认证绿色食品产品 13316 个，新认证有机农产品 628 个，新登记保护地理标志农产品 281 个。

此外还开展国家追溯平台试运行工作；推进农产品合格证制度试点，鼓励地方建立追溯机制；加快信用体系建设，大力推动农业标准化、规模化、绿色化、品牌化发展。

（4）2019 年，中共中央、国务院出台了《关于深化改革加强食品安全工作的意见》，中央办公厅、国务院办公厅出台了《地方党政领导干部食品安全责任制规定》。

主要农产品例行监测合格率达到 97.4%，监测参数增加到 130 项，与 2017 年相比增幅 40%。围绕突出问题，以"小切口"设置 43 个风险评估项目。在全国范围内部署试行合格证制度，推动种植养殖生产者落实农产品质量安全第一责任人责任，建立生产者自我质量控制、自我开具合格证和自我质量安全承诺制度，构建农产品质量安全治理新模式。新命名第 2 批

211 个国家农产品质量安全县（市），累计认定国家农产品质量安全县 318 个。

加快追溯体系建设，推进国家追溯平台部省贯通，将绿色有机认证农产品率先纳入追溯管理。加快标准制修订步伐，全年新增农兽药残留限量标准 1152 项，总数达到 10068 项，提前完成"到 2020 年 1 万项"的目标任务。新认证绿色、有机、地理标志农产品 1.6 万个，累计认证产品总数超过 4.3 万个，对 210 个地理标志农产品进行了培育保护。

（5）2020 年，农业农村部针对性下发了 5 个文件，梳理近年问题隐患清单，指导各地分区分级精准监管，确保质量安全工作不断档不缺位。强化风险评估成果运用，组织开展 39 个风险评估专项，编制设施草莓、韭菜、芹菜、农产品收贮运等 20 余篇质量安全风险防控指南。

扎实开展"利剑"行动，全国共出动监管执法人员 153 万人次，发现使用禁用药物和残留超标、私屠滥宰等问题 3481 个，查处案件 2518 个

严格农药定点经营，加快推动高毒农药替代，推进农药化肥减量增效；畜牧业方面，组织兽药残留监控，实施兽用抗菌药减量化行动，强化生鲜乳和生猪屠宰环节监管；渔业方面，推广水产绿色健康养殖，减量规范用药，新报批农药、兽药残留限量标准 3025 项，限量标准总数超过 1 万项。

实施地理标志农产品保护工程，支持 242 个产品发展。新认证绿色、有机、地理标志农产品 2.2 万个，新登录名特优新农产品 831 个，认证良好农业规范（GAP）农产品 1238 个。深入推进第 3 批国家农产品质量安全县创建，开展"国家农产品质量安全县提升月"活动。加快农产品质量安全信用体系建设试点。国家追溯平台注册生产经营主体 22 万家，25 个省级平台完成部省对接。

监测参数从 2017 年的 94 项扩大到 130 项，合格率连续 5 年保持在 97% 以上。绿色、有机、地理标志农产品认证数量比"十二五"末增加 72%。合格证制度全面试行，农产品质量安全县创建深入推进，追溯体系建设进展明显。主要农产品例行监测合格率达到 97.8%。

"十三五"是绿色发展、转型升级的 5 年。产地环境治理扎实开展，化肥农药减量增效行动实现预期目标，病虫害绿色防控技术广泛应用，绿色生态健康养殖持续推进，投入品减量化、生产清洁化、废弃物资源化、产业模式生态化取得明显成效，农产品质量安全水平稳步提升。随着"十三五"的结束和《"十三五"国家食品安全规划》各项任务的完成，我国在食品安全市场监管、食品安全科技水平、食品原料的质量安全性等各个方面都取得了很大的成就，食品安全工作整体上了一个很大的台阶。

三、"十四五" 我国食品原料安全控制方面的努力

1. 《农业生产"三品一标"提升行动实施方案》介绍

农业农村部以"农办规〔2021〕1 号"文的方式发布了《农业生产"三品一标"提升行动实施方案》。《方案》提出，为贯彻落实中央农村工作会议和中央一号文件精神，从 2021 年开始，启动实施农业生产"三品一标"（品种培优、品质提升、品牌打造和标准化生产，又称新"三品一标"）提升行动，更高层次、更深领域推进农业绿色发展，特制定如下实施方案。

《方案》分为重要意义、总体要求、重点任务和保障措施四个部分。重要意义包括三个方面，即深入推进农业绿色发展；提高农业质量效益和竞争力；适应消费结构不断升级的需要。总体要求包括指导思想、基本原则、目标任务三个方面。重点任务包括加快推进品种培优；加快推进品质提升；加快推进标准化生产；加快推进农业品牌建设；持续强化农产品质量监管；

深入推进安全绿色优质农产品发展。保障措施包括加强组织领导；创新推进机制；强化政策支持；强化法治保障；强化宣传引导。

目标任务中明确要求：到 2025 年，育种创新取得重要进展，农产品品质明显提升，农业品牌建设取得较大突破，农业质量效益和竞争力持续提高。培育一批有自主知识产权的核心种源和节水高抗新品种，建设绿色标准化农产品生产基地 800 个、畜禽养殖标准化示范场 500 个，打造国家级农产品区域公用品牌 300 个、企业品牌 500 个、农产品品牌 1000 个，绿色食品、有机农产品、地理标志农产品数量达到 6 万个以上，食用农产品达标合格证制度试行取得积极成效。

2.《"十四五"全国农业绿色发展规划》介绍

2021 年 8 月 23 日，农业农村部、国家发展改革委、科技部、自然资源部、生态环境部、国家林草局联合印发《"十四五"全国农业绿色发展规划》。这是我国首部农业绿色发展专项规划，对"十四五"农业绿色发展工作做出系统部署和具体安排。

《规划》包含前言和规划背景；总体要求；加强农业资源保护利用，提升可持续发展能力；加强农业面源污染防治，提升产地环境保护水平；加强农业生态修复，提升生态涵养功能；打造绿色低碳农业产业链，提升农业质量效应和竞争力；健全绿色技术创新体系，强化农业绿色发展科技支撑；健全体制机制，增强农业绿色发展动能；规划实施 9 章共 28 节。

《规划》对"十四五"时期农业绿色发展的思路目标、重点任务和重大措施作出了系统安排，其主要内容可概括为"一条主线、两个时点、四个要素、五类工程、六个支撑"。

一条主线。绿色发展理念是贯穿《规划》通篇的主线。"十四五"时期是开启全面建设社会主义现代化国家新征程、向第二个百年奋斗目标进军的第一个五年，是农业发展进入加快推进绿色转型的新阶段。《规划》将绿色发展理念上升到前所未有的高度，旨在全方位、多层次推进农业绿色发展。

两个时点。《规划》对标国家《"十四五"规划和 2035 年远景目标纲要》提出了 2025 年近期目标和 2035 年远景目标。针对 2025 年提出了农业绿色发展"五个明显"的定性目标。即资源利用水平明显提高；产地环境质量明显好转；农业生态系统明显改善；绿色产品供给明显增加；减排固碳能力明显增强。针对 2035 年，提出了"农业绿色发展取得显著成效，农村生态环境根本好转，绿色发展的生产生活方式已广泛形成，农业生产与资源环境承载力基本匹配，生产生活生态协调的农业发展格局基本建立，美丽宜人、业兴人和的社会主义新乡村基本建成"的远景目标。

四个要素。《规划》将产业与资源、环境、生态并列为绿色发展的四要素。首次提出了打造绿色低碳农业产业链，实现从生产端到加工、流通、消费全过程的产业链全面转型升级，成为《规划》的重大亮点和创新。生产环节，要实施农业生产"三品一标"行动，推进农业品牌建设和标准化生产，实现产业集聚循环发展；加工、流通环节，构建农业绿色供应链，推广农产品绿色电商模式；消费环节，要健全绿色农产品标准体系，促进绿色农产品消费。资源保护方面，重点是提升可持续发展能力，要加强耕地保护与质量建设，严守 18 亿亩耕地红线，到 2025 年累计建成 10.75 亿亩高标准农田；提高水资源利用效率，"十四五"期间新增高效节水灌溉面积 6000 万亩；保护农业生物资源，加强农业物种资源保护、水生生物资源保护和外来入侵物种防控。环境保护方面的重点是农业面源污染防治，主要包括化肥农药减量增效、畜禽粪污和秸秆资源化利用、白色污染治理。生态修复方面，重点是提升生态涵养功能，要治理修复耕地生态，保护修复农业生态系统，特别是加强长江和黄河两大重点流域的生态保护，这也体现了《规划》与国家重大战略的有效衔接。

五类工程。为促进《规划》落实落地，"十四五"时期将实施五类工程。包括：农业资源保护利用工程，农业产地环境保护治理工程，农业生态系统保护修复工程，绿色优质农产品供给提升工程，农业绿色发展科技支撑工程。

《规划》对农产品质量安全密切相关的农业产地环境保护治理工程和绿色优质农产品供给提升工程进行了更加细致的规划。农业产地环境保护治理工程由化肥减量增效，农药减量增效、绿色种养循环农业试点、水产健康养殖、秸秆综合利用、农膜回收处理，重点流域农业面源污染治理工程、农业面源污染治理与监督指导试点八个子工程组成。绿色优质农产品供给提升工程由农业生产"三品一标"提升行动，农业绿色生产标准制修订，绿色、有机、地理标志农产品认证，地理标志农产品保护，国家农产品质量安全县创建五个子工程组成。

六个支撑。为保障农业绿色发展目标的顺利实现，《规划》从科技和制度两大方面提出了六个支撑，包括推进农业绿色科技创新，加快绿色适用技术推广应用，加强绿色人才队伍建设，完善法律法规约束机制，健全政府投入激励机制，建立市场价格调节机制。

为确保目标的实现，《规划》还提出了相应的定性定量目标，其中与食品原料生产安全密切相关的指标包括：到2025年，农业绿色发展全面推进，制度体系和工作机制基本健全，科技支撑和政策保障更加有力，农村生产生活方式绿色转型取得明显进展——资源利用水平明显提高、产地环境质量明显好转、农业生态系统明显改善、绿色产品供给明显增加、减排固碳能力明显增强。到2035年，农业绿色发展取得显著成效，农村生态环境根本好转，绿色生产生活方式广泛形成，农业生产与资源环境承载力基本匹配，生产生活生态相协调的农业发展格局基本建立，美丽宜人、业兴人和的社会主义新乡村基本建成。

《规划》进一步明确了4方面11项定量指标，在保资源方面，提出到2025年全国耕地质量等级达到4.58，农田灌溉水有效利用系数达到0.57；在优环境方面，提出主要农作物化肥、农药利用率均达到43%，秸秆、粪污、农膜利用率分别达到86%以上、80%和85%；在促生态方面，提出新增退化农田治理面积1400万亩，新增东北黑土地保护利用面积1亿亩；在增供给方面，提出绿色、有机、地理标志农产品认证数量达到6万个，农产品质量安全例行监测总体合格率达到98%。

量化的指标还有：到2025年累计建成高标准农田10.75亿亩，实施黑土地保护利用面积1亿亩；"十四五"期间新增高效节水灌溉面积6000万亩，京津冀及周边地区大型规模化养殖场氨排放总量削减5%；在土壤污染面积较大的100个县推进农用地安全利用技术示范，受污染耕地安全利用率达到93%左右；建设绿色标准化农产品生产基地800个、畜禽养殖标准化示范场500个；制修订农业绿色生产相关行业标准1000项，打造各类农业品牌1800个以上；制定修订农兽药食品安全国家标准2500项，建立健全农业高质量发展标准体系；生产企业总数达到2.7万家；地理标志农产品保护要聚焦粮油、果茶、蔬菜、中药材、畜牧和水产品六大品类，推进地理标志农产品核心生产基地，特色品质保持和地理标志品牌建设，支持1000个地理标志农产品发展；创新建设一批国家农产品质量安全县，整建制推行全程标准化生产，打造农产品质量安全监管样板。

四、 食品原料安全控制发展趋势

（一） 国际食品安全卫生监控的共同要求

1. 建立健全的食品安全卫生监控法律法规，制定严格的食品卫生标准，最大限度地降低食源性疾病发生的风险。

2. 建立从农场到餐桌的食品安全卫生监控体系，加强食品安全卫生在生产加工过程中的监控。

3. 加强食品及食品用原料中农、兽药残留，毒素及放射性污染物的监控。

4. 强制性要求在食品生产过程建立实施 HACCP 管理体系，并建立有效的食品卫生前提计划与卫生标准操作计划。

5. 食品进口国对食品出口国的要求

（1） 有健全的食品安全卫生监控法律法规体系，有严密的食品安全卫生组织机构与检验检疫监控资源。

（2） 建立有效的动植物疫病防疫体系。

（3） 建立并实施食品中农、兽药物与毒素残留监控计划。

（4） 对出口国出口的食品进行严格的进口风险分析。

（二） 目前国际食品安全卫生监控的发展趋势

1. 明确政府与食品生产者在食品安全卫生监控上的责任，即政府只负责制定相应的法律法规与食品安全卫生标准，企业必须按政府制定的标准生产安全卫生的食品。

2. 建立科学合理风险评估基础上的食品安全系统，实施从农场到餐桌的食品安全卫生的预防战略。

3. 遵守食品法典委员会（CAC）制定发布的食品安全卫生标准，统一监控、检验与食品安全教育培训。

4. 加大对食品安全卫生监控管理部门的法律授权，加强对不法生产者的惩罚与不合格食品的回收处理。

（三） 官方管理机构监控

目前各国官方对进出口食品安全卫生的控制，从改进现有的安全卫生体系着手，积极制定相应的食品安全卫生法规、准则和标准，并采用食品风险分析方法作为制定食品安全标准的基础。

（四） 食品生产企业安全卫生管理体系

食品生产企业按政府制定的标准生产出安全食品，HACCP 预防体系已被世界各国认可，有的国家制定成法规，要求食品生产企业实施，即在良好操作规范（GMP）和卫生标准操作程序（SSOP）基础上，采用 HACCP 原理预防食品的安全卫生危害。

（五） 建立食品进出口的控制体系

食品贸易全球化条件下，各国为保证本国消费者的利益，对进口食品作出了各种规定。例如进口国要求进口的食品等同于国内食品的要求，认可出口国主管当局食品控制体系的规则，确保执行要达到的结果、目的与国内食品相一致等。为便于食品的国际贸易，联合国粮农组织（FAO）和世界卫生组织（WHO）的食品进出口检验和认证体系法典委员会（CCFICS）正在制定食品进出口的控制体系和实施对进出口卫生控制等效性的判断。

第三节 食品原料安全控制的对策与建议

一、 全面推进食品安全现代化强国建设

2018 年国家机构改革，组建国家市场监督管理总局，主要负责食品生产、经营环节的监管，承担国务院食品安全委员会的具体工作；将国家认证认可监督管理委员会及国家标准化管理委员会划入国家市场监督管理总局，将国家质检总局检验检疫职责和队伍划归海关总署；组建国家卫生健康委员会、农业农村部、国家粮食和物资储备局等。总体来讲，为了适应不断变化的国际国内的发展形势，我国的食品安全监管体制不断完善。

随着我国食品的种类越来越丰富，新的食品安全问题不断涌现，食品行业在原料供给、生产环境、加工、包装、储运及销售等环节的质量安全管理仍然存在不足。2019 年《中共中央国务院关于深化改革加强食品安全工作的意见》提出，完善统一领导、分工负责、分级管理的食品安全监管体制；深化监管体制机制改革，创新监管理念、监管方式、堵塞漏洞、补齐短板，全面推进食品安全强国治理体系和治理能力建设。

二、 完善食品安全法律法规和标准体系

目前，《食品安全法》是我国食品安全方面最主要的法律，是一切食品生产活动必须遵循的基本法律制度，其配套法规有《食品安全法实施条例》《食品生产许可管理办法》《食品经营许可管理办法》《食品安全抽样检验管理办法》《食品召回管理办法》《进出口食品安全管理办法》《进口食品境外生产企业注册管理规定》等。此外，涉及食品安全的法律法规还有《农产品质量安全法》《产品质量法》《消费者权益保护法》《进出口商品检验法》《进出境动植物检疫法》《进出口商品检验法实施条例》《进出境动植物检疫法实施条例》《农产品质量安全监测管理办法》《农产品包装和标识管理办法》等。我国食品安全法律法规体系基本建立，为食品安全工作提供了法制保障，但确实还存在着违法成本低、维权成本高、法律震慑力不足等问题，有待进一步研究修订食品安全法及其配套法规制度，建立完整科学系统的食品安全强国法律标准体系。

食品安全标准是判定风险和监管执法的重要依据。我国的食品安全标准包括食品安全国家标准、食品安全地方标准。食品安全国家标准是我国食品安全标准体系的主体，目前已发布1311 项食品安全国家标准，包括农药残留、兽药残留、重金属、食品污染物、致病性微生物等食品安全通用标准；食品、食品添加剂、食品相关产品等产品标准；以及生产经营规范标准以及检验方法与规程等。近年来，有关部门共同努力构建符合我国国情的食品安全标准体系，但与最严谨标准要求尚有一定差距，需要进一步完善，从而充分发挥食品安全标准保障食品安全、促进产业发展的基础作用等。

三、 加强风险监测， 强化快速反应

2019 年《中共中央国务院关于深化改革加强食品安全的工作意见》明确提出，牢固树立

风险防范意识，强化风险监测、风险评估和供应链管理，提高风险发现与处置能力。实行生产企业食品安全风险分级管理，在日常监督检查全覆盖基础上，对一般风险企业实施按比例"双随机"抽查，对高风险企业实施重点检查，对问题线索企业实施飞行检查，督促企业生产过程持续合规。完善问题导向的抽检监测机制、完善抽检监测信息通报机制。

四、 加大科研投入， 夯实科技创新基础

从国家、企业、社会等层面提高对科技创新的认识，加大科研投入，将科学技术是第一生产力变成国家、企业、社会的共识，并落实到生产、市场等各个环节，从科技和实践层面为食品原料的绝对安全保驾护航。

国家级的科研以科研院所、大专院校为主，集中于基础研究和应用基础研究，为确保食品原料安全生产提供理论指导和科技支撑。研究领域应该包括生物病虫害的系统、科学、绿色防治；农业耕地土壤的修复、保护和科学利用；农业废弃物的科学、绿色的再生和资源化综合利用；信息技术在现代农业生产中的系统应用；传统农艺技术的机理研究及现代化提升和推广应用；农业生态系统维护和系统应用研究；种质资源保护开发及新品种选育；食品安全快速检测及追溯预警技术；具有中国特色和自主知识产权的食品安全标准和控制体系等各个方面。

企业应该成为科技创新的主体。国家应该制定相关政策，将企业的科技创新纳入规划、监管、指导、保护范畴，支持、鼓励、监督企业加大科技投入。企业设立技改和科技创新财务条目，将科技创新纳入企业的主要活动规划之中，制定计划和进行年终考核；企业应该与大专院校建立稳定的合作关系，联合攻关共同解决生产中的技术难题，大专院校的最新科技成果优先在合作企业推广应用；企业应该建立自己的科研技改队伍，负责技改、联合攻关，做好企业卫生安全标准及技术规程制定建立、质量保障和安全检测、项目总结及年度科技总结、科技奖励评定等方面工作。将科学技术是第一生产力，企业是科技创新主体落到实处。

五、 坚持人与自然和谐的绿色发展理念

我国已经跨进全面建设社会主义现代化强国的新征程。实现农业强国，食品安全强国成为新时期重要的工作。我们要全面贯彻落实习近平新时代发展思想和一系列有关农业农村和粮食安全、食品安全的指示精神，增强文化自信，结合乡村振兴战略，坚持人与自然和谐的绿色发展理念，确保我国的粮食安全和人民舌尖上的安全。

我国传统的秸秆还田、轮作倒茬、沤肥堆肥、农业病虫害生物防治、生态综合防治、物理防治、综合农艺措施防治等技术，包含了大量我国五千年农耕文明的先进思想和实用科学技术，若用现代科技手段，充分挖掘提升，可以起到既保护农业土壤生态和质量，还可以减少化学肥料使用量，有效减少农兽药使用量的良好作用，符合文化自信和绿色低碳发展理念。可以对美化农村人居环境，提高农产品质量安全水平，加快农业农村发展，建设农业强国、食品安全强国建设发挥积极作用。

六、 建立具有中国特色的食品原料安全标准和控制体系

我国目前广泛使用的食品安全标准和控制体系，主要是源自美国的 HACCP 体系和源自欧盟的 ISO 体系。这两个体系科学实用，为促进我国食品安全和出口贸易保驾护航，发挥了积极作用。

在进入新发展阶段，全面建设社会主义现代化强国的新征程中，我国的食品安全工作要建立跟跑、并跑、领跑意识，将建立具有我国特色和自主知识产权的更加科学先进的食品安全标准和控制体系的工作，尽快纳入国家食品安全工作规划之中。标准是尺子，是裁判，是定盘星，是具有一定法律意义的重要武器。进入新的发展阶段以后，我国的许多领域将进入无人区，食品安全工作也不例外。我们应该未雨绸缪，不能等到被卡脖子时才发现我们还没有这样的武器。应该提前做好相关方面的技术研究和探索工作，为我国食品安全工作的持续发展进步、为人民舌尖的安全奠定良好基础，尽快实现食品安全强国目标。

七、 加快构建食品安全链条中权益合理分配的科学机制

在市场经济条件下，利益分配的机制和模式具有异常强大的力量，符合市场规律的事物，就会得到很好的发展机会，获得相应的市场效益，并促进该事物的进一步发展，形成一种良性反馈机制。市场经济条件下的食品安全工作也会遵循这样的规律。

建立食品安全链条中责、权、利相统一的利益分配机制对我国食品安全工作的发展具有积极和重大的意义。要让食品安全责任重大的企业方能够从食品安全链条的利益分配中获得相应的利益，使企业具有承担食品安全第一责任人的能力和积极性，变被动为主动，不断加大企业在科技和食品安全方面的主动投入，形成食品安全工作发展的良性循环机制。同时要给食品安全链条的利益分配中获利高的有关方更多的责任，构建具有我国特色的食品安全链条中各利益相关方责、权、利有机统一的权益分配科学机制，筑牢食品安全强国市场经济基础。

🔍 思考题

1. 食品原料安全控制研究的对象有哪些？
2. 食品原料安全控制研究的任务有哪些？
3. 谈谈你对这门课程的了解、问题和建议。
4. 简述食品安全学科组成及食品原料安全控制的学科归属。

农业生态系统与食品原料安全

【提要】农业生态系统由于受人类活动的影响，有许多区别于自然生态系统的特点。改善农业生态环境是确保食品安全的关键环节。具有较高经济效益、生态效益和社会效益的生态农业成为农业发展的正确方向。生态农产品的生产是保障食品安全的重要途径。

【教学目标】了解内容：生态系统的定义；农业生态系统存在的问题；中国生态农业的由来。掌握内容：农业生态系统的概念、组成及特点；生态农业的概念及生态农业建设的主要技术；中国生态农业建设的内容；中国生态农业的发展目标；中国生态农业建设存在的问题；生态农产品、无公害农产品、绿色食品、有机食品的定义；农产品的安全保障措施。

【名词及概念】生态系统，农业生态系统，生态农业，生态农产品，无公害农产品，绿色食品，有机食品。

【课程思政元素】讨论环境保护与食品安全的关系，培养生态环境保护意识；生态农业的系统论和可持续发展的思想。

随着工农业的快速发展，国内外的食品安全恶性事件时有发生，食品安全问题已经成为一个关系国计民生、全球性的重大课题，因此各国政府对此都高度重视。我国也十分重视食品安全问题，特别是自党的十八大以来，全面实施食品安全战略，使我国的食品安全状况较过去有了明显的改善。据食品安全网报道，2013年以来，除个别年份外，我国主要食用农产品总体抽检合格率均保持在97%以上的高水平。可见我国主要食用农产品质量安全已经出现了"稳中向好"的基本趋势。尽管如此，由于一些原因，我国食用农产品质量安全仍然存在一定的风险，且风险隐患仍将长期存在。

农产品在生产、运输、加工和销售环节都容易产生质量风险，但是农田的环境问题是食品安全的源头。在不少地区水污染、空气污染、土壤污染的情况下，要确保当地农产品的质量安全是十分困难的，因此改善农业生态环境是确保食品安全的关键环节。

为了给人类提供充足和安全的食品，世界各国都在研究对策。近几十年先后进行了绿色革命、蓝色革命、白色革命，推出科技农业、有机农业、生态农业等，特别是有机、生态农业比较引人注目，并以美国、德国、日本、英国、新西兰、菲律宾等国发展较快。

第一节 农业生态系统

一、 生态系统及农业生态系统的定义

生物与生物之间以及生物与其生存的环境之间存在密切联系，并且相互作用。在自然界的一定空间内，生物与环境构成一个统一整体，在这个统一整体中，生物与环境之间相互影响、相互制约，并在一定时期内处于相对稳定的动态平衡状态，这就是生态系统。概括起来，生态系统就是在一定空间内，全部生物与非生物环境之间相互作用形成的具有一定功能的统一体。

农业生态系统是在人类活动的影响下，由自然生态系统演变而来，它是人类驯化了的自然生态系统。是指在人类的参与下，利用农业生物种群和非生物环境之间以及农业生物种群之间的相互关系，通过合理的生态结构和高效的生态机能，进行能量转化和物质循环，并按人类的理想要求进行物质生产的综合体。简而言之，农业生态系统是指农业生物种群与农业生态环境构成的生态整体。

二、 农业生态系统的组成

与自然生态系统一样，农业生态系统也包括生物组成部分和环境组成部分。农业生态系统的生物组分按其功能分为生产者、消费者和分解者。生产者以绿色植物为主，消费者包括动物以及人类，分解者主要是以微生物为主。不过与其他生态系统相比，在农业生态系统中占主要地位的生物都是经过人工驯化的农业生物，如水稻、小麦等农作物，猪、牛等家畜，鸡、鸭等家禽，以及与这些农用生物关系密切的其他生物类群，如作物病虫害及家畜寄生虫。而其他野生生物种类和数量要少于同区域的自然生态系统。由于农业生态环境是以人类为主体的环境，所以除了具有继承自然生态系统的自然环境组分之外，还有人工环境组分，如村庄、禽舍、大棚等建筑设施。设施中的环境与自然环境相比，光、温、湿、热等条件都发生了较大改变。

另外，农业生态系统也是复杂的、多层次、多功能的生态系统，由农田生态系统、草原生态系统、水域生态系统、森林生态系统、居民点及饲养业生态系统等几部分构成，各个部分相互紧密联系、相互影响，推动物质循环和能量交换。

三、 农业生态系统的特点

农业生态系统是自然生态系统演化而来，但是，由于受人类社会活动的影响，它又有许多区别于自然生态系统的自身特点。

（一） 受人类控制

农业生态系统是农业生产活动的场所，建立的目的就是获得更多的农产品。人类是从事农业生产活动的主体，为了改善生产和生活条件就会对环境进行评价、诊断、预测、评估，进而进行不同模式的建设，开发多种调节措施干扰生态系统。

（二） 净生产力高

由于人类不断培育和筛选高产优良品种，开发并采用各种栽培技术措施，使栽培植物的光

能利用率大幅度提高，如全世界耕地的平均光能利用率为 0.2% 左右，我国主要农作物的光能利用率已达到 0.4%，而自然生态系统的光能利用率还不到 0.1%。

（三） 组成要素简化

为了追求高产，通常只有符合人类经济要求的生物品种被保留和发展，这就造成了农业生态系统生物种类较少，食物链简化，自我调节和稳定能力减弱。

（四） 开放性系统

自然生态系统一般都是封闭的，但是农业生态系统是人类构建出来生产农产品的，所以大部分产出会输出系统外，为了维持系统内物质循环和能量转化过程的正常进行，人类必须从该系统外输入各种有机、无机物质，呈现出开放性。

（五） 同时受自然与社会经济双重规律的制约

人类进行农业生产活动不仅要有较高的物质生产量，而且也要有较高的经济效益和劳动生产率。所以在生产过程中会进行物质、能量、技术的输入，输入水平又受劳动力资源、经济条件、市场需求、农业政策、科技水平的影响。因此，农业生态系统实际上也是一个生态经济系统，同时受自然与社会经济双重规律的制约。

（六） 有明显的区域性

由于各地的自然资源和气候生态条件的差别，导致生物种群存在很大的差异。另外农业生态系统的构建还受社会经济条件的影响，因此，农业生态系统应依据当地的自然环境、社会经济条件因地制宜地发展。

四、 农业生态系统存在的问题

长期以来，不仅工业化发展对生态环境造成的破坏影响了食用农产品质量安全，日积月累的农业面源污染也造成了严重的后果。在由传统农业向现代化农业过渡的过程中，人们主要是靠向农业生态系统中投入大量的农药、化肥、塑料薄膜等生产资料及应用转基因技术、辐照技术等手段来提高农作物产量。不可否认，这些措施的使用在短期内取得了较好的经济效益，在一定程度上缓解了粮食危机。但随之而来的负面效应也日趋明显，例如，化学合成的肥料、化学除草剂、杀菌剂、杀虫剂大量而不规范的使用，使农业生态环境日趋恶化，不仅破坏了自然环境和土壤结构，甚至严重影响了一些农产品的食用安全性；有些化学合成的除草剂被认定是致癌物质；部分农药和应用于农业生产的化学合成物质成为婴儿先天性缺陷、人的神经系统损伤、诱发基因突变的主要原因，影响人类的生存和持续发展；转基因技术和辐照技术在农业、食品工业方面的应用也是"双刃剑"，在带来新品种和提高品质及产量的同时，也有可能产生在现有检测条件下察觉不到的、对生命体蓄积性的损害和对生命本质的破坏。

近年来，虽然在政策引导下农业生产中化肥、农药等的使用量逐年下降，但由于农药残留具有难以降解的特性，造成以往施用的化学品在环境中长期残留，进而导致农产品安全风险长期存在，环境治理呈现持久性、复杂性的特点，治理的任务十分艰巨。另外，化肥和农药中还常含有镉、汞、铅、砷等重金属，一旦进入环境很难彻底清除，被作物吸收之后，通过食物链的传递和生物累积，不但会严重影响动植物的生长发育，使系统的总体生产力降低，而且有害人体健康。

如何在满足人类物质文化生活水平需要的前提下，把科学技术的负面效应限制在人类可以接受的范围内，这一议题已严肃地摆到了人们的面前。

第二节 生态农业及发展

20世纪初以来，农业的高速发展引起了严重的环境问题，农业生态系统平衡被打破，如水俣病、痛痛病等由食品安全问题引发的公害频繁出现。对此许多国家都积极采取了应对政策，宗旨无非是如何充分合理地利用自然资源，稳定、持续地发展农业，同时又保护环境和农村生态平衡，实现农业高产优质高效持续发展，达到生态和经济两个系统的良性循环和"三个效益"的统一。在此期间出现了多种农业方式以期替代常规农业，在20世纪70年代提出了一种新型农业概念——"生态农业"，成为农业发展的正确方向。

一、 生态农业的概念与特点

（一） 生态农业概念

生态农业主要是 C. J. Malters，C. J. Fensau，M. Kileg‐Worthington 等接受 S. A. Howard 和 J. I. Rodele 等的观点并加以发展提出来的。

生态农业是指在保护、改善农业生态环境的前提下，遵循生态学、生态经济学规律，运用系统工程方法和现代科学技术，集约化经营的农业发展模式，是能获得较高的经济效益、生态效益和社会效益的现代化农业。

生态农业是在环境与经济协调发展思想的指导下，在一定的区域内，因地制宜地规划、组织和进行农业生产。依据经济发展水平及"整体、协调、循环、再生"的原则，运用系统工程的方法，充分发挥地区资源优势，建立和管理一个生态上自我维持的低输入、经济上可行的农业生产系统。该系统具有最大的生产力，并保持和改善该系统内部的循环利用和多次重复利用，以尽可能减少燃料、肥料、饲料和其他原材料的输入，获得尽可能多的农、林、牧、副、渔产品及其加工制品的输出，实现生态和经济两个系统的良性循环，使农业获得高产、优质、高效、持续发展。

（二） 生态农业的特点

生态农业是一种投资少、能耗低、环境污染和生态破坏最小的农业生产经营方式，按照生态经济学原理和系统工程方法构建的农业生态系统。将粮食生产与多种经济作物相结合，种植业与林牧渔业相结合，农业与农村二、三产业相结合，利用传统农业的精华和现代科学技术成就，通过人工设计生态工程，协调环境与发展、资源利用与保护之间的关系，达到既满足当代人对农产品需求而又不损害后代人物质需要的可持续发展农业。生态农业在修正传统农业的基础上，科学合理的加入现代化农业的部分要素。生态农业具备以下特点：

1. 综合性

生态农业强调发挥农业生态系统的整体功能。在产业结构上强调建立种植业、养殖业和农产品加工业协调发展的立体式农业生产结构，改善并保持系统内的动态生态平衡，使农、林、牧、副、渔之间互相支持，提高综合生产能力。

2. 高效性

生态农业吸取了传统有机农业的精华和工业化农业对现代科学技术合理运用的成果，重视利用先进科学技术，特别是生物技术，并将先进农业技术与传统技术相结合，同时又避免了传统农业生产率低和工业化农业高消耗、高污染的缺陷。

3. 持续性

生态农业是生态优化的农业体系，是生态工程在农业上的应用。发展生态农业能够保护和改善生态环境，防治污染，维护生态平衡，提高农产品的安全性，变农业和农村经济的常规发展为持续发展，把环境建设同经济发展紧密结合起来，在最大限度地满足人们对农产品需求的同时，提高生态系统的稳定性和持续性，增强农业发展后劲。它的目标是使农业的经济效益、生态效益和社会效益统一起来。

4. 多样性

世界各地的气候条件、自然资源、风俗习惯、经济与社会发展水平差异较大。发展生态农业的原则是因地制宜地发挥地区优势，在不同区域设立不同生态模式和生态工程，按照地区经济的增长需要，发展多样性的区域农业经济，因此具有很明显的地域性和多样性。

二、 生态农业建设的主要技术

就农业生产而言，由于在传统环境下农业与其他产业之间的融合程度不高，故发展成为一个独立的、单一的产业。生态农业是一种新型的农业模式，是与其他产业融合发展的新产业，可以为人们带来更大的经济收益。刘静玲等人提出在生态农业建设中要综合应用多项技术。

（1）生态工程技术 是综合应用生物学、生态学、经济学、环境科学、农业科学、系统工程学的理论，运用生态系统的物种共生和物质循环再生等原理，结合系统工程方法所设计的多层次利用的工程技术。生态工程技术包括农业的立体种植、养殖技术，即生物最佳空间组合的工程技术；食物链结构工程技术；农林牧副渔一体化，种植、养殖、加工相结合的配套生态工程技术等。

（2）能源环境工程技术 是所有开发利用可再生资源并应用于农村生产、生活和环境治理的工程技术。能源环境工程技术主要包括改造节柴灶技术；以畜禽粪便为主要原料的沼气工程技术；以秸秆气化、固化成型为商品能源的工程技术；利用太阳能技术，利用风能、水能技术等。能源环境工程技术是为解决农村能源严重不足，尤其是生活燃料严重缺乏，大量消耗林木、秸秆，破坏生态环境的问题而提出来的。

（3）自然环境治理技术 我国农村许多地区，因地理、气候以及人为因素的影响，自然生态环境破坏严重，阻碍农业生产的发展。自然环境治理技术主要包括水土流失治理技术、控制沙漠化技术、盐渍化土壤改良技术等。

（4）综合防治技术 是指根治病、虫、草、鼠害的技术，是以物理、化学、生物技术相结合，特别是应用生物农药的现代防治技术。

（5）区域整体规划技术 生态农业要求一个地区或生产单位依据生态整体性科学规划农业生态系统中的山、水、林、田、路、农、牧、副、渔、工、商等。另外互联网技术的发展和普及也被用于生态农业建设中。利用"互联网+"可以为产销互动打造全新平台，可以为生态农业科技推广建立无缝衔接，可以作为建立标准规范体系的技术支撑。在"互联网+"背景下，生态农业产业对互联网资源及各种先进的技术的有效利用必将促进其长足的发展。

三、 中国生态农业的发展

（一） 中国生态农业的由来

我国农业已有几千年的发展史，劳动人民在长期劳动实践中积累了许多原始的生态农业的经验，也形成对世界农业发展有重要意义的文字记载与著作。20 世纪 80 年代初生态学家马世骏教授和农业领导者边疆先生为寻求中国农业持续发展模式提出了"中国生态农业"概念，当时主要针对石油农业的种种弊端，总结吸取传统农业的精华而发展起来的。中国生态农业从内涵和外延上已形成中国特色的理论和技术体系，具备鲜明的创新特征，是对国际持续农业发展理论的重要补充和创新。

中国生态农业是具有中国特色的可持续的现代化农业，其基本内涵是：按照生态学原理和生态经济规律，因地制宜地设计、组装、调整和管理农业生产和农村经济的系统工程体系。它要求把发展粮食与多种经济作物生产结合起来，发展大田种植与林、牧、副、渔业结合起来，发展大农业与第二、三产业结合起来。利用传统农业精华和现代科技成果，通过人工设计生态工程，协调发展与环境之间、资源利用与保护之间的矛盾，形成生态上与经济上两个良性循环，经济、生态、社会三大效益的统一。

（二） 中国生态农业建设的内容及发展目标

生态农业建设的主要内容有：通过调查统计掌握生态与经济的基本情况，进行农业生态经济系统诊断和分析，进行生态农业区划和农业生态系统的工程优化设计；调整土地利用结构和农业经济结构；优先保护农业生态环境，建设生态工程，合理利用与增殖农业资源，改善农业生态环境；按照生态学原理和农业生态工程方法，从当地资源与生态环境实际出发，设计适宜的生态农业模式；发展利用太阳能、小型水利水电、风力发电、沼气等清洁能源；使农业废弃物资源化，对其进行多层次综合、循环利用，实现无污染的清洁生产；对农业生态经济系统进行科学调控，实行现代集约化经营管理。

随着生态农业建设规模的扩大，将会提出许多新问题，需要作出理论上的概括和升华。生态农业的基本理论将会形成完善的体系，生态农业的指标和经济方法将更加完善和成熟，农业生态经济系统内部规律将进一步被揭示，生态农业模式也将进一步优化，农业生态工程建设更加系列化、规模化，多种法规政策体系将进一步配套完善。

（三） 中国生态农业建设存在的问题

虽然我国在生态农业的理论研究、试验示范、推广普及等方面已经取得了很大成绩，但仍存在着一些问题。这些问题正成为限制生态农业进一步发展的障碍。

1. 理论基础尚不完备

生态农业生产建设工作需要包括农学、林学、畜牧学、水产养殖、生态学、资源科学、环境科学、加工技术以及社会科学在内的多种学科的支持。而目前的研究往往是单一学科的，只对这一复杂系统中的某一方面有了一定地或比较深入地了解，但对多方面之间的相互作用还知之甚少。因此，需要对这些学科进行综合性地系统分析，进而对生态农业的生产展开较为深入地研究和分析。这样的研究工作，应该对当前生态农业的产业结构、生产模式等展开详细、具体的调查，并在原有的基础上进行缜密性、科学性分析，挣脱在学科领域间的局限与束缚，进行多学科的交叉与综合，建立生态农业自身的理论体系。

2. 技术体系不够完善

在传统的生产模式中，由于对生产进行了粗放式的经营，导致了农业资源的浪费，并对环境造成了很大的污染，也影响了农业生产中的产量与质量。生态农业改变农业的生产方式，在生态农业建设的过程中最重要的就是生产技术，只有提升生态农业的技术，才能充分利用农业资源，实现科学的农业管理。但目前在生态农业的实践中，还缺乏技术措施的研究，既包括传统技术如何发展，也包括高新技术如何引进等问题。

3. 政策方面的不完善

如果没有政府的支持，就不可能使生态农业得到真正的普及和发展。而政府的支持，最重要的就是建立有效的政策激励机制与保障体系。虽然目前中国农村经济改革是非常成功的，但是对于生态农业政策的贯彻，还有许多值得完善的地方。在有些地方，由于政策方面的原因，使得农民不能对土地、水等资源进行有效地保护。

4. 农业产业化水平不高

发展生态农业的根本目的是实现生态效益、经济效益和社会效益的统一，但在中国的许多农村地区，促进经济发展，提高人民生活水平仍然是一项紧迫的任务。在土地资源短缺、人口不断增加、农村劳动力转移的整体态势下，农村地区的生态发展已经出现一些障碍。因此，必须提高农业产业化水平，以生态农业为基础，延长农业产业链，保障农民获得较高的经济收入，进一步促使生态农业的稳定发展。

5. 服务水平和能力建设不能适应要求

对于生态农业的发展，服务与技术是同等重要的，目前我国尚未建立有效的生态农业服务体系。在一些地方，还无法向农民们提供优质的品种、幼苗、肥料、技术支撑、信贷与信息服务。例如，信贷服务对于许多地方生态农业的发展都是非常重要的，因为对于从事生态农业的农民们来说，盈利可能往往在项目实施几年之后才能得到，在这种情况下，信贷服务自然是必不可少的。除此以外，信息服务也是当前制约生态农业发展的重要方面，因为有效的信息服务将十分有益于农民及时调整生产结构，以满足市场要求，并获得较高的经济收益。

生态农业应当更趋向于开发一种机制，以使农民们自愿参与这一活动。要想动员广大的农民自觉自愿、并能够自力更生地通过生态农业发展经济，能力建设自然就成为一个十分重要的问题。到目前为止，并没有建立比较有效的能力建设机制，对于基层农民来说，很少得到高水平的培训与学习的机会。

6. 组织建设存在着不足

在生态农业的发展过程中，组织建设是一个重要方面。因为生态农业建设需要不同学科的支撑和多部门、机构共同合作，而现实中这些机构往往是独立的，所以中国当前的生态农业存在组织建设不足的问题。

7. 推广力度不够

虽然生态农业有着悠久的历史，政府也较为重视，但仍然没有在全国范围内得到推广。总体而言，对自然资源的不合理利用、生态环境整体恶化的趋势没有得到根本的改善，农业的面源污染在许多地方还十分严重。水土流失、土地退化、荒漠化、水体和大气污染、森林和草地生态功能退化等，仍然是制约农村地区可持续发展的主要障碍。

第三节　食品原料安全与生态农业

一、生态农产品

（一）定义

生态农产品是指在保护、改善农业生态环境的前提下，遵循生态学、生态经济学规律，运用系统工程方法和现代科学技术集约化经营的农业发展模式，生产出来的无害的、营养的、健康的农产品。包括蔬菜瓜果、大米小麦、鸡鸭鱼肉等各类农产品。

（二）生态农产品分类

1. 无公害农产品

无公害农产品是指产地生态环境清洁，按照特定的技术操作规程生产，将有害物含量控制在规定标准内，并由授权部门审定批准，允许使用无公害标志的产品。无公害农产品注重产品的安全质量，其标准要求并不是很高，适合我国当前的农业生产发展水平和国内消费者的需求。

2. 绿色食品

在我国申报审批过程中将绿色食品区分为 AA 级和 A 级两档。A 级绿色食品指在生态环境质量符合规定标准的产地，生产过程中允许限量使用限定的化学合成物质，按特定的操作规程生产，加工产品质量及包装经检测、检验符合特定标准，并经专门机构认定，允许使用 A 级绿色食品标志的产品。AA 级绿色食品指在环境质量符合规定标准的产地，生产过程中不许使用任何有害化学合成物质，按特定的操作规程生产、加工，产品质量及包装经检测、检验符合特定标准，并经专门机构认定，允许使用 AA 级绿色食品标志的产品。AA 绿色食品标准已经达到甚至超过国际有机农业运动联盟的有机食品的基本要求。

3. 有机食品

有机食品是国际上普遍认同的叫法。我国对有机食品的定义是：来自有机农业生产体系，根据有机认证标准生产、加工并经独立的有机食品认证机构认证的农产品及其加工品等。包括粮食、蔬菜、水果、乳制品、禽畜产品、蜂蜜、水。

根据目前的情况，生态农业发展的基本框架建立了如下三个层次的结构体系，生态农业产出无公害农产品，进一步提高后产出绿色食品（A 级），再提高后产出有机食品。但有机食品和绿色食品均可直接开发，是生态标志型农产品。这些生态标志型农产品的主要特征包括：

（1）生产过程中禁止或限量使用化学合成品。

（2）生产的产品中有害物质的含量应该符合国家和国际上的限量标准，在当前技术和经济社会条件下，不会对人体健康产生影响。

（3）生产活动过程对于生态系统和环境保护应该有积极贡献。

（4）产品需要第三方机构进行认证。

中国生态农业有关标准和规章制度不能照搬国外有机农业和有机食品的标准，但是可以借鉴设计思路、全程控制、标志管理和认证监督等方面经验，把有机农业作为我国生态农业的一个特殊类型处理，兼顾中国国情和国际标准。

二、 农产品的安全保障措施

1. 建立健全农业技术标准体系

农业安全生产标准化可以极大地提高农产品的质量，从而保障农产品安全。通过组织制定农业国家标准、行业标准及组建全国农业标准化技术委员会等手段加快制定中国农产品标准体系。建立健全农产品质量安全认证体系，细化安全认证流程，严格开展食品安全认证工作，不断提高农产品的质量安全水平。

2. 检测检验体系逐步建立

通过对农产品产地环境、农业投入品、农产品质量安全状况开展不定期监测，确保上市农产品符合质量安全标准。中国从20世纪80年代中期开始筹建农产品质量安全检验检测体系，至今农业农村部在全国规划建设了多个部级农产品质检中心。

3. 开展以无公害食品、绿色食品、有机食品为主的"三品"认证工作

为提升中国农产品质量安全水平，我国从20世纪90年代初农业部实施绿色食品认证。后来农业部提出了无公害农产品的概念，并组织实施"无公害食品行动计划"，各地自行制定标准开展了当地的无公害农产品认证。20世纪90年代后期，国内一些机构引入国外有机食品标准，实施了有机食品认证。

4. 推行追溯和承诺制

积极推广农产品电子化数据记录，实现生产记录可存储、产品流向可跟踪、伪劣产品可召回、储运信息可查询的追溯制度。利用新兴物流技术跟踪、保障农产品和食品的质量安全，强化产品追溯管理。号召企业建立农产品质量安全承诺制度。

5. 加大立法、执法监管力度

为保护消费者和农民的合法权益，加快构建符合我国国情的、完善的农产品质量安全法律法规体系，加大人力、物力投入，持续开展专项整治行动，依法严厉打击各种涉食品安全的犯罪。

6. 推进农业名牌发展战略

充分发挥各地的资源优势，培育区域主导产业，优化农产品的品种、品质，提高农产品的质量安全水平，推动实施农业名牌战略。通过品牌的效应，增加农产品生产企业自我监督意识，并带动其他企业对食品安全的重视，农业名牌发展战略的实施，有力地推动了农产品质量安全水平的提高。

思考题

1. 什么是农业生态系统？农业生态系统有何特点？
2. 什么是生态农业？中国生态农业的建设内容有哪些？
3. 无公害农产品、绿色食品和有机食品有何区别？
4. 农产品安全保障措施有哪些？

第三章　　CHAPTER

食品原料安全控制体系

3

【提要】本章主要介绍食品原料安全生产控制体系与食品原料的安全控制问题。介绍了农产品原料质量安全管理体系及无公害食品、绿色食品、有机食品、地理标志农产品的申报与管理程序。

【教学目标】了解内容：ISO9000 族，GB/T 19000，ISO14000 系列标准；无公害食品、绿色食品、有机食品、地理标志农产品及其申报程序；熟悉内容：食品原料质量安全管理体系，无公害食品、绿色食品、有机食品质量检验与评价，无公害食品、绿色食品、有机食品、地理标志农产品标志及含义。

【名词及概念】地理标志农产品，无公害食品，绿色食品，有机食品，农产品地理标志。

【课程思政元素】生态文明建设和农业绿色发展，坚持人与自然和谐共生，推动农业绿色发展；中国丰富的地理标志资源，中华民族历史深远的农耕文化的传播，传承农耕文化是发展现代高效生态农业的需要；民以食为天，食以安为先，食品人应诚以养德，信以立身，乃为万物之本。

第一节　无公害食品、 绿色食品、
有机食品、 地理标志农产品概况

一、 无公害食品、 绿色食品、 有机食品的发展及管理概况

（一） 我国无公害食品行动计划的启动

2001 年 4 月，农业部正式启动了全国 "无公害食品行动计划"，其指导思想是将农业生产从过去的数量增长型向质量安全型转变，力争通过 8~10 年的时间使我国农产品的安全生产提高到新的水平，解决目前由于滥用农用化学品造成的农产品污染问题。2001 年 7 月，国家质量监督检验检疫总局印发了《无公害农产品标志管理规定》。2002 年 4 月，农业部和国家质检总局联合发布了《无公害农产品管理办法》。

2003 年，中国绿色食品发展中心牵头组建的农业部农产品质量安全中心正式成立。农业部农产品质量安全中心在筹建过程中，制定颁布了《无公害农产品标志管理办法》，并在全国推出了统一的无公害农产品认证标志。制定了《无公害农产品产地认定程序》和《无公害农

产品认证程序》。按照统一标准、统一认证、统一标志、统一监督、统一管理"五统一"的要求，使认证工作全面步入规范、有序、快速运行的轨道，形成了全国统一的无公害农产品认证工作格局。

（二）我国绿色食品建设

绿色食品是 1989 年农垦系统制定"八五"规划和 2000 年设想时，认为农垦企业大多地处远离城镇的偏僻地区，具有优良的生态环境，生产无公害食品比较有优势，并将此无公害食品定名为绿色食品，1990 年正式由农业部向全社会推出。

1996 年，中国绿色食品发展中心在中国国家工商行政管理总局完成了绿色食品标志图形、中、英文及图形、文字组合 4 种形式在 9 大类商品上共 33 件证明商标的注册工作；农业部制定并颁布了《绿色食品标志管理办法》，标志着绿色食品作为一项拥有自主知识产权的产业在中国的形成，同时也表明中国绿色食品开发和管理步入了法制化、规范化的轨道。

2016 年习近平总书记在中央经济工作会议上指出，深入推进农业供给侧结构性改革，要把增加绿色优质农产品供给放在突出位置。农业农村部把 2018 年作为农业质量年，提出了质量兴农、绿色兴农、品牌强农的工作思路，加快推进农业由增产导向转向提质导向的高质量发展。

截至 2019 年年底，全国有效使用绿色食品标志企业数达 15984 家，产品总数达 36345 个，分别较 2018 年增长 21.0% 和 17.5%。使用绿色食品标志的产品涵盖了农林及加工产品、畜禽产品和水产品共 5 大类 57 小类 1000 多个品种产品，其中大米、茶叶、果蔬、乳制品等产品产量占比较大。2019 年绿色食品大米及大米加工品数量为 5351 个，占全国绿色食品总数的 14.7%，产量为 1558.65 万 t，约占全国大米总产量的 11.4%（全国大米产量根据国家统计局稻谷数据按 65% 出米率折算）；绿色食品精制茶产品数量为 2516 个，占全国绿色食品总数的 6.9%，产量为 10.43 万 t，占全国茶叶总产量的 3.8%。

党中央一直重视生态文明建设和农业绿色发展，强调要坚持人与自然和谐共生，推动农业绿色发展，中央一号文件多次提出要大力发展绿色食品，提供更多的优质农产品，满足人们消费升级的需求，这对发展绿色食品既是机遇又是挑战。绿色食品秉承先进的发展理念，在减少化肥和农药的使用、提高农业废弃物综合利用及缓解气候变暖等农业环境方面及农产品质量安全方面取得显著成效。新时代，高质量发展是中国农业绿色发展的最强音，人民对生活品质要求更高，对绿色食品需求更迫切，发展绿色食品事业任重道远。

（三）有机食品的概况

1. 国外有机食品的发展及管理概况

从 20 世纪 80 年代起，丹麦政府就制定了相关法律，限制化肥和农药滥用，农民要在政府主管部门登记注册，对施用有机肥和化肥的时间和数量要通过网络向农业部门报告并接受监督，如有滥用所受的处罚极为严厉。美国完善的法律法规体系和持续加强的有机农业技术研发投入为有机生产的过程监管提供支持，其国家物质清单（National List）和 OMRI（美国有机产品认证）产品名录分别对有机生产投入物的种类、标准和范围等进行了界定，对有机生产、加工和处理过程中允许使用物质的商品名进行了记录，方便农民使用。德国通过土壤病毒诊断及创造益生生物环境、合理轮作及间作、控制病虫害发生的环境条件、农牧结合维持土壤氮素平衡、应用植物化感技术增强作物抗逆能力等"黑科技"促进有机农业的发展。

国际有机农业和有机农产品的法规与管理体系主要分为三个层次：一是联合国层次，二是国际性非政府组织层次，三是国家层次。

联合国层次的有机农业和有机农产品标准是由联合国粮农组织（FAO）与世界卫生组织（WHO）制定的，是《食品法典》的一部分。《食品法典》的标准结构、体系和内容等基本上参考了欧盟有机农业标准 EU2092/91 以及国际有机农业运动联盟（IFOAM）的基本标准。

国际有机农业运动联盟的基本标准属于非政府组织制定的有机农业标准，其影响非常大，甚至超过国家标准。它的优势在于联合了国际上从事有机农业生产、加工和研究的各类组织和个人，制定的标准具有广泛的民主性和代表性，因此许多国家在制定有机农业标准时参考国际有机农业运动联盟（IFOAM）的基本标准，甚至联合国粮农组织（FAO）在制定标准时也专门邀请了国际有机农业运动联盟（IFOAM）参与制定。

国家层次的有机农业标准以欧盟、美国和日本为代表，其中目前已经制定完毕且生效的是欧盟的有机农业条例 EU2092/91 及其修改条款。欧盟标准适用于其成员国的所有有机农产品的生产、加工、贸易，包括进口和出口。也就是说，所有进口到欧盟的有机农产品的生产过程应该符合欧盟的有机农业标准。因此，欧盟标准制定完成后，对世界其他国家的有机农产品生产、管理，特别是贸易产生了很大影响。

总体来看，有机认证发展较为成熟的是欧盟、美国及日本等。截至 2018 年年底，已有 84 个国家制定了有机产品标准，有 17 个国家正在起草相关法案。欧盟作为最早发布实施有机农业法规体系的地区，1991 年就制定了有机农业和生产标准。2018 年通过了新的有机法规基本提案，该法案提出了一些新的理念，在有机农业生产方面，鼓励当地生产，缩短农产品供应链和销售渠道等，对可获得有机认证的农产品范围也进行了更新。美国有机农产品的认证具有一套完整的组织结构，有机认证机构有官方、私人或非营利机构，目前获得美国农业部（USDA）授权的有机认证机构有 90 余个。

2. 我国有机食品发展及管理概况

我国从 1989 年开始有机食品的开发工作，1994 年国家环境保护总局有机食品发展中心（OFDC）成立，我国全面开展有机食品的开发和认证管理工作。

1995 年以来，有机食品发展中心发布了《有机食品标志管理章程》和《有机食品生产和加工技术规范》，初步建立了有机食品生产标准和认证管理体系；1999 年 2 月《OFDC 有机认证标准》开始实施；2001 年 12 月，国家环境保护总局发布《有机食品技术规范》，并于 2002 年 4 月 1 日起施行。该标准是对有机食品生产、加工、贸易和标识的基本要求，也是我国有机食品认证机构从事有机食品认证的基本依据；2003 年 5 月，国家环境保护总局制定了《国家有机食品生产基地考核管理规定（试行）》；2003 年 7 月，与国际有机农业运动联盟（IFOAM）基本标准完全接轨的修改版《OFDC 有机认证标准》开始实施；2003 年 8 月，国家认证认可委员会发布《有机食品生产和加工认证规范》；2013 年 4 月 23 日国家质量监督检验检疫总局审议通过《有机产品认证管理办法》，自 2014 年 4 月 1 日起施行；2019 年 8 月 30 日国家市场监管总局和中国国家标准化管理委员会联合发布了 GB/T 19630—2019《有机产品 生产、加工、标识与管理体系要求》，并于 2020 年 1 月 1 日实施。

二、 地理标志农产品及地理标志保护的国内外概况

（一） 概述

1. 地理标志概述

我国《农产品地理标志管理办法》规定："本办法所称农产品是指来源于农业的初级产品，即在农业活动中获得的植物、动物、微生物及其产品。本办法所称农产品地理标志，是指标示农产品来源于特定地域，产品品质和相关特征主要取决于自然生态环境和历史人文因素，并以地域名称冠名的特有农产品标志"。

农产品地理标志意味着一个地区独特的自然环境和人文特色决定的农产品品质。首先是一个产地标志，标示产品来源于特定区域，同时也是品质和质量标志，标示产品具有独特的品质特性。农产品地理标志是产地标志与质量标志的复合体，具有唯一性和不可复制性。

地理标志农产品：符合《农产品地理标志管理办法》要求，申请并获得地理标志登记的农产品即为地理标志农产品。我国的农产品地理标志一般需要通过申报、现场核查、专家答辩、公告、证书发放等程序获得。地理标志农产品是产自特定地域具有特殊品质的农产品，产品品质和相关特征主要取决于自然生态环境和历史人文因素。

地理标志：《与贸易有关的知识产权协议》（TRIPS）第 22 条规定，"地理标志系指下列标志：其标示出某商品来源于某成员地域内，或来源于该地域中的某地区或某地方，该商品的特定质量、信誉或其他特征，主要与该地理来源相关联"。地理标志是一种国际公认并受到法律保护的知识产权，是国际知识产权法律制度的重要内容。

地理标志包含三个含义：地理标志可以适用于所有类型的产品；地理标志可以是一个特定的国家，也可以是一个国家的地区或是任何一个地点；某商品具有的质量、声誉或其他特征都是地理标志的关键要素。

地理标志不仅可以标示某商品的地理来源地，也是反映某商品的内外品质和历史声誉的重要载体。《与贸易有关的知识产权协议》第 22 条第 2 款指出：成员国应当对于不能表示真实产品原产地的地理标志的商标致以拒绝态度，还有虽然标注了该种商品的真实来源地，但是民众却仍然有所误解来自另外某地区的商品，也必须拒绝在成员国境内注册或者注销其注册。

地理标志也是人类智慧的结晶和文明的传承。国际上，关于地理标志的研究和法律保护已经具有百年以上的发展历史。1994 年世界贸易组织（WTO）通过的由 100 多个国家共同签订的《与贸易有关的知识产权协议》（TRIPS），将地理标志保护事业推向一个更新的高度和更加宽广的世界，成为地理标志保护的最新、最全面和最权威的国际法律文件，成为所有签约成员国都必须遵守的最低保护标准，成为更好保护成员国与贸易有关的地理和历史文化有关的知识产权利益的重要法律手段。

我国是一个具有五千年以上历史的文明古国，历史文化底蕴深厚，具有广阔的地理疆域，农耕文明悠久发达，生物资源与气候条件错杂纷呈，自然资源丰富，有着众多具有鲜明民族特色和地域特色的农牧业和手工业等著名品种和品质优良的农牧业和手工业产品。符合当前国际公认的地理标志的农产品和各种手工业、食品类等的各种商品资源不胜枚举。我国被誉为世界园艺之母，著名园艺品种、优良产品非常丰富。如武汉红菜薹，南京矮脚黄小白菜，天津卫青萝卜，湖北洪湖莲藕、咸宁桂花，广州紫荣长茄、妃子笑荔枝，山东莱阳梨，山西运城相枣，新疆库尔勒香梨，江西赣南脐橙，福建长泰柑，四川红橘，浙江杨梅，河北深州蜜桃，北京国

光苹果、怀柔板栗，河南洛阳牡丹等。其他的符合当前国际公认的地理标志的各种资源也极为丰富，例如浙江杭州的西湖龙井茶叶、云南普洱茶叶、北京油鸡、小尾寒羊、江苏高邮鸭、陕西秦川牛、云南大河猪、浙江金华火腿、贵州茅台酒以及全国各地的中草药资源等。

在古代，我国先辈便有记载各方物产的传统。相关"方物"的记载散见于正史、地方志、笔记、各种农书、医书药书等各类文献古籍中。如西汉时期的《氾胜之书》及以后的《齐民要术》《食物本草》《本草纲目》《农桑辑要》等。这些记载中，蕴藏着大量符合当今国际社会地理标志保护范围的包括地方品种、特产、传统技艺、文化等在内的珍贵资源。

虽然我国"方物"记载起步很早，但记载的主要目的是文化技艺的记录、传承、传播，而对于其中的知识产权问题及保护，并没有深入涉及。历史上，西方国家农耕文明相对落后，符合当今国际社会地理标志保护的资源，特别是农业与手工业方面的资源不是很多，但西方国家对自己的文化和地理标志资源保护问题非常重视。很早便开始使用专门法、商标法及反不正当竞争法等法律手段来进行保护，同时制止地理标志声誉贬损与规范生产经营行为。

2. 与地理标志相关的概念

（1）WIP　世界知识产权组织。

（2）巴黎公约　1883年在WIP框架内达成的《保护工业产权巴黎公约》。

（3）马德里协定　1891年在WIP框架内达成的《制止商品虚假或欺骗性产地标记马德里协定》。

（4）里斯本协定　1958年在WIP框架内达成的《原产地名称保护及其国际注册里斯本协定》。"原产地名称"这一法律术语首次出现于协定中。协定沿袭故有条约，禁止原产地名称"通用化"的基础上，设立相应的国际注册程序并规定缔约国须具备原产地名称保护制度。

（5）WTO　联合国下属的世界贸易组织。

（6）TRIPS　1994年在WTO多哈回合谈判中达成的《与贸易有关的知识产权协议》。协议首次将"地理标志"这一概念作为书面称谓并对其予以明确界定，在设立地理标志最低保护标准的同时，允许缔约国自行选择契合本国国情的保护模式；实行分类保护措施并借助WTO的争端制裁机制对侵权行为予以惩戒。

（7）AO　原产地名称，是"一个国家、地区或地方的名称，该名称被用来表示来源于该地方的产品，产品的质和特征归因于其地理环境，包括自然和人文因素"。根据这一定义，原产地名称不仅仅是产品来源的说明，而且也是产品质量和特征的保证。

（8）AOC　受监控的原产地名称。受监控原产地名称是指农产品和食品的原产地名称，该名称具有某种公认的声誉，并由法令规定使用该名称的许可程序，规定了与生产和许可有关的地域界限和条件。

（9）INAO　法国国家原产地名称局。法国负责地理标志保护的主要机构。成立于1935年，原名为葡萄酒和烈性酒国家委员会，负责确认葡萄酒和烈性酒名称，并保护这些名称在法国及海外免遭未经授权的使用。从1990年起职权范围扩大到了所有农产品和食品。负责起草必要的规章，向政府提交批准原产地名称的提案，并在国内和国际上对原产地名称进行监督和保护。INAO具有独立的法律人格，可以作为当事人提起诉讼。在农业部和经济部的监督下，确认受监控原产地名称的职责被授予INAO的专业人员，这些专业人员的职责就是对受监控原产地名称的注册申请进行审查。

（10）CIVE　法国的香槟葡萄酒跨行业委员会。

（11）FTA　《自由贸易协定》。独立关税主体之间以自愿结合方式，就贸易自由化及其相关问题达成的协定。

（12）TPP　《跨太平洋战略经济伙伴关系协定》。新西兰、新加坡、智利、文莱发起，日本、韩国、美国等部分亚太国家参加的包括所有商品和服务在内的综合性自由贸易协议。

（13）APEC　亚洲太平洋经济合作组织。

（14）PDO　原产地名称保护标志。欧盟地理标志分类将农产品地理标志分为3类。PDO类标志的产品品质或其他特征主要归因于该特定地理区域的环境（气候、土壤、人文知识）；全部生产环节要在特定区域完成；原产地与产品特征有直接客观的联系。

（15）PGI　受保护的地理标志。该类标志要求产品生产、加工或准备的某一阶段发生在该特定的地理区域；一些产品特征与产地有直接联系，包括声誉等特征。也用来表示原国家质检总局提出及管理的地理标志保护模式。

（16）TSG　特色农产品标志。该类标志代表的农产品严格意义上说不属于TRIPS规定的地理标志范畴，是欧盟制定的质量计划的一部分，是为了保护传统的配方和技艺，不要求产品特性与地理位置具有密切客观的联系。该标识表示传统特色产品的传统特征，即独特的口味、原料来源、传统配方或者传统的生产工艺等。

（17）GATT　《关税与贸易总协定》。美、英、法等23个国家1947年10月30日在瑞士日内瓦签订并于1948年1月1日生效。"二战"以后确立的各国共同遵守的贸易准则，协调国际贸易与各国经济政策的唯一的多边国际协定。

（18）GI　证明商标，也用来表示原国家工商总局主导的地理标志的商标保护模式。

（19）AGI　农产品地理标志。中国农业农村部提出及登记管理的地理标志保护模式。

3. 我国地理标志农产品的根、魂及一般属性

农产品地理标志是指标示农产品来源于特定地域，产品品质和相关特征特性主要取决于自然生态环境和历史人文因素，并以地域名称冠名的特有农产品标志。地理标志农产品的根就在于特定区域和特定的种、养、加方式。地理标志农产品的魂在于产品内在品质和外在品质。地理标志农产品的外在品质一般表现在形状、大小、颜色、图案和质地。地理标志农产品的内在品质表现在其食味品质、营养品质、贮藏品质、加工品质、卫生品质、保健品质、食疗品质7种品质上。其一般属性如下：

（1）真实性　真实性包括产品本身的真实存在，产品产地的真实存在。农产品地理标志也正是以真实存在的生产地理区域加产品通用名称来命名产于该地理区域的特定产品的。而该产品的特征特性和质量、声誉实质上归因于其地理来源和种、养、加方式。这是农产品地理标志对客观存在的特色农产品的确认而非重塑，是对客观事实的认定。

（2）关联性　关联性是指地理标志农产品的特殊品质与特定的真实产地密切相关，地理标志农产品的特异性完全或者主要取决于该地的自然因素或人文因素。产品具有独一无二的属性。

（3）人文历史性　农产品地理标志登记保护是对既有事实的承认和对正当市场竞争秩序的维护。地理标志登记保护的产品是已经在市场中与其产地名称联合使用的历史产品，且有一定的农耕文化传承，农业农村部在地理标志农产品登记保护时的专家评审中对该产品就有起码20年以上的生产历史要求。

（4）知名性　地理标志农产品被纳入到地理标志登记保护之前，其特异性、真实性、关

联性等已经为相关公众所知晓。该地理标志农产品在其原产地域之外也具备一定的知名度。包括产品名称及产品的特定品质。

（5）品质保障性　登记申请人最终获得的不是独占的地理标志使用权，而是通过农产品地理标志系列的管理制度，要求具备相应监管能力的农口事业单位和行业协会，对地理标志农产品的生产和销售进行监督和指导，持证人拥有对该农产品地理标志使用的监控权。在特定的区域内标志的使用是开放的，凡生产过程和最终产品符合登记的地理标志农产品特定的种、养、加技术规范和达到标称的品质要求的生产经营主体，均可通过协议方式免费使用该农产品地理标志，没有授权使用的，即使产品是在登记的生产区域生产的，也不得使用标志，否则构成侵权。

（二）　地理标志的演变及保护的历史

1. 地理标志保护的法国探索

法国是世界上最先对地理标志进行保护和保护历史最久的国家。其地理标志予以认定及保护的历史渊源可追溯到 14 世纪"洛克福"乳酪生产皇家特许证以及 15 世纪对勃艮第葡萄酒生产地理范围进行划定的《1415 皇家法令》。

《1905 年 8 月 1 日法》在确立原产地名称命名制度的同时还开创了行政机构介入原产地名称管理的先河。在葡萄酒假冒现象猖獗及"搭便车"行为层出不穷的国内困境下，为维护特定地理范围内合法生产经营者的权益，经以将命名权移交法院为主要内容的《1919 年 5 月 6 日法》、确立葡萄酒和烈酒受控原产地名称制度的《1935 年 7 月 30 日法令》、将乳酪列入实施保护范围的《1955 年 11 月 28 日法》、承认实施适用于其他农产品而非仅局限于葡萄酒与烈酒及乳酪两大品类的《1990 年 7 月 2 日法》等一系列法律条款的更迭完善，法国最终构建了主次分明、配套齐全的原产地名称保护体系。

2. 地理标志保护在南欧国家的探索与发展

伴随法国原产地名称保护制度在推动区域产业发展与农户增收、制止贬损及弱化原产地产品声誉等方面所取成效的进一步凸显，同为葡萄酒与乳酪生产大国的葡萄牙、意大利、西班牙及一些地理标志资源存量相对富足的南欧国家纷纷加入原产地名称保护行列。起步伊始，对地理标志的保护主要依赖于各国国内法或地方性法规在特定地域范围内施行。随着国际经贸联系日趋强化，因其显著的增值溢价效应，在市场信息不对称的境况下极易招致原属国外其他区域生产经营者的侵权假冒。此外，囿于历史原因，将欧洲原属国的产品名称"去地域化"并通用化是美国等移民国家发展壮大过程中不争的事实所在。这显然成为地理标志资源丰富且相关产品出口创汇收益大的南欧国家对外贸易的极大障碍。为维护本国地理标志生产者的基本权益及产业市场利益，以法国为代表的地理标志强势利益方着手牵头推动地理标志跨国保护议程。

3. 地理标志的跨国保护

地理标志跨国保护历史中具有里程碑意义的多边国际协议当属 1883 年在世界知识产权组织（WIP）框架内达成的《保护工业产权巴黎公约》。首次将"货源标志"一词作为书面称谓并规定缔约国在为其他成员的货源标志提供国民待遇时，以各自的国内法为保护依据。

1891 年为解决《巴黎公约》实际保护效力低下的困局，地理标志强势利益方不得不在世界知识产权组织（WIP）框架内重设提高地理标志国际保护标准的方案，在禁止缔约国将葡萄酒名称通用化的同时，《制止商品虚假或欺骗性产地标记马德里协定》（《马德里协定》），将前述公约中的"虚假标志"延伸至"虚假或欺骗性标志"以扩大地理标志保护适用范围。

1958 年，"原产地名称"这一法律术语首次出现于《原产地名称保护及其国际注册里斯本协定》（《里斯本协定》）文本中。相较前述两部公约而言，其在沿袭故有条约，即禁止原产地名称"通用化"的基础上，还设立相应的国际注册程序并规定缔约国须具备原产地名称保护制度。该公约虽给予了地理标志极高的保护标准，但其将原产地名称置于商标之上的做法显然有悖地理标志弱势利益方的立法传统，且严格的保护标准在侵犯弱势利益的同时还将部分非原产地名称保护模式的国家拒之门外，致使公约效力发挥受限。

上述世界知识产权组织（WIP）规范内三部国际公约对地理标志的跨国保护效果不尽如人意。在世界贸易组织（WTO）规范内扩大受保护地理标志品类并提高公约实际执行效力成为多数国家的现实需要。1994 年，TRIPS 首次将"地理标志"这一概念作为书面称谓并对其予以明确界定。其一，在设立地理标志最低保护标准的同时，允许缔约国自行选择契合本国国情的保护模式；其二，实行分类保护措施并借助世界贸易组织（WTO）的争端制裁机制对侵权行为予以惩戒。

4. 地理标志保护国际进展

TRIPS 的签订在地理标志国际保护史上留下了浓墨重彩的一笔，但其对根本性问题，即地理标志保护适用范围扩大化与否并未进行妥善解决。近年来，在相异利益诉求难以与 TRIPS 框架内达成一致的境况下，强弱两方势力各自独辟蹊径，通过双边及区域性谈判的重塑与整合试寻地理标志国际保护新方案以实现自身利益最大化。

从强势利益方来看，以欧盟为代表，一方面积极通过自由贸易谈判（FTA）扩大地理标志产品受保护地域范围；另一方面支持世界知识产权组织（WIP）重塑地理标志国际保护规则制定的主导权，即在相应组织框架内推动《原产地名称和地理标志里斯本协定日内瓦文本》的出台。

以美国为代表的弱势利益方，不甘示弱而踊跃通过《跨太平洋战略经济伙伴关系协定》（TPP）对相关成员国贸易往来中的地理标志保护行为进行规制。同以往在世界知识产权组织（WIP）和世界贸易组织（WTO）框架内通过多边谈判及协定维护自身利益的举措不同，在短期内地理标志保护纷争难以调和且多边国际协定保护效果欠佳的境况下，强弱两方势力转而通过双边及区域性谈判扩大各自版本的地理标志保护模式影响范围，其中，《日内瓦文本》《跨太平洋战略经济伙伴关系协定》（TPP）和《自由贸易协定》（FTA）等相关新协定与谈判相继落成。

（三）　国际模式

各国对地理标志都进行了不同程度的保护。法国及欧盟对地理标志保护立法较为完善，采取了专门立法保护模式。日本、瑞典等国家运用反不正当竞争法对地理标志进行保护。英国、美国、加拿大等国采用商标法模式对地理标志进行保护。西班牙则采取了混合立法保护方式，即在商标局之外另设地位独立的原产地名称局，当事人可以自己选择保护地理标志的机构。

1. 专门立法保护模式

该模式的立法形式：制定专门的地理标志保护法；特点：保护形式多、范围广、保护力度大，但保护、管理、注册、救济等成本高；采用国家：较多，通常是一些农业发达或地理标志农产品资源丰富的国家；代表国家：欧盟、东南亚各国。

专门立法保护模式是公权力参与保护力度最广的一种方式，即通过专门的立法，来确定地理标志的保护范围。当前，在世界范围内，通过专门立法进行农产品地理标志保护的国家有很多，代表性的有法国的《白兰地原产地名称法》、巴西的《农产品原产地和地理标志保护法》、印度的《农产品原产地法》、俄罗斯的《农产品地理标志保护与推广法》、马来西亚的《农产品地理标志保护法例》、印度尼西亚的《地理标志保护条款法》等。采取这种模式的国家，其农业一般比较发达，农产品资源丰富，同时国家权力体系庞大。虽然这些国家采取的保护模式是一样的，但是具体的保护范围及方式还是有所不同。

目前，欧盟统一的农产品地理标志保护立法主要有 2012 年欧洲议会通过的《关于农产品和食品的质量规划条例》（欧盟条例第 1151/2012 号），其适用于欧盟地区及与欧盟签订双边或多边协议的第三国，是欧盟农产品地理标志保护的基本法，该法确立了地理标志保护的含义、登记程序、注册方式、保护范围与方式等内容。

技术规范是农产品地理标志的核心内容，也是对农产品地理标志法律的细化，主要有以下方面：

（1）关于农产品的名称　农产品的名称应该是某一国家或地区的地理名称，也可以是传统意义上的国家或地区名称。如果不标明具体地区，该农产品必须与某一国家或地区的地理、人文、自然条件具有相关性。以下内容是禁止标注的：可能会误导消费者的植物名称或动物名称（但具有地理意义的除外）；侵犯其他商标或农产品声誉、市场认可度的；某种地理名称已经成为某种商品的通用名称，或是形容某一类型的产品，不能表示其产地涵义的。

（2）关于农产品的描述　任何农产品在描述时必须明确其特征且应该标注其与普通同类产品的差别，具体而言，在描述中应包括该农产品的形状、颜色、成分、过敏原、口味等。

（3）关于地域界定和产地证明　通常情况下，产地或地域通常是由人为因素确定的，人为因素不能确定的时候，可以按照行政区域来设定，即要求权利人在申请时提供相应的证明，如产地区域、生产地区、终端市场区域等。

（4）农产品的具体技术指标　根据欧盟相关法律，生产者可以在法律范围内自行确定技术规范，但需要经过该国主管部门或欧盟农业委员会审查，通过注册后，相关质量监管部门还需定期检查。

采取专门立法保护模式，其优点在于：①地理标志注册过程中严格的实质要件审查与公权力的强力监控，能够保证注册地理标志的农产品的品质和市场信誉，也能明确农产品与其来源地的关系。②对于生产者而言，可以按照地理标志商品与其他普通农产品之间的区别，实施差别化的销售策略，提升地理标志农产品的品质。③与普通的商标保护相比，地理标志农产品所有权人在处理纠纷时会降低维权成本。

缺点：①需要一套严格的审查与注册系统及相关的专业人员配置，在一定程度上会加大公权力的控制范围和政府的财政支出。②如果某种农产品在其他国家注册地理标志商标，则要求本国必须具备注册及认证系统，否则就无法享受到互惠政策。

2. 商标法保护模式

保护模式：商标法保护；立法形式：纳入已有的商标法体系；特点：相较于专门立法模式保护力度要弱，因其标准宽松，引起纠纷的概率比较大；采用国家：较多，主要集中在农业不发达或是农业高度集约化、高科技生产的国家；代表国家：美国、加拿大、澳大利亚、新西兰等国。

商标法保护模式，是将地理标志视为一种商标进行保护。一般的商标分为 3 种类型：普通商标、集体商标和证明商标。

从各国的立法实践看，集体商标或证明商标是主要形式，普通商标是补充形式。当前世界上有 13 个国家和地区实施的是农产品地理标志商标法保护模式。相关的法律法规有美国的《商标法》、加拿大的《商标法案》、澳大利亚的《商标保护法》、南非的《商标保护条例》、新西兰的《商标法案》、日本《商标保护法》、中国香港的《商标保护法例》等。这些主要是普通法系国家和地区或是受到普通法影响较大的国家和地区。值得注意的是，澳大利亚、新西兰、加拿大这些传统的普通法系国家针对烈性酒、葡萄酒实施的则是专门立法保护模式。

集体商标和证明商标的形式进行地理标志保护的优缺点如下：

优点：①可以用现行的法律体系来进行保护，无需额外立法，不会增加政府的管理成本，也便于民众接受。②有利于节省所有权人的注册成本，如果遇到侵权行为，可以按照商标侵权来进行法律救济。

缺点：①按照商标法律体系来进行地理标志保护，其准入标准比较宽松，消费者难以根据商标来判断农产品质量，也难以实现商品的差别化销售。②对于商标的所有权人来说，维护商标的成本高，因为注册部门难以对集体商标或证明商标进行实质审查，被他人抢注的机会增大。③一旦有人注册相近或类似的农产品，该种农产品就难以被注册。④集体商标或证明商标可能会将一些符合生产规范的生产者排除在外。

3. 混合保护模式

保护模式：混合模式；立法形式：专门的地理标志保护法和商标法同时存在；特点：集合了前两种模式的优势，保护力度强，因采用这类模式的国家较少，容易引起国际贸易争端；代表国家：中国、西班牙。

混合保护模式指的是既采取专门立法保护模式，又采取商标法保护模式。目前在世界上实施这种保护模式的国家较少，主要是西班牙和中国。

西班牙是欧盟仅次于法国、意大利的第三大农业国家，其农产品地理标志保护兼采了欧盟的专门立法模式，又增加了国内自身的商标法保护模式。目前，西班牙的地理标志及原产地标记的农产品较多，包括原产地标记的 88 种，原产地标记和商标同时保护的 72 种，涉及的农产品有橄榄油、火腿、腊肉等多种类型。西班牙作为欧洲唯一采用混合保护模式的国家，一方面，运用专门立法来为农产品提供地理标志保护，另一方面，还运用商标法规范，对地理标志农产品实施保护。在申请程序中，除了原产地名称局之外，商标局也可以受理。权利人可以同时选择商标注册保护和原产地标记保护。

西班牙加入欧盟后，即开始对其国内保护模式及相关法律进行修改，实现了与欧盟立法的对接。西班牙在引进欧洲立法的同时，结合本国的保护模式与农业发展情况，形成了基本与欧盟一致的专门保护立法，而对于葡萄酒和烈性酒，还是维持其国内的分级制度及相应的商标保护方式，维系其葡萄酒、烈性酒生产的传统与特色。西班牙在其农产品地理标志保护中，不仅注重欧盟统一立法的经验，还注重向意大利、法国学习地理标志保护的做法，将这些国家的经验融入其保护法律体系之中。

综上所述，一个国家采取何种方式来进行农产品地理标志保护，主要取决于该国的国情及法律体系状况。除了这些因素外，也需要考虑：①农产品的竞争力。以高科技、集约化方式进行生产的国家，一般采取商标法保护模式；以传统工艺生产作为竞争优势的国家，一般采取专门立法保护模式。②地理标志农产品的资源丰富程度。通常而言，地理标志农产品在一国比其他的农产品资源丰富，相关产业也比较发达，该国会选择专门立法的保护模式。③行政权力的大小。行政权力较大，对农产品保护较多的国家一般会选择专门立法保护模式。这3种农产品地理标志保护模式各具特色，各有利弊。

（四） 我国地理标志保护发展概况

1. 我国概况

作为具有悠久历史的文明古国，我国拥有大量适合地理标志保护的资源。但是我国现代地理标志保护是从1985年我国加入《保护工业产权巴黎公约》后才开始的。

我国地理标志保护采取的是混合保护模式。在2018年国务院机构改革方案实施以前，我国地理标志和原产地名称的保护已经形成三足鼎立的三种制度。由原国家工商行政管理总局商标局主持的集体商标、证明商标的保护模式（GI）；原国家质量监督检验检疫总局主持的原产地域产品的保护模式（PGI）；原农业部主持管理的农产品原产地标志保护模式（AGI）。

（1）集体商标、证明商标的保护模式（GI）的建立 1985年我国加入《保护工业产权巴黎公约》。最初是以行政文件的形式对原产地名称进行保护。1986年11月，国家工商行政管理总局商标局给安徽省工商局发出《县级以上行政区划名称作商标等问题的复函》，这是我国现行规章中最早的原产地名称保护案例。1989年10月，国家工商行政管理总局在工商标字（1989）第296号《关于停止在酒类商品上使用香槟或Champaghe字样的通知》中明确指出香槟不是葡萄酒的通用名称，而是属于法国的原产地名称。

1993年我国颁布了《商标法实施细则》。《商标法实施细则》第6条增加了有关集体商标、证明商标的内容，规定：经商标局核准注册的集体商标、证明商标受法律的保护。1994年12月和1995年2月，根据1993年修改的《中华人民共和国商标法》和《商标法实施细则》，国家工商行政管理总局分别发布《集体商标、证明商标注册和管理办法》和《集体商标与证明商标注册指南》，1995年3月1日起实行。《集体商标、证明商标注册和管理办法》第2条规定：证明商标是指由对某种商品或者服务具有检测和监督能力的组织所控制，而由其以外的人使用在商品或服务上，用以证明该商品或服务的原产地、原料、制造方法、质量、精确度或其他特定品质的商品商标或服务商标。在《集体商标与证明商标注册指南》第4部分原产地名称与证明商标中，明确指出：我国法律、法规将原产地名称或标志纳入证明商标保护范围。我国首次明确了以证明商标来保护地理标志。

2001年10月27日，全国人大常委会对《中华人民共和国商标法》进行第二次修改。修改后的《中华人民共和国商标法》第3条第3款规定：本法所称证明商标，是指由对某种商品或者服务具有监督能力的组织所控制，而由该组织以外的单位或者个人使用于其商品或者服务，用以证明该商品或者服务的原产地、原料、制造方法、质量或者其他特定品质的标志。第10条第2款规定：县级以上行政区划的地名或者公众知晓的外国地名，不得作为商标。但是，地名具有其他含义或者作为集体商标、证明商标组成部分的除外；已经注册的使用地名的商标继续有效。第16条规定：商标中有商品的地理标志，而该商品并非来源于该标志所标示的地区，误导公众的，不予注册并禁止使用；但是，已经善意取得注册的继续有效。前款所称地理标志，是指标示某商品来源于某地区，该商品的特定质量、信誉或者其他特征，主要由该地区的自然因素或者人文因素所决定的标志，进一步在商标法中明确了以注册证明商标保护地理标志。作为与世界贸易组织1994年制定的《与贸易有关的知识产权协议》衔接的措施，将地理标志纳入注册证明商标的保护范围，进一步明确了以注册商标保护地理标志的基本原则。

2002 年 8 月 3 日通过，2002 年 9 月 15 日正式实施的《商标法实施条例》第 6 条规定：商标法第 16 条规定的地理标志，可以依照商标法和本条例的规定，作为证明商标或者集体商标申请注册。以地理标志作为证明商标注册的，其商品符合使用该地理标志条件的自然人、法人或者其他组织可以要求使用该证明商控制该证明商标的组织应当允许。以地理标志作为集体商标注册的，其商品符合使用该地理标志条件的自然人、法人或者其他组织，可以要求参加以该地理标志作为集体商标注册的团体、协会或者其他组织，该团体、协会或者其他组织应当依据其章程接纳为会员；不要求参加以该地理标志作为集体商标注册的团体、协会或者其他组织的，也可以正当使用该地理标志，该团体、协会或者其他组织无权禁止。这是我国首次明确规定可以用注册集体商标来保护地理标志。

2003 年 4 月 17 日国家工商行政管理总局发布新修订的《集体商标、证明商标注册和管理办法》，进一步详细规定了以证明商标和集体商标保护地理标志。

（2）以地理标志产品对地理标志实施保护模式（PGI）的建立　从 1994 年开始，国家质量技术监督局为更好地履行提高特色产品质量的职能，同法国农业部、财政部、法国干邑行业办公室在地理标志产品保护方面进行了交流与合作。

1997 年国家主席江泽民同法国总统希拉克签署的《中法联合声明》和 1998 年国务院总理朱镕基同法国总理若斯潘签订的《中法关于成立农业及农业食品合作委员会的声明》中均提出要进一步加强两国在原产地命名和打击假冒行为方面的合作。

1999 年 7 月 30 日国家质量技术监督局根据《中华人民共和国产品质量法》，通过了《原产地域产品保护规定》，1999 年 8 月 17 日发布实施。《原产地域产品保护规定》第 2 条规定：本规定所称原产地域产品，是指利用产自特定地域的原材料，按照传统工艺在特定地域内所生产的，质量、特色或者声誉在本质上取决于其原产地域地理特征并依照本规定经审核批准以原产地域进行命名的产品。该《规定》第 5 条规定：国家质量技术监督局对原产地域产品的通用技术要求和原产地域产品专用标志以及各种原产地域产品的质量、特性等方面的要求制定强制性国家标准。据此，1999 年 12 月 7 日，国家质量技术监督局发布实施了 GB/T 17924—1999《原产地域产品通用要求》。这是我国第一部以地理标志产品对地理标志实施专门保护的部门规章，明确了我国原产地域产品保护的法律地位。

2001 年 3 月 5 日，国家出入境检验检疫局发布《原产地标记管理规定》和《原产地标记管理规定实施办法》，从 2001 年 4 月 1 日起施行。2001 年 4 月 10 日，国家出入境检验检疫局与国家质量技术监督局合并为国家质量监督检验检疫总局。2004 年 10 月，国家质量监督检验检疫总局成立科技司，设立地理标志管理处，专门负责地理标志产品保护工作。

2005 年 5 月 16 日，国家质量监督检验检疫总局通过《地理标志产品保护规定》，2005 年 7 月 15 日起施行。《地理标志产品保护规定》第 2 条：本规定所称地理标志产品，是指产自特定地域，所具有的质量、声誉或其他特性本质上取决于该产地的自然因素和人文因素，经审核批准以地理名称进行命名的产品。明确地理标志产品包括：来自本地区的种植、养殖产品；原材料全部来自本地区或部分来自其他地区，并在本地区按照特定工艺生产和加工的产品。《地理标志产品保护规定》第 8 条：地理标志产品保护申请，由当地县级以上人民政府指定的地理标志产品保护申请机构或人民政府认定的协会和企业（以下简称申请人）提出，并征求相关部门意见。《地理标志产品保护规定》第 17 条：拟保护的地理标志产品，应根据产品的类别、范围、知名度、产品的生产销售等方面的因素，分别制订相应的国家标准、地方标准或管理规范。《地理标志产品保护规定》第20条：地理标志产品产地范围内的生产者使用地理标志产品专用标志，应向当地质量技术监督局或出入境检验检疫局提出申请。

2016年3月28日，国家质量监督检验检疫总局印发、施行《国外地理标志产品保护办法》，根据对等原则，加强、规范对在我国销售的国外地理标志产品的保护。

（3）农产品地理标志保护制度（AGI）的建立 2007年12月25日发布，2008年2月1日施行的《农产品地理标志管理办法》，是农业部依据《中华人民共和国农业法》和《中华人民共和国农产品质量安全法》制定的我国第一部以农产品地理标志对地理标志实施保护的专门的部门规章。同时标志着全国统一的农产品地理标志登记保护工作全面启动。

《农产品地理标志现场检查规范》2008年4月8日实施；《农产品地理标志登记程序》和《农产品地理标志使用办法》2008年8月8日发布实施。

上述法规以及《农产品地理标志产品品质鉴定规范》《农产品地理标志专家评审规范》《中华人民共和国农产品地理标志质量控制技术规范（编写指南）》等一系列管理办法和规范，构建起我国农产品地理标志保护制度的基本框架。

2013年，开展了全国地域特色农产品资源普查，列入《全国地域特色农产品普查备案名录》的产品6839件。截至2015年年底，全国通过申报、现场核查、专家答辩、公告等程序，经农业部登记保护的农产品地理标志1896件，覆盖全国多数地区，涉及果蔬、粮食、畜禽、水产多个行业的各个品类。

总体而言，GI、PGI和AGI三套认定与管理体系尽管在法律内涵、申报注册程序、管理监督上存在较大差异，但在命名规则与申报准入等方面基本保持一致。从命名规则来看，均为产品所处地理区域名称与品类名称二者共同构成。从申报准入要求看，三者皆强调地理标志产品须兼具独特品质与特定地理来源等特性。此外，在地理标志使用权与所有权上，三套认定管理体系均在不同程度上体现了两权分离的特征，地理标志实际使用主体与其所有者通常不具有一致性。

2. 三足鼎立到齐平如衡

2018年，国家工商总局与国家质检总局经新一轮国务院行政机构改革后统一合并为国家市场监督管理总局，下设国家知识产权局。经调整，原国家工商总局认定及管理职权与原国家质检总局地理标志产品认定及管理职权统一交由国家知识产权局执行。与此同时，农业部也实行机构调整，组建农业农村部，负责农产品地理标志的认定及管理工作。

地理标志认定与管理工作从原先的三元管理模式变更为农业农村部、国家知识产权局主导的二元管理模式。

2019年，由农业农村部牵头的"地理标志农产品保护工程"与国家知识产权局主导的"地理标志运用促进工程"相继落地实施。此外，为推进GI和PGI两套地理标志认定与管理体系在政策及保护标准上实现有效衔接，国家知识产权局一方面牵头制定"地理标志专用标志"且将其纳入官标保护范畴，同时积极推进专用标志更换工作与核准使用改革试点；另一方面印发《地理标志专用标志使用管理办法（试行）》，并将原《地理标志产品保护规定》纳入立法修改范畴，以此逐步实现同一部门两套不同认定与管理体系向单一认定与管理体系的过渡。

3. 我国地理标志农产品保护事业的发展

（1）国内三套地理标志认定及管理体系自诞生以来保护成效极为显著　截至 2020 年 12 月底，国内登记在册的农产品地理标志数量达 3268 个；截至 2020 年 10 月底，全国累计注册 5935 件地理标志商标，批准 2385 个地理标志产品；建设覆盖三区三州、所有国家扶贫开发工作重点县以及 14 个集中连片特困地区的地理标志产品保护示范区 24 个。在地理标志品牌发展模式上，中国初步形成了传统产区发展模式、现代农业园区发展模式、地理标志特色小镇发展模式、企业博物馆发展模式以及一村一品发展模式五大类。

（2）国家层面对地理标志保护的重视程度进一步提升，地理标志相关保护工程日渐被提上国家议程　2019 年《政府工作报告》首次就地理标志农产品保护工程提出部署工作。2019 年 8 月，地理标志运用促进工程在国家知识产权局推动下顺利开展，运用地理标志精准扶贫，推广"商标富农"及"公司+商标品牌（地理标志）+农户"产业化经营模式。

除政府部门主导的国家级地理标志保护工程外，一些行业组织、公益组织和科研院校也积极参与地理标志品牌遴选与相关理论构建，地理标志保护工程主要呈现政府部门主导，民间组织协同参与的态势。

（3）国际合作　地理标志因其知识产权属性，历来是跨国经济贸易谈判场上的核心议题。为掌握地理标志国际谈判主动权，2011 年，中方谈判团队同欧盟、德国就中欧地理标志保护及经济贸易合作展开谈判。2012 年，为协同解决亚太地区长期在国际区域竞争及贸易往来中的被动局面，强化含地理标志在内的知识产权保护力度，中国积极响应东盟十国关于构建区域全面经济伙伴关系合作框架的倡议，并于次年启动谈判进程。2020 年，中欧地理标志谈判成果《中欧地理标志协定》和中国同东盟十国，以及日本、韩国、新西兰、澳大利亚共 15 国的区域合作谈判成果《区域全面经济伙伴关系协定》（RECP）相继落地，凸显了中国在推动双边及区域性国际经济贸易友好合作与地理标志国际保护方面所做的良好表率。

在地理标志跨国合作交流上，中国主动参与其中并发挥重要作用。2007 年北京首次承办世界地理标志大会。2017 年，该盛会再度落户中国扬州，将近 60 个国家和地区及国际组织与会并针对地理标志管理与国际保护议题展开研讨。

三、 无公害食品、 绿色食品、 有机食品、 地理标志农产品的定义、 标志及含义

（一） 无公害食品

1. 无公害食品的定义

无公害食品是指产地环境、生产过程、产品质量符合国家有关标准和规范的要求，经认证合格获得认证证书并允许使用全国统一的无公害农产品标志的未经加工或初加工的食用农产品。这类产品生产过程中允许限量、限品种、限时间使用人工合成的化学物质。

2. 无公害食品标志及含义

无公害食品标志图案由麦穗、对钩和无公害农产品字样组成，麦穗代表农产品，对钩表示合格，金色寓意成熟和丰收，绿色象征环保和安全。标志图案直观、简洁、易于识别，含义通俗易懂，如图 3-1 所示。

图 3-1　无公害食品标志

（二）绿色食品

1. 绿色食品的定义

绿色食品是指遵循可持续发展原则，按照特定生产方式生产，经中国绿色食品发展中心认定，许可使用绿色食品标志，无污染、安全、优质、营养的食品，其等级分为 A 级和 AA 级。

2. 绿色食品标志及含义

绿色食品标志整个图形呈正圆形，意为保护，其中上方为太阳变体，下方为植物叶片和中心的菇蕾，分别表示生态环境、植物生长和生命的希望。告诉人们绿色食品来自洁净、良好的生态环境，提示人类要保护环境，通过改善人与环境的关系，创造自然界新的和谐，如图 3-2 所示。

绿色食品标志是由中国绿色食品发展中心在国家商标局正式注册的证明商标，用于标识安全、优质的绿色食品。

图 3-2　绿色食品标志

3. A 级和 AA 级绿色食品

绿色食品根据标准的不同分为 A 级和 AA 级绿色食品。

A 级绿色食品：在生态环境质量符合规定标准的产地，允许生产过程中化学合成物质限量、限种类使用，按一定的生产操作规程生产、加工、包装，产品质量经检测、检查符合特定标准，并经专门机构认定，许可使用 A 级绿色食品标志的产品。

AA 级绿色食品：在生态环境质量符合规定标准的产地，生产过程中不使用任何有害的化学合成物质，按特定的生产操作规程生产、加工，产品质量及包装经检测、检查符合特定标准，并经专门机构认定，许可使用 AA 级绿色食品标志的产品。AA 级绿色食品与有机食品是同一档次的食品。

AA级绿色食品与A级绿色食品的主要区别在于生产技术标准的不同，AA级要求完全按有机农业生产方式生产，A级要求基本按有机农业生产方式，但可适当保留常规生产方式。

（三） 有机食品

1. 有机食品的定义

有机食品是指按照有机农业生产标准，在生产中不采用基因工程获得的生物及其产物，不使用化学合成的农药、化肥、生长调节剂、饲料添加剂等物质，采用一系列可持续发展的农业技术，生产加工，并经专门机构严格认证的一切农副产品。在我国，认证的专门机构为国家有机食品发展中心。

2. 有机食品标志及含义

有机食品标志如图3-3所示，采用国际通行的圆形构图，以手掌和叶片为创意元素，包含两种景象：一是一只手向上持着一片绿叶，寓意人类对自然和生命的渴望；二是两只手一上一下握在一起，将绿叶拟人化为自然的手，寓意人类的生存离不开大自然的呵护，人与自然需要和谐美好的生存关系。图形外围绿色圆环上标明中英文"有机食品"。

图3-3 有机食品标志

（四） 无公害食品、 绿色食品与有机食品的关系

安全食品原料主要包括无公害农产品、绿色食品、有机食品。这三类食品就像一个金字塔，塔尖是有机食品，中间是绿色食品，食品塔基是无公害食品，塔基越往上要求越严格，如图3-4所示。

图3-4 无公害食品、 绿色食品与有机食品之间的关系

（五） 地理标志农产品

地理标志农产品标志，是指指示农产品来源于特定地域，产品品质和相关特征主要取决于自然生态环境和历史人文因素，并以地域名称冠名的特有农产品标志。

根据《农产品地理标志使用规范》，农产品地理标志使用规范如下：农产品地理标志实行公共标识与地域产品名称相结合的标注制度。

公共标识基本图案由中华人民共和国农业部中英文字样、农产品地理标志中英文字样和麦穗、地球、日月图案等元素构成。公共标识基本组成色彩为绿色（C100Y90）和橙色（M70Y100），如图3-5所示。

图3-5 地理标志农产品标志

四、 无公害食品、 绿色食品、 有机食品的必备条件

（一） 无公害食品必备条件

1. 产品的原料产地符合无公害食品生产基地的生态环境质量标准。农作物种植、畜禽饲养、水产养殖及食品加工符合无公害食品生产技术操作规程。

2. 产品符合无公害食品产品标准

（1）产品的包装、贮运符合无公害食品包装贮运标准。

（2）产品生产和质量必须符合国家食品卫生法的要求和食品行业质量标准。

（二） 绿色食品必备条件

1. 产地的空气质量、灌溉及渔业水质、畜禽养殖用水和土壤的质量符合特定标准。

2. 生产过程中使用的农药、肥料、食品添加剂、饲料添加剂、兽药和水产养殖药的种类和用量及使用方法符合特定标准。

3. 产品的外观品质、营养品质及卫生品质符合特定标准，加工品主要原料必须来自绿色食品产地，按绿色食品生产技术操作规程生产出来的产品。

4. 产品的包装、标签及贮藏和运输符合特定标准。

（三） 有机食品必备条件

1. 原产地前三年没有使用任何农用化学物质，无任何污染。

2. 生产过程中不使用任何化学合成的农药、肥料、饲料、生长素、兽药、渔药等。

3. 加工过程中不使用任何化学合成的食品防腐剂、色素、添加剂和采用有机溶剂提取等。

4. 贮藏、运输过程中未受有害化学物质的污染。

5. 必须符合国家食品卫生法的要求和食品行业质量标准。

第二节　食品原料质量安全管理体系

一、ISO9000 族质量管理体系标准

（一）　质量管理体系标准的产生和发展

国际标准化组织（ISO）在 1970 年成立了认证委员会，1980 年 ISO 成立了质量管理和质量保证技术委员会（ISO/TC176）。

质量管理和质量保证技术委员会于 1994 年提出 ISO9000 族的概念，ISO9000 族是指由 ISO/TC176 制定的所有国际标准。2000 年 12 月 15 日 ISO 正式发布 ISO9000、ISO9001 和 ISO9004 国际标准。ISO9000 族标准问世以后，极大地促进了世界各国推行质量管理与管理体系认证。我国已全部等同采用 ISO9000 系列标准作为国家标准。

（二）　ISO9000 族文件的主要结构

目前，ISO9000 族文件的结构共分核心部分、其他标准、技术报告或技术规范或技术协议和小册子四个部分，其中第一部分——核心标准包括：

ISO9000：2015：GB/T 19000—2016《质量管理体系　基础和术语》

ISO9001：2015：GB/T 19001—2016《质量管理体系　要求》

ISO9004：2018：GB/T 19004—2020《质量管理体系　业绩改进指南》

ISO19011：2018：GB 19011—2021《管理体系审核指南》

以上四项标准构成了一组密切相关的质量管理体系标准，也称 ISO9000 族核心标准。

（三）　ISO9000 系列标准的基本原则

ISO9000 族标准的作用，是帮助各种类型的组织实施并运行有效的质量管理体系。国际化标准化组织（ISO）总结为质量管理七项原则，这些原则适用于所有类型的产品和组织，成为质量管理体系的理论基础。

七大质量管理原则：①以顾客为关注焦点；②领导作用；③全员参与；④过程方法；⑤改进；⑥循证决策；⑦关系管理。

（四）　实施 ISO9000 族标准的作用

ISO9000 族标准的作用，是帮助各种类型和组织实施并运行有效的质量管理体系。归纳起来，实施 ISO9000 族标准有如下作用：

（1）ISO9000 为企业提供了一种具有科学性的质量管理和质量保证方法和手段，可以用以提供内部管理水平。

（2）文件化的管理体系使全部质量工作有可知性、可见性和可查性，通过培训使员工更理解质量的重要性及对其工作的要求。

（3）可以使企业内部各类人员的职责明确，避免推诿。

（4）可以使产品质量得到根本保证。

（5）可以为客户和潜在客户提供信心。

（6）可以提高企业的形象，增加竞争力。

（五）　ISO9000 标准的应用

影响产品质量的因素很多，单纯依靠检验只不过是从生产的产品中挑出合格的产品，不可能以最佳成本持续稳定地生产合格品。ISO9000 系列标准是在确保影响质量的技术、管理和人的因素处于受控状态，这种控制的目的是减少、预防、消除不合格的产品。这就是 ISO9000 系列标准的基本思想。具体做法是：

1. 建立控制所有过程的质量体系

要达到这个基本思想，必须控制所有过程的质量。正如绿色食品的质量管理提出的从农田到餐桌的全程质量管理，过程控制的出发点是预防产品不合格。

2. 建立并实施文件化的质量体系

这个质量体系文件是指质量手册、质量体系程序和其他质量文件。质量手册是按该组织规定的质量方针和适用的 ISO9000 系列标准描述质量体系的文件。质量体系程序是该组织职能部门使用的文件，是为了控制每个过程的质量如何进行而规定有效的措施和方法。

3. 建立持续的质量改进体系

质量改进包括产品质量改进和工作质量改进。为了指导组织实施质量改进，ISO9000 系列标准中专门有一个质量改进的标准（ISO9004-4）。没有改进的质量体系只能维持质量，维持就是不进则退，在激烈的竞争中必然落后。

4. 建立评价质量体系

定期评价质量体系的目标是确保各项质量活动的实施及其结果符合计划安排，确保质量体系持续的适宜性和有效性。质量评价的方法有质量体系审核和管理评审两种方法。

二、　ISO14000 环境管理体系

（一）　ISO14000 系列标准的产生

1993 年国际标准化组织正式成立了环境管理技术委员会（ISO/TC207），正式开展环境管理国际通用标准的制定工作。1996 年国际标准化组织发布了 ISO14000 的五项国际标准，我国同样采用了该标准。

（二）　ISO14000 的构成

1. ISO14001：2015：GB/T 24001—2016《环境管理体系　规范文件使用指南》。

2. ISO14004：2016：GB/T 24004—2017《环境管理体系　通用实施指南》。

3. ISO14040：2006：GB/T 24040—2008《环境管理　生命周期评价　原则与框架》。

（三）　实施 ISO14000 标准的作用

绿色食品和有机食品是从保护环境角度开发的环保食品，实施 ISO14000 环境管理标准是绿色食品和有机食品企业理所应当的事情。通过实施 ISO14000 标准，对企业来讲，可以起到如下作用：

1. 规范企业的环境管理

企业在建立和实施 ISO14000 环境管理体系的同时，规范了企业的环境管理行为，使企业建立并保持自我约束、自我调节、自我完善的运行机制，为企业实施其他标准提供基本保证。通过 ISO14000 标准的实施，对国际和国内的环境法律、法规等标准的认识更加深刻，并能自觉学习和执行。

2. 降低成本，提高效益

ISO14000 标准要求对企业的生产进行全过程的控制，其核心是减少污染和废弃物排放，保护环境。因此，在企业生产中如何节省能源和原料的消耗，对废弃物最大限度的回收利用，都是该标准要考虑的范围。因此，企业通过 ISO14000 的实施可降低产品成本，提高企业经济效益。

3. 提高企业员工的环保意识

通过 ISO14000 标准的培训，使员工认识到当代环境问题的严重形势；理解保护环境和节约资源是我们的共同责任，增强了员工爱护环境、保护环境，为子孙后代提供一个永续生存环境的使命感。

4. 提高企业的社会形象和产品的竞争能力

企业通过 ISO14000，不但顺应国际和国内在环保方面越来越高的要求，不受国内外在环保方面的制约，而且可以满足当今经济体系和经济增长模式的要求，跻于现代经济发展的浪潮而不被淘汰。此外，国内外实施 ISO14000 的企业在政策和待遇方面给予的鼓励和优惠，会有利于企业良性和长期发展。通过实施 ISO14000 标准提高了企业的社会形象和产品的知名度，有利于产品在市场上的竞争能力。

（四）　ISO14000 和 ISO9000 的异同

1. 相似点

ISO9000 标准和 ISO14000 环境管理标准都是由国际标准化组织（ISO）推出的管理标准；两个标准适应国际科学、技术、社会活动的需要，使质量管理体系标准化、国际化；ISO9000 和 ISO14000 遵守共同的管理体系原则和体系；两个标准的运行模式相似，为螺旋式上升管理模式（PDCA），两个标准有相同的管理思想；ISO9001 和 ISO14001 都是两个标准的龙头标准。

2. 不同点

ISO9000 和 ISO14000 两个标准产生的背景有所不同，ISO9000 系列标准主要是针对组织活动、产品和服务过程中质量要求而制定的，而 ISO14000 系列标准主要针对组织活动、产品和服务过程中环境影响而制定的；ISO9000 系列标准服务的对象是顾客，重点是产品的质量和服务质量，而 ISO14000 系列标准的服务对象是顾客、职工、合同方、社区乃至政府，标准的重点是组织活动、产品、服务过程对环境的影响，向社会及各方相关方提出要遵守环境法律，对环境要预防，以达到经济增长和可持续发展的目的。

三、　我国无公害食品、绿色食品、有机食品产品质量安全控制体系

无公害食品、绿色食品、有机食品产品质量控制体系，从宏观上讲，是在生产、加工、贸易、服务等各个环节进行规范约束的一整套管理系统和文件规定；从微观上讲，是一个基地内部的质量管理和文档记录系统，它是产品质量的源头。只有这样，才能为消费者提供从农田到餐桌的产品质量保证，维护消费者对无公害食品、绿色食品、有机食品的信心。

（一）　政府监督和政策法规体系

1995 年，自农业部下达无公害食品行动计划以后，山东等部分省市制定了各自的无公害食品标准，有些还制作了无公害农产品标志，2001 年，农业部启动了全国无公害食品行动计划后，2002 年，农业部和国家质检总局联合发布了《无公害农产品管理办法》，农业部质量安全中心制定颁布了《无公害农产品标志管理办法》，制定了《无公害农产品产地认定程序》和

《无公害农产品认定程序》等，使无公害食品的管理、认证工作走上了正轨。

欧美等发达国家非常重视有机农业的发展，在法律法规的制定完善、管理体制的建立健全、专项资金的扶持及宣传推介等方面，形成了一整套成熟的适合本国国情的有机农业发展体系。有机产品与常规产品的重要区别在于生产过程中不使用化学合成的农药、化肥及生长调节剂等物质，因此有机生产中的投入品是主要风险因素。欧美等发达国家主要通过法律强制、经济激励及公众参与等措施促进化肥减量使用和有机农业的发展。

中国有机食品产生和国外相比起步较晚，但发展速度很快。于 2005 年颁布了有机产品国家标准 GB/T 19630—2005《有机产品》，2019 年再次进行了修订。该系列标准是以国际有机农业运动联合会（IFOAM）制定的《有机生产和加工基本标准》为基础，借鉴国际食品法典以及欧盟有机产品标准和其他国际标准，并结合我国实际情况进行编制的。

在国家环保总局有机食品发展中心成立以后，制定了认证标准和技术规范，和国家环境保护总局一起共同负责实施有机食品的管理和监督。进一步规范认证行为、完善认证程序，加强认证后监督，引导认证机构拓展技术输出类型，而非单一地将盈利点放在认证收费上。与此同时，进一步推动有机认证互认政策的实施，通过对我国与他国有机农产品认证现状和法律法规互认可行性的研究，开展有机农产品认证互认合作，减少由不同认证机构多重认证、多重标准等问题造成的贸易成本及贸易壁垒，建立动态可追踪的质量管理体系，对有机产品生产企业进行动态监管，提高有机产品认证的公信力，挖掘有机产品的国际市场。

（二） 无公害食品、 绿色食品、 有机食品机构的认证和认可

1. 认证

认证就是由认证机构根据认证标准在对有机生产或加工企业进行实地检查之后，对符合认证标准的产品颁发证明的过程。未经过有机认证的产品，不能称为有机食品。因此，认证本身就是一个产品质量控制进程，而且是其中关键一环；认证机构是有机食品质量控制体系的一个重要组成部分。

目前，中国的有机食品认证机构有生态环境部有机食品发展中心，中国农业科学院有机食品认证机构等单位。绿色食品的认证中心是中国绿色食品发展中心。

在国外，一个国家有许多民间的认证机构，每个认证机构都有自己的标准，一般以国际有机农业运动联合会（IFOAM）基本标准为基础，而制定自己认证机构的标准，其标准要求更严格、更具体。IFOAM 基本标准是唯一的有机产品标准，在国际标准化组织的 ISO 名录中获得注册。目前，中国有的企业为使自己的有机产品进入国际市场，正在或已获得有机食品的认证。在选择国外认证机构时，要进行认真的考察。选择有权威性的认证机构，因为认证的好坏，全在于认证机构，保证认证机构的认证质量是有机食品质量控制的主要内容。

2. 认可

认可可以简单理解为对认证机构的全面审核，正如认证机构根据一套标准对要获得认证的生产者进行评价一样，认可机构也要根据一套认可标准对认证机构进行评价。2002 年，我国成立了国家有机（食品）认可委员会，这样，对中国的有机食品认证机构进行全面审核，起到一个全面督管的职能。

（三） 标志管理

有机食品和普通食品的区别，从产品包装上看，其区别是有机食品的包装上有有机食品的标志。只有获得认证的有机食品才可使用有机食品的标志。当消费者看到具有有机标志的产品

时，就知道确实是有机食品，并能从标志看出是由哪个认证机构认证的。

有机食品发展中心（OFDC）的标志是注册商标，只有获得 OFDC 认证的产品可以使用此标志。因此，有机食品的标志管理是有机食品质量管理体系的重要内容之一。

（四） 生产基地质量控制体系

有机食品生产基地是有机食品质量控制的源头。它包括生产基地的文档记录系统和组织管理系统。文档记录系统是文字的东西，只有组织管理系统，质量控制才有保证，因此，生产基地的组织管理系统也是内容质量控制的一部分。组织管理系统负责质量控制工作，负责制定 GMP 和监督 GMP 的实施；负责确定生产过程的 HACCP 管理和具体措施等质量控制手册。

第三节　绿色食品、有机食品质量检验与评价

一、绿色食品质量检验与评价

（一） 检验的类别

绿色食品的检验从工作性质可分为绿色食品产品标志申报检验和具有绿色食品标志的产品抽样检验两种。

1. 标志产品申报检验

申报绿色食品标志产品使用权的企业，在完成其他种类申报材料如企业概况、产地环境监测和评价申报等之后，委托绿色食品质量检验中心对申报使用绿色食品标志的产品进行的产品质量检验。

申报检验的产品样品，一般由省绿色食品管理部门有关人员负责抽取，或由申报企业按规定取样后送绿色食品检测中心。一般情况下，对第一次检验不合格的产品，未经中国绿色食品发展中心许可，检测中心不得安排复检，并且中国绿色食品发展中心当年也将不再受理该产品的绿色食品申报工作。因此，绿色食品的产品检验工作，对该产品能否获得绿色食品标志的使用权具有重要作用。

2. 标志产品抽样检样

为了随时掌握已获得绿色食品标志使用权的绿色食品产品质量，防止出现质量问题，中国绿色食品发展中心每年都要指定有关的绿色食品质量监督检验中心对部分产品进行抽检。

抽检工作一般由绿色食品检测中心按照有关抽样检测文件的要求，到绿色食品生产企业抽取样品。经绿色食品检测中心对抽检样品检验后，如果生产企业对绿色食品检测中心出具的检测报告持有异议，可以要求绿色食品检测中心复检。对抽检不合格的绿色食品产品，中国绿色食品中心将按照有关规定对该企业提出处理或整改意见。

（二） 检验的内容

绿色食品的种类、品种繁多，其成分各不相同，不同的绿色食品要求检测的项目有所差别。绿色食品是无污染的安全、优质、营养类食品，其检测项目又不同于普通食品，因此，绿色食品比普通食品检测的项目更多。

1. 感官检验

感官检验是食品质量检验的主要方法之一，在绿色食品检验中也是如此，根据绿色食品的质量标准，对其色、香、味、形等指标进行检验。

2. 营养成分检验

食品的营养成分主要有水分、矿物质、蛋白质、脂肪、碳水化合物、有机酸和维生素等。绿色食品的营养成分和普通食品的营养成分基本相同。特殊的食品，有其特有的营养成分。如绿茶脂肪等含量很少，但抗氧化成分茶多酚含量较高。

3. 食品添加剂检验

AA级绿色食品禁止使用化学合成的食品添加剂；A级绿色食品限量使用限定的食品添加剂，因此，在绿色食品检验中，必须对绿色食品中的添加剂进行定性和定量分析，这是绿色食品检验工作中的重要内容。

4. 有害物质检验

绿色食品的特征之一是无污染的安全食品，因此，必须对绿色食品中对人体有害的物质进行检验。有害物质主要有农药残留、有害元素、有毒物质、细菌、霉菌及其毒素等。

（1）农药残留　由于环境的污染，植物食品和动物食品都存在不同程度的农药残留，为了保证绿色食品的安全，必须要对其农药残留进行分析检验。对大多数绿色食品一般要进行有机氯和有机磷农药残留的检测，其他种类的农药的检测，根据产品不同进行不同项目检测。

（2）有害元素　绿色食品中有害元素的检测，主要有镉、汞、砷、铝、锡、铜、铬等微量元素。另外，加工食品中产生的有害物质也必须检测。如在腌制肉类时，绿色食品不允许加的发色剂——硝酸盐和亚硝酸盐；在烧烤和烟熏等加工食品中可能形成的致癌物质苯并芘等。

（3）硝酸盐　蔬菜在种植时，如果施用氮肥过多，也可能硝酸盐超标，因此，对绿色食品蔬菜，一般要检验硝酸盐含量。

（4）食品的塑料包装　如果包装质量较差，也存在有害物质，如多氯联苯、聚氯乙烯、荧光增白剂等，都可能对食品造成污染。

（5）微生物　绿色食品在生产、流通、贮藏等过程中会产生不同程度的微生物污染，这些微生物主要是对人体有害的细菌、霉菌及所产生的毒素。如玉米、大米、花生等粮食及其制品，在贮藏中相对湿度大、温度高时，会产生毒菌，进而产生对人体致癌的毒素——黄曲霉毒素。从保护消费者健康和安全角度，这些项目是检验必不可少的内容。

二、有机食品质量检验与评价

（一）农业环境检验

1. 大气环境检验

大气环境应符合 GB 3095—2012《环境空气质量标准》，主要项目有总悬浮微粒、飘尘、二氧化硫、氮氧化物、一氧化碳、光化学氧化剂。

2. 生产用水检验

生产用水检验包括有机农田灌溉用水、渔业用水、禽畜饮用水、食品加工用水。有机农田灌溉用水主要项目有 pH、汞、砷、铅、镉、铬（六价）、硫酸盐、硫化物、氟化物、氰化物、石油类、有机磷农残、六六六、滴滴涕、大肠杆菌。

有机渔业水质检验包括感官（色、臭、味）、漂浮物质、pH、溶解氧、生化需氧量

（BOD）、大肠杆菌、汞、砷、铅、镉、铬（六价）、氟化物、氰化物、有机磷农残、六六六、滴滴涕。

有机禽畜饮用水检验包括感官（色、臭、味）、pH、总硬度、氟化物、氰化物、汞、砷、铅、镉、铬（六价）、硝酸盐、有机磷农残、六六六、滴滴涕、细菌总数、大肠杆菌。

有机（天然）食品加工用水检验包括感官（色、臭、味）、肉眼可见物、pH、总硬度、挥发酚类、氟化物、氰化物、汞、砷、铅、镉、铬（六价）、硝酸盐、有机磷农残、六六六、滴滴涕、细菌总数、大肠杆菌。

3. 土壤检验

有机农业生产的土壤耕性应良好，无污染，需进行重金属铜、铅、镉、砷、汞、铬的检验，有机磷农残、六六六、滴滴涕均不得检出。

（二） 有机（天然） 食品检验

有机食品发展中心将根据食品行业（如粮油、肉与肉制品、蛋与蛋制品、水产品等）的不同特点，按照国家卫生法的要求及行业检测标准和有机（天然）食品加工的规定，拟定各自的检验项目，主要项目有：

1. 理化检验

感官检验（色、香、味）、相对密度、水分、灰分、蛋白质、脂肪、碳水化合物（还原糖、蔗糖、淀粉、膳食纤维）、重金属（汞、砷、铅、镉、锡）、氟。

2. 卫生检验

执行国家食品卫生标准。农药残留量的测定，包括有机磷农药残留量、六六六、滴滴涕等；食品添加剂的检验，包括亚硝酸盐与硝酸盐、亚硫酸盐、糖精、山梨酸、苯甲酸、人工合成色素等；微生物的检验，包括细菌总数、大肠菌群、沙门氏菌、副溶血性弧菌、葡萄球菌等。

三、 检验的程序与方法

（一） 检验的程序

无公害食品、绿色食品、有机食品分别由各中心指定的食品质量监督检测中心接受，或者委托，制定检测计划。质量监督检测中心按照绿色食品检测工作抽样规范要求，到生产企业或该企业提供的供货地点抽取检测样品；或接受受检企业提供的具有代表性的受检产品作为检测样品。

1. 采取的样品必须具有代表性和均匀性，采样时必须认真填写采样记录，写明样品的生产日期、批号、采样条件和包装情况。

2. 外地调入的食品应根据运货单、食品检验部门或卫生部门的化验单等了解起运日期、来源、地点、数量和品质以及食品的运输、贮藏等基本情况，并填写检验项目及采样人。

3. 样品的数量必须能反映该食品的卫生质量和满足检验项目对试剂用量的需求，并且一式三份供检验、复检和备查用，一般情况下，每份样品的质量不得少于 0.5kg，根据 GB/T 10111—2008《随机数的产生及其在产品质量抽样检验中的应用程序》利用承机数骰子进行随机抽样。

4. 将供检验的样品根据检验项目要求进行样品处理，制成相应的待测试样，同时将复检及备查样品妥善保管。

5. 样品送交检验室按照法定检测方法检测。

6. 提交的检验报告单必须经三级审核后，由检测中心负责人签批后报有关部门及受检企业。

7. 受检企业如对检验结果持有异议，可以接到检验报告一个月内，向检测中心或绿色食品主管部门提出复检申请。

8. 复检工作，严格按照检测工作的有关规定执行。

（二）　检验方法

1. 检验规则

（1）检验方法中所采用的名词及单位制均应符合国家规定的标准及法定计量单位。

（2）检验方法中所使用的水，在没有注明其他要求时，指纯度能满足分析要求的蒸馏水或去离子水。

（3）检验工作中所有用到的计量检测器具，如砝码、滴定管、容量瓶、刻度吸管及分光光度计等度量器具，必须要根据国家计量法的有关要求，定期到计量检定部门进行计量检定，以保证检验结果的准确性。

（4）检验数据的计算和取值应遵循有效数字法则及数字修约规则。

（5）检验时必须做平行试验。

（6）检验结果表示方法要按照相应标准的规定执行。

2. 检验方法选择

绿色食品检测所采用的方法要严格按照相关产品质量标准中列出的检测方法执行，对产品标准中未列出检测方法的项目，要按照国家标准、行业标准或参考适当的国际标准执行。在国家标准检测方法中同一检验项目如有两个或两个以上检验方法时，绿色食品检测中心可根据不同的条件选择使用，但以第一法为仲裁法。

在绿色食品检测工作中所采用的产品分析方法有：感官检验法、化学分析法、仪器分析法和微生物分析法。检验方法确定之后，必须严格按照该检验方法进行检验。

第四节　无公害食品、绿色食品、有机食品、农产品地理标志的申报与管理

一、无公害食品的申报与管理

（一）　无公害食品的申报程序

1. 申请人从农业农村部农产品质量安全中心、分中心或所在地省级无公害农产品认证归口单位领取，或者从网上下载《无公害农产品认证申请书》及有关资料。

2. 申请人直接或者通过省级无公害农产品认证归口单位向申请认证产品所属行业分中心提交以下材料（一式两份）：

（1）《无公害农产品认证申请书》。

（2）《无公害农产品产地认定证书》（复印件）。

（3）产地《环境检验报告》和《环境现状评价报告》（2年内的）。

（4）产地区域范围和生产规模。

（5）无公害农产品生产计划。

（6）无公害农产品质量控制措施。

（7）无公害农产品生产操作规程。

（8）专业技术人员的资质证明。

（9）保证执行无公害农产品标准和规范的声明。

（10）无公害农产品有关培训情况和计划。

（11）申请认证产品上个生产周期的生产过程记录档案（投入品的使用记录和病虫草鼠害防治记录）。

（12）公司加农户形式的申请人应当提供公司和农户签订的购销合同范本、农户名单以及管理措施。

（13）要求提交的其他材料。

3. 农业农村部农产品质量安全中心自收到申请材料之日起，在 10 个工作日内完成申请材料的审查工作。

4. 申请材料不符合要求的，农业农村部农产品质量安全中心书面通知申请人，本生产周期内不再受理其申请。

5. 申请材料不规范的，农业农村部农产品质量安全中心书面通知申请人补充相关材料。申请人在 15 个工作日内按要求完成补充材料并报中心。农业农村部农产品质量安全中心在 5 个工作日内完成补充材料的审查工作。

6. 申请材料符合要求但需要对产地进行现场检查的，农业农村部农产品质量安全中心应当在 10 个工作日内作出现场检查计划并组织有资质的检查员和专家组成检查组，同时通知申请人并请申请人予以确认。检查组在检查计划规定内完成检查工作。

现场检查不符合要求的，农业农村部农产品质量安全中心书面通知申请人，本生产周期内不再受理其申请。

7. 申请材料符合要求（不需要对申请认证产品产地进行现场检查的）或者申请材料和产地现场检查符合要求的，农业农村部农产品质量安全中心书面通知申请人委托有资质的检测机构对其申请认证产品进行抽样检验。

8. 产品检验不合格的，农业农村部农产品质量安全中心书面通知申请人，本生产周期内不再受理其申请。

9. 农业农村部农产品质量安全中心在 5 个工作日内完成对材料审查、现场检查（需要时）和产品检验的审核工作。组织评审委员会专家进行全面评审，在 15 个工作日内作出认证结论。同意颁证的，中心主任签发《无公害农产品认证证书》；不同意颁证的，中心书面通知申请人。

10. 农业农村部农产品质量安全中心根据申请人生产规模、包装规格核发无公害农产品认证标志。

11. 《无公害农产品认证证书》有效期为 3 年，期满如需继续使用，证书持有人应当在有效期满 90 日前按本程序重新办理。

12. 任何单位和个人（以下简称投诉人）对农业农村部农产品质量安全中心检查员、工作人员、认证结论、委托检测机构、获证人等有异议的均可向中心提出投诉。

13. 农业农村部农产品质量安全中心应当及时调查、处理所投诉事项，并将结果通报投诉人。

14. 投诉人对农业农村部农产品质量安全中心的处理结论仍有异议,可向农业农村部和国家认证认可监督管理委员会投诉。

(二)　无公害生产资料的申报程序

1. 申请人向各县、市级主管部门提交申请报告,主要介绍生产企业的基本情况和申报产品的生产情况,并填写申请书和申请表,附报以下材料:产品质量承诺书;生产许可证(外国进口许可证)(部级);产品批准文号(省级机构);配合生产企业提供省级管理部门出具的《生产企业综合审核证明》;质量检验报告(一年内有效);产品执行标准或使用标准;企业质量管理手册;环境评价报告(三废处理情况);效果验证试验报告;产品标签及使用说明书;企业营业执照、商标注册证;专利证书、成果鉴定;其他要求具备的材料(如获奖证书等)。

2. 初核合格后,上报省级农业主管部门,不合格则告知申请人。

3. 省级农业主管部门委托专家评审、专家会审,主要是对申请人提交的材料进行审核和实地考察,并提交审核意见,主管部门根据专家的意见,如果不合格则告知申请人,如果合格,则进一步委托指定的检测机构进行抽样检测,根据检测报告,不合格告知申请人,合格则与申请人签订有关协议。

(三)　无公害食品的管理

1. 无公害食品的标志管理

(1) 只有获得无公害农产品认证资格的认证机构,才能负责无公害农产品标志的申请受理、审核和发放工作。

(2) 凡获得无公害农产品认证证书的单位和个人,均可以向认证机构申请无公害农产品标志。

(3) 认证机构应当向申请使用无公害农产品标志的单位和个人说明无公害农产品标志的管理规定,并指导和监督其正确使用无公害农产品标志。

(4) 认证机构应当按照认证证书标明的产品品种和数量发放无公害农产品标志,认证机构应当建立无公害农产品标志出入库登记制度。无公害农产品标志出入库时,应当清点数量,登记台账;无公害农产品标志出入库台账应当存档,保存时间为5年。

(5) 认证机构应当将无公害农产品标志的发放情况每6个月报农业部和国家认监委。

(6) 获得无公害农产品认证证书的单位和个人,可以在证书规定的产品或者其包装上加施无公害农产品标志,用以证明产品符合无公害农产品标准。印制在包装、标签、广告、说明书上的无公害农产品标志图案,不能作为无公害农产品标志使用。

(7) 使用无公害农产品标志的单位和个人,应当在无公害农产品认证证书规定的产品范围和有效期内使用,不得超范围和逾期使用,不得买卖和转让。

(8) 使用无公害农产品标志的单位和个人,应当建立无公害农产品标志的使用管理制度,对无公害农产品标志的使用情况如实记录并存档。

(9) 无公害农产品标志的印制工作应当由经农业部和国家认监委考核合格的印制单位承担,其他任何单位和个人不得擅自印制。

(10) 无公害农产品标志的印制单位应当具备以下基本条件　经工商行政管理部门依法注册登记,具有合法的营业证明;获得公安、新闻出版等相关管理部门发放的许可证明;有与其承印的无公害农产品标志业务相适应的技术、设备及仓储保管设施等条件;具有无公害农产品标志防伪技术和辨伪能力;有健全的管理制度;符合国家有关规定的其他条件。

（11）无公害农产品标志的印制单位应当按照本办法规定的基本图案、规格和颜色印制无公害农产品标志。

（12）无公害农产品标志的印制单位应当建立无公害农产品标志出入库登记制度。无公害农产品标志出入库时，应当清点数量，登记台账；无公害农产品标志出入库台账应当存档，期限为5年。对废、残、次无公害农产品标志应当进行销毁，并予以记录。

（13）无公害农产品标志的印制单位，不得向具有无公害农产品认证资格的认证机构以外的任何单位和个人转让无公害农产品标志。

（14）伪造、变造、盗用、冒用、买卖和转让无公害农产品标志以及违反本办法规定的，按照国家有关法律法规的规定，予以行政处罚；构成犯罪的，依法追究其刑事责任。

（15）从事无公害农产品标志管理的工作人员滥用职权、徇私舞弊、玩忽职守，由所在单位或者所在单位的上级行政主管部门给予行政处分；构成犯罪的，依法追究刑事责任。

2. 无公害食品的管理

（1）农业部、国家质量监督检验检疫总局、国家认证认可监督管理委员会和国务院有关部门根据职责分工依法组织对无公害农产品的生产、销售和无公害农产品标志使用等活动进行监督管理。主要包括：查阅或者要求生产者、销售者提供有关材料；对无公害农产品产地认定工作进行监督；对无公害农产品认证机构的认证工作进行监督；对无公害农产品的检测机构的检测工作进行检查；对使用无公害农产品标志的产品进行检查、检验和鉴定；必要时对无公害农产品经营场所进行检查。

（2）认证机构对获得认证的产品进行跟踪检查，受理有关的投诉、申诉工作。

（3）任何单位和个人不得伪造、冒用、转让、买卖无公害农产品产地认定证书、产品认证证书和标志。

（4）获得无公害农产品产地认定证书的单位或者个人违反本办法，有下列情形之一的，由省级农业行政主管部门予以警告，并责令限期改正；逾期未改正的，撤销其无公害农产品产地认定证书：无公害农产品产地被污染或者产地环境达不到标准要求的；无公害农产品产地使用的农业投入品不符合无公害农产品相关标准要求的；擅自扩大无公害农产品产地范围的。

（5）任何单位和个人如有伪造、冒用、转让、买卖无公害农产品产地认定证书、产品认证证书和标志的，由县级以上农业行政主管部门和各地质量监督检验检疫部门根据各自的职责分工责令其停止，并可处以违法所得1倍以上3倍以下的罚款，但最高罚款不得超过3万元；没有违法所得的，可以处1万元以下的罚款。

（6）获得无公害农产品认证并加贴标志的产品，经检查、检测、鉴定，不符合无公害农产品质量标准要求的，由县级以上农业行政主管部门或者各地质量监督检验检疫部门责令停止使用无公害农产品标志，由认证机构暂停或者撤销认证证书。

（7）从事无公害农产品管理的工作人员滥用职权、徇私舞弊、玩忽职守的，由所在单位或者所在单位的上级行政主管部门给予行政处分；构成犯罪的，依法追究刑事责任。

二、 绿色食品申报和管理

（一） 绿色食品的申报

1. 申请程序

企业如需在生产的产品上使用绿色食品标志，必须按以下程序提出申请：

（1）申请人向所在省绿色食品委托管理机构提交正式的书面申请，并填写《绿色食品标志使用申请书》（一式两份）、《企业生产情况调查表》。

（2）省绿色食品委托管理机构依据企业的申请，委派至少两名绿色食品标志专职管理人员赴申请企业进行实地考察。考察合格者，将委托定点的环境监测部门对申报产品或产品原料环境进行监测。

（3）省级绿色食品委托管理机构结合考察情况及环境监测和现状评价结果对申请材料进行初审，并将初审合格的材料上报国家绿色食品管理机构。

国家绿色食品管理机构对上报材料进行审核。审核合格者，由省或具有绿色食品委托管理权的机构对申报产品进行抽样，并由定点的食品检测机构依据绿色食品产品标准进行检测，不合格者，当年不再受理其申请。

（4）国家绿色食品管理机构对检测的产品进行终审。

（5）终审合格的，由申请企业与国家绿色食品管理机构签订绿色食品标志许可使用合同。不合格者，当年不再受理其申请。

（6）国家绿色食品管理机构对上述合格的产品进行编号，并颁发绿色食品标志使用证书。

（7）申请绿色食品标志使用权企业对环境监测结果和产品检测结果有异议，可以向国家绿色食品管理机构提出仲裁检测。

2. 申报时间

（1）由于绿色食品认证过程需要一定时间，对于季节性较强的产品，要注意提前申报。

（2）续报产品，至少应提前 90 天提出续报申请。

3. 申报培训

绿色食品是涉及多学科的系统工程，为保证企业全面了解绿色食品的标准及有关规定，提高企业的申报效率和质量管理水平，实行先培训，后申报的申报制度，凡拟申报绿色食品标志使用权企业，至少有两名以上专业管理人员需经省级以上管理机构的专业培训，并获得专职管理人员培训合格证书。

4. 申报材料的审核

（1）审核的依据

①《绿色食品产地环境技术条件》。

②《绿色食品产地环境质量现状评价技术导则》。

③《绿色食品农药使用准则》。

④《绿色食品肥料使用准则》。

⑤《绿色食品食品添加剂使用准则》。

⑥《绿色食品饲料及饲料添加剂使用准则》。

⑦《绿色食品兽药使用准则》。

（2）审核结果

①需补材料：企业接到通知单后，应尽快将有关补充材料上报国家绿色食品管理机构，如超过 3 个月，按不通过处理。

②一审不通过：当年不能重新申报。但对加工产品，如果添加剂等超标，当年给予整改机会；对蔬菜类产品，按生产周期计算。

③合格：发抽检单。抽检一般按照下面步骤进行：

a. 省绿色食品管理机构接到抽检单后，应派标志专职管理人员赴申请企业抽样。

b. 原则上，要求接到抽检单后才抽样。特殊情况下，对季节性产品，省绿色食品管理机构可书面向国家绿色食品管理机构提出提前送样的申请。

c. 抽样。依据 GB/T 10111—2008《随机数的产生及其在产品质量抽样检验中的应用程序》进行，抽样量 4kg。

5. 证书办理

（1）终审合格后国家绿色食品管理机构书面通知企业办理领证手续，三个月内未办理手续者，视为自动放弃。

（2）企业需带材料　①领证通知。②送审产品包装设计样图。③法人代表委托书。

（3）企业需订制绿色食品标志防伪标签。

（4）每个产品需交纳标志服务费 1 万元（包括申请费、审查许可费、公告费、三年内的抽检费等）和第一年的标志管理费。

①标志编号：中国绿色食品发展中心对许可使用绿色食品标志的产品进行统一编号，并颁发绿色食品标志使用证书。编号形式为：LB-XX-XXXXXXXXXX A（AA）。"LB"是绿色食品标志代码，后面的两位数代表产品分类，最后 10 位数字含义如下：一、二位是批准年度，三、四位是批准月份，五、六位是省区（国别，国外产品，从第 51 号开始，按各国第一个绿色食品产品认证的先后顺序编排该国家代码；中国不编代码；），七、八、九、十位是产品序号，最后是产品级别（A 级，AA 级）。从序号中能够辨别出此产品相关信息，同时鉴别出"绿标"是否已过使用期。

②证书管理：a. 一年一换证。b. 证书上标注申报产量。c. 可以向经销单位单独发放证书。d. 申报续报产品，应将原产品证书与续报材料一并上交国家绿色食品管理机构。

（二）　绿色食品推荐生产资料资格的申报

1. 申报绿色食品生产资料应具备的条件

（1）经国家有关部门检验登记，允许生产、销售的产品。

（2）利于保护或促进使用对象的生长，或有利于保护或提高产品的品质。

（3）不造成使用对象产生和积累有害物质，不影响人体健康。

（4）对生态环境无不良影响。

2. 绿色食品生产资料认定推荐申请程序

（1）申请企业向所在市（地）或县（市）绿色食品管理机构提交申请报告，市（地）或县（市）绿色食品管理机构收到企业的申请报告后，对企业申报产品生产情况进行核查，并对符合申报条件的向省级绿色食品管理机构提交申请，同时将企业申请报告附后。

（2）申请报告的格式　①申请报告的题目：《关于办理××牌××（产品名称）AA 级（或 A 级）绿色食品生产资料标志使用权的申请》。②申请报告的主送单位：××市（地）或县（市）绿色食品办公室。市（地）或县（市）绿色食品管理机构的申请报告的主送单位为省级绿色食品管理机构。

（3）申请报告的内容　①申报主体的地理位置及生态环境。②企业的基本情况：企业的隶属关系、性质、设计年生产能力、实际年生产能力、生产设备及条件、生产人员的技术力量或技术依托。③原料来源、数量、供应方式。④产品质检设备、质量检验制度、保证产品质量的措施。⑤市场销售情况：产品年销售量、销售地域及方式、年销售收入及利润情况。⑥企业产品执行标准及工艺流程。⑦产品特点。⑧企业的三废（废气、废水、废弃物）排放及处理情况，对周围生态环境有无不良影响。

省绿色食品管理机构收到申请报告后，派专职管理人员到申报企业进行考核，合格的企业填写《绿色食品生产资料认定推荐申请书》（一式两份）。

①申请书的填写要求：a. 产品名称力求准确，区分系列产品与单一产品，限定适用范围。b. 试验数据要经过数理统计，1/3 以上的试验效果显著。

②同时要提交下列材料供审查：登记证（临时或正式）、其他证明的复印件。

肥料：复混肥料应提供省级肥料管理机构发放的推广证复印件；叶面肥、微生物肥须提供农业部登记证复印件。

农药：须农业部颁发的登记证复印件。

饲料：农业部颁发的饲料添加剂、预混料生产许可证和省有饲料管理机构发放的批准文件复印件。

兽药：须省级兽药管理机构批准的生产许可证复印件。

食品添加剂：须省级主管部门会同卫生部门颁发的生产许可证和卫生许可证复印件。

a. 产品质量检测报告（由省级以上质量监测部门出具的一年之内的质量检测报告）。

b. 商标注册证复印件。

c. 营业执照复印件。

d. 环保合格同意生产证明（三废排放情况，由当地环保部门出具）。

e. 生产许可证。

f. 产品标签。

g. 产品使用说明书（提供样张）。

h. 产品企业执行标准（省技术监督局备案文件复印件）。

i. 产品工艺流程（详细、具体地说明原料、添加物的名称、用量）。

j. 产品原料供应合同及供应方式。

k. 企业质量管理手册。

l. 试验报告。田间肥效试验报告。我国两个以上自然条件不同的地区，两年以上 8 种作物的田间试验，试验设计有三次以上的重复，试验数据经数理统计 1/3 以上效果显著，试验报告要规范、可靠，并由县级以上（含县级）的农业科研、教学、技术推广单位的农艺师或同级职称以上技术人员签字，并盖单位公章的报告复印件。田间药效试验报告，由取得农业部认证资格的农药试验单位出具。饲料有 2 年以上的效果验证报告、专家对产品的鉴定。

m. 毒性试验报告。有机肥及叶面肥应提供急性毒性试验报告（报告要由省级以上药品、卫生检验机构出具）；土壤调理剂应提供急性试验、Ames 试验、微核试验（或染色体试验）及致畸试验报告（报告要由省级以上药品、卫生检验机构出具）；微生物肥料则应按菌种安全管理的规定，提供菌种相应的免检、毒理试验或非病原鉴定报告（报告要由农业部认可的检测单位出具）。

农药必须有急性毒性试验报告（报告要由农业部认证的单位出具）；已正式登记的农药产品，须提供残留试验及对生态环境影响报告（省级以上交易会提供的我国两年两地的残留试验报告）。

n. 如果是科研成果或专利，须提供科研成果鉴定材料、鉴定证书或专利证书。

o. 其他（获奖证书等）。

以上材料准备齐全后，按顺序用 A4 纸装订成册，材料须加封皮和目录，一式两份报省级绿色食品管理机构。

3. 申报绿色食品生产资料审核

（1）省级绿色食品管理机构对申报材料进行初审、初审合格者，将申报材料报送国家绿色食品管理机构。

（2）国家绿色食品管理机构收到申报材料后，组织专家审查，派人或委托省绿色食品管理机构标志认证人员对申报企业进行核查和抽样，并将样品寄送指定的监测机构检测。

（3）国家绿色食品管理机构对核查和检测结果进行审核 合格者，由国家绿色食品管理机构与企业签订协议，颁发推荐证书，并发布公告。不合格者，在其不合格部分作出相应整改前，不再受理其申请。

（三） 绿色食品基地标志使用权的申报

1. 申请条件

凡符合基地标准的绿色食品生产单位均可作为绿色食品基地的申请人。申请人可以是事业单位或企业单位，也可以是行政单位。

2. 申请程序

（1）申请人向所在省绿色食品委托管理机构提出申请，领取《绿色食品基地申请书》，并要求规范填写。

（2）申请人组织本单位直接从事绿色食品管理、生产的人员参加培训，并经绿色食品管理机构考核、确认。

（3）省绿色食品管理机构派专人赴申报单位实地考察、核实生产规模、管理、环境及质量控制情况，写出正式考察报告。

（4）以上材料一式两份，由省绿色食品管理机构初审后，写出推荐意见，报国家绿色食品管理机构审核。

（5）国家绿色食品管理机构根据需要，派专人赴申请材料合格的单位实地考察。

（6）由国家绿色食品管理机构与符合绿色食品基地标准的申请人签订《绿色食品基地协议书》，并向其颁发绿色食品基地建设通知书。

（7）申请单位按基地实施细则要求，建立完整的管理体系、生产服务体系和制度。实施一年后，由国家和省绿色食品管理机构与专职管理人员进行评估和确认。对符合要求的单位发给正式的绿色食品基地证书和铭牌，同时公告。对不合格的单位，适当延长建设时间。

（8）绿色食品基地自批准之日起六年有效。到期要求继续作为绿色食品基地的，须在有效期满前半年内重新提出申请，否则，视为自动放弃绿色食品基地名称。

3. 申报材料

（1）申请人向所在省级绿色食品管理机构提交的申请报告。

（2）省级绿色食品管理机构的考察报告。

（3）绿色食品产品证书及有关基地建设材料复印件。

（4）基地绿色食品生产操作规程。

（5）基地示意图（图中注明绿色食品地块与非绿色食品地块）。

（6）基地专职管理机构及人员组成名单。

（7）基地专职技术管理人员及培训合格证书复印件。

（8）基地各种档案制度（田间生产管理档案、收购记录、贮藏记录、销售记录、生资购买及使用登记记录等）。

（9）基地各项检查管理制度等。

（四） 绿色食品标志管理

1. 绿色食品标志管理的对象和目的

绿色食品标志管理，是针对绿色食品产品标准的特征而采取的一种管理方式，其对象是所有绿色食品和绿色食品生产企业；其目的是为绿色食品的生产者确定一个特定的生产环境、生产标准和生产规范，并为绿色食品流通创造一个良好的市场环境，包括法律规则；其结果是维护了这类特殊商品的生产、流通、消费秩序，保证绿色食品应有的质量。

2. 绿色食品标志管理机构及人员

国家绿色食品管理机构、各省（区、市）绿色食品委托管理机构、定点的绿色食品环境监测、食品检测机构、绿色食品标志管理人员共同行使绿色食品管理职能。

（1）国家绿色食品管理机构和职能 国家绿色食品管理机构是经中华人民共和国人事部批准的、全权负责组织实施全国绿色食品工程的机构。1992年11月正式成立，隶属农业部。主管全国绿色食品工程并对绿色食品标志商标实施许可。任何单位和个人使用绿色食品标志，必须经国家绿色食品管理机构同意，并按规定程序办理有关手续，这是由绿色食品商标的性质所决定的。

国家绿色食品管理机构主要职能：制定发展绿色食品的方针、政策及规划；管理绿色食品商标标志，组织制定和完善绿色仪器的种类标准；开展与绿色食品工程相配套的科技攻关、宣传活动、培训活动；组织和参加国内外相关的经济技术交流与合作；指导各省（市、区）绿色食品管理机构的工作；建设绿色食品生产示范基地；直辖市绿色食品营销网络；协调绿色食品环境监测、食品检测的工作。

（2）各省、市（区）绿色食品管理机构和职能 根据绿色食品事业的发展，国家绿色食品管理机构在全国各省（市、区）委托绿色食品管理机构，负责本辖区内绿色食品商标标志的管理工作。各省绿色食品委托管理机构的主要职能：

a. 根据国家绿色食品管理机构的总体发展战略，研究本省（区、市）发展绿色食品的方针、政策及规划，并报国家绿色食品管理机构批准后执行。

b. 受国家绿色食品管理机构的委托，认真负责、管理好本省（区、市）与绿色食品标志申请和使用有关的事宜。

c. 协调好本省（区、市）内工商、环保、食品卫生等各部门的关系，共同做好绿色食品质量控制和市场监督工作，依法打击假冒伪劣行为。

d. 组织各地科技人员，对与绿色食品生产相关的技术进行攻关，不断更新和丰富绿色食品的生产操作规程。

e. 在省（区、市）内各有关部门的支持下，多渠道筹集资金，搞好绿色食品基地的建设和开发工作。

f. 协助国家绿色食品管理机构做好定点商店及专柜的选择认定工作，促进绿色食品的市场发育、成熟。

g. 组织与绿色食品相关的国内外经济技术合作，协助国家绿色食品机构组织绿色食品产品参加各种展销或贸易活动。

h. 联合绿色食品企业及有关部门，做好宣传工作；配合中国绿色食品发展中心实施绿色食品整体宣传战略。

（3）定点的绿色食品环境监测及仪器检测机构和职能　国家绿色食品管理机构在全国指定了一批经国家技术部门认定的，具有一定权威性的环境检测、食品检测机构负责绿色食品环境质量监测、评价及产品质量检测工作。定点的环境监测、食品检测机构是独立于国家绿色食品管理机构，处于第三方公正地位的权威技术机构。

①定点绿色食品环境监测机构的主要职能：根据绿色食品委托管理机构的委托，按《绿色食品产地环境现状评价纲要》及有关规定对申报产品或产品原料产地进行环境监测与评价；根据国家绿色食品机构的抽检计划，对获得绿色食品标志的产品或产品原料产地生态环境进行抽检；根据国家绿色食品管理机构的安排，对提出仲裁监测申请的进行复检；根据国家绿色食品管理机构的布置，专题研究绿色食品环境监测与评价工作中的技术问题等。

②绿色食品定点食品监测单位的主要职能：按绿色食品产品标准对申报产品进行监督检验；根据中心的抽样计划，对获得绿色食品标志的产品进行年度抽检；根据中心的安排，对检验结果提出仲裁要求的产品进行复检；根据中心的布置，专题研究绿色食品质量控制有关问题，有计划引进、翻译国际上有关标准，研究和制定我国绿色食品的有关产品标准。

（4）绿色食品标志专职管理人员　为加强绿色食品标志管理，不断完善绿色食品的审批、监督、管理体系。国家绿色食品管理机构和绿色食品委托监督管理机构均配备绿色食品标志专职管理人员，专门从事绿色食品标志管理工作。国家绿色食品管理机构对标专职管理人员进行统一培训、考核，并对符合条件者颁发标志专职管理人员资格证书。绿色食品标志专职管理人员的主要职责是：

①宣传和普及绿色食品知识，为广大群众提供绿色食品咨询服务。

②指导和受理企业按规定程序申请使用绿色食品标志。

③依据绿色食品标准及有关规定对各类企业的申报材料进行初审并实地考察。

④对合法使用绿色食品标志的单位进行定期检查、监督。

⑤依据绿色食品规程，指导绿色食品生产企业正确生产绿色食品产品。

⑥督促标志使用单位履行绿色食品标志使用协议。

⑦对各种非法使用绿色食品商标的单位和个人进行举报并配合有关部门予以坚决打击。

⑧认真接受国家绿色食品管理机构的领导，贯彻其工作部署，并及时向其反馈有关信息。

⑨指导其所在机构的下级机构正确开展工作。统一组织所在机构的下级机构管理人员参加中心培训。

3. 绿色食品标志的使用管理

（1）绿色食品商标使用的时间限制（时效性）

①企业取得绿色食品标志使用权后，应尽快在产品包装上和宣传广告中使用绿色食品商标标志。产品获标后，半年内必须使用绿色食品标志。《绿色食品标志管理办法》中规定，获得标志使用权后，半年内没使用绿色食品标志的，国家绿色食品管理机构有权取消其标志使用权，并公告于众。

②绿色食品商标有效使用期为三年。按照《绿色食品标志管理办法》第十四条规定：绿色食品标志使用权自批准之日起三年有效。要求继续使用绿色食品标志的，须在有效期满前

90 天内重新申报。

③绿色食品商标在企业 AA 级绿色食品产品上有效使用期为一年（农作物为一年生长周期）。

④在绿色食品商标有效使用期内，如发生下列情况，企业须立即停止使用绿色食品商标。改变生产条件、工艺、产品标准及注册商标的；由于不可抗拒因素丧失绿色食品生产条件的；监督抽检不合格的。以上情况，须待按照相关规定解决问题后，再经国家绿色食品管理机构许可，方或继续使用绿色食品商标。

（2）绿色食品商标使用的产品（商品）限定

①中国绿色食品发展中心是绿色食品标志商标的唯一注册人，未经中国绿色食品发展中心许可，任何企业和个人无权使用绿色食品商标。

②绿色食品商标只能在经国家绿色食品管理机构许可的产品上使用。

③取得绿色食品标志使用权后，企业几种常见的擅自扩大标志使用范围的情况：取得绿色食品标志使用权的企业在未获标产品上使用绿色食品商标；取得绿色食品标志使用权的企业在获标产品的系列产品（未获标）上使用绿色食品商标；取得绿色食品标志使用权的企业在其合资或联营的企业产品上使用绿色食品商标标志；取得绿色食品标志使用权的企业在兼并的企业（未经国家绿色食品管理部门认证）生产的同类产品上使用绿色食品商标；经销单位换用自己单位的名称作为生产者名称，销售取得绿色食品标志使用权的产品，并在该产品上使用绿色食品商标；取得绿色食品标志使用权的企业未经国家绿色食品管理机构许可，将绿色食品商标转让他人使用。

（3）绿色食品商标使用的地域限制　绿色食品商标标志在中国、日本等已注册的国家和地区受相关法律保护。绿色食品生产企业在出口产品上使用绿色食品商标须经国家绿色食品管理机构同意。

（4）绿色食品商标设计须符合《中国绿色食品商标标志设计使用规范手册》要求　《手册》对绿色食品标志的标志图形、标准字体、图形与字体的规范组合、标准色、广告用语及用于食品系列化包装的标准图形、编号规范均作了明确规定。使用单位应按《手册》的要求准确设计，并将设计彩图报经国家绿色食品管理机构审核、备案。具体内容：①绿色食品产品的包装必须做到四位一体：即标志图形、绿色食品文字、编号及防伪标签。②为了增加绿色食品标志产品的权威性及绿色食品标志许可的透明度，要求在产品编号正后或正下方写上经中国绿色食品发展中心许可使用绿色食品标志文字，其英文规范为 Certified China Green Food Product。

（5）产品证书年审制　国家绿色食品管理机构对绿色食品标志进行统一监督管理，并根据使用单位的生产条件、产品质量状况、标志使用情况、合同的履行情况、环境及产品的抽检（复检）结果及消费者的反映，对绿色食品标志使用证书实行年审。年审不合格者，取消产品的标志使用权并公告。由各省绿色食品标志专职管理人员负责收回证书并返回国家绿色食品管理机构。

（6）产品抽检　国家绿色食品管理机构根据对使用单位的年审情况，于每年初下达检任务，指定定点的环境监测机构、食品监测机构对使用标志的产品及其产地生态环境质量进行抽检。抽检不合格者，取消其标志使用权，并公告于众。

4. 标志专职管理人员的监督

绿色食品标志专职管理人员对所辖区域内的绿色食品生产企业每年至少进行一次监督考

察。监督绿色食品生产企业种植、养殖、加工等规程的实施及标志许可使用合同的履行，并将监督、考察情况汇报国家绿色食品管理机构。

（1）生产人员　食品生产者必须进行至少每年一次的健康体检，凡是肠道性传染病和食源性疾病人员不能从事食品加工生产，接触食品的生产人员必须体检合格才能从事该项工作。绿色食品生产人员及管理人员必须经过绿色食品知识系统培训，对绿色食品标准有一定理解和掌握，才可以从事绿色食品加工生产。

（2）质量管理　绿色食品加工企业应具有完善的管理系统。现在部分绿色食品加工企业已经通过 ISO9000 系列认证。这是企业的质量管理发展趋势。绿色食品加工企业还应多推行GMP（良好作业规范）和 HACCP（危害分析关键控制点）等方法，从原料开始对各个生产环节进行监控，以确保产品质量。

（3）消费者监督　使用绿色食品标志的企业必须接受全社会消费者的监督。国家绿色食品管理机构首先加大绿色食品监督的宣传力度，使消费者认识绿色食品标志，了解绿色食品。为了进一步鼓励消费者对绿色食品质量的监督，对消费者所发现不合标准的产品责成生产企业进行经济赔偿，并对举报者予以一定奖励，对有产品质量问题的企业坚决予以查处。

（4）绿色食品标志的法律管理　法律管理是绿色食品标志管理的核心。运用法律手段保护绿色食品标志，对于维护绿色食品标志注册人的合法权益，维护绿色食品标志的整体形象，保障绿色食品工程的顺利实施，促进农业可持续发展，都具有积极的意义。

对绿色食品标志商标侵权行为及假冒绿色食品标志商标的处罚。对构成侵犯绿色食品标志商标专用权的行为，工商行政管理机关将采取诸如责令侵权人立即停止侵权行为，封存或收缴绿色食品标识；消除现有商品和包装上的绿色食品标志；责令赔偿中国绿色食品发展中心的经济损失等。绿色食品标志商标专用权是国家绿色食品管理机构的一项民事权利，对于损害了国家绿色食品管理机构的信誉，损害了绿色食品整体形象的侵权行为，国家绿色食品管理机构（也可委托省绿色食品管理机构）可请求工商行政管理机关责令侵权人赔偿自己的损失。

对于假冒商标的处罚，刑法第一百二十七条规定：违反商标管理法规，工商企业假冒其他企业已经注册的商标，对直接责任人员处以三年以下有期徒刑，拘役或者罚金。1993 年 2 月22 日第七届全国人民代表大会常务委员会第十三次会议通过《全国人民代表大会常务委员会关于惩治假冒注册商标犯罪的补充规定》，其中第一、二条规定如下：

①未经注册商标所有人许可，在同一种商品上使用与其注册商标相同的商标，违法所得数额较大或者有其他严重情节的，处三年以下有期徒刑或者拘役，可以并处或者单处罚金；违法所得数额巨大的，处三年以上七年以下有期徒刑，并处罚金。销售明知假冒注册商标的商品，违法所得数额较大的，处三年以下有期徒刑，或者拘役，可以并处或单处罚金，违法所得数额巨大的，处三年以上七年以下有期徒刑，并处罚金。

②伪造、擅自制造他人注册商标标识或者销售伪靠、擅自制造的注册商标标识，违法所得数额较大或其他严重情节的，依照第一条第一款的规定处罚。

三、有机食品申报和认证

（一）有机食品认证申报程序

1. 申请者可采用电话或传真的方式向有机食品（产品）认证机构索取申请表和该机构的有机认证简介，也可直接从认证机构的网站上下载相关的认证信息，包括认证标准等。

2. 申请人按照申请表的要求将填好的申请表传回认证机构的相关部门后，认证机构根据申请表所反映的情况进行审核，并决定是否受理。若同意受理有机食品认证申请，则通知申请人，并将详细的调查表及有关资料等寄给申请人。

3. 申请者将填好的调查表和准备申请认证的材料寄回认证机构，认证机构将对申请者返回的调查表和相关的材料进行审查，通过初步审核，与申请者签署有机认证检查合同。一旦合同生效并确认申请人已支付合同中的相关费用后，认证机构将尽快确定检查员人选。

4. 认证机构将检查员委派通知书传真给申请者，并在收到申请者对检查人选的确认函后，尽快派出检查员。

5. 检查员将严格遵照认证机构的《有机认证标准》《检查员管理办法》《检查员手册》和检查程序以及检查员检查委托书的内容实施相关的认证检查（包括采集样品），将现场检查情况根据认证机构的要求完成书面报告，并经申请人或申请契约单位负责人确认签字后，由检查员报送认证机构的相关部门。

6. 认证机构的相关部门负责检查报告的预审，并定期由认证机构的颁证委员会成员对检查员提交的检查报告及相关检查资料依照有关标准程序和规范进行审核，提出申请单位今后在有机认证管理方面需改进的要求和建议，并作出审核决议。其审核决议通常有以下几种形式：

（1）同意颁证　申请者已经满足认证机构标准中的转换期要求，并履行了认证机构颁证委员会提出的整改意见，申请者的农场、加工厂、贸易公司已完全符合认证机构的《有机认证标准》。在此情况下，申请者可以获得该认证机构颁的有机农场证书、有机加工者证书和（或）有机贸易者证书，并同时获得该认证机构的证明商标准用证。对于获得有机证书的申请者准予在其获有机认证的产品上使用该认证机构的有机认证标志。

（2）有条件颁证　申请者的某些生产条件和质量控制措施还需要进一步改进或完善，只有申请者在规定的时限内完成了颁证委员会提出的整改意见，并向颁证委员会书面报告其改进措施，在得到认证机构颁证委员会确认后，才能获得颁证。

（3）同意颁发有机转换证或证明　如果申请人的生产基地以前曾使用过禁用物质，但在接受检查时已按有机认证标准中的转换要求转换满 12 个月，并且计划继续按照有机认证标准进行生产，则可颁发有机转换农场证书。从该基地收获的产品，可作为有机转换产品销售。若转换期不满 12 个月，则由该认证机构出具有机转换农场证明，但从该农场收获的产品，不可作为有机转换产品销售。

（4）不予颁证　生产者的某些重要生产环节和质量控制措施不符合认证机构的《有机认证标准》，因此，不能通过有机或有机转换认证。在此情况下，认证机构的颁证委员会将书面通知申请不能获得颁证的原因。申请者在继续进行有机转换，采取整改措施，使生产和质量控制措施完全满足有机认证标准后，方可重新申请有机或有机转换认证。

7. 有机认证机构与获证单位签订认证机构的标志使用协议，获证单位在销售其有机产品前必须向有机认证机构申请办理销售证委托书（TCA），然后由认证机构向有机产品买方发放有机销售证书正本（TC），向有机产品卖方发放有机销售证书副本。

8. 在有机认证书（农场、加工者、贸易者）有效期到期前三个月，由认证机构的相关负责颁证部门通知申请者，确认是否继续申请认证。

9. 若有机证书有效期已满，此时还未获得认证机构有机认证证书的申请者，经认证机构确认已办理了继续申请认证手续，并经检查的情况下，有效期满的有机认证证书可延长使用三个月。

（二）　有机食品申报的必备材料

1. 有机农业生产种植申报材料

（1）申请单位基本情况调查表。

（2）申请颁证地块种植历史表和施用物质表（要详细填写包括今年和前三年在内的四年中，每个地块的农作活动，种植面积、种植作物品种、施有机肥、化肥、农药、除草剂以及任何其他物质的情况）。

（3）申请单位所在地的行政区域图（市或县行政图，标明所在乡镇位置）。

（4）申请地块分布图（地块要有编号、面积，要注明有机地块与周边地块之间的缓冲带及其宽度，并注明地块四周土地利用情况）。

（5）有机颁证产品总量统计（估算）表（内容包括地块号、地块所在地名、地块负责人、估计该地块单产及总产）。

（6）包括今年在内的该地块四年有机种植轮作计划图（详细到每个地块）。

（7）可以介绍和说明申请单位情况的有关照片。

（8）申请单位往年同品种常规产品及有机产品销售记录收据。

（9）地块使用的所有外来物质（肥料、生物农药等）的标签、购买发票、说明书或有关证明。

（10）有机生产农事记录（每个地块都要有单独的记录，包括整地、备种、播种、施肥、灌溉、病虫草害防治、收获、简易加工、储存、运输等所有农作及相关活动）。

（11）有机生产管理规范。

（12）土地承包或租赁合同。

（13）种子无污染和无基因工程生物证明。

（14）近年来申请地块的水质与土壤分析报告。

（15）交纳有机标志使用费保证书（检查时填写）。

（16）其他需提供的有关材料。

2. 有机加工申报材料

（1）工厂基本情况调查表。

（2）工厂所在地的行政区域图（市或县的行政图，标明工厂所在乡镇位置）。

（3）工厂平面布置图（包括厂区内各种建筑物以及周围土地利用情况）。

（4）工厂各产品加工工艺流程及设备位置图。

（5）有机颁证产品总量统计表（根据产品出成率计算）。

（6）加工厂用水水质与产品样品分析报告。

（7）各类包装袋（箱）及包装标签实物样品或复印件。

（8）可以介绍和说明工厂情况的有关照片。

（9）工厂历年有机原料收购记录并提供样张。

（10）工厂历年有机产品销售记录并提供样张。

（11）工厂使用的配料、添加剂等物质的标签、说明书或有关证明。

（12）工厂营业执照、卫生许可证、出口厂库注册证书、合资企业证书以及其他有利于证明工厂适合进行有机加工的有关证书。

（13）工厂全套有机生产报表及样本（收购、原料仓储、各生产工序、产品仓储、发货、运输、质检等）。

（14）工厂检查实情记录表（请先行填写，待检查员在检查时予以核对修改）。

（15）交纳有机标志使用费保证书。

（16）工厂各类质量手册及规范。

（17）交纳标志使用费情况调查表（指续报产品）。

（18）其他有关材料。

3. 贸易申报材料

（1）贸易单位的基本情况调查表。

（2）有机产品来源情况。

（3）贸易单位的营业执照、法人证明等。

（4）有机产品的运输及贮藏。

（5）有机产品购入与售出的情况。

（6）产品标识。

（7）有机生产及管理体系改进情况。

（8）与有机产品贸易有关的报表（海关、商检、运输、仓储等）。

（三）　有机食品认证的基本要求

1. 有机农场认证的基本要求

（1）生产基地在最近 2 年（一年生作物）或 3 年（多年生作物）内未使用过农用化学品等禁用物质。

（2）从常规生产系统转向有机生产过程为有机农业转换期，即从有机管理开始至作物或畜禽养殖获得有机认证的时期。转换时间一般一年生作物为 2 年，多年生作物为 3 年，新开荒地及撂荒多年的土地也需经至少 12 个月的转换期才有可能获得有机认证。

（3）随着各国有机认证标准的完善，对有机生产体系使用的种子要求越来越高，因此，我国的有机认证标准已建议尽可能使用有机种子和种苗。在得不到认证的有机种子和种苗的情况下（如有机种植初始阶段），可以使用未经处理的常规种子。但从 2005 年 1 月 1 日开始，禁止使用非有机种子。除非生产者有证据证明，至少在两家种子销售商处无法购得有机种子，才可以例外使用。

（4）有机生产体系中禁止使用任何转基因作物品种。

（5）生产基地应建立长期的土壤培肥、植物保护、作物轮作和畜禽养殖计划。

（6）生产基地应制定生态环境保护的可持续发展管理措施，并无明显水土流失、风蚀及其他环境问题。

（7）作物在收获、清洁、干燥、贮存和运输过程中必须避免污染。

（8）在生产和流通过程中，必须有完善的质量控制和跟踪审查体系，包括生产批号的设置，并建有完整的土壤培肥、病虫草害防治农机具的清洁、作物收获、仓储、运输和销售等记录档案。

如上所述，有机食品发展中心并未在其有机认证标准中特别规定有机食品产地的环境质量标准，只是提出应符合国家有关环境质量标准。这是因为，自有机农业在国际上出现以来，有机生产一直注重的是生产过程，并强调通过有机耕作改善环境质量，提高农产品的安全性，例如在其生产过程中禁止使用农药、化肥等化学合成物质，且有机农业强调转换期，通过转换来恢复农业生态系统的活力，降低土壤的农残含量，而不是寻找一片未受污染的净土。遍览各种最有影响的有机生产标准都没有对有机生产基地提出特别要求，但这并不是说有机农业不重视产地环境质量，因为只要是农业生产基地，它就必须符合国家有关农业用地的环境标准。可以说，在产地环境质量要求方面，有机食品生产与绿色食品、无公害食品没有根本差别。

2. 有机加工和贸易认证的基本要求

（1）加工贸易的原料必须是已获得认证的有机产品或野生（天然）产品，这些原料在终产品中所占的质量或体积不得少于95%。

（2）只允许使用天然的调料、色素和香料等辅助原料和认证机构的《有机认证标准》附录列表中允许使用物质，禁止使用人工合成的色素、香料和添加剂等。禁止采用基因工程技术及其产物以及离子辐射处理技术。

（3）应制定可进行全过程质量跟踪的有机产品质量管理或控制手册，包括危害分析关键控制点、产品回收制度和虫害防治措施等。

（4）加工设备、用具和装运工具在有机产品加工或运输前必须进行清洁处理，并记录其清洁方法和过程。

（5）有机产品在原料运入、加工、贮存和运出的过程中必须避免受到外界的污染。

（6）有机产品在加工、贮藏、运输、贸易全过程必须有完整的档案记录，包括加工设备和运输工具的清洁记录，并保留相应的单据。

（四）有机食品的认证检查

有机食品（产品）的认证检查是通过有机认证机构委派其检查员根据《有机认证标准》《检查员手册》和检查程序对申请有机或有机转换认证生产基地、加工和销售过程中的每个环节进行检查和审核的全过程，并采集必要的土壤、作物、水甚至大气样本进行质量控制的检测。检查员的检查工作是有机食品生产、加工、贸易认证程序中的一个重要环节，也是确保消费者购买的有机食品是否完全符合有机产品认证标准要求的关键过程，可以说有机认证检查员是消费者的眼睛、鼻子和耳朵。因此，在检查和审核的基础上获得颁证的有机食品才是真正的高品质、无污染的有机食品。通过有机食品认证活动，可以确保有机食品的质量，维护消费者的利益，提高有机食品在国内外市场的竞争力，促进国际贸易的发展。

1. 有机认证检查类型

在正常情况下，申请认证的生产者、加工者、贸易者必须每年至少接受一次由一个独立的有机认证机构的全面检查。但在某些情况下，可能会增加一些认证检查频率和内容。通常情况下，有初次检查、年度例行检查、特别检查三种检查方式。

（1）初次检查   初次检查是申请认证的农场、加工者、贸易者第一次接受认证机构的检查，检查时，生产者、加工者、贸易者可向检查员具体了解认证机构的最新有机认证标准和检查认证程序，同时，检查员应尽可能帮助生产者、加工者、贸易者理解有机认证标准和有关认证检查的要求，因此，初次检查工作是十分重要的。如果事先安排好检查程序，那么检查工作就会显得比较顺利。

在初次检查过程中，检查员应尽量向生产者、加工者、贸易者了解详细的信息，包括申请与申请认证的农场、加工厂的关系，如果属契约合作关系，则申请者需与契约合作的农场、加工厂按认证机构对契约合同的要求签署合同。如属小农户集体认证的情况，则要求各小农户与一定数量的小农户组成的集体签署有机操作质量监督的质量保证协议书。检查员需审核农场的前四年种植历史，农场外购的投入物质，常规作物与有机作物的管理区别，产品跟踪批号的设置和实施情况，产品的加工、销售、仓储、包装、运输情况以及终产品的贸易文件资料管理等情况。检查员根据了解的情况写出检查报告和改进要求与建议，递交给认证机构的颁证委员会审核。

检查员在检查期间，应根据认证机构的有机转换期的要求，向生产者解释有机转换期的规定。在转换期所收获的产品不能作为有机产品销售，只能作为有机转换中的产品进行销售。认证产品标识的粘贴应根据各认证机构的具体要求实施。

（2）年度例行检查 按照认证机构的颁证管理程序，生产者至少每年接受一次例行检查。在进行例行检查前，认证机构需事先与生产者、加工者、贸易者联系，确定检查时间和相关检查内容。在进行例行检查时，检查员必须检查农场、加工厂、贸易单位的每个单元的所有情况，如果出现与上年度认证内容不同时，如作物品种、认证面积有所变动，额外的加工产品和加工过程等情况，则检查员需重点检查不同之处并调查其原因。

在例行检查过程中，检查员必须参考上年度认证作物的收获量、加工量、销售量和库存量的平衡统计情况进行检查，并在检查报告中评估申请者有机质量跟踪体系的完整性。

（3）特别检查 特别检查包含下列三种方式：①书面检查：此方法适用于年度例行检查的补充，同时还可用于审核检查结果还不能完全满足认证机构的认证条件或需申请者补充有关的认证材料。书面检查只是在检查员执行最近一次年度例行检查后，由认证机构的管理人员或/和颁证委员会建议。②部分审核检查：这只适用于特定情况的检查，并非是全过程的检查。可能是某种原因的疏忽，或生产者、加工者当时未申请检查的新土地或新产品认证，因此，只进行某个生产过程或环节的检查。部分审核检查由认证机构的颁证管理的人员或/和颁证委员会建议，此种检查方式可进行通知的或未通知的检查。③内部审核体系的检查：此种检查是由另一个检查员到实地去了解近期生产者、加工者在内部质量控制体系的改进和实施情况。检查由认证机构的负责人建议，可进行通知或未通知检查。

2. 有机认证检查的主要内容

检查员将严格遵照认证机构的《有机认证标准》《检查员管理办法》《检查员手册》和检查程序的要求，主要进行下列检查：

（1）核实申请者提交的资料和信息（包括基本情况调查表和相关的认证材料）是否与实际生产情况一致。

（2）向申请者解释有机认证标准的相关内容，以及为达到有机认证标准应采用的有机管理技术、措施，解释有机种植管理记录档案和跟踪审查的内容及要求。

（3）地块种植历史的审核，应包括农场每个地块的有关信息以及本年度和前3年管理的有机的、转换和常规的土地。

（4）尽可能通过交谈、讨论、观察等方法向生产者了解有机生产的所有相关信息，包括认证检查的农场、蜂场、畜禽养殖系统的物质投入、种子、种苗、肥料、土壤改良剂、杀虫剂、兽药、饲料、辅料以及其他物质投入。审核申请认证的农场、蜂场、牲畜养殖场所用物质是否涉及基因工程技术问题。

（5）评估有机生产地块的土壤肥力和作物生长情况，审查土壤培肥措施，病虫害、杂草管理方案和作物轮作计划及质量跟踪体系。

（6）评估有机生产地块年度生产活动图和相应表格。

（7）综合评估生产者、加工者和贸易者对有机产品认证标准理解和执行情况。

（8）重点评估有机生产区域的隔离带或缓冲带是否符合有机产品标准的要求，以及控制可能发生污染的手段。

（9）审核平行生产所采取的有效措施，包括平行种植作物的分开管理、分开记录、分开收获、分开装运和分开销售等管理情况。

（10）审查和评估申请认证的有机产品在生产、加工和运输过程中所有可能存在的潜在污染源以及限制、控制、禁止使用物质。

（11）判断质量跟踪审查记录和生产、加工记录与有机产品标准是否相符，综合评估相符情况和不足之处，并提出改进要求与建议。

（12）重点审核上一年度的有机认证产品的收获量、加工量、库存量和销售量的平衡情况，办理销售证和缴纳标志使用费等情况。

（13）审核农用器具、认证产品装运工具的清洁程序和记录体系。

（14）加工产品原料来源的确认及其比例　检查有机原料比例与产品标识是否相符。

（15）检查加工助剂、添加剂和辅料的来源和所占的比例，并要求申请者作出所用加工助剂、添加剂和辅料不含基因生物有机体的承诺，同时，检查员必须对申请者所用物质是否含转基因生物成分进行评估，必要时需通过采样并分析样品来印证。

（16）检查加工过程中清洁设备所使用的清洁剂、杀虫剂等物质清单和使用安全物质数据表以及使用说明。根据现场检查情况编写报告。根据检查农场、蜂场、野生植物的采集、加工厂、贸易公司的实际情况与有机认证标准的相符程度，提出改进要求与建议，并说明申请者是否还需提交补充材料。

四、 农产品地理标志的申报与管理

（一） 农产品地理标志登记申报程序

国家对农产品地理标志实行登记制度。经登记的农产品地理标志受法律保护。

1. 农产品地理标志登记管理工作职责分工

农业部负责全国农产品地理标志的登记工作，农业部农产品质量安全中心负责农产品地理标志登记的审查和专家评审工作。省级人民政府农业行政主管部门负责本行政区域内农产品地理标志登记申请的受理和初审工作。农业部设立的农产品地理标志登记专家评审委员会，负责专家评审。农产品地理标志登记专家评审委员会由种植业、畜牧业、渔业和农产品质量安全等方面的专家组成。

2. 农产品地理标志登记申报程序

申请人→提出登记申请→初审和现场核查→材料报送→申请材料审查→专家评审→评审结论社会公示→登记并公告→颁发证书→公布登记产品相关技术规范和标准。

3. 农产品地理标志登记申请要求

（1）申请地理标志登记的农产品，应当符合下列条件　①称谓由地理区域名称和农产品通用名称构成；②产品有独特的品质特性或者特定的生产方式；③产品品质和特色主要取决于独特的自然生态环境和人文历史因素；④产品有限定的生产区域范围；⑤产地环境、产品质量符合国家强制性技术规范要求。

（2）农产品地理标志登记申请人要求　申请人为县级以上地方人民政府根据下列条件择优确定的农民专业合作经济组织、行业协会等组织：①具有监督和管理农产品地理标志及其产品的能力；②具有为地理标志农产品生产、加工、营销提供指导服务的能力；③具有独立承担民事责任的能力。

4. 农产品地理标志登记申请需要的材料

符合农产品地理标志登记条件的申请人，可以向省级人民政府农业行政主管部门提出登记申请，并提交下列申请材料：①登记申请书；②申请人资质证明；③产品典型特征特性描述和相应产品品质鉴定报告；④产地环境条件、生产技术规范和产品质量安全技术规范；⑤地域范围确定性文件和生产地域分布图；⑥产品实物样品或者样品图片；⑦其他必要的说明性或者证明性材料。

（二）　农产品地理标志的使用

农产品地理标志实行公共标识与地域产品名称相结合的标注制度。

1. 农产品地理标志的使用

（1）农产品地理标志的使用人向登记证书持有人申请使用农产品地理标志的条件　①生产经营的农产品产自登记确定的地域范围；②已取得登记农产品相关的生产经营资质；③能够严格按照规定的质量技术规范组织开展生产经营活动；④具有地理标志农产品市场开发经营能力。

（2）农产品地理标志使用申请人向登记证书持有人提出标志使用申请并提交的材料　①使用申请书；②生产经营者资质证明；③生产经营计划和相应质量控制措施；④规范使用农产品地理标志书面承诺；⑤其他必要的证明文件和材料。

（3）经审核符合标志使用条件的，农产品地理标志登记证书持有人应当按照生产经营年度与标志使用申请人签订农产品地理标志使用协议，在协议中载明标志使用数量、范围及相关责任义务。

2. 农产品地理标志权利与义务

使用农产品地理标志，应当按照生产经营年度与登记证书持有人签订农产品地理标志使用协议，在协议中载明使用的数量、范围及相关的责任义务。农产品地理标志登记证书持有人不得向农产品地理标志使用人收取使用费。

（1）农产品地理标志使用人享有的权利　①可以在产品及其包装上使用农产品地理标志；②可以使用登记的农产品地理标志进行宣传和参加展览、展示及展销。

（2）农产品地理标志使用人的义务　①自觉接受登记证书持有人的监督检查；②保证地理标志农产品的品质和信誉；③正确规范地使用农产品地理标志。

（三）　农产品地理标志的监督管理

1. 农产品地理标志登记证书长期有效。有下列情形之一的，登记证书持有人应当按照规定程序提出变更申请：（1）登记证书持有人或者法定代表人发生变化的；（2）地域范围或者相应自然生态环境发生变化的。

2. 县级以上人民政府农业行政主管部门应当加强农产品地理标志监督管理工作，定期对登记的地理标志农产品的地域范围、标志使用等进行监督检查。

3. 登记的地理标志农产品或登记证书持有人不符合《农产品地理标志管理办法》第七条、

第八条规定的，由农业部注销其地理标志登记证书并对外公告。

4. 地理标志农产品的生产经营者，应当建立质量控制追溯体系。农产品地理标志登记证书持有人和标志使用人，对地理标志农产品的质量和信誉负责。

5. 任何单位和个人不得伪造、冒用农产品地理标志和登记证书。鼓励单位和个人对农产品地理标志进行社会监督。

6. 从事农产品地理标志登记管理和监督检查的工作人员滥用职权、玩忽职守、徇私舞弊的，依法给予处分；涉嫌犯罪的，依法移送司法机关追究刑事责任。违反《农产品地理标志管理办法》法规定的，由县级以上人民政府农业行政主管部门依照《中华人民共和国农产品质量安全法》有关规定处罚。

7. 农产品地理标志登记申报过程管理

申请人必须符合农产品地理标志登记条件要求。省级人民政府农业行政主管部门接受登记申请并自受理登记申请之日起的45个工作日内完成申请材料的初审和现场核查，提出初审意见。符合条件的，将申请材料和初审意见报送农业部农产品质量安全中心；不符合条件的，应当在提出初审意见之日起10个工作日内将相关意见和建议通知申请人。

农业部农产品质量安全中心当自收到申请材料和初审意见之日起20个工作日内，对申请材料进行审查，提出审查意见，组织专家评审。

专家评审工作由农产品地理标志登记评审委员会承担。农产品地理标志登记专家评审委员会应当独立做出评审结论，并对评审结论负责。

经专家评审通过的申请，由农业部农产品质量安全中心代表农业部对社会公示。有关单位和个人有异议的，应当自公示截止日起20日内向农业部农产品质量安全中心提出。

公示无异议的，由农业部做出登记决定并公告，颁发《中华人民共和国农产品地理标志登记证书》。公布登记产品相关技术规范和标准。

专家评审没有通过的，由农业部做出不予登记的决定，书面通知申请人，并说明理由。

8. 印刷农产品地理标志应当符合《农产品地理标志公共标识设计使用规范手册》要求。全国可追溯防伪加贴型农产品地理标志由中国绿色食品发展中心统一设计、制作，农产品地理标志使用人可以根据需要选择使用。

9. 农产品地理标志登记证书持有人应当建立规范有效的标志使用管理制度，对农产品地理标志的使用实行动态管理、定期检查，并提供技术咨询与服务。

10. 农产品地理标志使用人应当建立农产品地理标志使用档案，如实记载地理标志使用情况，并接受登记证书持有人的监督。农产品地理标志使用档案应当保存五年。

11. 农产品地理标志登记证书持有人和标志使用人不得超范围使用经登记的农产品地理标志。

12. 任何单位和个人不得冒用农产品地理标志。冒用农产品地理标志的，依照《中华人民共和国农产品质量安全法》第五十一条规定处罚。

13. 对违反农产品地理标志管理规定的行为，任何单位和个人有权向县级以上地方农业行政主管部门举报或者投诉。接到举报或者投诉的农业行政主管部门应当依法处理。

14. 农产品地理标志登记证书持有人应当定期向所在地县级农业行政主管部门报告农产品地理标志使用情况。

15. 县级以上地方农业行政主管部门应当定期将农产品地理标志使用及监督检查情况逐级

报省级农业行政主管部门。

16. 省级农业行政主管部门应当于每年 1 月底前向中国绿色食品发展中心报送上一年度农产品地理标志使用及监督检查情况。中国绿色食品发展中心汇总全国农产品地理标志使用及监督检查情况，并于每年 2 月底前报农业部。

🔍 思考题

1. 无公害食品、绿色食品、有机食品都有什么异同？
2. 简要回答有机食品如何申报。
3. 简要回答我国关于农产品地理标志的定义。
4. 目前国际地理标志保护的主要模式有哪些？
5. 简要介绍我国农产品地理标志的申请登记的流程。

第四章　CHAPTER

食品原料基础

4

【提要】食品原料也可称为食品资源，是食品学的主要研究对象。食品原料是食品学研究的基础。食品原料主要包括粮谷类，豆类，薯类，果蔬类，香辛料，畜产品，水产品，调味料及嗜好品等。

【教学目标】了解内容：了解食品原料及各类食品原料的概念；了解各类食品原料的起源与历史；了解粮谷类，豆类，薯类，果蔬类的品种、分布与消费；了解畜产品，水产品的品种、加工与应用；了解香辛料、调味料的利用形态及常见种类；了解各类食品原料中的常见品种或主要种类。掌握内容：熟悉食品原料的不同分类；熟悉粮谷类，豆类，薯类，果蔬类的组织性状、营养成分；熟悉畜产品、水产品的性状特点及主要成分；熟悉香辛料与调味料的生理功能及重要分类。

【名词及概念】食品原料，粮谷类，豆类，薯类，果蔬类，香辛料，畜产品，水产品，调味料，嗜好品，烹饪加工，物理性质，化学成分。

【课程思政元素】食品原料的来源背后所蕴含的中华民族优秀传统文化，培养文化自信和民族自信；针对食品原料所对应的国家发展战略，"三农"问题的重视意识；科学研究的严谨性及思辨精神。

第一节　概述

一、食品原料的概述

我国地域辽阔，物产丰富，许多资源都可用作食品原料。食品原料又称为食品资源，是食品学的主要研究对象。食品原料是食品学研究的基础。食品学就是研究与食品原料相关的生产、加工、贮藏等方面的科学。同时，食品原料还是食品加工业的基础。用于食品加工的原料种类繁多，类别复杂，它不仅有采后的生鲜食品，还包括供加工或烹饪用的初级品、半成品等；既有有机物质，也有无机物质。

二、食品原料的分类

食品原料虽没有一个系统的、科学的分类体系，但在食品加工与流通中，一般会对这些原料按照一定的方式进行分类。

（一）　按来源分类

通常农产品、林产品、园艺产品（包括谷类、薯类、豆类、蔬菜类、水果类和植物性油料）都算作是植物性食品原料；畜产品和水产品（包括肉、蛋、乳等）都为动物性食品原料。此外，食品原料除了植物性食品原料和动物性食品原料外，还有各种合成的，或从自然物中萃取的添加剂类原料。

（二）　按生产方式分类

1. 农产品

农产品是指在土地上对农作物进行栽培，收获得到的食品原料，也包括近年来发展起来的无土栽培方式得到的产品，包括谷类、豆类、薯类等。其中谷类主要包括稻米、小麦、玉米、燕麦、黑麦、高粱等植物的种子。豆类包括大豆、蚕豆、豌豆、绿豆、豇豆、菜豆等。薯类主要有马铃薯和甘薯等。

2. 园产品

园产品是指蔬菜、水果、花卉类食品原料。蔬菜中十字花科和葫芦科的植物种类较多，如白菜、油菜、萝卜、甘蓝、黄瓜、番茄等。水果主要包括苹果、梨、桃、杏、李、梅、枣、柑橘、葡萄等。花卉类是指可以食用的花卉类，目前主要有金针菜、菊花、桂花等。

3. 畜产品

畜产品指在陆地饲养、养殖、放养各种动物所得到的食品原料，它包括畜禽肉类、乳类、蛋类和蜂蜜类产品等。

4. 林产品

林产品是指取自林木的并且可以用来食用的产品。一般把林区生产的坚果类、食用菌和山野菜都算作林产品，但不包括水果类产品。

5. 水产品

水产品指水中捕捞的产品和水中人工养殖的产品，它主要包括鱼类、甲壳类、贝类、头足类、爬行类、两栖类、藻类等淡水和海水产品。

（三）　按食品营养特点分类

许多国家为了加强对人们摄取营养的指导，参照当地人们的饮食习惯，把食品原料按其营养、形态特征分成若干食品群。如日本的三群分类法、六群分类法，以及美国的四群分类法等。

1. 三群分类法

食品的本质要素历来被认为：一是保持和修补机体处于正常状态的营养素补给源和维持机体必要运动的补给源，即食品的营养功能；二是对色、香、味、形和质构的享受，从而引起食欲的满足，即食品的感官功能。上述两种功能又称为食品的第一功能和第二功能。但是，随着社会的进步，物质生活水平的提高，人们对其调节人体生理活动、增强免疫能力、预防疾病、抗衰老和促进康复等功能又称之为食品的第三功能的要求越来越迫切。食品的功能来源于食品原料的化学成分，而食品营养素的种类和营养成分的多少又与其原料自身的色泽有密切关系。因此，我们可以通过选择不同颜色的食物，来体现食品原料的不同功能。

三群分类法就是根据上述原理，把所有食品大体分为三大群，并由这三大群食品的主要颜色印象来称呼，因此也称为三色食品。其分类如下：

（1）黑色食品 即维持人体生命及人体生长发育所必需的各种营养素。它主要有谷类、坚果、薯类、脂肪和砂糖等。

（2）红色食品 即为提供身体成长所需的营养食物。它包括动物食品和植物蛋白等。

（3）绿色食品 即维持身体健康、增进机体免疫力、防止疾病的食物。它主要包括水果、蔬菜和海藻类。

2. 六群分类法

六群分类法原是指美国按照人的营养需要，为指导人们对食品摄取而进行的分类。后来日本厚生省又按照东方人的饮食习惯对此做了修正，其分类方法如表4-1所示。

表4-1   基础食品六群分类法

分类	食品原料类型	作用与说明
第一类	鱼、肉、卵、大豆	提供蛋白质、脂肪等
第二类	乳制品、小鱼、虾、海藻等	提供全面的营养
第三类	黄绿色蔬菜	胡萝卜素的供源，也提供其他的维生素和矿物质
第四类	其他的蔬菜和水果	主要提供维生素 C
第五类	粮食、薯和主食类	热量的供源
第六类	油脂类	脂肪性热量的供源

3. 四群分类法

美国农业部为了使膳食指导明确、简化，提出了四群分类法。最早提出的四群食品为：乳酪类、肉鱼蛋类、果蔬类和粮谷类。近年美国农业部、卫生部对膳食指南进行了进一步修订，形象地把各种食品分为四大类六小群，并按摄取量大小排列成金字塔形状。这四大类食品按其食品原料，可以分为粮谷类，果蔬类，动物性食品，坚果类、豆、花生类，油脂和糖类，要求限量摄取。

4. EPMSA 法

我国有关学者提出 EPMSA 法，即以食品原料的营养特性，依据《食物成分表》中各食物干物质的主要营养素，将食品原料分为能量原料（energy）、蛋白质原料（protein）、矿质维生素原料（mineral）、特种原料（special kind）和食品添加剂（food additive）共 5 大类。

（四） 按使用目的分类

1. 按加工或食用要求分类

将食品原料按加工方法和食用要求可以分为加工原料和生鲜原料。加工原料包括粮油原料、畜产品及水产品等。当然，其中有些也可作生鲜食品用。粮油原料又可分为原粮、成品粮、油料、油品等。生鲜原料主要指蔬菜水果类。

2. 按烹饪食用习惯分类

在生活中，通常把食品原料按烹饪食用习惯分为主食和副食。我国主食主要指以碳水化合物为主体的米麦类、谷类；副食指蛋白食品、脂肪食品和蔬菜类。

第二节　粮谷类

无论从人类的营养构成，还是从饮食历史来看，谷物食品原料都是人类营养基础中最主要的食物。我国早在春秋战国时期已有"五谷为养"之说。谷类被称为世界各民族的生命之本。据考古发现，早在 1 万年前的新石器时代，人类已经开始了农耕种植业。大约在 5000 年前，我国已将杂草驯化成作物，培养出不同于杂草的五谷，并掌握了一定的栽培技术。虽然数千年前人类已经开始狩猎、驯畜、食鱼、食肉，但从猿进化到人，人类祖先的主食始终是以粮谷等植物性食品为主。谷类主要包括稻米、小麦、玉米、燕麦、黑麦、高粱等植物的种子。

一、小麦

小麦适应性强，是世界上最重要的粮食作物，其分布范围、栽培面积及总贸易量等均居粮食作物第一位。我国有关小麦的最早文字见于甲骨文中，为"麦"和"麳"字。《诗经》（公元前 6 世纪）里已有"麦"字，也有"麳""麷"两字。据《广雅》所载，"大麦，麷也，小麦，麳也"。目前，全世界 35% 的人口都以小麦为主要粮食。

（一）　小麦的分类

按大的种群分，小麦品种分为普通小麦和硬粒小麦（杜伦小麦）。其中最重要的是普通小麦，占总产量的 92% 以上。普通小麦又可按播种季节、皮色、粒质进行分类。

按播种季节分类，小麦分为冬小麦和春小麦两种。冬小麦在秋季播种，夏初成熟。春小麦是春季播种，夏末收获。

按小麦皮色分类，小麦分为白皮小麦和红皮小麦两种。白皮小麦一般粉色较白，皮薄。红皮小麦粉色较深，皮较厚。

按小麦粒质分类，小麦分为硬质小麦和软质小麦两种。硬质麦磨制的面粉适合于生产面包，而软质麦磨制的面粉适合于生产糕点和饼干。

（二）　小麦的生产与消费

我国是世界上第一小麦生产大国。2019 年，中国年产小麦 13359 万 t，占粮食总产量的 20.12%。我国小麦 90% 左右为冬小麦，主要分布在华北平原和关中平原，春小麦仅占 10% 左右，主要分布在东北地区和内蒙古自治区。河南、山东、河北 3 个省是我国小麦的生产大省，三省的小麦总产量约占全国小麦总产量的一半，其次是江苏和安徽。

（三）　小麦的形态与性状

1. 小麦籽粒的结构

（1）麸皮层　小麦籽粒的麸皮层占籽粒的 6%~7%，由表皮层、外果皮层、内果皮层、种皮、胚珠层、糊粉层组成。小麦的麸皮主要由木质纤维和易溶性蛋白质组成。表皮和外果皮的纤维最多。内果皮和种皮的纤维较少，色素成分较多。胚珠层和糊粉层的纤维最少，蛋白质最多，但灰分含量最高。

（2）小麦胚乳　麸皮内的胚乳占籽粒质量的 80%~86%，小麦粉就是把胚乳分离出来得到的。胚乳本身由无数的细胞组成，细胞极小，细胞膜很薄，内含淀粉和面筋质。胚乳部分蛋白质含量是从外层到中心逐渐递减的，但越近中心其面筋蛋白质量越好，含淀粉越多，脂质、纤维、灰分越少，颜色也越白。胚乳中淀粉约为70%，水分为13%，蛋白质为12%。

（3）小麦胚 麦粒中胚芽约占2%，它是发芽与生长的器官，含有麦粒的脂肪及类脂质的大部分，蛋白质不仅含量丰富且氨基酸组成合理，维生素B群和维生素E含量丰富，特别是维生素E是谷物胚芽中含量最高的。

2. 小麦的物理特性

小麦的物理特性包括籽粒形态、千粒重、色泽、容重。

（1）小麦籽粒形态 小麦籽粒形状可分为长圆形、卵圆形、椭圆形和短圆形。

（2）千粒重 千粒重是粮食和油料籽粒（种子）大小、饱满度的重要标志之一。小麦一般在25~50g，以30~35g居多。一般来说，籽粒越大越饱满，其千粒重越大。国内小麦千粒重一般为34~45g，有的品种和地区超过60g，尤其以青海、西藏、新疆和宁夏等地区小麦千粒重较高。

（3）色泽 小麦籽粒颜色主要分白色、红色和琥珀色，麦粒的颜色主要由种皮色素层中沉淀的色素来决定。小麦制粉时，麦皮会或多或少地随粉碎而混入面粉中，这些混入面粉中的呈色麦皮被称为麸星。面粉的加工精度越高，面粉中的麸星含量就越少。胚芽和麸皮去除较干净的高级小麦粉为淡乳白色，低等级的面粉为略带褐色。

（4）容重 容重是指单位体积内小麦籽粒的质量，我国以g/L为容重单位。容重是小麦籽粒形状、整齐度、饱满度和胚乳质地的综合反映。一般情况下，小麦容重越高，表示籽粒越饱满，胚乳含量越高。我国小麦的容重一般为680~830g/L。

（四） 小麦的化学成分

1. 碳水化合物

碳水化合物是小麦主要化学成分，约占麦粒重的70%，其中淀粉占绝大部分，还有纤维、糊精以及各种游离糖和戊聚糖。

纤维素和半纤维素是小麦籽粒细胞壁的主要成分，为籽粒干物质总重的2.3%~3.7%。在胚乳、胚芽和麦麸中，纤维素分别为0.3%、16.8%和35.2%，半纤维素分别为2.4%、15.3%和43.1%。纤维素和半纤维素对人体无直接营养价值，但它们有利于胃肠的蠕动，能促进机体对其他营养成分的消化吸收。

糖在籽粒各部分的分布不均匀。小麦胚的含糖量达24%，主要为蔗糖和棉子糖，蔗糖占的比例较大（60%）。麸皮的含糖量约为5%，也主要是蔗糖和棉子糖。面粉的糊精含量在0.1%~0.2%。含麦芽的面粉，其糊精含量会明显增加，因为麦芽的 α-淀粉酶活性较高，会把淀粉水解成糊精。戊聚糖在小麦胚乳中只有2.2%~2.8%，虽不能消化，但有增强面团强度、防止成品老化的功能。在小麦粉中的戊聚糖是戊糖、D-木糖和L-阿拉伯糖组成的多糖。

2. 蛋白质

小麦的蛋白质含量（干基）比大米高，最低9.9%，最高17.6%，大部分在12%~14%。小麦中的蛋白质主要可分为：麦胶蛋白（占33.2%）、麦谷蛋白（占13.6%）、麦白蛋白（占11.1%）、麦球蛋白（占3.4%）。前两种蛋白质不溶于水，具有其他动植物蛋白所没有的特点，遇水能相互黏聚在一起形成面筋，因此又称面筋蛋白。麦谷蛋白和麦胶蛋白集中在于小麦胚乳中，是贮藏蛋白，是决定小麦加工品质的主要因素。麦白蛋白和麦球蛋白主要分布在麦胚和糊粉层中，少量存在于胚乳中。小麦蛋白质的氨基酸组成中，赖氨酸含量少，是限制氨基酸。

3. 脂质

小麦的脂质主要存在于胚芽和糊粉层中，含量为 2%~4%，多由不饱和脂肪酸组成，易氧化酸败。小麦粉脂质含量约 2%，其中约一半为脂肪，其余有磷脂质和糖脂质，其中卵磷脂可使面包柔软。

4. 矿物质

小麦中的矿物质（主要有钙、钠、磷、铁、钾等）以盐类形式存在于麸皮中，含量丰富，例如钙、铁、钾等含量比大米高出 3~5 倍。

5. 维生素

小麦和面粉中主要的维生素是维生素 B 族和维生素 E，维生素 A 含量很少，几乎不含维生素 C 和维生素 D。维生素大部分在皮和胚芽中，因此越是精白面粉，维生素含量越少。

6. 酶类

面粉中的酶类主要有淀粉酶、蛋白酶和脂肪酶 3 种。淀粉酶中有 α-淀粉酶和 β-淀粉酶，这两种酶可以使部分淀粉水解转化成麦芽糖。α-淀粉酶能将可溶性淀粉转化为糊精，改变淀粉的胶性，从而影响烘焙中面团的流变性，可改善面包的品质。但 α-淀粉酶一般在小麦发芽时才产生，因而在良好的贮藏条件下 α-淀粉酶含量很少，为此在制作面包的面粉中常添加适量的麦芽粉或含有 α-淀粉酶的麦芽糖浆。

二、 玉米

玉米与小麦、稻米一样是禾本科 1 年生草本植物。玉米又称苞谷、玉蜀黍、棒子、苞米等。玉米 16 世纪初传入我国，至今已有 400 多年的栽培历史。玉米是分布最广的粮食作物之一，种植面积仅次于小麦和水稻。

（一） 玉米的分类

1. 按照籽粒形状及胚乳性质分类

按照籽粒形状有无稃壳及胚乳性质可将玉米分成 8 个类型，分别是硬粒型、马齿型、甜质型、粉质型、爆裂型、甜粉型、糯质型和有稃型。

硬粒型籽粒一般呈圆形，质地坚硬平滑，籽粒有红、黄、白、紫等色，适于高寒地栽培。

马齿型籽粒顶部凹陷成坑，棱角较为分明，近于长方形，很像马齿。籽粒有黄、白等色，不透明，籽粒大，产量高，但食感较差，多用于饲料、淀粉、油脂原料。

甜质型玉米根据含糖量的多少，分为普通甜玉米和超甜玉米。

爆裂型玉米籽粒小，坚硬光亮，遇热爆裂膨胀，适合做爆米花。

甜粉型玉米籽粒上部为富含糖分的皱缩状角质，下部为粉质，比较罕见。

糯质型玉米籽粒不透明，无光泽，外观似蜡状。它的胚乳全部由支链淀粉组成，煮熟后黏软，富于糯性，俗称黏玉米或糯玉米。

有稃型玉米的籽粒都有颖壳包裹，籽粒坚硬，没有现实意义，只供研究。

2. 按种皮颜色分类

我国国家标准中对玉米的分类是按种皮颜色来分的，分为黄玉米、白玉米、混合玉米 3 类。

3. 按玉米成分和用途分类

根据玉米成分和用途可以将玉米分为特种玉米和普通玉米两大类。

特种玉米是指具有不同于普通玉米籽粒形态、化学组成、食用品质及加工特性的玉米，是相对于普通玉米而言的。特种玉米主要包含甜玉米、糯玉米、笋玉米和爆裂玉米，以及高油玉米（脂肪含量7.0%~9.0%）、优质蛋白玉米（高赖氨酸玉米，赖氨酸含量0.4%以上）、高蛋白玉米、高直链淀粉玉米等。

（二）　玉米的生产与消费

玉米是谷物中单产最高的作物，其秸秆也是很好的家畜青饲料，生长适应性强。我国玉米分布区域很广，但主要分布于东北、华北、西北以及西南地区。目前世界玉米种植面积最大的5个国家依次为美国、中国、巴西、墨西哥、印度。玉米不仅用于饲料生产，还是食品、工业、医药等行业重要的原料。

（三）　玉米的形态与性状

1. 外部形态

玉米植株每颗结穗1~2个，穗实周围玉米籽粒沿轴向成偶数行密集排列（普通8~12行，多的有14~18行），每行排列40~50粒。玉米籽粒的形状、大小和色泽因类型和品种的不同而不同。如硬粒型玉米呈圆形，糯质型玉米似蜡状等。

2. 玉米籽粒构造

玉米籽粒的基本结构分为种皮、胚乳、胚芽、梢帽四个组成部分。玉米粒最下端尖凸的部分为梢帽，梢帽上端的弹性组织即胚芽，胚芽上端冠状的较硬部分即为胚乳，整个籽粒被透明的种皮所包裹。玉米各个部分的组成比例，因其品种不同而异。一般种皮占籽粒质量的5%~8%，胚乳占籽粒质量的80%~85%，胚芽占籽粒质量的10%~15%，梢帽占籽粒质量的0.8%~1.5%。

（1）种皮　种皮由果皮、糊粉层组成，种皮的主要成分是纤维素，含有少量的淀粉、糖、蛋白质、维生素、矿物质和色素等物质，种皮中的色素决定了玉米籽粒的颜色。种皮的作用是保护玉米籽粒不受外界的侵害，保证玉米籽粒成形和胚乳不散，种皮内是胚乳和胚芽。

（2）胚乳　胚乳是种皮内主要结构部分，胚乳的主要化学成分是淀粉和蛋白质，还有少量纤维素、色素、脂肪、矿物质、糖、维生素等。玉米胚乳可分为粉质胚乳和角质胚乳两部分。胚乳的作用是积累和贮存淀粉、蛋白质、灰分、色素等各种营养物质，在玉米生长阶段为玉米生长提供能源。

（3）胚芽　胚芽是从胚根部生长出来的，在胚根向籽粒顶部伸长，胚芽的根部连接种皮和梢帽。胚芽的主要成分是脂肪、纤维素、矿物质，以及少量的糖、维生素等物质。胚芽的作用是提供脂肪、灰分和各种营养物质，在玉米发芽阶段还为生长提供遗传基因。

（4）梢帽　梢帽又称为根帽、根冠，主要由呈海绵状结构的纤维素组成，没有食用价值。梢帽的一端连接穗轴，另一端连接种皮和胚芽。梢帽的作用是连接玉米籽粒和玉米穗轴（芯），为玉米籽粒的成分积累提供运输的通道。

3. 玉米的物理性状

（1）粒形与大小　粒形指玉米粒的形状，大小是指玉米籽粒的长度、宽度和厚度。玉米形状和大小因品种不同也有所不同。一般玉米长、宽、厚分别为8~12mm、7~10mm、3~7mm。

（2）容重　容重的大小是由籽粒的饱满程度决定的。一般来说，容重高的玉米成熟好、皮层薄、角质率高；容重低的玉米则相反。玉米的容重一般为705~770g/L。

（3）千粒重　一般千粒重都是指风干状态的玉米籽粒而言，千粒重大的玉米表明颗粒大，角质胚乳多。玉米的千粒重一般为180~500g。

（四）　玉米的化学成分

1. 淀粉

玉米籽粒中含有70%~75%的淀粉，对于普通玉米，直链淀粉约占27%，其余是支链淀粉。高直链淀粉品种的玉米直链淀粉可达50%~80%。糯玉米淀粉糊具有较强的易糊化度、保水性、抗老化性、易水解性、胶体保护性，而高直链淀粉玉米淀粉糊具有较好的成膜性和凝胶化特性，普通玉米淀粉糊的特性处于二者之间。

2. 蛋白质

玉米蛋白在籽粒中的分布为：胚乳80%，胚16%，种皮4%，大部分存在于胚乳中。胚乳中的蛋白质主要是贮藏蛋白质，以颗粒状存在。玉米蛋白质中含量最多的为醇溶谷蛋白（约45%）、谷蛋白（约40%），此外还有白蛋白、球蛋白和其他蛋白，但醇溶谷蛋白几乎不含赖氨酸，因此玉米蛋白的营养价值不高。

3. 脂质

胚芽的脂质含量高达30%~40%，大部分脂质为脂肪酸甘油三酯，以直径约为$1.2\mu m$的脂肪球存在。脂肪酸组成中亚油酸较多，含量范围为19%~71%。

4. 纤维类

玉米纤维的一半以上在种皮中，主要由中性洗涤纤维（NDF）、酸性洗涤纤维（ADF）、戊聚糖、半纤维素、纤维素、木质素、水溶性纤维组成，其中NDF含量高达10%左右，ADF仅占4%左右。

5. 糖类

除淀粉外，玉米还含有各种多糖类、寡糖、单糖，大部分含在胚芽中。但甜玉米的胚乳中含有大量蔗糖，这是因为其遗传基因中有抑制光合作用产生的糖向淀粉转化蓄积的基因。

6. 其他微量成分

玉米还含有多种维生素，其中黄玉米含有较多的β-胡萝卜素。含量较丰富的还有油溶性的维生素E、水溶性的维生素B_1和维生素B_6。甜嫩玉米还含有其他谷物中不含的维生素C。玉米矿物质含量按灰分测定在1.1%~3.9%。爆裂玉米籽粒含量最高，普通玉米籽粒含量为1.3%。玉米的矿物质中含钾最多，其次为磷、镁，但不同于其他谷物的是含钙量少。

三、　稻谷

稻谷属于禾本科稻属，多是半水生的一年生草本植物。稻谷是世界上最重要的粮食作物之一。稻谷是指稻谷种子的籽粒。脱粒后得到的带有不可食的颖壳的籽粒，通常被称作稻谷或毛稻；稻谷经砻谷处理，将颖壳去除，得到的籽粒称为稻米、糙米；糙米往往要经过碾米加工，除去部分或全部皮层才能得到我们通常食用的大米。

（一）　稻谷的分类

1. 按植物学分类

食用稻谷可以分为粳型稻的粳米和籼型稻的籼米两大类。粳型稻起源于我国云南和长江流域，目前是我国北方、朝鲜、日本等地的主要品种；籼型稻起源于印度一带，是东南亚和我国南方、西南地区的重要栽培品种。

2. 按生长条件分类

稻谷可分为普通水稻和陆稻。陆稻也可称为旱稻，通常种植于热带、亚热带的山区坡地或温带旱地。它虽然有耐旱、抗病等优点，但单产低，且比起水稻米，其米粒硬度小，淀粉颗粒大，蛋白质含量也高达30%左右。

3. 按照稻米淀粉构成分类

稻米可分为糯米和普通大米。糯米中的直链淀粉含量极低，只有0~2%；普通大米中的直链淀粉含量约为20%。一般直链淀粉含量越低，即支链淀粉含量越高，米粉的黏性越大，口感也越好。因此，还有一种分类就是仅按照直链淀粉的含量分类。一般分为糯米（0~2%）、极低直链淀粉米（2%~12%）、低直链淀粉米（12%~20%）、中直链淀粉米（20%~25%）和高直链淀粉米（25%以上）。

4. 按照稻米加工方法和用途分类

稻米还可以分为精白米、半精白米、胚芽米、预蒸煮米等。半精白米、胚芽米都是为了避免碾米过程营养成分过度损失的产品。预蒸煮米是把稻谷经浸水、汽蒸糊化、干燥并进行碾制得到的大米。预蒸煮米因为经高温杀菌杀虫，贮藏期长；蒸煮处理可使米粒表面的水溶性营养成分向米粒内部扩散，增加精白米营养。

（二）稻谷的生产与消费

稻谷是世界上重要的粮食作物之一，贡献了世界人口食物热量的20%。稻谷种植区域分布很广，如中国、日本、朝鲜半岛、东南亚等，世界三大产稻国均集中在亚洲，它们分别是中国、印度和印度尼西亚。

在我国，水稻是第一大粮食作物，从东北到海南，从东部沿海到宁夏和新疆，全国水稻生产面积占粮食生产面积的28%，产量占粮食总产量的39%。

稻米的消费可分为3种：直接食用、工业用和饲料用。米粉是大米主要的加工食品，鲜米粉的年人均消费量约12kg，相当于7~8kg精米。

（三）稻谷的形态与性状

1. 稻谷籽粒形态结构

稻谷籽粒由谷壳和糙米两部分构成，呈椭圆或长椭圆形。

谷壳包括内外颖和护颖。谷壳的主要成分是粗纤维和硅质，结构坚硬，能防止虫霉侵蚀和机械损伤，对稻粒起着一定的保护作用。

稻谷脱去谷壳即是糙米。糙米属颖果，由果皮、种皮、外胚乳、糊粉层、胚乳和胚组成。种皮与果皮紧密相连，是由子房的珠被发育而来的。外胚乳是粘连在种皮下的一层薄膜，它是来自子房珠心组织的表皮。糊粉层由糊粉细胞组成。糊粉细胞是小型的近似立方形的细胞，内含蛋白质的糊粉粒、脂肪和酶等，不含淀粉粒。紧连着糊粉层内侧的通常还有一层叫亚糊粉层，内含蛋白质、脂肪和少量的淀粉粒。胚乳在亚糊粉层之内，胚乳组织细胞中充满着淀粉粒，稻米淀粉呈多角形，有明显的棱角。胚位于米粒腹面的基部，呈椭圆形，表面起皱褶，稍内陷，仅中部隆起。胚由胚芽、胚茎胚根及吸收层等部分组成。糙米经过加工后的白米，主要是胚乳，被除去的部分则是包括胚在内的外层组织如果皮、种皮和糊粉层，即米糠。糙米中糠层占5%~6%，胚占2%~3%，胚乳为91%~92%。

2. 稻谷的物理特性

（1）气味　新收获的稻谷具有特有的香味，无异味。陈稻谷的气味远比新稻谷差，这是由于稻谷陈化的结果。

（2）色泽　稻谷颜色多为土黄色，糙米颜色多为蜡白色或灰白色，无论是稻谷还是糙米均富光泽。一般陈稻谷的色泽较为暗淡。

（3）粒形　稻谷粒形因品种和生长条件的不同而有很大差异。稻谷粒形按粒长与粒宽的比例分为三类：长宽比大于 3 的为细长粒形，长宽比小于 3 而大于 2 的为长粒形，长宽比小于 2 的为短粒形。我国稻谷一般粒长 5.0~8.0mm、宽 3.0~3.5mm、厚 2.0~2.5mm。

（4）千粒重与容重　一般来说，籽粒饱满、结构紧密、粒大而整齐的稻谷，胚乳所占比例较大，稻壳、皮层及胚所占的比例较小，其千粒重较大；反之，千粒重较小。

稻谷容重与稻谷品种、成熟程度、水分及含杂质量等有关。一般籽粒饱满、均匀度高、表面光滑无芒、粒形短圆的稻谷，容重较大；反之，则较小，一般稻谷的容重为 450~600g/L。

（四）　稻谷的化学成分

1. 碳水化合物

稻谷中的单糖主要有葡萄糖和果糖；低聚糖有蔗糖、少量的棉子糖和极少量的麦芽糖；多聚糖主要有淀粉、纤维素和多缩戊糖。淀粉主要存在于胚乳中，胚和胚乳中主要的糖类是蔗糖和少量的棉子糖、葡萄糖和果糖。稻谷中纤维素分布约为：皮层中 62%、米楸中 7%、胚中 4%、胚乳中 27%。

淀粉是稻谷中重要的化学成分，而且是含量最高的碳水化合物之一。稻谷中的淀粉含量一般在 50%~70%。不同品种的稻谷其淀粉含量的差异很大，一般籼稻淀粉含量较低，而粳稻淀粉含量较高。

稻谷籽粒中的淀粉包含直链淀粉和支链淀粉。粳稻中支链淀粉含量较高，因而粳米饭黏性大；籼稻中直链淀粉含量高，籼米饭的黏性小，米饭干松。而糯性稻谷几乎全部为支链淀粉，它所含有的直链淀粉仅有 0.8%~1.3%，因此大米中以糯米黏性最大。

2. 蛋白质

稻谷蛋白质主要存在的形式是以蛋白体方式储藏于细胞中，稻谷蛋白体在籽粒内的分布不均匀，一般胚内多于胚乳。稻谷蛋白质含有的种类有谷蛋白、球蛋白、白蛋白、醇溶蛋白，主要为米谷蛋白，占总蛋白的 70%~80%。白蛋白和球蛋白集中于糊粉层和胚，即糙米中的分布以外层含量最高，越向米粒中心越低；谷蛋白是糙米或大米的主要蛋白质，它在米中的分布则是米粒中心部分含量最高，越向外层越低。白蛋白中赖氨酸含量最高，其次为谷蛋白，最低为球蛋白和醇溶蛋白。在谷类中稻米蛋白组成比较合理，它以营养品质高、低过敏性著称，是食品的极好营养添加剂。

3. 脂类

脂类在稻谷籽粒中的分布是不均匀的，胚芽中含量最高，其次是种皮和糊粉层。米糠主要由糊粉层和胚芽组成，含丰富的脂类物质。大米中的脂类含量则随碾米精度的提高而减少。白米中脂肪成分的酸败主要是大米贮存中风味劣变的主要原因，所以游离脂肪酸测定成为检验大米新陈的指标。

4. 维生素

稻谷所含维生素多属于水溶性的 B 族维生素，如维生素 B_1、维生素 B_2 等。大米中不含有维生素 A、维生素 C 和维生素 D。维生素主要分布于糊粉层和胚中，糙米所含的维生素比白米高。维生素 E 存在于糠层中，其中 1/3 为 α-生育酚。籽粒外层维生素含量高，越靠近米粒中心就越少。

5. 矿物质

稻谷的矿质元素主要存在于稻壳、胚和皮层中，而胚乳中含量极少。稻壳中的矿物质元素主要是 Si、P、K、Mg、Na、I、Zn，集中于糊粉层；Ca 主要集中在稻谷的胚乳即大米中。一般来说，Mg/K 含量比大的品种食味好。

第三节　豆类

一、大豆

大豆又称黄豆。我国许多古书上曾称大豆为菽，《诗经》中就有"中原有菽，庶民采之"的记载；西晋杜预对菽字注释："菽，大豆也"；秦汉以后就以豆字代替菽字。

大豆起源于中国，其种植历史至少有 5000 多年，适于冷凉地域生长，在纪元前传播至邻国；半个多世纪前仅在我国、日本等亚洲地区大规模栽培，18 世纪传入欧洲，之后扩展到中美洲和拉丁美洲，20 世纪 20 年代才广泛栽培，近 20 年开始在非洲种植。20 世纪 60 年代以来，世界大豆生产发展很快，成了世界上产量增长最快的粮食作物。

（一）大豆的分类

大豆种植历史悠久，分布广泛，品种繁多。仅中国就有产区 24 个，品种几千个。

1. 按播种季节分类

（1）春大豆　春大豆是指春天播种秋天收获，一年一熟的大豆，在我国主要分布于华北、西北及东北地区。

（2）夏大豆　夏大豆是指夏天播种的大豆，在我国主要分布于黄淮流域、长江流域及偏南地区。

（3）秋大豆　秋大豆是指秋天播种的大豆，主要分布于我国浙江、江西、湖南三省的南部及福建、广东的北部。

（4）冬大豆　冬大豆是指冬天播种的大豆，主要分布于我国广东、广西的南半部。

2. 按种子皮色分类

按大豆种皮的色泽可分为黄、青、黑、褐、双色 5 种。

（1）黄大豆　黄大豆又可细分为白、黄、淡黄、深黄、暗黄 5 种，如黑龙江产的小粒黄、大金楼，吉林、辽宁产的大粒黄等。我国生产的大豆绝大部分为黄色。

（2）青大豆　青大豆包括青皮青仁大豆和青皮黄仁大豆。青大豆还可以细分为绿色、淡绿色、暗绿色 3 种，如福建、广东、四川等产的大青豆；广西产的小青豆等。

（3）黑大豆　黑大豆包括黑皮青仁大豆、黑皮黄仁大豆。黑大豆还可细分为黑、乌黑两种，如广西产的柳江黑豆、灵川黑豆；山西产的太谷小黑豆、五寨小黑豆、石楼黑豆等。

（4）褐大豆　褐大豆可细分为茶豆、淡褐色、褐色、深褐色、紫红色 5 种，如广西、四川产的泥豆（小粒褐色）；云南产的酱色豆、马科豆；湖南产的褐泥豆等。

（5）双色豆　常见双色豆有鞍垫、虎斑两种，如吉林鞍垫豆、虎斑状猫眼豆；云南产的虎皮豆等。

3. 按种子形态分类

按种子形态可将大豆分为球形、椭圆形、长椭圆形和扁圆形等。

4. 按大豆的组成分类

蛋白质和脂肪是大豆的两大组成物，近年来一种以脂肪或蛋白质含量为依据的分类方法随之产生。一般将脂肪含量高（20%以上）的大豆称作脂肪型大豆或高油型大豆；将蛋白质含量高的大豆（45%以上）称作蛋白型大豆或高蛋白型大豆。

（二）　大豆的生产与消费

我国的大豆生产主要集中在三个地区：一是东北春大豆区，产量占全国总产量的40%~50%；二是黄淮流域夏大豆区，产量占25%~30%；三是长江流域夏大豆区，产量占10%~15%。一般东北大豆产地多种植油脂含量较高的油用大豆，南方多种植蛋白质含量较高的食用大豆。

近年来，我国大豆的消费量不断增加，其中油用大豆的消费量增长最快。而食用大豆消费量也有较大程度的增加，但是比重仍然很小。

（三）　大豆的籽粒结构

大豆种子是典型的双子叶无胚乳种子。成熟的大豆种子中，只有种皮和胚两部分。

1. 种皮

大豆种皮位于种子的表面，除糊粉层含有一定量的蛋白质和脂肪外，其他部分几乎都是由纤维素、半纤维素、果胶质等所组成。种皮呈不同颜色，其上还附有种脐、种孔和合点等结构。在种脐下部，凹陷的小点称为合点，是珠柄维管束与种胚连接处的痕迹。脐上端可明显地透视出胚芽和胚根的部位，二者之间有一个小孔眼，种子发芽时，幼小的胚根由此小孔伸出，故称此小孔为种孔或珠孔、发芽孔。种皮约占整个大豆粒质量的8%。

2. 胚

大豆种子的胚由胚根、胚轴、胚芽和两枚子叶四部分组成，主要以蛋白质、脂肪、糖为主。胚根、胚轴和胚芽三部分约占整个大豆籽粒质量的2%，富含异黄酮和皂苷。大豆子叶是主要的可食部分，约占整个大豆籽粒质量的90%。

（四）　大豆的化学成分

大豆的主要成分有蛋白质、脂肪、糖类、矿物质、磷脂、维生素等。

1. 常量成分

（1）蛋白质　大豆中含有丰富的蛋白质，是大豆最重要的成分之一。根据在籽粒中所起的作用不同，大豆中的蛋白质一般可分为贮存蛋白、结构蛋白和生物活性蛋白，其中贮存蛋白是大豆蛋白的主体。根据溶解性不同，大豆蛋白可分为白蛋白（清蛋白）和球蛋白。大豆中90%以上的蛋白为球蛋白。除在等电点（pH 4.3）附近，大豆蛋白大部分可溶于水，但受热，特别是蒸煮等高温处理，溶解度急剧减少。

大豆球蛋白是多组分蛋白。根据沉降速度法，将大豆球蛋白超离心分离，可得到2S、7S、11S、15S 4种组分，其中11S和7S为大豆蛋白质的主要成分。2S组分占大豆蛋白质的22%，7S组分占大豆蛋白质的37%，11S组分占大豆蛋白质的31%，15S组分占大豆蛋白质的11%。

（2）脂质　大豆含20%左右的油脂，是世界上主要的油料作物。大豆油脂的主要成分是由脂肪酸与甘油所形成的酯类，构成大豆油脂的脂肪酸种类有多种。大豆油脂的主要特点是不饱和脂肪酸含量高，61%为多不饱和脂肪酸，24%为单不饱和脂肪酸。大豆油脂中还含有可预防心血管病的一种 $\omega3$ 脂肪酸——α-亚麻酸。

除脂肪酸甘油酯外，大豆中还含有 1.3%～3.2%的磷脂。大豆磷脂的主要成分是卵磷脂、脑磷脂及磷脂酰肌醇。大豆磷脂是构成生物膜的重要组成成分，也是脑神经传递信息的活性物质，可促进脂质代谢，改善血液循环，防衰抗老，并具有一定的美容作用。

（3）碳水化合物　大豆中的碳水化合物含量约为25%，其组成成分比较复杂。一种是不可溶性碳水化合物，一般每100g大豆中含5g左右，主要存在于种皮。另一种可溶性碳水化合物，主要由低聚糖（包括蔗糖、棉子糖、水苏糖）和多糖（包括阿拉伯半乳糖和半乳糖类）构成。成熟的大豆几乎不含淀粉（0.4%～0.9%）。

2. 微量成分

（1）大豆异黄酮　大豆异黄酮是大豆中一类重要的非营养成分，是具有弱雌性激素活性的化合物。目前已经分离鉴定出三种大豆异黄酮，即染料木黄酮、黄豆苷元和大豆黄素。大豆籽粒中，50%～60%的异黄酮为染料木黄酮，30%～35%的异黄酮为大豆苷元，5%～15%的异黄酮为大豆黄素。在大豆籽粒中，只有少量大豆异黄酮以游离形式存在，而大部分以 β-葡糖苷的形式存在。大豆异黄酮主要分布在大豆胚轴和子叶中，种皮中含量极少。

（2）大豆皂苷　目前至少已经分离出10种重要的大豆皂苷。大豆皂苷分子由低聚糖与齐墩果酸型三萜连接而成，即由萜类同系物（称为皂苷元）与糖缩合而成的一类化合物。大豆皂苷在大豆中的含量达 0.1%～0.5%，大豆子叶中含量为 0.2%～0.3%，下胚轴达 2%。纯的大豆皂苷是一种白色粉末，具有辛辣和苦味，大豆皂苷粉末对人体各部位的黏膜均有刺激性，也是大豆制品苦涩味的主要来源。

（3）维生素和矿物质　大豆中含有多种维生素，维生素 B 族、维生素 E 含量丰富，维生素 A 较少，但维生素 B 族易被加热破坏。大豆无机盐也称大豆矿物质，主要为钾、钠、钙、镁等，总含量为 4.4%～5%，其中的钙含量是大米的 40 倍，铁含量是大米的 10 倍，钾含量也很高。

（4）脂肪氧化酶　脂肪氧化酶对于改进面团的流动、改进面包的体积和软度是很重要的。在面粉中加入脂肪和大豆粉后，脂肪经脂肪氧化酶的作用所生成的氢过氧化物，将面筋蛋白质的巯基（—SH）氧化成—S—S—键，这有利于强化面筋蛋白质的三维结构。在焙烤食品生产中，在面粉中加入1%（按面粉质量计）含脂肪氧化酶活力的大豆粉，能改进面粉的颜色和质量。

（5）胰蛋白酶抑制素　大豆中含有一类毒性蛋白，可抑制胰蛋白酶、胰凝乳蛋白酶、弹性硬蛋白酶及丝氨酸蛋白酶的活性，称为胰蛋白酶抑制素或蛋白酶抑制素。其含量为 17～27mg/g，占大豆贮存蛋白总量的 6%。在大豆中约含 1.4%的库尼兹抑制素和 0.6%的鲍曼-贝尔克抑制素。

（6）血球凝集素　脱脂后的大豆粕粉，约含3%的血球凝集素。

（7）大豆低聚糖　大豆低聚糖是大豆中所含的可溶性糖类，是大豆中低分子质量糖类的总称，其中主要成分是水苏糖、棉子糖和蔗糖等寡糖。此外，大豆还含有少量的葡萄糖、果糖、右旋肌醇甲醚等。

（8）植物甾醇　大豆油脂中甾醇含量为 0.15%～0.7%，占大豆油脂不皂化物的 25%～80%，其主要构成为豆甾醇 15%～19.9%。

（9）大豆磷脂　大豆含有 2%～3%的磷脂，以卵磷脂、脑磷脂及磷脂肌醇为主，其中含有卵磷脂36.2%，脑磷脂21.4%，磷脂酰肌醇15.2%，磷脂酸11.6%，磷脂酰甘油6.1%，双磷脂酰甘油 3.6%，溶血磷脂 2.4%，其他磷脂 3.5%。

二、绿豆

绿豆属豆科豇豆属栽培种，一年生草本植物。古名文豆、植豆。

（一） 绿豆的分类

绿豆按某些不同性质和要求分类，其中按种皮颜色可分为绿、黄、褐、蓝、黑5种。按种皮光泽可分为有光泽和无光泽2种。按籽粒大小可分为大粒型（百粒重6g以上）、中粒型（百粒重4~5g）和小粒型（百粒重3g以下）3种。按生育期长短可为早熟型、中熟型和晚熟型。

（二） 绿豆的生产与消费

绿豆原产于包括中国在内的亚洲东南部，目前亚洲分布较多，主要分布在印度、中国、泰国等以及其他东南亚国家。中国各地都有绿豆栽培，集中在黄河和淮河地区。

（三） 绿豆的形状和成分

绿豆种子为圆柱形或球形，长3~5mm，宽2~4mm。绿豆营养价值高，含有高蛋白（约24%）、中淀粉（约53%）、低脂肪（约1%），富含多种矿物元素和维生素，尤其是维生素 B_1，和维生素 B_2。绿豆蛋白主要为球蛋白，为近全价蛋白，其组成中富含赖氨酸（全粒干绿豆可食部分赖氨酸含量达18μg/g）、亮氨酸、苏氨酸，但甲硫氨酸、色氨酸、酪氨酸比较少，如与小米共煮粥，则可提高营养价值。绿豆中含有较多的半纤维素、戊聚糖、半乳聚糖，它们不仅有整肠等生理功能，还可以增加绿豆粒制品的黏性。因此，它是优质粉条、凉粉的理想原料。

（四） 绿豆的用途

绿豆不仅营养丰富，而且按中医理论还具有消热、解毒的药理作用，被称为"医食同源"的豆类。近年来研究发现，绿豆还具有降血脂、降胆固醇、抗过敏、抗菌、抗肿瘤、增强食欲、保肝护肾等药用功效。绿豆中的球蛋白和多糖，能促进动物体内胆固醇在肝脏分解成胆酸，加速胆汁中胆盐分泌和降低小肠对胆固醇的吸收，从而起到降脂、降胆固醇的作用。绿豆含有抗过敏作用的功能成分，可辅助治疗荨麻疹等过敏反应。绿豆中所含蛋白质、磷脂均有兴奋神经、增进食欲的功能。

第四节　薯类

一、马铃薯

马铃薯又称洋山芋、土豆、洋番芋等。在植物学分类上属茄科茄属，多年生草本植物。马铃薯原产于南美洲，最早为秘鲁一带土著人栽培，随新大陆的发现，传至世界各地，大约15世纪中期传入我国，因为它增产潜力大，抗逆性强，块茎营养丰富，又是粮、菜兼用的作物，世界157个国家均有种植。2015年中央在"马铃薯主粮化战略研讨会"上，通过了关于推进马铃薯主粮化的决议，明确提出在不影响其他三大主粮的前提下，增加马铃薯种植面积，提高马铃薯单产水平，增加马铃薯总产量，提高马铃薯在主粮中所占的比重，继而使马铃薯成为我国继稻谷、玉米、小麦以后的第四大主粮。这是改善我国国民膳食结构，调整农业布局，优化农业种植结构的重要举措。

（一） 马铃薯的分类

马铃薯种类很多，按块茎皮色分有白皮、黄皮、红皮和紫皮等品种；按薯块颜色分有黄肉种和白肉种；按薯块形状分有圆形、椭圆形、长筒形和卵形品种；按薯块茎成熟期分有早熟种、中熟种和晚熟种；按消费用途分类主要有鲜食用（一般蒸煮烹调用）、加工用（炸薯条、薯片、薯泥）和加工淀粉用。加工用薯要求块型大而均匀、表面光滑、干物质含量适中，一般为 20%~26%。淀粉含量高，含糖量低。淀粉用马铃薯的淀粉含量要求要大于 16%，观察蒸煮熟的马铃薯内部，如果细胞颗粒闪亮光泽，在口中有干面感的称为粉质马铃薯；反之，内部有透明感，食感湿而发黏称为黏质马铃薯。

（二） 马铃薯的生产与消费

我国主要生产马铃薯地区为四川、黑龙江、甘肃、内蒙古、湖北、云南等地。马铃薯除作为粮食、饲料和蔬菜外，还广泛用于食品加工、纺织、印染等行业。

（三） 马铃薯的形态与性状

马铃薯由于是根茎类作物，其可利用的部位是马铃薯的块茎，又称种子。块茎的形状大致可分为圆形、扁圆形、长圆形、卵圆形、椭圆形等，皮色有白、黄、粉红、珠红、紫、斑红、斑紫、浅褐等色泽。薯肉有白色、黄色、淡黄、深黄，有的带红晕、紫晕等。

块茎与匍匐茎相连的一端为脐，相反的一端为顶部，芽眼从顶部到底部呈螺旋式分布。块茎表面分布许多皮孔，是与外界交换气体的孔道。块茎横切面由外及内，为周皮、皮层、维管束环、外髓及内髓。内髓的细胞主要充填有淀粉。鲜薯淀粉颗粒被较厚细胞壁所包裹，以细胞淀粉形式存在，即使蒸煮熟化，只要不强力搅动，糊化了的淀粉还会包裹在原来的细胞中，因此烤（蒸煮）薯不仅给人以干面的口感，而且可以做成如豆沙那样的薯泥产品。

（四） 马铃薯的营养成分

通常马铃薯的鲜块茎中水分含量 79.5% 左右，碳水化合物 17.2%（糖类 16.8%、膳食纤维 0.4%），蛋白质 2.0%，脂肪 0.2%。

1. 糖类

马铃薯中的糖类基本上为淀粉，只有少量葡萄糖、蔗糖、果糖、戊聚糖、糊精。马铃薯的块茎淀粉含量丰富，淀粉平均粒径 $50\mu m$，比其他粮谷淀粉大许多，卵圆形，颗粒表面有斑纹。

2. 蛋白质

马铃薯的蛋白质含量一般为 1.6%~2.1%，高蛋白品种可达 2.7%，含有 18 种氨基酸，包括精氨酸、组氨酸等人体不能自身合成的必需氨基酸。

3. 脂肪

马铃薯脂肪含量少，鲜块茎中脂肪含量为 0.2% 左右，相当于粮食作物的 20%~50%。

4. 膳食纤维、维生素和矿物质

马铃薯中含有维生素 C、维生素 B_1、维生素 B_2、烟酸等多种维生素，尤其是含有丰富的维生素 C（0.23mg/g，约为芹菜、生菜的 4 倍，和韭菜相当），且不易受热破坏。马铃薯还含有丰富的粗纤维、钙、钾和磷等。马铃薯中膳食纤维的含量较高，常吃马铃薯可促进胃肠蠕动；马铃薯钾含量很高，能够排除体内多余的钠，有助于降低血压。

二、 甘薯

甘薯，别名番薯、红薯、红苕、地瓜等。世界甘薯主要产区分布在北纬 40° 以南。栽培面积以亚洲最多，非洲次之，美洲居第 3 位。甘薯在中国分布很广，以淮海平原、长江流域和东南沿海各省最多。目前中国的甘薯种植面积和总产量均占世界首位。

（一）　甘薯的分类

甘薯主要以肥大的块根供食用。按用途分，一是淀粉加工型，主要是淀粉含量高的品种；二是食用型，可溶性糖和维生素含量高，熟食味甜面，香味浓郁；三是兼用型，淀粉含量高，含糖量可达 15%，甜面适口，既可加工又可食用；四是菜用型，主是食用红薯的茎叶；五是加工色素用，主要是紫薯；六是加工饮料用，含糖高；七是饲料加工用，这类甘薯茎蔓生长旺。

（二）　甘薯的形态

甘薯的薯块不是茎，而是由芽苗或茎蔓上生出来的不定根积累养分膨大而成，所以称之为"块根"。甘薯块根由皮层、内皮层、维管束环、原生木质部、后生木质部组成。由于甘薯品种、栽培条件和土壤情况等的不同，其块根形状不同，块根形状有纺锤形、圆筒形、球形和块形等；其形状、纵沟的深浅及皮层和薯肉的颜色是区别甘薯品种的特征。甘薯表皮有白、黄、红、黄褐等色，肉色有白、黄红、黄橙、黄质斑紫、白质斑紫等。

（三）　甘薯的营养成分

甘薯富含蛋白质、淀粉、果胶、纤维素、氨基酸、维生素及多种矿物质，有"长寿食品"之誉。甘薯块根水分含量 60%~80%，碳水化合物 10%~30%，其中以淀粉为主，一般占鲜重的 15%~20%，另外，甘薯还含有 2%~6% 的可溶性糖，因此稍有甜味。

甘薯含丰富的维生素 C、维生素 E 和钙、钾等营养成分，并且其维生素 C 的耐加热性明显高于普通蔬菜。在红心甘薯中，含有较高的 β-胡萝卜素，在人体中可转化为维生素 A，对维护人体正常视觉功能具有重要作用。

甘薯中蛋白质的氨基酸组成与大米相似，其中必需氨基酸含量高，尤其富含大米和小麦都缺乏的赖氨酸。甘薯淀粉含有 10%~20% 的人体难以消化的以 β-糖苷形成的淀粉，在人体肠道内可起到调节肠内菌群，防止便秘，降低胆固醇的作用。此外，甘薯中含有丰富的膳食纤维，也具有这样的功效。

第五节　果蔬类

果蔬食品原料是日常生活中重要的食品原料之一，也是食品加工业的重要基础原料之一。果蔬种类繁多，资源丰富，是世界上仅次于粮食的重要农产品。果蔬资源分布于全国各地，目前我国栽培的果蔬分属 50 多科，300 多种，品种万余个，我国栽培的蔬菜有 160 多种，种类和产量均位居世界第一。果蔬作为植物资源的重要组成部分，除能补充人体所需的部分糖、蛋白质、脂肪外，它们中含有的维生素、矿物元素、微量元素和膳食纤维也可满足人体的营养需要。

一、　蔬菜的分类

在我国消费者长期的饮食生活习惯中，蔬菜的需要量比起其他一些国家的消费者显得更为突出，是消费者必需的食物。党中央认为，从容应对百年变局，推动经济社会平稳健康发展，必须着眼国家重大战略需要，稳住农业基本盘、做好"三农"工作，接续全面推进乡村振兴，保障"菜篮子"产品供给，稳定大中城市常年菜地保有量，大力推进北方设施蔬菜、南菜北运基地建设。蔬菜有多种分类方法，常见的是按照食用部位和在植物学上的特征分类。

（一）　按照蔬菜的食用部位分类

蔬菜按食用部位可分为叶菜、茎菜、花菜、根菜、果菜（包括果荚类）、木本类蔬菜、野菜和食用菌等类别。

1. 叶菜类

以叶、叶丛或叶球为产品，如大白菜、圆白菜、芥蓝、油菜、菠菜、芫荽、芹菜、大葱、茼蒿、苋菜等。

2. 茎菜类

以肥大的地上茎或地下茎为产品，如莴苣、竹笋、莲藕、姜、马铃薯、洋葱、大蒜等。

3. 花菜类

以花部或花茎为产品，如金针菜、花椰菜、黄花菜等。

4. 根菜类

以肥大的根部为产品，如萝卜、胡萝卜等。

5. 果菜类

以下位子房发育而成的果实为产品（浆果、荚果），如黄瓜、冬瓜、南瓜、番茄、辣椒、刀豆、豇豆、菜豆等。

6. 木本类蔬菜

以木本植物的叶或芽为产品，如香椿等。

7. 野菜

以天然野生的植物为产品，如蒲公英、刺儿菜、马齿苋、野苋菜、蕨菜、发菜等。

8. 食用菌

以大型的无毒真菌类的子实体为产品，如蘑菇、香菇、冬菇、金针菇、猴头蘑、黑木耳、银耳、竹荪等。

（二）　按照植物学特征分类

根据蔬菜在植物学上的特征来进行分类，如表4-2所示。蔬菜在植物界中大概分布于20多科，50多个属中，其中绝大多数属于种子植物。双子叶植物中以十字花科、豆科、茄科、葫芦科、菊科、伞形科等为重要。单子叶植物中以百合科、禾本科为重要。

表4-2　　　　　　　　　　　部分蔬菜的植物学分类

种子植物				
双子叶植物纲		单子叶植物纲		
科	蔬菜名称	科	蔬菜名称	
十字花科	甘蓝、芥菜、花椰菜、油冬菜、白菜、萝卜、大头菜等	百合	葱、大蒜、洋葱、韭菜、百合、金针菜、石刁柏等	
茄科	茄子、辣椒、马铃薯、番茄等	禾本	竹笋、菱白、甜玉米	
葫芦科	黄瓜、南瓜、冬瓜、丝瓜等	—	—	

续表

种子植物			
双子叶植物纲		单子叶植物纲	
科	蔬菜名称	科	蔬菜名称
豆科	豌豆、蚕豆、菜豆、扁豆、刀豆、豇豆等	—	—
伞形	胡萝卜、香芹菜、芹菜、根芹菜、茴香等	—	—
菊科	莴苣、菊芋、茼蒿等	—	—

二、 常见的蔬菜原料

（一） 茎叶菜类

1. 结球甘蓝

（1）品种及特点　结球甘蓝又称甘蓝，别名包菜、洋白菜、卷心菜，圆白菜，莲花白菜等。属十字花科甘蓝类蔬菜，叶球供食。原产地中海，300 多年前引入我国。品种很多，依叶部形状和色泽可分为普通甘蓝、紫叶甘蓝和皱叶甘蓝，我国多为普通甘蓝；依叶球形状可分尖头、圆头和平头 3 个基本类型。主要品种有夏光、中甘 11 号、京丰 1 号、西圆 3 号、西圆 4 号等。

（2）营养价值和功能　每 100g 食用部分水分含量 94.4g、蛋白质 1.1g、脂肪 0.2g、碳水化合物 3.4g、粗纤维 0.5g、胡萝卜素 0.02g、维生素 B_1 0.04mg、维生素 B_2 0.04mg、烟酸 0.3mg、维生素 C 38~39mg、钙 32mg、磷 24mg、铁 0.3mg，还有其他微量元素。

2. 大白菜

（1）品种及特点　属十字花科，又称结球白菜，原产中国。可分为早、中、晚熟三个品种。白菜叶圆、卵圆、倒卵圆或椭圆形等，全圆、波状或有锯齿，浅绿、绿或深绿色。叶球供食用，大白菜在蔬菜生产中占重要地位，特别是北方的重要蔬菜。

（2）营养价值和功能　白菜素有"菜中之王"的美称。每 100g 鲜白菜含碳水化合物 2.1g、蛋白质 1.4g、脂肪 0.1g，尤以胡萝卜素和维生素 C 含量丰富。白菜含有丰富的维生素 C，具有很强的抗氧化性。

3. 菠菜

（1）品种及特点　黎科菠菜属，一年或二年生草本植物。原产波斯，唐朝时传入我国，别名波斯草、赤根菜。品种分尖叶类型，如双城尖叶、青岛菠菜、唐山牛舌菠菜；圆叶类型，如西安春不老、沈阳大叶菠菜、法国菠菜等。菠菜耐寒性强，是我国北方主要越冬蔬菜，也是南北方冬、春、秋主要蔬菜之一。

（2）营养价值和功能　每 100g 鲜菠菜中含蛋白质 2.6g、脂肪 0.3g、碳水化合物 2.8g；胡萝卜素 1.5mg/100g，在绿色蔬菜中首屈一指。菠菜中含有丰富的维生素 A 原、维生素 C、铁和钙等；菠菜中叶酸较为丰富，若人体缺乏，可能导致巨幼红细胞性贫血。

4. 芹菜

（1）品种及特点　伞形花科属，形成肥嫩叶柄的二年生草本植物。原产地中海沿岸的沼泽地带，芹菜是旱芹、香芹、水芹的总称，我国普遍栽培，华北地区最多。栽培品种又有白芹和青芹之分，如北京实心芹菜、天津白庙芹菜、山东恒台芹菜等，近年从欧美引进的叶柄宽而厚实、纤维少的西洋芹菜，如意大利冬芹、美国白芹等。

（2）营养价值和功能　芹菜营养丰富，其中蛋白质和钙、磷、铁等矿物质含量比一般蔬菜都高。芹菜中还含丰富的胡萝卜素和多种维生素，其中维生素 B 族、芦丁的含量特别高。每100g 鲜芹菜（茎）中含蛋白质 1.2g、脂肪 0.2g、碳水化合物 3.3g。

5. 韭菜

（1）品种及特点　百合科，属多年生宿根植物，原产中国。既耐热又耐寒，适应性广，我国普遍栽培，是一种高产稳产蔬菜。品种分为宽叶韭，如天津大黄苗、汉中冬韭、寿光马兰；窄叶韭，如北京铁丝苗、三棱韭。韭菜经遮光后的产品称为韭黄。

（2）营养价值和功能　韭菜富含维生素 A、维生素 C 和钙、磷、铁等矿物质。

6. 大葱

（1）品种及特点　属百合科多年生草本植物，原产于西伯利亚。我国栽培广泛，尤以北方葱产量更高。品种有章丘大葱、龙爪葱、盖平大葱等。食用葱白或绿叶，也可供药用。

（2）营养价值和功能　每100g 鲜大葱含蛋白质 1.7g，脂肪 0.3g，碳水化合物 5.2g 及多种维生素和矿物质。

7. 洋葱

（1）品种及特点　属百合科，二年生或多年生草本，起源于中亚，20 世纪初传入我国。现我国均有栽培，别名圆葱、葱头，食用肥大的肉质鳞茎。我国主要栽培普通洋葱，其品种主要有荸荠扁、红皮洋葱、紫皮洋葱。

（2）营养价值和功能　洋葱除了含有丰富的蛋白质、维生素、碳水化合物、粗纤维及磷、铁外，还有含硫化合物、类黄酮、甾体类、微量元素等。洋葱中所含的微量元素硒是一种很强的抗氧化剂，能消除体内的自由基，增强细胞活力，具有防癌抗衰老的作用。此外，洋葱中的含硫成分还具有很强的杀菌效果。

8. 大蒜

（1）品种及特点　蒜又称胡蒜或大蒜，一般分紫皮、白皮两种。属百合科葱属二年生草本植物，原产欧洲南部和中亚，汉代张骞出使西域引入我国，已有 2000 年栽培历史。在我国栽培普遍。大蒜按蒜头的皮色和每头蒜瓣数多少而分品种，主要有基山、白皮马牙、拉萨白皮等大蒜。

（2）营养价值和功能　每100g 大蒜（蒜头）中含蛋白质 4.5g，脂肪 0.2g，碳水化合物 26.5g，还含有多种维生素和矿物质。大蒜具有特殊的辛辣和气味，可入药，所含大蒜素对病菌有抵抗力。

9. 竹笋

（1）品种及特点　属禾本科多年生植物，原产东南亚。竹笋多为尖圆形，外部被笋壳重重包裹，我国长江和珠江流域盛产。竹笋食用嫩茎及芽，按采掘的时间有冬笋、春笋及鞭笋之分，可供食用、加工制罐或干制品的有大竹笋，如大南竹笋、孟宗竹笋；吊丝笋，如甜竹笋；龙须笋，如龙丝笋；淡竹笋，如旱竹笋、乌壳笋等种类。

（2）营养价值和功能　竹笋组织细嫩、蛋白质和氨基酸含量颇丰、味极鲜美。冬笋含丰富的植物蛋白，100g 竹笋（春笋）中含蛋白质 2.4g，脂肪 0.1g，碳水化合物 2.3g，钙、磷、铁等矿物质和多种维生素。

10. 莲藕

（1）品种及特点　属睡莲科，水生蔬菜，原产中国和印度，是我国名特产蔬菜，以长江三角洲、太湖、洞庭湖、珠江三角洲盛产。莲藕是荷的地下肥大根茎，主要分为早熟、中熟和晚熟品种。莲藕含淀粉少，可生食，适宜菜用或代替果品，做糖制品；含淀粉高的品种适宜熟食或加工制粉，其荷叶、荷花可供观赏；莲籽更为珍贵食物；莲心、莲蓬、荷叶、藕节均可入药。

（2）营养价值和功能　莲藕营养丰富，含多种维生素和矿物质。每 100g 莲藕中含蛋白质 1.9g、脂肪 0.2g、碳水化合物 15.2g。

11. 荸荠

属莎草科多年生草本，原产中国。别名乌芋、马蹄等，食用地下膨大扁圆紫褐色球茎。在我国华东、华南水域区盛产，主要品种桂花马蹄、苏州荸荠等。荸荠组织色白、嫩脆、味甜。适宜制罐头、制汁或提取淀粉。

（二）　根菜类

1. 萝卜

十字花科，一年或二年生草本，原产中国，别名莱菔。在我国广泛栽培，历史悠久。食用肉质根，根有各种形状如圆锥形、圆球形、长圆锥形、扁圆形等；以外表色泽可分为白、绿、红、紫等色；按收获季节可分冬、春、夏、秋和四季萝卜，是我国的主要蔬菜之一。可生食、腌渍和干制，主要品种秋萝卜中有青圆脆、心里美、卫青萝卜等；春夏萝卜有南京泡黑红、五月红等，四季萝卜有小寒萝卜、四缨萝卜、扬花萝卜。每 100g 萝卜（心里美）中含蛋白质 0.88g、脂肪 0.2g、碳水化合物 4.1g，还含有矿物质、维生素及淀粉酶和氧化酶等。

2. 胡萝卜

伞形花科二年生草本植物，原产于中亚细亚一带，元朝时传入我国。别名金笋、红萝卜等。胡萝卜适应性强，易栽培、耐贮藏，是冬、春季主要蔬菜之一。普通栽培的有橙红、紫红、黄色之分，其品种有圆锥形，如北京鞭杆红、蜡烛台等；圆柱形，如常州胡萝卜、西安红胡萝卜等。

胡萝卜含有蔗糖、葡萄糖及丰富的维生素 A 原，营养颇丰，除鲜食烹饪外，还可糖制、干制、腌制、制汁和罐藏。胡萝卜肉质根的营养成分极为丰富，含有大量的淀粉和胡萝卜素，还有维生素 B_1、维生素 B_2、叶酸、多种氨基酸及多种矿物元素，素有"小人参"之称。

（三）　果菜类

1. 番茄

（1）品种　番茄俗称西红柿，其肉厚多汁，味道甘甜爽口，堪称"蔬菜中的水果"。可分为圆、扁圆、椭圆、梨、樱桃形等；有红色、粉红色、黄色等品种。新品种有樱桃番茄、荔枝番茄、圣女番茄等。

（2）营养价值和功能　番茄酸甜可口，营养丰富，除含有糖类、蛋白质，以及柠檬酸、苹果酸等有机酸成分外，还含有人体必需的钙、磷、铁等矿物元素和多种维生素，尤其是胡萝卜素和维生素 C 的含量较高。每 100g 番茄中含蛋白质 0.9g、脂肪 0.2g，维生素 C 约 19mg。其中含有的苹果酸和柠檬酸能帮助胃液对蛋白质、脂肪的消化和吸收。

2. 黄瓜

（1）品种　葫芦科甜瓜属一年生草本植物。公元前 200 年汉代张骞出使西域时引进我国，现国内栽培普遍，又称胡瓜、青瓜。黄瓜品种较多，按成熟期可分为早熟、中熟、晚熟品种；按果实的形状可分为刺黄瓜、鞭黄瓜、短黄瓜和小黄瓜。

（2）营养价值和功能　黄瓜营养丰富，脆嫩多汁，是人们喜爱的蔬菜之一。黄瓜富含蛋白质、钙、磷、铁、钾、胡萝卜素、维生素 C、维生素 E 及烟酸等营养素。黄瓜含有多种糖类和苷类，包括葡萄糖、甘露糖、木糖、果糖，以及芸香苷和葡萄糖苷等。

3. 茄子

（1）品种　属茄科。原产印度及东南亚，南北朝时已有栽培，又称落苏。我国栽培普遍，依果实色泽可分为黑、紫、绿和白 4 种，有圆、扁圆、卵圆和长棒形，品种有北京圆茄、曲沃圆茄、羊角长茄等，嫩果供烹饪，在加热中表皮花色苷引起褪色。

（2）营养价值和功能　每 100g 茄子中含蛋白质 1.1g，脂肪 0.2g，碳水化合物 3.6g。此外，茄子还含有芦丁、维生素 E 等。

4. 辣椒

（1）品种　属茄科，原产中南美洲热带地区，是我国夏秋重要蔬菜之一。辣椒品种较多，按果实的形状可分为樱桃椒、圆锥椒、簇生椒、长椒。樱桃椒形似樱桃，辣味强；圆锥椒呈圆锥形，多向上生长，味辣；簇生椒果实簇生，向上生长，味辣；长椒果实长角形，稍弯曲，似牛角。

（2）营养价值和功能　辣椒营养价值较高。含有丰富的维生素 C 和胡萝卜素，维生素 C 含量居蔬菜之首。每 100g 辣椒（小红辣椒）中含维生素 C 144mg、胡萝卜素 1.39mg、蛋白质 1.3g、脂肪 0.4g、碳水化合物 5.7g，以及维生素 B_1、维生素 B_2，烟酸和多种矿物质。

（四）豆菜类

豇豆，豆科豇豆属，一年生缠绕性或矮生植物。豇豆按荚果的颜色，可分为青荚、白荚和斑荚三种类型。原产印度和中国，我国南方栽培普遍，食用嫩长豆荚，主要优良品种有红嘴燕、上海张塘豇豆、白豇 2 号等。可作凉拌、炒食蔬菜，也作为腌渍品或干制品原料。每 100g 豇豆中含蛋白质 2.9g，脂肪 0.3g，碳水化合物 3.6g，还含有维生素 C、维生素 B_1、维生素 B_2、烟酸等多种维生素及矿物质。

（五）花菜类

1. 花椰菜

（1）品种　属十字花科，一年或二年生草本，甘蓝的一个变种。原产地中海，我国 100 多年前引入栽培，在温暖地区栽培较普遍。主要品种澄海早花、芥蓝雪球等。食用花球，可烹饪，制作罐头，速冻，泡菜等。

（2）营养价值和功能　花椰菜的营养比一般蔬菜丰富。它含有蛋白质、脂肪、碳水化合物、膳食纤维、维生素 A、维生素 B、维生素 C、维生素 E 和钙、磷、铁等矿物质。维生素 C 含量较高，每 100g 中含维生素 C 85～100mg，比大白菜高 4 倍。胡萝卜素含量是大白菜的 8 倍，维生素 B_2 的含量是大白菜的 2 倍。

2. 黄花菜

（1）品种　百合科，多年生草本，原产中国，又叫金针菜、萱草、黄花。在我国各地均有栽培，主要品种有沙苑金针菜、笨黄花菜、荆州花等。食用花蕾，以制作干菜为主，复水后作菜肴。也可作鲜菜，也作观赏植物。

（2）营养价值和功能　黄花菜属高蛋白、低热值、富含维生素及矿物质的蔬菜。每100g黄花菜干品中含有蛋白质 14.1g，脂肪 0.4g，碳水化合物 60.1g，钙 463mg，磷 173mg，铁 16.5mg，胡萝卜素 3.44mg，维生素 B_2 0.14mg，维生素 B_1 0.3mg，烟酸 4.1mg 等。

（六）食用菌类

1. 香菇

香菇又称花菇、冬菇。香菇按外形可分为花菇、厚菇、薄菇和菇丁四种。群生或丛生于多种阔叶树的枯木、倒木或菇场段木上。在我国分布广，陕西、江苏、福建、云南等地都有。香菇香味浓郁，营养丰富，富含各种活性成分，其中含有 7 种人体必需的氨基酸，还含有维生素 B_1、维生素 B_2、烟酸及矿物盐。香菇中含不饱和脂肪酸较高，还含有大量的可转变为维生素 D 的麦甾醇和菌甾醇。

2. 金针菇

金针菇又称朴覃、冬菇。秋、冬、春丛生于各种阔叶树的枯干、倒木、树桩上。在中国主要分布在黑龙江、吉林、广西、四川、云南、贵州、青海、西藏等地。金针菇为著名的食用菌、观赏真菌，也是一种药用菌。

3. 黑木耳

黑木耳又称木耳、黑耳子。春、秋群生或丛生于栎、榆、桑、槐等树木枯干或段木上。在中国主要分布于黑龙江、吉林、辽宁、河北、湖北、四川、云南、广西、贵州等地。

每100g 干品中含蛋白质 12.1g、脂肪 1.5g、碳水化合物 35.7 g，以及多种维生素、钙、磷、铁等，其中以铁的含量最为丰富，高达 97.4mg。

三、水果的分类

（一）植物学分类

水果按照植物学分类，严格地说，是将各种果树按科、属、种和变种分类。果树的植物种类很多，其中有 40 余个科和很多的属。其中蔷薇科和芸香科的果树植物占比较大，其他还有葡萄科、柿树科、胡桃科等。下面主要介绍我国果树的科别与属别，如表 4-3 所示。

表 4-3　　　　　　　　　　我国部分果树的科别与属别

果树科别	属别
蔷薇科果树	苹果（属）、梨（属）、桃（属）、杏（属）、李、梅、樱桃、草莓等
芸香科果树	柑（柑橘属）、桔（柑橘属）、橙（柑橘属）、柠檬（柑橘属）等
柿树科果树	柿、君迁子等
葡萄科果树	葡萄
胡桃科果树	胡桃
壳斗科果树	板栗、毛栗等

续表

果树科别	属别
鼠李科果树	枣、酸枣等
凤梨科果树	凤梨
芭蕉科果树	香蕉、美蕉等
无患子科果树	荔枝、龙眼等

（二）　园艺学分类

1. 仁果类

仁果类果树都属于蔷薇科。果实的食用部分主要为花托，子房形成果心，所以植物学上称为假果。例如，苹果、梨、海棠果、沙果、山楂、木瓜等。其中苹果和梨是北方的主要果树。

2. 核果类

核果类也属于蔷薇科。食用部分为中果皮。内果皮硬化而成为核，故称核果。例如，桃、杏、李、梅、樱桃等。

3. 坚果类

坚果类果树的食用部分为种子（种仁），在食用部分的外面有坚硬的壳，所以称为壳果，又称干果。例如，核桃、山核桃、银杏等。

4. 浆果类

浆果类果实中含有丰富的浆液，故称浆果。例如，葡萄、醋栗、树莓、石榴、无花果等。

5. 柑橘类

柑橘类一般为柑橘属的果实。此类果实是由若干枚子房联合发育而成。其中果皮具有油胞，是其他果实所没有的特征，食用部分为若干枚内果皮发育而成的囊瓣、内生汁囊。

6. 热带及亚热带水果

这类果树在自然条件下只生长于热带及亚热带地区，如香蕉、凤梨、龙眼、荔枝、橄榄、杨桃、番石榴等。

7. 什果类

如枣、柿、石榴、无花果等。

四、　常见的水果原料

（一）　苹果

苹果是世界果树栽培面积和产量较大的果品之一。苹果是我国北方的主要水果，主产区为辽宁、山东、河南、陕西等省，黑龙江、吉林、内蒙古已成为我国寒地小苹果生产基地。

1. 主要品种

苹果属植物种类很多，但涉及栽培的主要有中国苹果和西洋苹果。苹果按品种又有大、小苹果之分。大苹果果实大多近圆形、扁圆或圆锥台形，果面均有艳丽的色泽，紫、红、绿、黄。果肉多为黄白色，肉质细而脆、芳香，其甜酸度各品种也有差异，有浓甜、甜、甜酸适宜。大多数苹果按成熟期可分为早熟品种，如甜黄魁、辽伏、伏帅；中熟品种，如伏锦、祝；中晚熟品种，如恩派、津轻、红星；晚熟品种，如红富士、青香蕉、大国光等。小苹果果实小，圆形，果面多为红色，肉质黄色，味酸甜且浓，如黄太平，金红等。

2. 成分

果实含总糖9%~15%，其中果糖占50%~60%。含有机酸0.27%~0.84%，90%为苹果酸，其余为奎宁酸、琥珀酸、乳酸等，柠檬酸含量极低。它的芳香物质主要由酯组成，即乙酸酯、酪酸酯、己酸酯和辛酸酯，另含有醇类，即丁醇、戊醇、己醇等。果实的半纤维素和纤维素含量在1.0%~2.0%。果肉中维生素含量低，特别是维生素C含量很少。果实表皮含有丰富色素，可呈现各种美丽的色泽。

（二）　梨

梨主要栽培地区为河北、山东、安徽、陕西、青海等省，梨产量在我国水果总产量中居第三位。

1. 主要种和品种

梨属植物有30多个种，作为经济栽培，主要有4个种，分别是秋子梨、白梨、砂梨和西洋梨。在全国各地均有栽培。其优良品种有莱阳梨、鸭梨、秋白梨、库尔香梨、晚三吉、明月梨、贵妃梨等。

2. 成分

梨的各品种之间，果肉中的石细胞量的多少，对梨的品质有较大影响。以石细胞含量少品质为上，石细胞多少可从果皮的色泽识别，褐色多于青皮，黄皮较少。总糖含量9%~14%，主要含转化糖，蔗糖含量少。有机酸以苹果酸为主，含酸一般在0.3%左右。维生素C含量仅20~50mg/kg。

（三）　柑橘类

柑橘类属芸香科，分类复杂，现世界上柑橘栽培品种均原产于我国。国内柑橘90%用于鲜食（其中30%贮藏保鲜），10%用于加工。

1. 主要品种

（1）甜橙　甜橙为世界各国主栽品种，按季节可分为冬橙和夏橙，按果实性状可分为普通甜橙、糖橙、脐橙和血橙4个类型。主产于四川、湖北、广东、湖南、台湾等地，果实大多圆形、桃圆形、扁圆形。果皮深橙色，肉质细地。多汁化渣，味浓芳香，酸甜适口，品质优良，大多品种耐贮存，适宜鲜食或加工制汁，主要品种有先锋橙、香水橙、红江橙、大红甜橙、柳橙、冰糖橙。

（2）宽皮柑橘　宽皮柑橘又分为温州蜜柑、蕉柑和橘。温州蜜柑主产浙江、江西、湖北等省，是我国柑类的主要品种。果实扁圆形，中等大，橙黄或橙红色，果肉柔软多汁，味甜微酸，无核，主要种类有桥木、兴津、南柑20等。蕉柑主产于广东、福建、台湾一带，果实近圆形或高蒂扁圆形，果皮橙黄至橙红色，果皮稍厚，果肉柔嫩多汁，化渣，味甜，品质上，耐贮运，以鲜食为主。橘的主要品种有南丰蜜橘，产于江西南丰、临川，果实小而扁圆皮薄，肉质柔嫩，风味浓甜，有香气，品质好。橘类适宜鲜食或加工糖水罐头。

（3）柚类　柚：果实大，多呈卵圆形，果皮多为黄色，光滑，果肉透明黄白或粉红色，柔软多汁，化渣，酸甜味浓，多耐贮藏，适宜鲜食。主要种类有：沙田柚、楚门文旦柚、坪山柚和垫江白柚。

葡萄柚：主产美国、巴西等国。果实扁圆或圆形，常呈穗状，且有些品种有类似葡萄的风味，因此得名。按果肉色泽品种区分为白色、粉红色、红色和深红色果肉品种。果实含维生素C高，具有苦而带酸的独特风味，耐贮运。

（4）柠檬　四川、重庆、台湾、广东等省、市栽培较多，果实长圆形或卵圆形，表面粗糙，淡黄色，果肉极酸，含酸量高达 6.4%，皮厚具有浓郁芳香，在烹调、饮料和医药化妆工业上用途较广。主要品种有尤力克、里斯本、比尔斯等。

2. 成分

柑橘的可食部分，差异很大，在 54%~85%。总糖含量多在 8%~12%，含糖种类与品种有关。如红橘中蔗糖高于还原糖。有机酸含量多为 1%~2%，pH 3.5~4.0，以含柠檬酸为主，有少量的苹果酸、草酸及酒石酸。糖与酸的含量，随着果实的成熟，含糖上升，含酸下降。维生素中还原性维生素 C 含 200~500mg/kg，平均 300mg/kg，按种类，柠檬较高；甜橙与柚类次之；柑橘类较低。此外，芦丁的含量特别丰富，果皮比果肉中多 10 倍；维生素 A 和维生素 B_1 的含量也较高。

（四）核果类

核果类属蔷薇科，大多原产于我国，适应性强，在我国南北分布甚广，栽培历史悠久，果实外观鲜艳，风味优美，营养较丰富，是消费者喜爱的鲜食水果，加工途径也较广。

1. 桃

桃属蔷薇科桃属。种类主要有 5 种，用于栽培的为普通桃和新疆桃。普通桃的原生种为毛桃，全国各地的栽培均属本种，另有 3 个变种，即蟠桃、寿星桃、油桃。

2. 杏

杏在中国分布范围很广，除南部沿海及台湾省外，大多数省区皆有，其集中栽培区为东北南部、华北、西北等黄河流域各省。

杏属蔷薇科、杏属，有食用和仁用两大类。

（1）鲜食品种　果卵圆形，橙黄至橙红色，肉硬、质优、离核、甜仁或苦仁，主要品种有兰州大接杏、华县大接杏、沙金红杏和红玉杏等。

（2）仁用品种　离核、仁大、仁甜、出仁率大于 30%，如大扁、次扁。

3. 李

李属蔷薇科、李属。李栽培主要有 4 种，即中国李、杏李、欧洲李与美洲李，其中以中国李的栽培最普遍。李的果实多为圆形或长圆形，果皮为绿色、黄色、红色、紫红色等，果肉为黄色或红色或橙红色。肉质细嫩、汁多、甜酸适宜，李子产最多的省有广东、广西、福建，主要栽培中国李及其变种木奈李。

4. 梅

梅属蔷薇科李属。梅果实近圆形，其果实色泽按种类不同，含酸高，可生食或加工，其分类为：白梅类果实成熟味苦、质劣，供制梅干，如大头白、太公种；青梅类果实成熟仍有青色、味酸，稍有涩味，品质中等，多做蜜饯。如四月梅、五月梅和白梅等；花梅类又称红梅，果实成熟为红色，甚至紫红色。肉质细而清脆，为梅中上品，鲜食或做陈皮梅等，品种有软条梅、桃梅和李梅等。

5. 主要成分

核果类的果实维生素 C 的含量在 100mg/kg 以内，钙、磷含量 50~250mg/kg，总糖、有机酸含量和种类有关：桃总糖含量 10.38%~12.41%，以含蔗糖为主，有少量还原糖，含有机酸 0.2%~1.0%；李总糖为 6.85%~10.70%，以含转化糖为主，含有机酸 0.4%~3.5%；杏总糖为 8.45%~11.90%，蔗糖略高于转化糖，含有机酸 0.2%~2.6%；梅总糖为 2.0%~5.2%，含有机酸 0.5%~3.5%。核果类有机酸种类以苹果酸为主，另含少量草酸、柠檬酸、水杨酸和单宁酸等。

（五）　葡萄

1. 主要品种

葡萄品种世界有万余个，我国有 700 余个，用于生产仅数十个，分为鲜食品种、酿造品种和兼用品种。

2. 性状及成分

（1）性状　葡萄花序为复总状花序和圆锥花序，果穗有圆锥、圆筒、球形、复穗等不同形态。葡萄果粒也有不同形态：球形、卵形、长圆形、鸡心形等，有各种不同色泽：白、黄白、黄绿、红、紫、黑、蓝等。

（2）成分　葡萄含糖较高，多为 14%~20%，有的甚至高达 25%，有的专酿品种，可以直接榨汁，榨出极优质的葡萄酒。有机酸的含量 0.3%~2.1%。主含酒石酸和苹果酸，含少量草酸。其维生素 C 含量低于 50mg/kg，香气成分主要有糖、酸、挥发性酯、挥发酸、乙醇和乙醛等。粗纤维、钙、磷含量稍高。果皮含有大量的属于酚类色素中的花青素，花黄素和糅质，使其果面有各种不同的色泽。

（六）　香蕉和菠萝

香蕉和菠萝都属于多年生的草本植物，为著名的热带水果，主产于广东、台湾、海南、福建等省。

1. 香蕉

香蕉属芭蕉科芭蕉属，大型草本植物，我国是香蕉原产地之一，也是栽培香蕉最早的国家之一。具有经济价值栽培的香蕉中有高把蕉、矮把蕉和天宝蕉。

香蕉化学成分如下：水分 70.0%，碳水化合物 27.0%，粗纤维 0.4%，蛋白质 1.2%，脂肪 0.6%，灰分 0.9%，果胶 1%~1.2%，磷 310.0mg/kg，钙 90.0mg/kg，铁 6.0mg/kg，β-胡萝卜素 0.5mg/kg，维生素 B 族 20.5mg/kg，烟酸 7.0mg/kg，维生素 C 120.0mg/kg。

2. 菠萝

菠萝属凤梨科凤梨属，本属中只有菠萝作为经济作物栽培。主要类型有 3 个：一是皇后类，果小，卵圆形，适宜鲜食，品种有巴厘、神湾和金皇后；二是卡因类，果大，圆筒形，适宜制罐，品种有沙涝越；三是西班牙类，果球形，品种有红西班牙和有刺土种等。

菠萝营养丰富，维生素 C 的含量是苹果的 5 倍，又富含朊酶，能帮助人体对蛋白质的消化，吃肉类及油腻食品后，吃菠萝最为有益。菠萝的鲜果肉中含有丰富的果糖、葡萄糖、氨基酸、有机酸、蛋白质、脂肪、粗纤维、钙、磷、铁、胡萝卜素、多种维生素、烟酸等营养物质。

第六节　香辛料

一、香辛料概述

（一）香辛料的定义

从食品范畴而言，香辛料是一类用作食品调理或饮料调理的天然植物性调味品，它以植物的种子、果实、根、茎、叶、花蕾、树皮等为原料，赋予食品以各种辛、香、辣味等特性。香辛料的外形或是植物的原形，或是它的干燥物，也有制成粉末状的。

（二）香辛料的历史

早在纪元前，香辛料被全人类所利用，并在世界各地栽培生产。欧洲自古十分重视香辛料，这是因为欧洲人的食品以肉食为主，使用香辛料可以消除肉类的腥味。东方国家对香辛料的使用也有悠久的历史，早在公元前551—479年，中国哲学家孔子的著作中已记载过生姜的利用。公元1世纪的《神农本草经》中记载过桂皮是广泛应用的保健良药。利用香辛料调味，则有更长的历史，早在周朝时期即用肉桂作食品调味香料。

（三）香辛料的生理功能

香辛料不仅有赋香调味作用，还有抗氧化防腐作用，抑菌、增色以及食疗、药疗作用。香辛料中的成分可以和臭味成分结合起到除臭作用，但更重要的是它本身的香味可遮蔽肉、鱼等食品中的不良风味，形成特殊风味。如咖喱粉可使食品呈特殊的复合味感。而香辛料赋香的效果主要来自精油中的芳香成分，如蒎烯、芳樟醇、生姜醇、桂醛、丁香酚等。香辛料的抗氧化成分主要是其中的精油和酚类物质。生姜含精油0.4%～3.0%、胡椒含精油1%～3%。精油中的醇、酮等物质以及鼠尾草酚、百里酚等香辛料中的酚类物质都表现出较强的抗氧化防腐作用。香辛料中的精油对霉菌、酵母菌和细菌有杀死和抑制作用。特别是肉桂中的桂醛、丁香中的丁子香酚及异丁子香酚、大蒜及洋葱中的大蒜素、芥末中的芥子苷和辣椒中的辣椒素等都有较强的杀菌性能。香辛料具有许多食疗或药疗的功效。辣椒素、胡椒碱和姜油酮等可增加血液循环，具有产生体热、发汗、祛风和防止肥胖的作用，还有使血小板数目减少的良好作用。肉桂醛、萜类具有健胃、降血压、解热的作用。

二、香辛料的分类方法

香辛料的品种繁多。国际标准化组织（ISO）所确认的香辛料就有70多种，按国家、地区、气候、宗教、习惯等不同，又可以细分为350余种。香辛料的分类有多种方法，下面就从不同角度对香辛料的分类进行介绍。

（一）按植物学归属进行分类

香辛料按植物学归属的分类，如表4-4所示。

表4-4　　　　　　　　　　　　　　　　　香辛料的植物学分类

被子植物门					
双子叶植物纲			单子叶植物纲		
目	科	香辛料名称	目	科	香辛料名称
唇形	唇形	薄荷、甘牛至、甜罗勒、百里香、尾草、紫苏	百合	百合	葱、大蒜、洋葱
茄	茄	辣椒	百合	鸢尾	番红花
白花菜	十字花	芥菜、辣根、山菜	姜	姜	姜、姜黄、豆蔻、砂仁
桔梗	菊	菊花	兰	兰	香荚兰
胡椒	胡椒	胡椒	—	—	—
蔷薇	豆	葫芦巴	—	—	—
蔷薇	肉豆蔻	肉豆蔻	—	—	—
木兰	樟	中国肉桂、月桂	—	—	—
木兰	木兰	八角茴香	—	—	—
无患子	芸香	花椒	—	—	—
桃金娘	桃金娘	番樱桃、丁香、多香果	—	—	—
伞形	伞形	茴芹、莳萝、枯茗、小茴香、芫荽	—	—	—
兰	兰	香荚兰	—	—	—

（二）　按香辛料的呈味特点和作用分类

香辛料所含的呈味物质可以刺激味蕾或嗅觉，使人产生香、辛、麻辣、苦、甜等滋味。按其在食品中的作用分类，可方便使用。

（1）有热感和辛辣感的香辛料　如辣椒、姜、胡椒、花椒、番椒等。

（2）有辛辣作用的香辛料　如大蒜、葱、洋葱、韭菜、辣根等。

（3）有芳香性的香辛料　如月桂、肉桂、丁香、众香子、香荚兰豆、肉豆蔻等。

（4）香草类香辛料　如茴香、罗勒、葛缕子、甘牛至、迷迭香、百里香、枯茗等。

（5）带着色作用的香辛料　如姜黄、红椒、藏红花等。

（三）　按植物的使用部位分类

香辛料植物含有的具有香辛成分和味道部分，往往集中在该植物的某个特定部位或器官。因此可以根据植物的利用部位进行分类，如表4-5所示。

表4-5　　　　　　　　　　　　　　　　香辛料按利用部位的分类

利用部位	香辛料名称
果实	辣椒、胡椒、茴芹、莳萝、小茴香、葛缕子、八角茴香等

续表

利用部位	香辛料名称
叶及茎	薄荷、月桂、留兰香、百里香、迷迭香等
种子	小豆蔻、白芥菜、莳萝等
树皮	中国月桂、斯里兰卡月桂等
鳞茎	洋葱、大蒜等
地下茎	姜、姜黄等
花蕾	丁香、芸香科植物
假种皮	肉豆蔻

三、 香辛料的利用形态

香辛料的利用形态很多，大致可以分为以下几种。

（一） 粉碎香辛料

粉碎香辛料为经干燥或粉碎的天然香辛料。它是香辛料的一种最传统的使用方法。目前，粉碎香辛料在我国用量最大的是辣椒粉，以四川、湖南、湖北的生产和使用量为最大。目前国内使用香辛料的主流仍是以传统的粉末状为主，将其直接加入食品中，但其存在着一些不容忽视的缺点。例如，香辛料中的有效成分不能充分释放出来；呈味成分在食品中分散不均匀；食品加工时不能得到平衡的调味效果；成香力不稳定，香气成分会不断蒸发损失，使质量下降；会给加香产品带来不漂亮的外观，不卫生，常混有杂质等质量问题。

（二） 混合香辛调味料

混合香辛调味料是将几种香辛料粉末采用一定的配比混合而成的，如市场上常见的"卤粉""五香粉""咖喱粉"等。混合香辛调味料是采用多种天然香辛料经科学配方组合加工而成的。混合香辛调味料能产生多重风味，品种繁多，香型完全，具有较强的保健功能。国家规定，混合香辛料调味粉中食用淀粉不得超过10%，食盐不得超过5%，各种香辛料总和不少于85%；作为调味粉，其中不得配有食用色素，并要求口味清鲜，具有特殊的调味作用。

（三） 油树脂

油树脂是采用适当的溶剂如己醇、石油醚、丙酮、二氯乙烷等从粉碎香辛料中将其香气和口味成分抽提出来，蒸馏回收溶剂后得到的产品。油树脂中含有大量的精油。精油由醇、烯、萜等有机成分构成，并具有一定的抗菌性。精油价格昂贵，有"液体黄金"之称。此外，油树脂中除了精油，还含有不挥发性的辛辣成分、色素、脂肪和其他溶解于溶剂中的物质。因此说油树脂能较完整地代表着香辛料的有效成分、香气和口味。

第七节　畜产品

我国是农业大国，其中畜牧业在农业生产中占据很重要的地位。近20年来，我国畜牧业发展很快，肉和蛋的产量早已跃居世界首位，年人均占有量也已赶上或超过世界平均水平，乳品业正在经历飞跃发展。

一、肉类

（一）　肉用畜禽的品种

1. 猪的品种

我国是养猪大国，也是世界上猪品种和类型最多的国家。

（1）地方猪种　地方品种猪多属脂肪型猪种，生长速度慢，性成熟早，适应性强，肉质品质优良。

①华北型：华北型猪主要分布在广大华北、东北地区。被毛多为黑色，鬃毛粗长，冬季密生绒毛，抗寒耐粗；产仔数多，护仔性强，肉味香。东北民猪、西北八眉猪、山东莱芜猪等均属此类型。

②华南型：华南型猪主要分布于华南地区。猪身被毛多为黑色或黑白花，体型短小，矮圆，背多凹陷，腹大下垂。性成熟早，产仔数较少，肉质细嫩，屠宰率较高。这类型猪主要有陆川猪、滇南小耳猪、槐猪等。

③华中型：华中型猪主要分布于长江和珠江之间地区。猪身被毛多以黑白花为主，性成熟较早，肉质品质良好，生长较快。这种类型猪主要有浙江金华猪、广东大花白猪、湖南宁乡猪、湖北监利猪等。

④江海型：江海型猪主要分布在汉水、长江中下游、福州、台湾及沿东海平原地带。该类型猪以繁殖力高著称，主要有太湖猪、浙江虹桥猪、台湾桃园猪等。

⑤西南型：西南型猪主要分布在四川、重庆、云南和贵州地区。主要有四川内江猪、重庆荣昌猪、贵州关岭猪、云南大河猪等。

⑥高原型：高原型猪主要分布于青藏高原。此类型猪体形小，晚熟，抗寒能力强。主要有藏猪、合作猪。

（2）外来猪种　从 20 世纪初开始，我国相继从国外引入猪种。目前，在我国养猪生长中起重要作用的外来猪种有大约克猪、杜洛克猪、皮特兰猪、兰德瑞斯猪等。

①大约克猪：来源于英国，是世界著名品种之一。特点是体形大、适应力强、增重快，几乎世界各国均有饲养。

②皮特兰猪：原产于比利时，是肉用型新品种。特点是瘦肉率高达 60%，常被用来作杂交父本，但因其产仔数少，日增产不高，肉质与抗应激性能差。

③杜洛克猪：原产于美国，在我国常用作终端父本使用。

④兰德瑞斯猪：来自丹麦，因其背腰长，又称"长白猪"。

（3）培育品种　指利用外来猪与地方猪种杂交选育成的一些新品种，有哈尔滨白猪、新淮猪、北京黑猪、吉林花猪、上海白猪等。

①哈尔滨白猪：是当地民猪与大约克猪、苏联大白猪等杂交而成的。

②新淮猪：是用约克夏猪与两淮猪杂交而成的。

2. 肉用牛的品种

肉用牛品种分为两类，一类是肉牛，另一类是肉乳兼用型。此处只介绍肉牛品种，兼用型在随后乳部分介绍。肉牛在我国种类很多，有我国特有的黄牛，如南阳牛、鲁西牛、秦川牛等；也有从国外引进的，如海福特牛、夏洛来牛、利木赞牛等。

（1）中国南阳牛　原产于河南省南阳地区，在我国黄牛中体格最高大，肉质细嫩，颜色鲜红，大理石纹明显。

（2）中国鲁西牛　原产于山东省西南部，是我国中原四大牛种之一，以优质育肥性能著称。肉质细嫩，大理石花纹明显。

（3）陕西秦川牛　原产于陕西渭河流域，是我国体格高大的兼用牛良种之一。

（4）海福特牛　原产于英国西南部的海福特县，我国于1973年引进。此牛特征是适应性好、抗寒、耐粗、早熟、增重快、饲料利用率高，屠宰率一般在65%。海福特牛的肉质柔嫩多汁，味美可口，是生产优质高档牛肉的重要品种。

（5）夏洛来牛　夏洛来牛在法国的饲养量居肉牛之首。该牛对气候适应能力很强，在世界五大洲，70多个国家都有分布，并被作为改良肉牛品质的首选。夏洛来牛的生长性能强、饲料转化率高、胴体重高，并且肉质优良，有大理石花纹。

（6）利木赞牛　利木赞牛起源于法国南部的利木赞地区。目前这种牛分布于全世界64个国家，作为纯种肉牛或其他杂交肉牛的育种素材。

3. 肉羊品种

肉羊品种，它还分为肉用绵羊和肉用山羊两种。肉用绵羊有夏洛来羊、寒羊、同羊、阿勒泰羊等；肉用山羊品种有波尔山羊、马头山羊、扳角山羊等。

（1）夏洛来羊　原产于法国，现已是英国、德国、比利时、葡萄牙等国家的主要肉羊品种。

（2）萨福克羊　原产于英国，是体型最大的肉用羊品种，其适应性强，生长快，产肉多。

（3）波尔山羊　原产于南非，是世界上著名的独特大型肉用山羊品种，具有生长发育快、适应性强、体型大、产肉多、繁殖力强等优点，被称为"肉用羊之星"。我国1995年从德国引进，主要分布在重庆、陕西和江苏等地。

（4）小尾寒羊　我国的优良羊品种，主要分布在山东、河南等地。该羊体质结实，鼻梁隆起，耳大下垂。

（5）南江黄羊　我国培育的优良肉羊品种，分布于南江县等地区。羊被毛黄色，背成墨条带至十字部。

（6）马头羊　该羊无角，头似马头，又称"马羊"，主要产于湖南芷江、石门、新晃等县。

（7）太行黑山羊　该羊体质结实，头大小适中，耳小前伸，绝大多数羊有角。

4. 其他

（1）肉鸡　我国肉鸡品种很多，有地方良种、标准品种和肉鸡配套品系。地方良种有九斤黄鸡、浦东鸡、狼山鸡、桃源鸡、惠阳鸡、萧山鸡等，标准品种有白洛克鸡、科尼什鸡、浅花苏赛斯鸡等。我国引进的肉鸡配套品系，主要有星布罗、海布星、红布罗、尼克鸡、罗曼鸡等。

①九斤黄鸡：是我国著名的肉用鸡品种。原产于北京郊区，因体重达9斤左右，羽毛颜色以黄色居多，故被称为九斤黄鸡。由于此鸡是经上海港输出到英、美等国的，所以外国人又称之为"上海鸡"。

②浦东鸡：为我国优良的肉用鸡品种之一。原产于上海郊区的南汇、川沙和奉贤等地。该鸡体形硕大，脂肪丰富，羽毛疏松。公鸡羽毛多为金黄色或红棕色，母鸡多为黄色或雀斑色，少数为红棕色。

③狼山鸡：原产于我国江苏省，属蛋肉兼用品种。由于南通港南部有一小山称为狼山，此鸡最早从这里输往英国等地，故名狼山鸡。有黑白羽色两个变种，以黑色居多。

④白洛克鸡：为现代生产肉用仔鸡的主要肉用种，多用作母系与白考尼什鸡杂交。该鸡生长快，饲料消耗低而转化率高。

⑤科尼什鸡：原产于英国，是世界著名的优良的肉用鸡品种。它共有 3 个变种，即红色、白色和红羽白道，以白色变种最多。

⑥浅花苏赛斯鸡：属苏赛斯品种，为蛋肉兼用种。原产于英国英格兰苏赛斯。易育肥，产肉性能良好。

（2）肉鸭

①北京鸭：原产于北京近郊，是世界公认的标准品种。其体形硕大丰满，挺拔美观，生长发育快。肌纤维细致，富含脂肪，在皮下和肥肉间分布均匀，风味独特。

②江苏麻鸭：是原产于江苏省的地方良种。优点是生长发育快，成熟早。属于蛋肉兼用型品种，以产双黄蛋多而著称。

（3）肉鹅

①中国鹅：生长发育快，肉质鲜美、屠宰较高，以产蛋多而闻名于世，年产蛋 100 枚以上，蛋壳白色，蛋黄 120~160g，分布全国。

②太湖鹅：原产于江苏太湖地区，是地方良种。

③狮头鹅：原产于广东省饶平县一带，为优良地方品种。其生长快，耐粗饲，是我国最大型肉鹅品种。

（4）肉兔

肉兔生长发育快。肉兔的出肉率高，肉质鲜美，含蛋白质高，脂肪少。此外，肉兔的饲料利用也很高。

①新西兰肉兔：是优良的肉用品种。它体形中等，臀圆、腰部和肋丰满，头圆短而粗，四肢粗壮有力。最大特点是早期生长发育快，产肉力高，肉质鲜嫩。

②比利时兔：是原产于比利时的贝韦伦一带的野兔改良而成的大型肉用品种。与其他肉用、皮肉兼用兔相比，体长清秀，骨小肉多，腿长，体躯离地面较高，走路快。

（二）肉的类型及结构

一般所说的肉，是指畜禽屠宰后，除去血、皮、毛、内脏、头等，包括肌肉、脂肪、骨骼和软骨、腱、筋膜、血管、淋巴、神经等。肉一般按畜种可以分为猪肉、牛肉、羊肉、家禽肉、马驴骡肉、兔肉等。

肉主要由肌肉组织、脂肪组织、结缔组织和骨组织构成。各种组织在肉中的组成比例，依动物的种类、品种、年龄、性别、营养状况、饲养情况不同而异。这四种组织在胴体中所占比例大小是反映肉质量的重要指标，不同肉各组织的组成比例如表4-6所示。

表4-6 不同肉各组织的组成比例

肉类型 肉组织	占胴体质量/%		
	猪肉	牛肉	羊肉
肌肉组织	39~58	57~62	49~56

续表

肉类型 肉组织	占胴体质量/%		
	猪肉	牛肉	羊肉
脂肪组织	15~45	3~16	4~18
结缔组织	6~8	9~12	7~11
骨组织	5~9	15~20	8~17

1. 肌肉组织

肌肉组织是构成肉的主要组成成分，是决定肉质量的重要部分。肌肉一般有横纹肌、心肌和平滑肌3种。横纹肌又称做骨骼肌，因在显微镜下观察有明暗相间的条纹而得名。横纹肌收缩受中枢神经系统的控制，所以又称随意肌，而心肌与平滑肌称为非随意肌。通常用于食用和加工的主要是横纹肌，占动物机体的30%~40%。横纹肌除由大量的肌纤维组成之外，还有少量的结缔组织、脂肪组织、血管、神经、淋巴等按一定比例构成。

2. 结缔组织

结缔组织是将动物体内不同部位连接和固定在一起的组织，分布于体内各个部位，构成器官、血管和淋巴管的支架；包围和支撑着肌肉、筋腱和神经束；将皮肤连结于机体。肉中的结缔组织主要由基质和纤维组成。基质包括黏性多糖、黏蛋白、水分等，纤维包括胶原纤维、弹性纤维和网状纤维。结缔组织的化学成分主要取决于胶原纤维和弹性纤维的比例。

3. 脂肪组织

脂肪组织是由脂肪细胞或单个或成群地借助于疏松结缔组织联结在一起，动物消瘦时脂肪消失而恢复为疏松结缔组织。脂肪细胞的大小与畜禽的肥育程度及不同部位有关。脂肪在活体组织内起着保护组织器官和提供能量的作用，在肉中脂肪是风味的前提物质之一。

4. 骨组织

骨组织和结缔组织一样，也是由细胞、纤维性成分和基质组成，但不同的是其基质已被钙化，所以很坚硬，起着支撑机体和保护器官的作用，同时又是钙、镁、钠等元素离子的储存组织。成年动物骨骼含量比较恒定，变动幅度小。此外，猪的化学成分中水分占40%~50%，胶原蛋白占20%~30%，无机质占20%，无机质的成分主要是钙和磷。

（三）肉的物理性状

肉的感官及物理性状包括：颜色、气味、坚度和嫩度、容重、比热容、传热系数、保水性等。

1. 颜色

肉的颜色主要取决于肌肉中的肌红蛋白和血红蛋白。肌红蛋白含量越多，肉的颜色越深。肉的颜色因动物的种类、性别、年龄、经济前途、肥度、宰前状态而异，也和放血、加热、冷却、冻结等加工情况有关，还以肉中发生的各种生化过程，如发酵、自然分解、腐败等为转移。家畜的肉均呈红色，但色泽及色调有差异。

2. 气味

肉的气味是肉质量的重要指标之一，决定于其中所存在的特殊挥发性脂肪酸及芳香物质的量和种类。

3. 嫩度

肉的嫩度是肉的主要食用品质之一，它是消费者评判肉质优劣的常用指标。肉的嫩度指肉在食用时口感的老嫩，反映了肉的质地，由肌肉中各种蛋白质的结构特性决定。嫩度的影响因素很多，主要如表4-7所示。

表4-7　　　　　　　　　　　　　　　影响肉嫩度的因素

因素	影响
年龄	年龄越大，肉越老
运动	一般运动多的肉较老
性别	公畜肉一般较母畜和阉畜肉老
品种	不同品种的畜禽肉在嫩度上有一定差异
大理石纹	与肉的嫩度有一定程度的正相关
电刺激	可改善嫩度
成熟（aging）	改善嫩度
成熟（conditioning）	尽管和上一样均指成熟，但特指将肉放在10~15℃环境中解僵，这样可防冷收缩
肌肉	肌肉不同，嫩度差异很大，源于其中的结缔组织的质和量的不同
僵直	动物宰后将发生死后僵直，此时肉嫩度下降，成熟肉的嫩度得到回复
解冻僵直	导致嫩度下降，损失大量水分

4. 保水性

肉的保水性是指肉在受到外力作用时，其保持原有水分与添加水分的能力。所谓外力指压力、切碎、冷冻、解冻、加工、储存等。

5. 其他

肉的弹性是指肉在加压力时缩小，去压时又复原的能力。用手指按压肌肉，如指压形成的凹窝能迅速变平，表示肉有弹性，新鲜度和品质良好。解冻的肉往往失去弹性。

肉的坚度表示肉的结实程度，指肉对压力的抵抗性，依动物种类、年龄、性别等而不同。

肉的韧度是指肉在被咀嚼时具有高度持续性的抵抗力。

（四）　肉的化学成分

任何畜禽肉类都含有蛋白质、脂肪、碳水化合物、含氮浸出物、维生素、矿物质、水分等。不同种类的畜禽肉类的化学成分，主要是看肌肉组织的化学成分，它不仅决定肉的食用价值，而且决定肉品加工中的工艺特点和肉的生化特性。各种畜禽肌肉的化学组成成分如表4-8所示。

表4-8　　　　　　　　　　　各种畜禽肌肉的化学组成　　　　　　　　　　单位：%

成分　　　类型	含量				
	水分	蛋白质	脂肪	碳水化合物	灰分
肥猪肉	47.40	14.50	37.40	—	0.70
瘦猪肉	72.50	20.00	6.50	—	1.00

续表

成分	含量				
类型	水分	蛋白质	脂肪	碳水化合物	灰分
牛肉	72.80	20.00	6.00	0.30	0.90
羊肉	75.00	16.00	7.70	0.30	1.00
马肉	75.50	20.00	2.00	1.60	0.90
鸡肉	71.70	19.50	7.50	0.40	0.90
鸭肉	71.00	23.50	2.50	2.00	1.00
兔肉	73.00	24.00	1.90	0.10	1.00

1. 水分

水分是肉中含量最多的成分，肥猪肉水分占 47.40%，其余肉水分为 70% ~ 80%。肉品中的水分是以结合水、自由水和不易流动水三部分存在的。结合水约占水分含量的 5%，由肌肉蛋白质亲水基所吸引的水分子形成一紧密结合的水层。结合水的比例越高，肌肉的保水性能也就越好。自由水是指存在于细胞外间隙中能自由流动的水，它们不依电荷基团而定位排序，紧靠毛细管水作用力而保持，自由水约占总水分的 15%。肌肉中的 80% 水分是以不易流动状态存在于纤丝、肌原纤维及肌细胞膜之间，此部分水容易受到蛋白质结构和电荷变化的影响，肉的保水性能也主要取决于肌肉对此类水的保持能力。

2. 蛋白质

肉中蛋白质占 14.50% ~ 24.00%，占肉中固形物的 80% 左右，它是肉中除水分以外的主要成分。蛋白质有很多的种类：肌原纤维蛋白质包括肌球蛋白、肌动蛋白、肌动球蛋白、原肌球蛋白、肌原蛋白。肌浆蛋白质有肌溶蛋白、肌红蛋白、肌粒蛋白、肌质网蛋白、肌浆酶。肉基质蛋白质是结缔组织蛋白质，是构成肌内膜、肌束膜、肌外膜和腱的主要成分，包括胶原蛋白、弹性蛋白、网状蛋白、黏蛋白。胶原蛋白在加热时会逐渐变为明胶。另外，肌肉中还含有 1.5% 的肌酸、肌肽、鹅肌肽、核苷酸等非蛋白质氮。

3. 脂肪

脂肪是肌肉中仅次于蛋白质的另一个重要营养成分，对肉的食用品质影响很大。肌肉内脂肪的多少直接影响肉的多汁性和嫩度，脂肪酸的组成在一定程度上决定了肉的风味。肉中脂肪约占 3%，大部分是中性脂肪，还含有少量的磷脂和固醇脂。此外，各种畜禽肉脂肪内所含的脂肪酸的种类和数量也不相同（表 4-9）。

表 4-9　　　　　　　　　　各种肉脂肪组织的脂肪酸组成　　　　　　　　　　单位:%

脂肪酸	牛	猪	羊
月桂酸	0.3	0.1	—
豆蔻酸	0.2	2.0	2.4
十五碳正烷酸	0.6	0.3	0.5
棕榈酸	22.1	20.7	20.8
十七碳正烷酸	2.6	1.5	2.3

续表

脂肪酸	牛	猪	羊
硬脂酸	10.5	5.2	18.5
十四碳烯酸	0.6	—	0.8
十六碳烯酸	4.6	55	3.2
油酸	52.6	43.0	46.5
亚油酸	41	20.1	3.9
亚麻酸	—	0.4	0.2

4. 浸出物

是指除蛋白质、盐类、维生素外能溶于水的浸出性物质，包括含氮浸出物和无氮浸出物。含氮浸出物约占1.5%，含有游离氨基酸、磷酸肌酸、核苷酸类、肌苷、尿素等，是肉风味的主要来源。无氮浸出物约占1%，包括碳水化合物和有机酸。碳水化合物包括糖原、葡萄糖、核糖，有机酸主要是乳酸及少量的甲酸、乙酸、丁酸、延胡索酸等。

5. 矿物质

肌肉中矿物质的含量约为1.5%，包括钙、磷、锌、钠、钾、铁、镁、氯等常量元素和铜、锰等微量元素。其中铁为肌红蛋白、血红蛋白的成分，影响到肉色的变化。

6. 维生素

肉中脂溶性维生素较少，B族维生素含量非常丰富。脏器中含维生素较多，尤其是在肝脏中特别丰富，但在肌肉中维生素A、维生素C很少。

二、乳类

（一）乳用畜的品种

乳用畜主要包括牛和羊两种。

1. 乳用牛品种

乳牛的类型包括乳用型和兼用型。世界上著名的黑白花牛（又名荷斯坦牛）、娟姗牛、更赛牛、摩拉水牛、尼里·瑞菲水牛等都是乳用牛；兼用牛有短角牛、西门塔尔牛以及中国的三河牛、草原红牛、新疆褐牛等。

（1）黑白花牛　黑白花牛原产于荷兰，又称荷兰牛、荷斯坦牛。因其毛色为黑白花片，故通称为黑白花牛。黑白花牛因适应性强输出到世界各国，经过各国的不断培育，出现了一定差异，培育成各具特点的黑白花乳牛。生产性能是泌乳期长，产乳量高，一般年平均产乳量为6500~7500kg，乳脂率为3.6%~3.7%。

（2）娟姗牛　娟姗牛原产于英吉利海峡的娟姗岛。年平均产乳量为5500~7000kg，乳汁含乳脂及非脂干物质是所有乳牛品种中最高的，其中乳脂率平均为5.5%~6%，乳脂色黄而风味好。

（3）瑞士褐牛　瑞士褐牛原产于瑞士阿尔卑斯山的东南部，是个古老品种。体格粗壮，为乳肉兼用牛品种。

（4）短角牛　短角牛是由长角牛改良而来，因改良后的品种牛角短，故称短角牛。年平均产乳量为 4500~5000kg。在放牧的条件下，年平均产乳量为 2000~2500kg，乳脂率为 0.4%~4.2%。

（5）西门塔尔牛 西门塔尔牛原产于瑞士，是世界上有名的乳肉兼用的大型牛品种，我国各地都有饲养。年平均产乳量为 3900~5000kg，乳脂率为 3.9%~4.0%。

（6）中国黑白花牛 我国乳牛品种基本上都是黑白花牛，它是我国培育的大型乳牛品种。产乳量高，但乳脂率较低，不耐粗饲，良好的饲料条件和饲养管理下，平均 305d 产乳量可达到 6500~7500kg，乳脂率 3.5%左右。

2. 乳用羊品种

（1）我国乳山羊 乳山羊，即专门用于产乳的山羊。我国乳山羊品种有关中乳山羊、崂山乳山羊等。

①关中乳山羊：主产于渭南、咸阳、宝鸡、西安等地。泌乳期为 7~9 个月，一个泌乳期的产乳量一般为 300~400kg。乳脂率 4.12%，乳蛋白 3.53%，乳糖 4.31%。

②崂山乳山羊：产于山东省胶东半岛。泌乳期为 8~10 个月，产乳量一个泌乳期为 557~870kg，乳脂率 4.0%。

（2）外国乳山羊

①萨能乳山羊：原产于瑞士柏龙县萨能山谷。泌乳期为 8~10 个月，年平均产乳量 600~700kg，乳脂率 3.2%~4.0%。

②吐根堡乳山羊：原产于瑞士东北部圣加仑州的吐根堡盆地。泌乳期平均 287d，一个泌乳期一般产乳 600kg，高者可达 1000~1200kg。乳脂率 3.5%~4.0%。

③东弗里兹乳牛：原产于德国。多脂。成年母羊一般年产乳 900~1000kg。

④纽宾乳山羊：原产于非洲东北部的努比亚地区。最高个体记录为 1995.9kg，乳脂率为 4%~7%。鲜乳风味好，乳脂率较高，无膻味。

（二） 乳的类型及成分

1. 乳的类型

乳按照畜种可分为牛乳、羊乳、马乳、水牛乳和牦牛乳等。

（1）牛乳 乳类产品从其总量看，主要是牛乳产品，约占乳总产量的 88.6%。由于品种类型的不同，其鲜乳成分差异较大。黑白花乳牛产乳量高，乳脂率低，干物质少；娟姗牛产乳量较低，乳脂率高，但干物质少；兼用型牛产乳量低，乳脂率较高，干物质也较多。

（2）羊乳 羊乳主要是作鲜乳饮用。羊乳来源主要为纯种乳山羊、杂交改良型山羊与土种山羊。纯种乳山羊产乳量高，其次为杂交改良型山羊，土种山羊产乳量稍低。

（3）马乳 我国马乳产量比较少，主要在新疆、内蒙古、青海等省区。当地少数民族主要饮用或制作马乳酒。

（4）其他 还有水牛乳、牦牛乳等。

2. 乳的化学成分

乳是一种由多种成分组成的混合物，乳中的主要成分有水、脂肪、乳糖、蛋白质、维生素和酶类等。

（1）水分 乳中的大部分都是水分，占 87%~89%。其他各种成分以特定状态分散在水中。

（2）脂肪 牛乳中的脂肪含量不高，为 3%~5%，脂肪以极其微细的球粒状分散在乳中，每毫升乳中含有 20 亿~40 亿个脂肪球，脂肪球的大小和乳的加工特性紧密相关。

（3）蛋白质　蛋白质的含量与脂肪相当，为 3.0%~3.5%，牛乳中的蛋白质被人们视为全价的蛋白质，因为它由多种氨基酸组成，其中人体多种必需氨基酸都可以从中摄取到。酪蛋白在牛乳的蛋白质质量分数中占 80%，其次是乳清蛋白和其他多肽。乳清蛋白占牛乳中蛋白质质量分数的 15%，是脱脂乳除去酪蛋白，剩下的乳清液体中的蛋白质。

（4）乳糖　乳中含量最稳定的成分是乳糖，占牛乳含量的 4.7%。乳糖的甜度是蔗糖甜度的 1/6。

（5）无机物　乳类中常量和微量元素也较丰富，如钙、磷、钾等，每 1000mL 牛乳可提供钙 1200mg，加之吸收利用率也很高，所以乳是婴幼儿钙的良好来源。但是乳中铁的含量较少，平均为 0.02~0.1mg/100g。所以，乳中的成碱元素，如钙、锌、钠等多于成酸元素，如氮、硫、磷等。因此，乳与蔬菜、水果一样，属于碱性食品，有助于维持体内酸碱平衡。

（6）维生素　牛乳中含有人体生命活动的多种维生素，但在加工处理过程中易损失掉。维生素 B_1、维生素 C 易受到日光照射的破坏。

（7）酶类　乳中的酶类物质有两个来源，一是乳中固有的酶，它来源于乳腺，另外就是来源于乳中微生物的代谢产物。主要有过氧化物酶、还原酶、脂酶和磷酸酶。

（三）　乳的性质

1. 乳的色泽及光学性质

新鲜正常的牛乳呈不透明的乳白色或稍带淡黄色。乳白色是乳的基本色调，这是由于乳中的酪蛋白酸钙、磷酸钙胶粒及脂肪球等微粒对光的不规则反射的结果。牛乳中的脂溶性胡萝卜素和叶黄素使乳略带淡黄色。而水溶性的维生素 B_2 使乳清呈萤光性黄绿色。

牛乳对光的不规则反射，据伯吉斯及赫林顿（1955）的研究结果，其反射量较均质乳少，较脱脂乳多。在波长为 578nm 时，牛乳的反射光量约 70%。反之，牛乳对光的透射量较脱脂乳少，较均质乳多。在波长为 578nm 时，牛乳透射的有效深度为 24mm，在该深度内受到照射的维生素 B_2、维生素 B_6、维生素 C 等会有损失。

牛乳的折射率由于有溶质的存在而比水的折射率大，但全乳在脂肪球的不规则反射影响下，不易正确测定。由脱脂乳测得的较准确的折射率为 1.344~1.348，此值与乳固体的含量有比例关系，以此可判定牛乳是否掺水。

2. 乳的热学性质

牛乳的热学性质主要有冰点、沸点和比热容。由于有溶质的影响，乳的冰点比水低，而沸点比水高。

（1）冰点　牛乳的冰点一般为 -0.565~-0.525℃，平均为 -0.540℃。牛乳中的乳糖和盐类是导致冰点下降的主要因素。正常的牛乳其乳糖及盐类的含量变化很小，所以冰点很稳定。如果在牛乳中掺 10% 的水，其冰点约上升 0.054℃。可根据冰点变动用公式 4-1、4-2 来推算掺水量：

$$X = (T-T_1)/T \times 100 \tag{4-1}$$

式中　X——掺水量，%；

　　　T——正常乳的冰点；

　　　T_1——被检乳的冰点。

如果以质量百分率计算加水量，则按下式计算：

$$W=（T-T_1）/T_1×（100-T_s）\qquad(4-2)$$

式中　T_s——被检乳的乳固体；

　　　W——以质量计的掺水量。

酸败的牛乳其冰点会降低，所以测定冰点要求牛乳的酸度在20°T以内。

（2）沸点　牛乳的沸点在101.33kPa（1atm）下为100.55℃，乳的沸点受其固形物含量影响。浓缩过程中沸点上升，浓缩到原体积一半时，沸点上升到101.05℃。

（3）比热容　牛乳的比热容为其所含各成分之比热容的总和。牛乳中主要成分的比热容为［kJ/（kg·K）］：乳蛋白2.09，乳脂肪2.09，乳糖1.25，盐类2.93，由此计算得牛乳的比热容大约为3.89kJ/（kg·K）。

3. 乳的滋味与气味

乳中含有挥发性脂肪酸及其他挥发性物质，所以牛乳带有特殊的香味。乳经加热后香味强烈，冷却后减弱。牛乳除了原有的香味之外很容易吸收外界的各种气味，所以每一个处理过程都必须注意周围环境的清洁以及各种因素的影响。

新鲜纯净的乳稍带甜味，这是由于乳中含有乳糖的缘故。乳中除甜味外，因其中含有氯离子，所以稍带咸味。常乳中的咸味因受乳糖、脂肪、蛋白质等所调和而不易觉察，但异常乳，如乳房炎乳，氯的含量较高，故有浓厚的咸味。

4. 乳的酸度和氢离子浓度

乳蛋白分子中含有较多的酸性氨基酸和自由的羧基，而且受磷酸盐等酸性物质的影响，故乳是偏酸性的。

刚挤出的新鲜乳的酸度称为固有酸度或自然酸度。若以乳酸百分率计，牛乳自然酸度为0.15%~0.18%。挤出后的乳在微生物的作用下发生乳酸发酵，导致乳的酸度逐渐升高。由于发酵产酸而升高的这部分酸度称为发酵酸度或发生酸度。固有酸度和发酵酸度之和称为总酸度。一般情况下，乳品工业所测定的酸度就是总酸度。

5. 乳的电学性质

（1）电导率　乳中含有电解质而能传导电流。牛乳的电导率与其成分，特别是Cl^-和乳糖的含量有关。正常牛乳在25℃时，电导率为0.004~0.005S/m。乳房炎乳中Na^+、Cl^-等增多，电导率上升。一般电导率超过0.06S/m即可认为是病牛乳。故可应用电导率的测定进行乳房炎乳的快速鉴定。

（2）氧化还原电势　乳中含有很多具有氧化还原作用的物质，如维生素B_2、维生素C、维生素E、酶类、溶解态氧、微生物代谢产物等。乳中进行氧化还原反应的方向和强度取决于这类物质的含量。氧化还原电势可反映乳中进行的氧化还原反应的趋势。一般牛乳的氧化还原电势（Eh）为+0.23~+0.25伏特（V）。乳经过加热则产生还原性的产物而使Eh降低，Cu^{2+}存在可使Eh增高。牛乳如果受到微生物污染，随着氧的消耗和还原性代谢产物的产生，可使其氧化还原电势降低，当与甲基蓝、刃天青等氧化还原指示剂共存时可显示其褪色，此原理可应用于微生物污染程度的检验。

6. 乳的相对密度

乳的相对密度指乳在20℃时的质量与同体积水在4℃时的质量之比。正常乳的相对密度平均为1.030。

乳的相对密度在挤乳后1h内最低，其后逐渐上升，最后可大约升高0.001左右，这是由于气体的逸散、蛋白质的水合作用及脂肪的凝固使体积发生变化的结果。故不宜在挤乳后立即测试相对密度。乳的相对密度与乳中所含的乳固体含量有关。乳中各种成分的含量大体是稳定的，其中乳脂肪含量变化最大。如果脂肪含量已知，只要测定相对密度，就可以按式4-3计算出乳固体的近似值：

$$T = 1.2F + 0.25L + C \tag{4-3}$$

式中　T——乳固体,%；

　　　　F——脂肪,%；

　　　　L——牛乳相对密度计的读数；

　　　　C——校正系数，约为0.14。

　　为了使计算结果与各地乳质相适应，C值需经大量试验数据取得。

　　7. 乳的黏度与表面张力

　　牛乳大致可认为属于牛顿流体。20℃时水的绝对黏度为0.001Pa·s。正常乳的黏度为0.0015~0.002Pa·s。牛乳的黏度随温度升高而降低。在乳的成分中，脂肪及蛋白质对黏度的影响最显著。在一般正常的牛乳成分范围内，非脂乳固体含量一定时，随着含脂率的增高，牛乳的黏度也增高。当含脂率一定时，随着乳固体的含量增高，黏度也增高。初乳、末乳的黏度都比正常乳高。

　　牛乳的表面张力与牛乳的起泡性、乳浊状态、微生物的生长发育、热处理、均质作用及风味等有密切关系。测定表面张力是为了鉴别乳中是否混有其他添加物。

（四）　乳的营养价值

　　近年来的营养和食品科学研究证明，乳制品是帮助维持膳食营养平衡的重要食物类群，也是膳食中护卫健康的重要因素。

　　(1) 乳制品可提供全面均衡的营养，为人体健康和生长发育提供物质基础。据第四次全国营养调查结果，我国膳食供应最感不足的营养素是钙、维生素A和维生素B_2，而乳制品正是这几种营养素的最佳来源或良好来源。

　　(2) 乳类含有多功能、广谱的保护物质，如免疫球蛋白、乳铁蛋白、游离脂肪酸和甘油单脂肪酸酯等，它们可以对病菌产生抑制作用；乳中还提供了一些能抑制致病菌与肠黏膜上受体结合的物质，多含碳水化合物成分，如糖蛋白、糖脂、低聚糖、聚葡糖胺等；乳脂中还含有一些抗癌成分，如共轭亚油酸、醚酯、神经鞘磷脂和酪酸等。

　　(3) 乳蛋白质在消化道中的某些分解片段具有多种生物活性，有的已经被认定为生物活性肽，包括抗菌肽、降压肽、抗凝血肽、类阿片肽、免疫调节肽、酪蛋白磷肽等。经研究证明，各种生理活性肽经口摄入后，确实具有生物活性。同时也发现，一些具有生理活性的片段似乎具有抵抗蛋白酶水解的能力，在肠道内不会被水解为游离氨基酸。

三、　禽蛋

（一）　禽蛋的品种

1. 蛋用型鸡的品种

　　鸡是世界上饲养量最多的一种家禽。按它的用途分为蛋用型、肉用型、兼用型及观赏型。蛋用型按蛋壳颜色又可细分为白壳蛋系、褐壳蛋系和粉壳蛋系。

　　(1) 白壳蛋系　是由单冠白来航品种选育成的各具不同特点的高产品系，蛋壳为白色。

通过白壳蛋鸡系间杂交所产生的配套商品鸡，体型较小，故又称为"轻蛋壳鸡"。国内饲养较多的有北京白鸡、哈尔滨白鸡、白洛克鸡、迪卡白鸡、岩谷白鸡等。

（2）褐壳蛋系　主要是从一些兼用品种等选育而成的高产品系，蛋壳为褐色。其商品鸡体型比白壳系大，故又称"中型蛋鸡"。目前，褐壳蛋鸡品种有迪卡、伊莎褐、罗斯褐等。

（3）粉壳蛋系　是用红羽蛋鸡和白壳蛋鸡正交或反交所产生的杂种。它具有白壳蛋鸡和褐壳蛋鸡的优点。

2. 蛋用型鸭的品种

蛋用型鸭的品种有很多，如卡基-康贝尔鸭是目前世界上最流行也是最著名的高产蛋鸭，有黑、白、黄褐3个品种。对于我国来说，地方品种很多，如绍兴麻鸭、福建金定鸭、湖北荆州鸭、江西宜春麻鸭、福建莆田黑鸭等。

（二）　禽蛋的形成

各种禽蛋的形成过程是大致相同的，一般包括以下3个过程：卵细胞的生长、成熟和排卵，蛋的成形，蛋的产出。

1. 卵细胞的生长、成熟和排卵

这一过程是在家禽的卵巢上完成的。卵巢分为内外两层，内层为髓质，外层为皮质。皮质上长有很多大小不等的白色球状突起物，称为卵泡。每个卵泡内包含着一个卵原细胞，是卵细胞的原始体，发育成熟后即成为卵细胞。成熟后的卵泡，因卵细胞中含有大量的卵黄物质，呈现出黄色，所以人们常把成熟的卵细胞称卵黄。

2. 蛋的成形

卵黄（即卵子）脱离卵巢进入输卵管，通过漏斗部、膨大部、峡部、子宫部和阴道部，形成蛋白、膜和蛋壳。

（1）漏斗部（喇叭口）　分为漏斗区和管状区两部分，具有很大的自由活动性，可使脱离卵巢的卵黄（卵子）被接纳入输卵管内。卵子在管状区与精子结合受精。

（2）膨大部（蛋白分泌部）　这一部分的管壁厚实而弯曲，腺体发达，卵黄通过时被包上蛋白，在旋转前进中形成系带。

（3）峡部　功能是形成内外壳膜，把已经包上蛋白的卵黄包围起来。

（4）子宫部（蛋壳分泌部）　具较厚的肌肉壁，能分泌出大量碳酸钙及少量硫酸镁等无机物，堆积而形成蛋壳。

（5）阴道部　为狭窄的肌肉管道，开口于泄殖腔背壁的左侧，卵黄到达此处时，已形成一个完整的蛋，只待产出体外。

3. 蛋的产出

在脑下垂体后叶分泌的催产素和加压素的作用下，子宫和阴道的肌肉收缩，阴道向泄殖腔外翻，迫使蛋产出体外。

（三）　禽蛋的结构

虽然各种禽蛋的大小不同，但其基本结构是大致相同的。一般是由蛋壳、壳膜、气室、蛋白、蛋黄和系带等部分组成。

1. 蛋壳部分

蛋壳部分包括外蛋壳膜、石灰质蛋壳和蛋壳下膜三部分。

（1）外蛋壳膜　是指鲜蛋表面覆盖的一层膜，又称壳上膜，是由一种无定形结构、透明、可溶性的胶质黏液干燥后形成的膜。其主要化学组成为糖蛋白。外蛋壳膜有封闭气孔的作用。完整的膜能阻止蛋内水分蒸发、二氧化碳逸散及外部微生物的侵入，但水洗、受潮或机械摩擦均易使其脱落。因此，该膜对蛋的质量仅能起短时间的保护作用。

（2）石灰质蛋壳　壳厚度一般为0.3mm左右，大多在0.27~0.37mm。由蛋壳内侧的乳头状层和外层的栅状层两部分组成。不同厚度的蛋壳其乳头状层均在80μm左右，差异主要在栅状层。栅状层越厚，蛋壳也越厚，蛋壳的耐压强度也越大。蛋壳上密布孔隙，称为气孔，总数为1000~12000个，气孔外大内小，为禽胚发育时与外界气体交换通道。

（3）蛋壳下膜　蛋壳下膜由两层紧紧相贴的膜组成，外层紧贴石灰质蛋壳，称为外壳膜，内层包裹蛋白称为蛋白膜或内壳膜。两层膜均为有机纤维组成的网状结构。外壳膜结构较为疏松，微生物可以直接穿过；内壳膜较为细密，微生物不能直接通过，需用蛋白酶破坏膜后才能进入蛋白内。未产出的蛋，其两层膜是紧贴在一起的。蛋离体后，由于外界温度低于鸡的体温，蛋的内容物收缩，多在蛋的钝端两层膜分开，形成一个双凸透镜似的空间，称为气室。气室的大小可反映禽蛋的新鲜程度。

2. 蛋白部分

蛋白又称蛋清，是一种胶体物质，占蛋重的45%~60%，颜色为微黄色。禽蛋内蛋白似为一体，实分四层，由外向内其结构是：第一层为外稀蛋白层，贴附在蛋白膜上，占整个蛋白的23.3%；第二层为外浓蛋白层（又称中层浓厚蛋白层），约57.2%；第三层为内稀蛋白层，约占16.8%；第四层为内浓蛋白层，又称系带膜状层，为一薄层，加上与之连为一体的两端系带，约占2.7%。系带膜状层分为膜状部和索状部。膜状部包在蛋黄膜上，一般很难与蛋黄膜分开。索状部是系带膜状层沿蛋中轴向两端的螺旋延伸，为白色不透明胶体。系带膜状层使蛋黄固定在蛋的中央。随存放时间的延长，系带弹性降低，浓厚蛋白稀薄化，这种作用就会失去。在加工蛋制品时，要将系带索状部除去。

3. 蛋黄部分

蛋黄位于蛋的中央，呈球状。包在蛋黄外周的一层透明薄膜称为蛋黄膜，厚0.016mm，其韧性随存放时间的增加而减弱，稍遇震荡即破裂，成为散黄。

蛋黄上部中央有一小白圆斑，在未受精时，圆斑呈云雾状，称为胚珠，直径1.6~3.0mm。由于密度较小，一般浮于蛋黄的顶端。受精后的蛋，其胚胎发育已进行到相当程度，有明暗区之分，肉眼可见中央透明的小白圆斑，直径3.0~5.0mm，称为胚盘。受精蛋的胚胎在适宜的外界温度下，便会很快发育，这样就会降低蛋的耐储性和质量。

蛋黄似为一色，实由黄卵黄层和白卵黄层交替形成深浅不同的同心圆状排列。这是由于禽昼夜代谢率不同所致，其分明程度随日粮中所含叶黄素与类胡萝卜素的含量而异。浅黄色蛋黄一般仅占全蛋黄的5%左右。

（四）禽蛋的化学成分

1. 禽蛋的一般化学成分

禽蛋的化学成分取决于家禽的种类、品种、饲养条件和产卵时间等。蛋的结构复杂，其化学成分也丰富、复杂。虽然各成分的含量有较大的变化，但同一品种蛋的基本成分是大致相似的。鸡蛋的水分含量高于水禽蛋的水分含量，而鸡蛋的脂类含量则低于水禽蛋中的脂类含量。鸡蛋的缺点是胆固醇含量较高。

鸭蛋的营养价值和口味等虽不如鸡蛋，但鸭蛋的深加工制品却相当受欢迎。

鹌鹑蛋是近年来迅速普及的一种营养性食品，其不仅口味细腻、清香，而且营养成分全面，胆固醇含量低，具有独特的食疗作用，综合营养价值相当高。

2. 蛋壳的化学成分

蛋壳主要由无机物组成，占整个蛋壳的94%～97%，有机物占蛋壳的3%～6%，主要为蛋白质，属于胶原蛋白。禽蛋的种类不同，其蛋壳的化学成分也略有差异。

3. 蛋白的化学成分

禽蛋中的蛋白是一种胶体物质，蛋白的结构和种类不同，其胶体状态也不同。

（1）水分大部分以溶剂形式存在，少部分与蛋白质结合，以结合水形式存在。

（2）蛋白质包括卵白蛋白、卵伴白蛋白（又称卵转铁蛋白）、卵黏蛋白、卵类黏蛋白、卵球蛋白 G2 和 G3、溶菌酶（G1）、抗生物素蛋白、黄素蛋白等。

（3）碳水化合物以两种形式存在。一种与蛋白质结合，以结合状态存在，约占蛋白质的0.5%；另一种以游离态存在，其98%为葡萄糖，其余为果糖、甘露糖、阿拉伯糖等，约占蛋白质的0.4%，这些糖类含量虽很小，但与蛋白片、蛋白粉等制品的色泽有密切关系。

（4）脂肪含量极少，约占0.02%。

（5）灰分种类很多，其中钾、钠、氯等离子含量较多，而磷和钙含量少于卵黄。

（6）蛋白中维生素含量较少，主要含维生素色素含量很少，主要是维生素 B_2，所以蛋白呈淡黄色。

4. 蛋黄的化学成分

蛋黄不仅结构复杂，其化学成分也极为复杂。蛋黄中的蛋白质大部分是脂蛋白质，包括低密度脂蛋白、卵黄球蛋白、卵黄高磷蛋白和高密度脂蛋白。蛋黄中的脂质含量最多，占32%～35%，其中属于甘油酯的真正脂肪所占的比重最大，约占20%；其次是磷脂（包括卵磷脂、脑磷脂和神经磷脂），约占10%；还有少量的固醇和脑苷脂等。蛋黄脂类中不饱和脂肪酸较多，易氧化，在蛋品保藏上，即使是蛋黄粉和干全蛋品的贮存也应引起充分重视。

禽蛋中尤以蛋黄色素含量最多，使蛋黄呈黄色或橙黄色。这些色素大部分为脂溶性色素，属类胡萝卜素一类。鲜蛋中的维生素主要存在于蛋黄中，不仅种类多而且含量丰富，尤以维生素 A、维生素 E、维生素 B_2、维生素 B_6、泛酸为多，此外还有维生素 D、维生素 K、维生素 B_1、维生素 B_{12}、叶酸、烟酸等。蛋黄中含1.0%～1.5%的矿物质，其中以磷最为丰富，占无机成分总量的60%以上，钙次之，占13%左右，还含有铁、硫、钾、钠、镁等，且其中的铁很易被人体吸收。

（五）禽蛋的营养价值

禽蛋的营养成分是极其丰富的，尤其含有人体所必需的优良的蛋白质、脂肪、类脂质、矿物质及维生素等营养物质，而且消化吸收率非常高，堪称优质营养食品。仅从一个禽蛋能形成一个个体，即一个受精蛋，在适宜条件下，靠自身的营养物质可孵出幼禽雏，就足以说明禽蛋中含有个体生长发育所必需的各种营养成分。

1. 禽蛋具有较高的热值

禽蛋的成分中约有1/4的营养物质具有热值。因为糖的含量甚微，所以禽蛋的热值主要是由其含有的脂肪和蛋白质所决定。

2. 禽蛋富含营养价值较高的蛋白质

蛋类的蛋白质含量在日常食物中较高，仅低于豆类和肉类，而高于其他食物。另外，蛋类的蛋白质消化率很高，是其他许多食品无法比拟的。鸡蛋的蛋白质生物价高于其他动物性食品和植物性食品的蛋白质生物价。蛋类蛋白质中不仅所含必需氨基酸的种类齐全，含量丰富，而且必需氨基酸的数量及其相互间的比例也很接近人体的需要，是一种理想蛋白质。禽蛋经过适当加工（如加工为松花蛋、糟蛋等）后，其蛋白质营养价值将会得到更进一步提高。

3. 禽蛋中含有极为丰富的磷脂质

禽蛋中含有 11%~15% 的脂肪，而脂肪中 58%~62% 为不饱和脂肪酸，其中必需脂肪酸、油酸和亚油酸含量丰富。

禽蛋中还富含磷脂和固醇类，其中的磷脂（卵磷脂、脑磷脂和神经磷脂）对人体的生长发育非常重要，是大脑和神经系统活动所不可缺少的重要物质。固醇是机体内合成固醇类激素的重要成分。

4. 矿物质和维生素营养

禽蛋中含有约 1% 的灰分，其中钙、磷、铁等无机盐含量较高。相对其他食物而言，蛋黄中铁含量高，且消化吸收利用率达 100%。因此，蛋黄是婴儿、幼儿及缺铁性贫血患者补充铁的良好食品。禽蛋中还含有丰富的维生素 A、维生素 D 及维生素 B_1、维生素 B_2 和烟酸等。

（六）　禽蛋的质量指标及其鉴定

1. 禽蛋的质量指标

蛋的质量指标是各级生产企业和经营者，对鲜蛋进行质量鉴定和评定等级的主要依据。衡量蛋的质量有以下一些指标。

（1）蛋壳状况　蛋壳状况是影响禽蛋商品价值的一个主要质量指标，主要从蛋壳的清洁程度、完整状况和色泽三个方面来鉴定。质量正常的鲜蛋，蛋壳表面应清洁，无禽粪、未粘有杂草及其他污物；蛋壳完好无损、无硌窝、无裂纹及流清等；蛋壳的色泽应当是各种禽蛋所固有的色泽，表面无油光发亮等现象。

（2）蛋的形状　蛋的形状常用蛋形指数（蛋长径与短径之比）来表示。标准禽蛋的形状应为椭圆形，蛋形指数在 1.3~1.35。蛋形指数大于 1.35 者为细长型，小于 1.30 者为近似球形，这后两种形状的蛋在贮运过程中极易破伤，所以在包装分级时，要根据情况区别对待。

（3）蛋的质量　蛋的质量除与蛋禽的品种有关外，还与蛋的贮存时间有较大关系。由于贮存时蛋内水分不断向外蒸发，贮存时间越长，蛋越轻。所以，蛋的质量也是评定蛋新鲜程度的一个重要指标。

（4）蛋的相对密度　蛋的相对密度与质量大小无关，而与蛋类存放时间长短、饲料及产蛋季节有关。鲜蛋相对密度一般在 1.060~1.080。若低于 1.025，则表明蛋已陈腐。

（5）蛋白状况　蛋白状况是评定蛋的质量优劣的重要指标。可用灯光透视和直接打开两种方法来判明。质量正常的蛋，其蛋白状况应当是浓厚蛋白含量多，占全部蛋白的 50%~60%，无色、透明，有时略带淡黄绿色。灯光透视时，若见不到蛋黄的暗影，蛋内透光均衡一致，表明浓厚蛋白较多，蛋的质量优良。

（6）蛋黄状况　蛋黄状况也是表明蛋的质量的重要指标之一。可以通过灯光透视或打开的方法来鉴定。灯光透视时，以看不到蛋黄的暗影为好，若暗影明显且靠近蛋壳，表明蛋的质量较差。蛋打开后，常测量蛋黄指数（蛋黄高度与蛋黄直径之比）来判定蛋的新鲜程度。新鲜蛋的蛋黄几乎是半球形，蛋黄指数在 0.40~0.44；存放很久的蛋，其蛋黄是扁平的。蛋黄指数小于 0.25 时，蛋黄膜则极易破裂，出现散黄。合格蛋的蛋黄指数为 0.3 以上。

（7）蛋内容物的气味和滋味　质量正常的蛋，打开后只有轻微的腥味（这与蛋禽的饲料有关），而不应有其他异味。煮熟后，气室处无异味，蛋白色白无味，蛋黄味淡而有香气。若打开后能闻到臭气味，则是轻微的腐败蛋。严重腐败的蛋可以在蛋壳外面闻到内容物成分分解的氨及硫化氢的臭气味。

（8）系带状况　质量正常的蛋，其系带粗白而有弹性，位居蛋黄两侧，明显可见。如变细并与蛋黄脱离，甚至消失时，表明蛋的质量降低，易出现不同程度的黏壳蛋。

（9）胚胎状况　鲜蛋的胚胎应无受热或发育现象。未受精蛋的胚胎在受热后发生膨大现象，受精蛋的胚胎受热后发育，最初产生血环，最后出现树枝状的血管，形成血环蛋或血筋蛋。

（10）气室状况　气室状况是评定蛋质量的重要因素，也是灯光透视时观察的首要指标。鲜蛋的气室很小，随气室高度（或深度）的增大，蛋的质量也相应地降低。

（11）微生物指标　微生物指标是评定蛋的新鲜程度和卫生状况的重要指标。质量优良的蛋应当无霉菌和细菌的生长现象。在进行禽蛋质量评定和分级时，要对上述各项指标进行综合分析后，才能作出正确的判断和结论。

2. 禽蛋的质量鉴定

质量鉴定是禽蛋生产、经营、加工中的重要环节之一，直接影响到商品等级、市场竞争力和经济效益等。目前广泛采用的鉴定方法有感官鉴定法和光照透视鉴定法，必要时，还可进行理化和微生物学检验。

（1）感官鉴定　主要是凭检验人员的技术经验，靠感官，即眼看、耳听、手摸、鼻嗅等方法，以外观来鉴别蛋的质量，是基层业务人员普遍使用的方法。

①看：用肉眼观察蛋壳色泽、形状、壳上膜、蛋壳清洁度和完整情况。新鲜蛋蛋壳比较粗糙，色泽鲜明，表面干净，附有一层霜状胶质薄膜；如表皮胶质脱落，不清洁，壳色油亮或发乌发灰，甚至有霉点，则为陈蛋。

②听：通常有两种方法，一是敲击法，即从敲击蛋壳发出的声音来判定蛋的新鲜程度、有无裂纹、变质及蛋壳的厚薄程度。新鲜蛋颠到手里沉甸甸的，敲击时声坚实，清脆似碰击石头；裂纹蛋发声沙哑，有啪啪声；大头有空洞声的是空头蛋，钢壳蛋发声尖细，有"叮叮"响声。二是振摇法，即将禽蛋拿在手中振摇，有内容物晃动响声的则为散黄蛋。

③嗅：是用鼻子嗅蛋的气味是否正常。新鲜鸡蛋、鹌鹑蛋无异味，新鲜鸭蛋有轻微腥味；有些蛋虽然有异味，但属外源污染，其蛋白和蛋黄正常。

（2）光照透视鉴定　是利用禽蛋蛋壳的透光性，在灯光透视下，观察蛋壳结构的致密度、气室大小，蛋白、蛋黄、系带和胚胎等的特征，对禽蛋进行综合品质评价的一种方法。该方法准确、快速、简便，是我国和世界各国鲜蛋经营和蛋品加工时普遍采用的一种方法。

光照透视法一般分为手工照蛋和机械照蛋两种。按工作程序可分为上蛋、整理、照蛋、装箱四个部分。在灯光透视时，常见有以下几种情况：

①鲜蛋：蛋壳表面无任何斑点或斑块；蛋内容物透亮，呈淡橘红色；气室较小，不超过5mm，固定在蛋的大头，不移动；蛋黄不见或略见阴影，位居中心或稍偏；系带粗浓，呈淡色条带状，胚胎看不见，无发育现象。

②破损蛋：指在收购、包装、贮运过程中受到机械损伤的蛋。包括裂纹蛋（或称哑子蛋、丝壳蛋），硌窝蛋、流清蛋等。这些蛋容易受到微生物的感染和破坏，不适合贮藏，应及时处理，可以加工成冰蛋品等。

③陈次蛋：陈次蛋包括陈蛋、靠黄蛋、红贴皮蛋、热伤蛋等。

a. 存放时间过久的蛋叫陈蛋。透视时，气室较大，蛋黄阴影较明显，不在蛋的中央，蛋黄膜松弛，蛋白稀薄。

b. 蛋黄已离开中心，靠近蛋壳称为靠黄蛋。透视时，气室增大，蛋白更稀薄，能很明显地看到蛋黄暗红色的影子，系带松弛、变细，使蛋黄始终向蛋白上方浮动而成靠黄蛋。

c. 靠黄蛋进一步发展就成为红贴皮蛋。透视时，气室更大，蛋黄有少部分贴在蛋壳的内表面上，且在贴皮处呈红色，故称红贴皮蛋。

d. 禽蛋因受热较久，导致胚胎虽未发育，但已膨胀者叫做热伤蛋。透视时，可见胚胎增大但无血管出现，蛋白稀薄，蛋黄发暗增大。

以上四种陈次蛋，均可供食用，但都不宜长期贮藏，宜尽快消费或加工成冰蛋品。

④劣质蛋：常见的主要有黑贴皮蛋、散黄蛋、霉蛋和黑腐蛋四种。红贴皮蛋进一步发展而形成黑贴皮蛋。灯光透视时，可见蛋黄大部分贴在蛋壳某处，呈现较明显的黑色影子，故称黑贴皮蛋。其气室较大，蛋白极稀薄，蛋内透光度大大降低，蛋内甚至出现霉菌的斑点或小斑块。内容物常有异味。这种蛋已不能食用。蛋黄膜破裂，蛋黄内容物和蛋白相混的蛋统称为散黄蛋。轻度散黄蛋在透视时，气室高度、蛋白状况和蛋内透光度等均不定，有时可见蛋内呈云雾状；重度散黄蛋在透视时，气室大且流动，蛋内透光度差，呈均匀的暗红色，手摇时有水声。在运输过程中受到剧烈振动，使蛋黄膜破裂而造成的散黄蛋，以及由于长期存放，蛋白质中的水分渗入卵黄，使卵黄膜破裂而造成的散黄蛋，打开时一般无异味，均可及时食用或加工成冰蛋品。由于细菌侵入，细菌分泌的蛋白分解酶分解蛋黄膜使之破裂，这样形成的散黄蛋有浓臭味，不可食用。

（3）理化鉴定　主要包括相对密度鉴定法和荧光鉴定法。

①相对密度鉴定法：是将蛋置于一定相对密度的食盐水中，观察其浮沉横竖情况来鉴别蛋新鲜程度的一种方法。要测定鸡蛋的相对密度，须先配制各种浓度的食盐水，以鸡蛋放入后不漂浮的食盐水的相对密度来作为该蛋的相对密度。质量正常的新鲜蛋的相对密度在 1.08 ~ 1.09，若低于 1.05，表明蛋已陈腐。

②荧光鉴定法：是用紫外光照射，观察蛋壳光谱的变化来鉴别蛋新鲜程度的一种方法。质量新鲜的蛋，荧光强度弱，而越陈旧的蛋，荧光强度越强，即使有轻微的腐败，也会引起发光光谱的变化。据测定，最新鲜的蛋，荧光反应是深红色，渐次由深红色变为红色、淡红色、青、淡紫色、紫色等。根据这些光谱变化来判定蛋质量的好坏。

（4）微生物学检验　发现有严重问题，需深入研究、查找原因时，可进一步进行微生物学检验，主要鉴定蛋内有无霉菌和细菌污染现象，特别是沙门氏菌污染状况、蛋内菌数是否超标等。

3. 禽蛋的分级

禽蛋的分级一般从两个方面来综合确定：一是外观检查；二是光照鉴定。在分级时，应注意蛋壳的清洁度、完整性和色泽，外壳膜是否存在，蛋的大小、质量和形状，气室大小，蛋白、蛋黄和胚胎的能见度及位置等。

4. 内销禽蛋的质量标准

（1）国家卫生标准　参见 GB 2749—2015《食品安全国家标准　蛋与蛋制品》。

（2）收购等级标准　目前尚未有全国统一的标准或部颁标准，但有些地区制定了分级标准。禽蛋的收购分级：一级，蛋壳清洁、坚固、完整；气室深度<7mm，固定；蛋白浓厚，色泽清而明；蛋黄不明显，在中央不移动，胚胎不发育。二级，蛋壳清洁、坚固、完整；气室深度<9mm；蛋白较浓厚，色泽清而明；蛋黄较明显，在蛋中央稍移动，胚胎不发育。三级，蛋壳坚固、完整、污壳，气室深度不超过蛋高 1/3，有时可移动，蛋白稍稀薄，色泽清明，蛋黄明显，略移动，胚胎微发育。

（3）销售分级　目前没有全国统一的标准，但各地的标准大同小异，一般是：

①一级蛋：鸡蛋、鸭蛋（除仔蛋外）、鹅蛋不论大小，凡是新鲜、无破损的均按一级蛋销售。成批的仔蛋、裂纹蛋、大血筋蛋、泥污蛋和雨淋蛋，按一级蛋折价销售。

②二级蛋：指路窝蛋、粘眼蛋、穿眼蛋（小口流清、头照蛋、靠黄蛋）等。

③三级蛋：指大口流清蛋、红贴皮蛋、散黄蛋、外霉蛋等。

其他不能食用的变质蛋一律不准销售。

（4）冷藏蛋分级　一级：蛋壳清洁、坚固、完整；气室高度<1cm，允许微移动；蛋白浓厚、透明；蛋黄紧密、发红、略偏离中央，无胚胎发育。二级：蛋壳坚固、完整、有少量污泥或污迹；气室高度<1.2cm，允许移动；蛋白稀薄、透明、允许有水泡；蛋黄稍紧密、发红，偏离中央，胚胎稍膨大。三级：蛋壳完整、有污迹、脆薄、较大，但不允许超过蛋的 1/4；气室允许移动；蛋白稀薄如水；蛋黄大且扁平，显著发红，明显偏离中央，胚胎明显膨大。一级冷藏蛋除夏季不可加工为松花蛋、咸蛋外，其他季节均可加工。二级冷藏蛋可以加工为咸蛋，但只在冬季可以加工为松花蛋。三级冷藏蛋不宜用于加工松花蛋和咸蛋。

第八节　水产品

水产品是指水生的具有经济价值的动、植物性原料。按照生物学的分类方法，水产品可分为鱼类、甲壳动物、软体动物、棘皮动物、腔肠动物、爬行类、藻类植物七大类。我国水产品来源于海洋渔业和内陆水域两个地方。

我国是世界第一水产品大国，水产品总产量占世界水产品总产量的 1/3。我国水产品种类繁多，其中鱼类达到 3000 多种，虾类有 300 多种，蟹类 600 多种，贝类 700 多种，还有头足类 90 多种、藻类 1000 多种，此外还包括腔肠动物、棘皮动物、两栖动物和爬行动物中的一些水生种类。

一、鱼类

（一）鱼类的概述

我国鱼类资源丰富，品种多而分布广。其中常见的有经济意义的鱼类有 200 多种。大黄鱼、小黄鱼、带鱼和乌贼被称为四大海产经济鱼类，淡水鱼中的青鱼、草鱼、鲢鱼、鳙鱼是闻名世界的"四大家鱼"。

（二）　鱼类的特点及其食用特征

1. 鱼类的特点

鱼类的特点很多，一般具有以下四点：

（1）种类多　鱼类的种类很多。目前世界共有鱼类21700余种，分隶于51目445科。中国有鱼类2800余种。我国的黄海、渤海区以温暖性鱼类为主，东海和南海以及台湾以东海区主要是暖水性鱼类。淡水鱼中也有冷水性、冷温性和暖水性鱼类之分。

（2）易腐败　鱼类通常易于腐败变质。主要有以下两个原因：一是鱼体捕捞时，造成鱼体受伤，水中的细菌侵入鱼体机会增多。二是鱼中组织、肉质的脆弱和柔软性，而且鱼体的水分含量很高，是细菌繁殖的好场所。

（3）捕获量的多变性　鱼类的捕获受季节、渔场、海况、气候、环境生态等多种因素的影响，难以保持长期稳定的供应。因此，冷冻技术应用鱼类的储藏上，从而调节原料供应至关重要。

（4）鱼体成分的变化　鱼体成分因鱼的种类、年龄而异。同时，鱼体的主要成分，如水分、蛋白质、脂肪、呈味物质等随着季节而变化，其中尤以脂肪的变动为甚。

2. 鱼类的食用特征

（1）鱼的体形　鱼体是由头、躯干、尾、鳍4部分组成。鱼类的体形通常呈纺锤形，两侧少扁平。典型的有金枪鱼、鲣鱼等。

（2）鱼的主要器官和组织

①皮肤：鱼皮由多层上皮细胞构成，最外层覆有薄的胶原层。表皮下面有真皮层，鱼鳞从真皮层长出。鱼鳞主要由胶原与磷酸钙组成，起到保护鱼体的作用。鱼体形成的成长线与树木年轮相当，读取其成长线可知鱼的大概年龄。真皮层具有色素细胞，含有表现鱼体的红、橙、黄、蓝、绿等颜色。

②骨骼：鱼中骨骼主要含有有机成分的胶原、骨黏蛋白、骨硬蛋白等。它的骨骼组成几乎全是磷酸钙，而不是碳酸钙。

③鳍：鳍是鱼运动保持身体平衡的器官。鱼鳍按照所处部位可分为5种，即背鳍、腹鳍、胸鳍、尾鳍和臀鳍。有些鱼类缺少其中的几种，也有些则鳍与鳍之间连续、不分开。

④内脏：鱼的内脏大致与陆上哺乳动物相似。不同的是，有些鱼没有胃，有的鱼则胃壁特别厚而强韧，也有些鱼的胃其后端具有许多细房状的幽门垂。肾脏一般长在沿脊椎骨的位置，呈暗红色。同时，几乎鱼的内脏都含有银白色薄膜构成的鱼鳔，依靠其调节其中的气体量，鱼类进行上浮下沉的运动。鱼鳔可作菜肴，也可作为鱼胶的原料。

⑤肌肉组织：鱼体肌肉组织是鱼类的主要可食部分，它对称地分布在脊背的两侧，一般称为体侧肌，运动中可通过左右侧纵向纤维地伸缩，是鱼体摆动前进。体侧肌又可划分成背侧肌和腹肌，在鱼体横截面中分别呈同心圆排列着。从除去皮层后鱼体侧面肌肉，可看到从前部到尾部连续着"W"形的很多肌节。每一肌节由无数平行的肌纤维纵向排列构成。肌节间由结缔组织膜连接。

（三）　鱼类的成分及其营养价值

鱼类作为食物所能提供的营养物质的种类和数量及其在满足人体营养需要上的作用称为鱼类的营养价值。鱼类的营养价值体现在鱼体的可食部分，一般为鱼肉，占鱼体重的50%～70%。鱼肉中通常富含人体必需的蛋白质、脂肪、多种维生素和矿物质、无机盐等。这些物质对人类调节和改善食物结构，供应人体健康所必需的营养素有着非常重要的作用。因此鱼类是营养平衡性很好的天然食品，对人体的健康十分有益。

1. 蛋白质

鱼类所含蛋白质是营养价值很高的完全蛋白质。一般 500g 鱼体中含有 40~50g 蛋白质，其中可食部分蛋白质含量为 15%~20%。大黄鱼的蛋白质含量与牛肉相近，高于鸡蛋和猪肉。鱼肉蛋白质的氨基酸组成类似肉类，生物价较高，而且鱼肉的结缔组织比畜肉少，水分含量较高，故鱼肉柔软，蛋白质容易被人体消化吸收，其消化率达 60%~90%。

蛋白质在鱼肉中的分布主要为三部分：构成肌原纤维的蛋白质称为肌原纤维蛋白；存在于肌浆中的各种分子量较小的蛋白质，叫做肌浆蛋白；构成结缔组织的蛋白质，即为基质蛋白。鱼类肌肉的结缔组织较少，因此肉基质蛋白的含量也少，占肌肉蛋白质总量的 2%~5%。肌原纤维蛋白的含量较高，达 60%~75%。肌浆蛋白含量大多在 20%~35%。

2. 脂质

鱼类脂质的种类和含量因鱼种的不同而有区别。通常鱼体组织脂质的种类主要有甘油三酯、磷脂、蜡脂以及不皂化物中的固醇、烃类、甘油醚等。脂质在鱼体组织中的种类、数量、分布，还与脂质在体内的生理功能有关。组织脂质就是存在于细胞组织中具有特殊功能的磷脂和固醇等，它在鱼肉中的含量基本上是一定的，占 0.5%~1%。多脂鱼肉中大量脂质主要为甘油三酯，是作为能源贮藏物质而存在，又称为贮藏脂质。少脂鱼类肌肉组织中的贮藏脂质不多，但一般贮藏在肝脏或腹腔中。

鱼类脂质的脂肪酸含量较多，尤其是不饱和的二十碳以上的脂肪酸最多。海水鱼脂质中的 C18、C20 和 C22 的不饱和脂肪酸较多；而淡水鱼脂质所含 C20 和 C22 的不饱和脂肪酸较少，但含有较多的 C16 饱和酸和 C18 的不饱和酸。此外，由于二十碳五烯酸（EPA）和二十碳六烯酸（DHA）等 ω3 等系列多烯酸具有防治心脑血管疾病和促进小动物成长发育等功效，所以开发鱼类体内的不饱和脂肪酸具有重要的利用价值。

3. 糖类

鱼肉中糖的含量很少，一般在 1% 以下。鱼类肌肉中，糖类是以糖原的形式存在，而且红色肌肉比白色肌肉含量略高。

4. 矿物质

鱼体中的矿物质主要是以化合物和盐溶液的形式存在。它的种类很多，主要有钾、钠、钙、磷、铁、锌、铜、硒、碘、氟等人体需要的常量和微量元素，而且含量一般较畜肉高。钙、铁是婴幼儿、少年及妇女营养上容易缺乏的物质，钙日需量为 700~1200mg，鱼肉中钙的含量为 60~1500mg/kg，较畜肉高；铁日需量为 10~18mg，鱼肉中铁含量为 5~30mg/kg。其中含肌红蛋白多的红色肉鱼类如金枪鱼、鲣鱼、沙丁鱼等中含铁量较高。锌的日需量为 10~15mg，鱼类的平均含量为 11mg/kg。硒是人体必需的微量元素，日需量为 0.05~0.2mg，鱼肉中的含量达 1~2mg/kg（干物），是人类重要的硒来源。

5. 维生素

鱼类可食部分中含有多种人体营养所需的维生素，包括脂溶性维生素 A、维生素 D、维生素 E 和水溶性维生素 B 族和维生素 C。鱼类维生素含量的多少依鱼的种类和部位而异。维生素一般在肝脏中含量多，可供作鱼肝油制剂。在海鳗、河鳗、油鲨、银鳕等肌肉中含量也较高，可达 10000~100000IU/kg。维生素 D 同样也存在于鱼类肝油中。肌肉中含脂量多的中上层鱼类所含有维生素高于含脂量少的底层鱼类。此外，鱼类肌肉中含维生素 B_1、维生素 B_2 较少，但在鱼的肝脏、心脏含量较多。鱼类维生素 C 含量很少，但鱼卵和脑中含量较多。

（四） 鱼类的烹饪和加工

1. 烹饪

（1）生食 日本、荷兰、韩国等都有生食鱼类的习惯。日本用金枪鱼制作的生鱼片作上成的日本料理。但鱼作生食，对鱼的鲜度要求很高。

（2）除异味 鱼类在烹饪、加工时，常因鱼腥气、腐败臭等影响风味品质。因此采取适当方法，抑制或除去有关的气体成分是必要的。例如，将鱼类在净水中蓄养 1~2 个星期可除去土腥味；在烹饪之前用食盐涂抹鱼身，再用水冲洗，可去掉鱼身上的黏液；在鱼类烹饪中，使用调味料均有抑制产生各种不快气体的作用。

2. 加工

鱼类加工通常有冻制品加工、熟食品加工、罐头加工和咸干鱼加工。

（1）冻制品加工 将鲜鱼经过初级处理后，放入冻结装置进行速冻，并放入 -18℃ 以下库内冷藏的方法。原料鱼冷冻有条冻，也有块冻，还有将原料鱼加工成鱼片、鱼段后，冻结成冷冻小包装制品。

（2）熟食品加工 主要有鱼糜产品、烘干制品、熏鱼、鱼松等制品。

（3）罐头加工 以鱼类为原料，利用加工罐头食品的方法，来保持和提高鱼类的食用价值。鱼类罐头根据加工工艺的不同可分为清蒸、调味、茄汁、油浸和鱼糜等。清蒸主要是保持鱼类的原汁，就是保持鱼类特有的风味和色泽；调味料就是注意烹调。茄汁类罐头对茄汁的配制较注重，成品中茄汁和鱼肉二者的风味兼而有之。油浸，就是在鱼类罐头中加入植物油及其他的调味料。鱼糜类罐头是在鱼糜制品加工基础上发展起来的，如调味鱼糜、油炸鱼圆等。

（4）咸干鱼加工 主要采用盐渍、干制等加工方法。干制就是去除鱼中的水分，来延长保质期；盐渍是将鱼用盐腌制成的。

（五） 常见的鱼类

1. 海水鱼类

（1）大黄鱼

①特征：大黄鱼又称大黄花、大王鱼、大鲜、黄瓜鱼。体长椭圆形，侧扁，一般体长 30cm。尾柄细长，头大而侧扁。背侧黄褐色，腹侧金黄色；各鳍灰黄色，唇橘红色。主要分布于东海、南海和黄海南部。

②营养价值和功能：大黄鱼营养丰富，每 100g 鱼肉中含蛋白质 17.7g、脂肪 2.5g、钙53mg、磷 174mg，还含有多种维生素。肉质鲜嫩，呈蒜瓣状，色泽洁白，肉多刺少。

（2）小黄鱼

①特征：小黄鱼又称小黄花、小王鱼、小鲜、小黄瓜等。其外形与大黄鱼极相似，但体形较小，一般体长 15~25cm。主要分布于渤海、黄海和东海北部。

②营养价值和功能：小黄鱼的营养丰富，每 100g 肉中含蛋白质 17.9g、脂肪 3.0g、钙78mg、磷 188mg，还含有多种维生素。

（3）鳘鱼

①特征：鳘鱼又称敏子、米鱼等，其体延长而侧扁，一般体长 45.55cm。鳞片细小，表层粗糙。体呈蓝灰褐色，腹部为灰白色，眼睛红而明亮。

②营养价值和功能：鳘鱼为海洋经济鱼类之一。每 100g 肉中含蛋白质 20.2g、脂肪 0.9g、钙 21mg、磷 228mg，还含有多种维生素。

（4）带鱼

①特征：带鱼又称白带鱼、刀鱼、牙带、鳞带鱼等。其体长侧扁，呈带状，尾细长如鞭。吻长而尖，牙发达而尖锐。背鳍甚长，胸鳍小，无腹鳍。体表光滑无鳞，鳞退化成表皮银膜，全身银白发亮。

②营养价值和功能：带鱼是我国最主要的海产经济鱼类之一。每 100g 肉中含蛋白质 17.7g、脂肪 4.9g、钙 28mg、磷 191mg，还含有多种维生素。

（5）鲈鱼

①特征：鲈鱼又称鲁鱼、花鲈、鲈板等。其体延长，侧扁。口大、吻尖。体被细小栉鳞，体背侧为青灰色，腹侧为灰白色，体侧和背鳍上有黑色斑点。此外，鲈鱼因体色不同分为白鲈和黑鲈。

②营养价值和功能：鲈鱼每 100g 肉中含蛋白质 18.6g、脂肪 3.4g、钙 138mg、磷 161mg 及多种维生素。

2. 淡水鱼类

（1）鲤鱼

①品种及特征：鲤鱼又名鲤拐子、鲤子、仁鱼等。其体长，侧略扁，背部稍隆起。口亚下位，有须两对。鳞片大而圆。鲤鱼经人工选育的品种很多，如镜鲤、团鲤、火鲤、芙蓉鲤、荷包鲤等。因品种不同，其形态和颜色各异。

②营养价值和功能：鲤鱼每 100g 肉中含蛋白质 17.6g、脂肪 41g、钙 50mg 及多种维生素。

（2）青鱼

①特征：青鱼又名青鳍鱼、黑鳍鱼、青根鱼等。其体形较大，长筒形。体侧上半部青黑色，腹部灰白色，各鳍均为灰黑色。

②营养价值和功能：青鱼每 100g 肉中约含蛋白质 19.5g、脂肪 5.2g 及多种维生素和矿物质。

（3）草鱼

①特征：草鱼又名鲩鱼、草包鱼、草根鱼等。其体长，略呈圆筒形。体呈茶褐色，腹部灰白，偶鳍略带灰黄，奇鳍稍暗。

②营养价值和功能：草鱼每 100g 肉中含蛋白质 16.6g，脂肪 5.2g、钙 38mg、磷 203mg 及多种维生素。

（4）鳙鱼

①特征：鳙鱼又名胖头鱼、大头鱼、花鲢、黑鲢等。其头极大，头长约为体长的 1/3。口大，眼小。腹鳍至肛门有腹棱。体背部微黑色，体侧有许多不规则的黑色斑点，腹面灰白色。

②营养价值和功能：鳙鱼每 100g 肉中含蛋白质 15.3g、脂肪 2.2g、钙 82mg、磷 180mg 及多种维生素，尤以维生素 A 和维生素 D 较为丰富。

（5）鲢鱼

①特征：鲢鱼又名白鲢、缝子等。其头较大，约为体长的 1/4。口大，眼小。鳞细小而密。自胸鳍至肛门处有腹棱。体银白色。

②营养价值和功能：鲢鱼每 100g 肉中含蛋白质 17.8g、脂肪 3.6g、钙 53mg 及多种维生素，

尤以维生素 A 和维生素 D 较为丰富。

（6）黄鳝

①特征：黄鳝又名鳝鱼、长鱼。为我国特产经济鱼类。其体细长，形似蛇状。头部膨大，吻尖，眼小。体黏滑无鳞。无胸鳍和腹鳍，背鳍和臀鳍退化成皮褶。体呈黄褐色，有不规则的黑色斑点，腹面灰白色。

②营养价值和功能：黄鳝每 100g 肉中含蛋白质 18g、脂肪 1.4g、钙 42mg，同时还富含维生素 A、维生素 D、烟酸及锌等。尤以维生素 A 含量惊人。

二、 虾蟹类

（一）　虾蟹类的概述

虾蟹类是无脊椎动物，属于节肢动物门甲壳纲十足目。虾蟹类广泛分布于淡水和海洋中，是甲壳类的一种类群。虾类肉味鲜美，又含有较高的营养价值，是人们十分喜爱的高档水产品。

目前，虾类全世界约有 2000 种，但有经济价值的种类只有近 400 种。虾类主要为海产，淡水种类较少。蟹类全世界约有 4500 种，中国约有 800 种。蟹类中约 90% 为海产，主要品种有中国、日本近海的三疣梭子蟹、远海梭子蟹，产于大西洋的束腰蟹、产于印度-西太平洋的青蟹等。

（二）　虾蟹类的成分及其营养价值

1. 虾蟹类的成分

虾蟹类含有丰富的蛋白质，脂肪含量较低，矿物质和维生素含量也较高。以对虾为例，虾肉含蛋白质 20.6%，脂肪仅 0.7%，并有多种维生素及矿物质，如表 4-10 所示。

表 4-10　　　　　　　　　　虾蟹类的营养成分（可食部分）

名称	水分/（g/100g）	蛋白质/（g/100g）	脂肪/（g/100g）	碳水化合物/（g/100g）	能量/（kJ/100g）	灰分/（g/100g）	钙/（mg/100g）	磷/（mg/100g）	铁/（mg/100g）	维生素A/（IU/100g）	维生素B₁/（mg/100g）	维生素B₂/（mg/100g）	烟酸/（mg/100g）
对虾	77.0	20.6	0.7	0.2	377	1.5	35	150	0.1	360	0.01	0.11	1.7
青虾	81.0	16.4	1.3	0.1	327	1.2	99	205	1.3	260	0.01	0.07	1.9
龙虾	79.2	16.4	1.8	0.4	348	2.2	—	—	—	—	—	—	—
中华绒螯蟹	71.0	14.0	5.9	7.4	582	1.8	129	145	13.0	5960	0.03	0.17	2.7
三疣梭子蟹	80.0	14.0	2.6	0.7	343	2.7	141	191	0.8	230	0.01	0.51	2.1

2. 虾蟹类的营养价值

虾蟹类作为食品，不但具有独特的风味，而且富有营养价值。它含有很多人体所必需的微量元素，属于高级滋养品。虾蟹类含磷量丰富，仅次于鱼干和全脂乳粉，居第三位。虾皮和虾的连壳制品，含钙量很高，可使血压下降，并能预防脑血栓、脑出血等疾病，是补钙的良好食品之一。

（三） 常见的虾蟹类

1. 虾类

（1）青虾 青虾是淡水虾中最有名的一种。青虾的可食部分每100g水分含量81g、蛋白质16.4g、脂肪1.3g，同时还含有丰富的钙和磷。虾肉提取物可使蛋白浓度升高，凝固性下降，胸导管淋巴流量显著增大，所以虾有免疫的作用。虾皮是补钙的良好食品之一，由于血压与含钙量有关，所以常食虾皮可调节血压。

（2）中国对虾

①特征：中国对虾又名大虾、对虾、明虾等。其体长而侧扁，体躯肥硕，一般体长13～15cm。甲壳透明晶亮，有长须一对，即触角。一般雌虾青白色，雄虾棕黄色。通常雌虾大于雄虾。

②营养价值和功能：每100g虾肉中含蛋白质18.6g、脂肪0.8g、钙62mg、磷46mg及多种维生素，富含微量元素硒。

（3）龙虾

①特征：龙虾体粗壮，圆柱形而略扁平，腹部较短，胸甲坚硬多棘。两对触角发达，尤其是第二对，基部数节粗而有棘。龙虾种类主要主要有中国龙虾、波纹龙虾、密毛龙虾、日本龙虾、锦绣龙虾、杂色龙虾等多种，其中产量最多的为中国龙虾。

②营养价值和功能：龙虾为我国名贵的虾类。每100g虾肉（北京地区）中含蛋白质18.9g、脂肪1.1g、钙21mg、磷21mg及多种维生素。此外，还含有丰富的锌和硒。

2. 蟹类

（1）中华绒螯蟹

①特征：中华绒螯蟹又名河蟹、毛蟹、清水蟹等。其头胸甲墨绿色，呈方圆形。整足强大并密生绒毛。雌蟹的腹部为圆形，俗称团脐；雄蟹的腹部呈三角形，俗称尖脐。

②营养价值和功能：中华绒螯蟹是我国最著名的淡水蟹。每100g蟹肉中含蛋白质17.5g、脂肪2.6g、钙10mg、磷182mg，维生素A、维生素D及微量元素硒的含量极为丰富，每100g肉中含维生素A高达38g、维生素D389pg、硒56.72pg。

（2）三疣梭子蟹

①特征：三疣梭子蟹又名梭子蟹、海螃蟹、海蟹。其头胸甲呈梭子形，表面有三个显著的疣状隆起。整足，发达，呈梭柱形。雄蟹背面茶绿色；雌蟹背面暗紫色。

②营养价值和功能：三疣梭子蟹每100g肉中含蛋白质15.9g、脂肪3.1g、磷152pg等。

三、 其他类

（一） 贝类

贝类是软体动物的别称，其身体全由柔软的肌肉组成，外部大多数有壳。贝类的种类很多，有海产贝类和淡水贝类两大类。海产贝类比较普遍的有牡蛎、贻贝、扇贝、香螺等，淡水贝类主要有螺、蚌、蚬等。

1. 柿孔扇贝

（1）特征　柿孔扇贝属于软体动物门、双壳纲、珍珠贝目、扇贝科。它的贝壳呈圆扇形，两壳肋均有不规则的生长棘。贝壳颜色一般呈紫褐色、淡褐色、红褐色、杏黄色、灰白色等。

（2）营养价值和功能　柿孔扇贝肉质细嫩，味鲜美，属于高级水产品，同时还有一定的药用价值。山东烟台地区产的鲜柿孔扇贝每 100g 中含蛋白质 11.1g、脂肪 0.6g、钙 1mg、磷 132mg，还含有丰富的铁和锌，每 100g 扇贝中含铁 7.2pg、锌 11.69pg。柿孔扇贝最适宜蒸、煮。

2. 牡蛎

（1）品种及特征　牡蛎俗称蚝、海蛎子等，属于软体动物门、双壳纲、珍珠贝目、牡蛎科。它的品种有褶牡蛎、近江牡蛎、长牡蛎等。褶牡蛎因外形皱褶较多而得名，贝壳较小，多呈延长形或三角形；壳面多为淡黄色，具紫褐色或黑色条纹。近江牡蛎因在淡水大海的河口生长最繁盛而得名，贝壳大，体形多变化，有圆形、卵圆形、三角形和长方形；壳面有灰、青、紫、棕黄等颜色。长牡蛎壳大而坚厚，呈长条形；壳表面淡紫色、灰白色或黄褐色。

（2）营养价值和功能　牡蛎味鲜美，营养丰富。牡蛎肉中含有蛋白质、脂肪、钙、磷以及多种维生素和牛磺酸。另外，锌和硒的含量较为丰富。

3. 河蚌

（1）品种及特征　蚌类是珍蚌总科的总称，河蚌属于其中一类。河蚌的主要品种有无齿蚌、三角帆蚌、褶纹冠蚌等。三角帆蚌又称三角蚌，其贝壳略呈不等边三角形，壳质厚。壳表面生长轮脉明显，壳顶具褶纹，后背部有数条斜粗肋，壳内面珍珠光泽绚丽。为我国特有蚌种。褶纹冠蚌又称湖蚌。体形较大，呈三角形。壳面呈深黄色、黑绿色，并具有绿色或黄色放射状的色带。

（2）营养价值和功能　河蚌（上海地区）每 100g 肉中含蛋白质 6.8g、脂肪 0.6g，钙、磷及维生素 A、维生素 D 极为丰富。

（二）　头足类

头足类属于头足纲，主要有乌贼类和柔鱼类两种。这里主要介绍两种常见的乌贼类。

1. 乌贼

（1）品种及特征　乌贼属于头足纲、乌贼目。乌贼又名墨鱼。常见的有金乌贼和曼氏乌针乌贼。金乌贼的体呈卵圆形，背腹略扁平；头足发达，腕 5 对，其中一对触腕较长；石灰质体内骨骼发达，体内有墨囊；体呈黄褐色，有花点，雄体有条纹。曼氏乌针乌贼较金乌贼小，体瘦、薄，体表有白花斑。

（2）营养价值和功能　乌贼营养丰富，每 100g 肉中含蛋白质约为 15.2g、脂肪 0.9g、碳水化合物 1.4g、灰分 0.9g（其中还有钙、磷、铁等矿物质），还含有维生素 B_1、维生素 B_2 等。

2. 枪乌贼

（1）品种及特征　枪乌贼又名鱿鱼。我国产量较高的枪乌贼为台湾枪乌贼和日本枪乌贼。枪乌贼体细长，肉鳍略呈三角形。有腕 10 条，两条触腕较长。内壳角质，薄而透明。台湾枪乌贼体形大，肉鳍狭小；日本枪乌贼体形小，肉鳍短宽。

（2）营养价值与功能　台湾枪乌贼，每 100g 肉中含蛋白质约为 17.4g、脂肪 1.6g、钙 11mg 等。

（三） 藻类

藻类生长在淡水、海水中，少数长在陆地上，无胚的以孢子进行繁殖，是能自养的单细胞或多细胞的一类群低等植物，又称为植物或隐花植物。目前藻类约有 2.4 万种，已利用的海藻大约有 100 多种，列入养殖的有 5 属，如海带、裙带菜、紫菜等。

1. 海带

（1）品种及特点　海带是海带属海藻的总称，属褐藻门、褐子纲、海带目、海带科。海带属的种类很多，全世界约有 50 种，东亚约 20 种。辽宁的大连、山东的烟台、青岛及浙江的舟山等地为我国的主要产区。

（2）营养价值和功能　海带营养丰富，每 100g 鲜海带（山东青岛地区）含蛋白质 1.29g，脂肪 0.19g，维生素 A、维生素 D、维生素 B，烟酸，胡萝卜素及钙、磷、铁等矿物质。此外，海带还富含多糖类成分海藻酸、碘、多糖和甘露醇等成分。

2. 紫菜

（1）品种及特征　紫菜又名子菜、膜菜等。叶体呈膜状，多为紫色或紫红色。形状因种类而异，有长卵形、披针形或圆形，边缘全缘或有锯齿。干品均为深紫色，富有光泽。常见的品种有圆紫菜、皱紫菜、长紫菜等。

（2）营养价值和功能　紫菜营养丰富，每 100g 紫菜中含蛋白质 26.7g、脂肪 1.1g 及多种维生素和矿物质，尤以碘、钙、铁、磷较为丰富，碘含量居所有藻类之首。

（四） 棘皮类

1. 海参

（1）品种及特征　海参又名海鼠、乌龙等，被列为"海八珍"之一。海参的种类繁多，我国沿海就有很多种，常见品种有刺参（灰参）、梅花参、方刺参等。

（2）营养价值和功能　海参的营养价值较高，被誉为"海中人参"。每 100g 干海参中含蛋白质约 50.2g、脂肪 4.8g。此外，硒和碘的含量极为丰富，并含有大量的黏蛋白。

2. 海胆

（1）品种及特点　海胆为棘皮动物门海胆纲动物的统称。我国常见的品种有紫海胆、马粪海胆、中华釜海胆等。紫海胆体呈半球形，棘强大尖锐，黑紫色；马粪海胆体呈半球形，壳面有棘，密生于壳的表面，体色多为绿色。

（2）营养价值和功能　海胆主要以雌性海胆的卵黄供食用，名为"海胆春"，营养丰富，每 100g 海胆中约含蛋白质 16g、脂肪 8.5g 及多种维生素及矿物质。

（五） 爬行类和腔肠动物类

1. 中华鳖

（1）品种及特征　中华鳖又名鳖、甲鱼、王八等。其体圆而扁，背部隆起有骨质甲。头部略呈三角形，吻长而突出，眼小，颈长。体边缘部分柔软，称裙边。头和颈能完全缩入甲内。背部橄榄色，有黑斑，腹面肉黄色，有浅绿色斑。

（2）营养价值和功能　中华鳖具有高蛋白、低脂肪、多胶质的特点。每 100g 肉中含蛋白质 17.8g、脂肪 4.3g、钙 70mg、磷 114mg 及多种维生素，尤以维生素 A 和维生素 D 的含量较为丰富。

2. 海蜇

（1）品种及特征　海蜇又称水母。海蜇按产地不同分为南蜇、北蜇和东蜇三种。南蜇主要产于浙江、福建、广东、广西、海南等地。体大肉厚，色浅黄，质脆嫩，质量最佳。北蜇主要产于天津等地。个体小，质地脆硬，质次。东蜇产于山东、江苏和浙江等地，它又分为棉蜇和沙蜇，棉蜇质量较好。

（2）营养价值和功能　每100g海蜇皮含蛋白质约3.7g、脂肪0.3g及多种维生素和矿物质。

第九节　调味料

一、　调味料的概念及分类

调味料是用来调和食品的风味，使之能够或者更加迎合人们的嗜好，来促进食欲的一类物质。在烹饪或加工风味良好的食品时，离不开调味料的使用。调味料的种类繁多，如按照味道分，有甜味料、咸味料、酸味料、鲜味料、辣味料等。也可按其性质分为天然调味料及化学调味料。随着人们生活的日益丰富，调味料按其用途又可分为复合调味料、方便食品调味料、火锅调料、西式调味料、快餐调味料等。通常调味料都含有呈味物质，它们溶解于水或唾液后与舌头表面的味蕾接触，刺激味蕾中的味觉神经，并通过味觉神经将信息传至大脑，从而产生味觉。也有些调味料主要含有呈香或其他特殊气味的成分，它们具有较强的挥发性，经过鼻腔刺激人的嗅觉神经，然后传至中枢神经而使感到香气或其他气味。此外，调味料中还有一类是以呈色为目的的，即食用色素类。因此根据调味料在食品烹调加工中的作用，也可分为呈味调料、呈色调料及呈香调料。

二、　天然调味料

在调味料中，采用天然动植物等为主要原料，通过物理的、化学的或酶处理等方法制作的调味料，称为天然调味料。天然调味料是以保持和利用天然原料中固有的风味成分为特征的。动物性原料有鱼虾贝类、畜肉类；植物性原料有农作物、蔬菜、菌菇类、海藻类等。此外，按照其加工方法，天然调味料又可分为抽提型、分解型、酿造型等。以下就分别阐述不同加工类型的调味料。

（一）　抽提型

抽提，又称萃取，是加溶剂于混合物中，使其中1种或几种组分溶出，从而使混合物得到完全或部分分离的过程。采用抽提方法从动植物原料中将呈味物质成分提取出来，作为调味料。在食品工业中，抽提型调味料，一般采用如下的工艺流程：

天然原料→ 破碎 → 加水 → 抽提 → 精制 → 干燥 →产品

抽提型调味料，按照原料可以分为动物类抽提型调味料和植物类抽提型调味料。动物类抽提型调味料主要是以鱼类、贝类、虾蟹类、牛肉等为原料制成的，如畜肉精萃、鱼肉精萃、牛肉浸膏等。植物类抽提型调味料采用的原料主要是蔬菜、海藻、食用菌等，例如蘑菇浸膏、蔬菜精萃等。

（二） 水解型

水解型调味料就是将动植物等天然原料等通过水解工艺制得的天然调味料，按照水解方式不同，又可以分为酸水解型、酶解型与自己消化型。下面介绍水解蛋白、鱼露和酵母抽提物三种产品。

1. 水解蛋白

动植物蛋白味原料，用酶水解或酸水解法，可得到水解动物蛋白（HAP）及水解植物蛋白（HVP），然后通过电渗析或离子交换树脂脱盐，并用活性炭等吸附剂脱臭、脱色加以精制，可获得臭少、色泽浅的精制氨基酸制品，此制品即为水解蛋白。它具有浓厚的鲜味，可以作为食品加工的调味料。若进一步通过喷雾干燥法、滚动干燥法等可制成应用范围更广的粉末状天然调味料。

2. 鱼露

鱼露又名鱼酱油、水产酱油。鱼露的生产主要通过酶解和酸水解两种方法进行。传统的鱼露的生产就是酶解法，以小杂鱼或者鱼贝加工废弃物为原料，加入较高盐分以抑制腐败菌的繁殖，利用鱼体自身含有的各种酶类，经长期（半年至一年）酶解，制成含多种氨基酸的液态鲜味调味料。现在采用的是酸水解法工艺生产鱼露，即利用盐酸或硫酸，在常压或加压下进行水解，然后经纯碱中和、过滤、精制而成。鱼露内含有多种氨基酸，其中谷氨酸、甘氨酸、丙氨酸等呈味物质含量很高。鱼露的味极鲜美，富于营养，且经久耐藏，是优良的调味料。

3. 酵母提取物

酵母提取物是酵母自溶后的水溶性抽提物，具有浓厚的特殊香味，是天然调味料的一种，还是一种用途广泛的基础调味料。酵母提取物就是从糖蜜制取的面包酵母和啤酒酵母，采用自溶法、酶解法或者酸解法制成的。酵母提取物的风味独特，具有增鲜、增香、使食品风味柔和、掩盖异味等多种功能，且营养丰富、使用安全，因而广泛应用于食品加工各个方面。

（三） 酿造型

酿造型调味料，又称为发酵型调味料，采用微生物发酵的方法制成。此类常用的调味料有酱油、食醋、料酒等。

1. 酱油

酱油是一种用途广泛、十分重要的调味品。它主要以植物或动物蛋白及碳水化合物为主要原料，经过曲霉的作用，使之分解、发酵、熟成，也即利用微生物发酵的方法制成。酱油含有多种成分，有蛋白质、氨基酸、碳水化合物、有机酸、食盐等。它是一种能赋予食品适当色、香、味，营养丰富，滋味鲜美的天然调味料，广泛应用于家庭烹饪与食品加工。

2. 食醋

食醋也是一种历史悠久、用途广泛、重要的酿造调味品，其酸味醇厚，香气柔和。食醋内含乙酸，用于食品的烹调，能增添风味、去除鱼腥味，并有防腐作用。食用食醋，能帮助消化、增进食欲。食醋也有防治某些疾病及保健的作用。

3. 料酒

料酒又名烹调酒，是烹调菜肴专用的酒类调味品，其功能是去腥解腻，增香提味，我国的绍兴黄酒、香雪、四酝春、状元红、福建沉缸酒等均为料酒中的名品。

（四） 调味油

调味油是以油脂为基料的油天然调味料。制作调味料的主要调味物质——香辛料，其呈味物质绝大部分是脂溶性的，因此它们能很好地分散于油脂中，成为色浅透明的产品。调味油兼有油脂和调味料的作用，营养丰富，风味独特，并且使用方便。

三、 化学调味料

化学调味料是指化学合成的或者通过抽提并加提纯的鲜味成分。例如谷氨酸钠、5′-鸟苷酸二钠、5′-肌苷酸二钠、5′-呈味核苷酸二钠、琥珀酸二钠、L-丙氨酸。化学调味料的制取有多种途径。以谷氨酸钠为例，可以用小麦谷蛋白或脱脂大豆为原料，用盐酸水解的方法以及甜菜糖的废液用酸或碱处理的化学方法制取，也可采用更常用的微生物发酵法。发酵法生产效率高，适合于大量生产。下面就几种常用的化学调味料，分别加以叙述。

（一） 谷氨酸钠

谷氨酸钠是氨基酸的一种，又称 α-氨基戊二酸。由于是二元酸，其钠盐有一钠盐和二钠盐 2 种。二钠盐无鲜味，不能作为调味料。一钠盐，即 L-谷氨酸一钠（简称 MSG），为味精的主要成分。谷氨酸钠是代表性的化学调味料。

（二） 5′-肌苷酸二钠

5′-肌苷酸二钠又名肌苷酸钠，简称 5′-IMP，白色结晶或结晶粉末，含有 7 个或 8 个分子结晶水。它易溶于水，微溶于乙醇，稍有吸湿性，但不潮解。肌苷酸钠对热稳定，在一般食品的 pH（4~6）范围内，于 100℃加热 1h 几乎不分解。但在 pH 3 以下，长时期加热则有一定的分解。5′-IMP 呈强烈鲜味，与食盐共存时，鲜味增强。5′-IMP 较少单独使用，多与谷氨酸钠混合使用，用量为谷氨酸钠的 1%~5%。5′-IMP 可为动植物中广泛存在的磷酸酯酶分解而失去呈味作用，因此要慎用在发酵食品或生鲜食品中。

（三） 5′-鸟苷酸二钠

5′-鸟苷酸二钠又名鸟苷酸钠，简称 5′-GMP，无色或白色结晶粉末，有含 7 个分子结晶水和 4 个分子结晶水 2 种，易溶于水，微溶于乙醇。5′-GMP 的鲜味强约 3 倍。与味精相混时，鲜味有相乘效果，而 5′-GMP 与 5′-IMP 混合，也有相乘效果。目前我国生产的强力味精一般为 2%的核苷酸钠与 98%味精的混合物，鲜味提高 5 倍以上。我国规定 5′-鸟苷酸二钠可按正常生产需要用于各类食品，当混合于味精使用时，味精含量不得低于 80%。

（四） 琥珀酸及其钠盐

琥珀酸是一种鲜味成分，一般存在于贝类、鱼等之中。琥珀酸为无色或白色结晶或结晶性粉末，难溶于冷水，溶解度随升温而增加。琥珀酸有其钠盐，其钠盐有一钠盐和二钠盐两种。一钠盐又分无水和含 3 分子结晶水两种。二钠盐有含 1 分子结晶水和三分子结晶水两种。琥珀酸的钠盐溶解度均大于其游离酸。琥珀酸的鲜味较其钠盐强，但钠盐的耐热性好，并适用于 pH 较宽的食品。

四、 复合调味料

酱油、醋、料酒、豆豉、香辛料等是我国传统调味品，复合型调味料就是以这些调味品为基本原料，按照合适的比例，配以多种其他辅料，经一定的工艺制成的。复合型调味料根据原料的来源还可分为天然复合调味料和化学合成复合调味料。天然复合调味料根据其功能及作用又可以划分为两大类，一类是通用型的复合调味料，这类复合调味料可以用来烹调各式中西菜肴，制作各式汤，也可以用于佐餐、凉拌蘸食、制馅等。另一类是烹调专用型复合调味料，用来烹调某一种风味的菜肴、汤或专门用来调馅、蘸食、凉拌、浇汁，品种繁多。

（一） 通用型复合调味料

1. 动植物原料复合调味料

产品特点是以天然的动植物的提取物（抽提物）或干燥的粉碎物为主要原料配制，具有原料特有的香气和滋味，属于通用型的复合调味料，品种繁多，用途广泛，食用方便。这一类复合调味料采用某种动物或植物的原料抽提物萃取（或浸提）浓缩物配制而成，具有该原料特有的滋味和香气。如"鸡精"，是由鸡肉、鸡骨等原料的抽提物（或浓缩的煮汁）与其他调味料配制而成的酱状、粉状或颗粒状复合调味料，当鸡精被溶解时，其溶液（汤汁）具有浓厚的鸡肉风味和香味。此外，其他动植物性原料天然复合调味料包括牛肉精、猪肉精、鱼风味调料、贝类虾类风味调料等。

2. 香辛料复合制品

以香辛料为主要原料的各种复合调味料，如传统的五香粉、十三香、香辣粉以及已在中国广泛食用的咖喱粉。新开发的辣椒粉、各种烧鱼调料、烧肉（炖肉）调料、拌馅专用的调料等，大多数为粉状、颗粒状的复合香辛料。

3. 复合风味盐

以食盐为主要原料，添加了其他调味料的复合制品。如添加了少量味精的食盐，称为味盐，添加花椒粉（熟的）的食盐称为椒盐，此外还有五香盐、辣味盐、芝麻盐、苔菜盐及新引进的许多"味香盐"制品，清香即食调味盐（添加香辛料、大蒜粉等）、肉汤烧烤调味盐、蒜汤调味盐等。

4. 料酒类复合调味料

以料酒（黄酒、江米酒或酒糟）为主要原料，添加其他调味料、香辛料配制的复合调味料。如烹香料酒、橱酒、卤水汁、糟卤、香糟、红糟、糟油等。

（二） 烹调专用型复合调味料

中式菜肴的烹调方法很多，煎、炒、烹、炸、蒸、烙、烧、扒、卤、余、烩、煮、炖等，不同的烹调法使用的调味料不同，调味料的配比也不同。中式菜肴的菜品有数千个品种，同时也就有上千种的调味配比方法。

1. 烹调多用型方便复合调味料

如色香系列复合调味料，可以用来烹调多种原料配制的同一风味色香菜品。如鱼香肉丝、鱼香茄丝、鱼香肚片、鱼香白菜、鱼香笋丝等。还有番茄系列方便调料、宫保（宫爆）系列方便调料、酱爆系列方便调料、红烧系列方便调料等。

2. 中式菜肴复合调味料

如专门用来烹调麻婆豆腐的复合调味料，日本味之素（株）生产的麻婆豆腐调料做成了高辣、中辣、低辣三种不同的规格供消费者选用。目前市场上还可以看到的如叉烧肉调料、糖醋鱼调料、酸菜鱼调料、梅菜扣肉调料、米粉肉（粉蒸肉）调料等，品种很多。

3. 复合汤料

这里指的复合汤料是专门制作汤菜的复合调味料，即一种定量包装的复合汤料，用于烹调一种汤，如菜汤、肉汤等。目前市场上可以见到的复合汤料有酸辣汤复合调料、火腿冬瓜汤调味料、鲜虾紫菜汤料。

4. 方便面复合调味料

我国现在的方便面大多为双料包，有的是叁料包。假如每袋（碗）方便面中含两个调料包，合计 15g，全国方便面销量为 200 亿包时，就需要方便面专用复合调味料 30 万 t。这是个保守的计算产量，这个年产量是我国"鸡精"年产量的 3 倍。因为方便面的调料从未单独销售，都是与方便面在同一包装内销售的，因此广大消费者对方便面复合调味料的关注度不高。

第十节 嗜好品

一、茶

茶指晚春到初夏采摘茶树的嫩芽、嫩叶制成的嗜好饮料的总称。茶原产于我国西南云贵的山岳地带。我国茶的栽培和制作历史悠久，据考证，有文字记载的茶事已有 2000 多年历史。唐代陆羽著的《茶经》称得是茶事百科全书，也是当时茶叶和烹饪技术的总结。

我国产茶区域广大，据中国茶叶流通协会和艾媒网的数据，2019、2020、2021 年我国 18 个主要产茶省（自治区、直辖市）的茶园总面积分别为：306.52 万 hm^2、316.51 万 hm^2、326.41 万 hm^2，全国干毛茶总产量 279.34 万 t、298.60 万 t、306.32 万 t。目前世界主要产茶国除我国外，还有印度、肯尼亚、土耳其、斯里兰卡、日本、印度尼西亚等，2019 年全球茶叶产量达 615.0 万 t，2020 全球茶叶产量有所下降，总产量为 597.2 万 t。巴基斯坦、俄罗斯、美国、埃及、英国等地是茶叶进口量较大的国家，2019 年全球茶叶总进口量达 180.4 万 t。

（一）茶的种类

我国基本茶类按发酵程度可分为绿茶、白茶、黄茶、青茶（乌龙茶）、红茶和黑茶六大类。绿茶为非发酵茶；白茶和黄茶是弱发酵的茶；青茶为半发酵的茶，如乌龙茶等；红茶为茶叶中的氧化酶完全作用的发酵茶；黑茶就是用霉菌进行后发酵的茶，如普洱。这些基本茶类经过再加工形成的茶有花茶、紧压茶、萃取茶、香味茶、保健茶和茶饮料 6 类。下面简单介绍一下几种有代表性的茶。

1. 绿茶

绿茶是非发酵茶的总称。绿茶是由采摘来的鲜叶先经高温杀青，杀灭了各种氧化酶，保持茶叶的颜色，然后经揉捻、干燥而制成。成品绿茶外形灰绿、乌丝或青翠碧绿，汤色及叶底呈绿色，故名绿茶。绿茶品质要求其黄烷醇不氧化或少氧化。优质绿茶条索圆紧、匀直、毫心显露、色泽绿润、香气清爽。汤绿色，清澈，滋味醇厚甘浓，富有收敛性。绿茶依其杀青和干燥方式不同，可分为烘青、蒸青、炒青和晒青四种类型。用烘笼烘干制成的茶称为青绿茶，如黄山毛尖、永川秀芽、华顶云雾、天柱剑毫等。以蒸汽杀青制成的绿茶称蒸青绿茶，如湖北恩施玉露、江苏宜兴的阳羡茶等。最终干燥用锅炒干的是炒青绿茶，如西湖龙井、安化松针、南京雨花茶、信阳毛尖等。日光晒干的则为晒青绿茶，如青砖、康砖、沱茶等。耐寒性强的小叶茶适合于绿茶原料，主产区在中国、日本等地，因此被称为中国型茶。

2. 红茶

红茶是全发酵茶。茶叶不经过高温杀青，一般经过萎凋、揉捻、干燥而制成。红茶的原料多为热带强烈日照下生长的大叶茶品种。在红茶发酵过程中，茶叶中的黄烷醇充分氧化，产生适度的香味和汤色。成品红茶颜色乌黑或红褐，汤色及叶底均呈红色或红汤红叶，故名红茶。我国比较有名的红茶品种有安徽的祁门红茶、福建的武夷山红茶。

3. 乌龙茶

乌龙茶是典型的半发酵类，是介于绿茶和红茶之间的一类茶。乌龙茶叶中的黄烷醇轻度或局部氧化。鲜叶经过萎凋、摇青，使叶片部分发酵，然后再经杀青、揉捻和干燥。成品红茶兼有红茶之甘甜和绿茶之清香。乌龙茶的特点是条索紧结卷曲、色泽青褐油润、香气青高、滋味醇厚爽口，汤色清澈橙黄，叶片中间呈绿色，叶缘呈红色，素有绿茶红镶边之美称，这是由于摇青时叶缘摇碰破损红变所致。

（二） 茶叶中的主要成分及功能

1. 茶叶中的主要成分

茶叶的成分与茶树的品种、生长条件、采摘时间均有很大关系。据分析，茶叶鲜叶中含有500多种化学成分，其中有机物为干物质总量的93%~96%。然而不同的加工方法会使茶叶的化学成分发生变化。一般来说，绿茶的多酚含量较多。红茶由于经过发酵，多酚含量会相对低一些。鲜茶叶的化学成分如表4-11所示。

表4-11　　　　　　　　　　鲜茶叶的化学成分　　　　　　　　　单位:%

化学成分	茶多酚	咖啡因	氨基酸	有机酸	萜类	芳香类	糖类	蛋白质	木质素	脂类	绿原酸类	无机盐
含量	36	3.5	4	1.5	<0.1	<0.1	25	15	6.5	2	0.5	5

（1）单宁　茶叶中的单宁又称茶多酚，主要是儿茶酚，包括 L-表儿茶酚、3-没食子酸儿茶酚和黄连木儿茶酚等。单宁具有收敛作用和涩味，使茶产生涩味和苦味。茶叶中的单宁含量平均为12%。

（2）咖啡因　咖啡因又称咖啡碱、茶碱、茶素。咖啡因能刺激大脑中枢神经，使之产生兴奋，具有消倦的作用。此外咖啡因还具有利尿和强心作用。咖啡因是苦味成分，茶叶咖啡因含量一般为2.0%~4.0%。

（3）蛋白质和氨基酸　茶叶中的蛋白质含量一般在20%以上，但水溶性蛋白质仅有3%~5%。茶叶中的氨基酸含量为1%~5%，可使茶风味鲜爽甘甜。

（4）维生素　茶叶特别是绿茶中富含各种维生素，茶叶中维生素 C 含量一般为1000~2500mg/kg，胡萝卜素含量为70~200mg/kg。

（5）矿物质　茶叶中的矿物质多达27种，通常有 P、S、K、Mg、Mn、F、Ca、Fe、Na、Zn 等。

（6）芳香成分　茶叶香气取决于芳香油的含量和组成。鲜叶中的芳香油以醇和醛为主。目前茶叶鲜叶中已鉴定的芳香成分有100种。绿茶有50多种，红茶320多种，乌龙茶120多种。

2. 茶叶的功能作用

茶叶中含有丰富的化合物。这些化合物不仅构成茶叶特殊的色、香、味，还具有多种功能，如提神强心、利尿解毒、降血压、抗癌、抗衰老、消食、明目等。如茶叶中的茶多酚类被世界上许多国家的学者公认为一种广谱、强效、低毒的抗菌药物。人们发现它对普通变形杆菌、金黄色葡萄球菌、肉毒梭状芽孢杆菌、蜡状芽孢杆菌、大肠杆菌等许多致病菌，尤其是对肠道致病菌有不同程度的抑制和杀伤作用。除此以外，茶多酚对能引起人体皮肤病的病原真菌，如头部白癣、斑太水泡白癣和汗状泡白癣等寄生性真菌也具有很强的抑制作用。茶叶中的氟离子与牙齿的羟基磷灰石作用，能变成比较难溶酸的氟磷灰石，提高了牙齿防酸抗龋能力。

二、　咖啡

咖啡是茜草科咖啡属多年生常绿或小乔木果实中的种子。咖啡果实属核果，多数为2粒种子。果实宽1.3~1.5cm，厚1.2~1.4cm，长1.4~1.6cm。果实构造可分为外果皮、中果皮、内果皮和种子。外果皮为一薄层革质，未成熟时呈淡绿至绿色，成熟时呈红至紫红色；中果皮是一层夹杂有纤维的浆状物；内果皮又称种壳，由5~6层石细胞组成，组织坚韧。种子的形状为椭圆形或卵形，呈凸平状，平面具纵线沟。种子包括种皮、胚乳和胚。种皮由单胚珠的珠被发育而成。胚乳是由厚壁的多角细胞形成，外层为硬质胚乳，在种子发芽时，与子叶一起形成一个种帽突出于地面。内层为软质胚乳。咖啡的胚很小，位于种子的底部。咖啡是一种热带经济作物，目前世界咖啡生产区是拉丁美洲，其次是非洲和亚洲，我国咖啡栽培区在云南、广西、广东、海南和台湾。

咖啡中还有很多特有的化学成分。如咖啡中含有4%~8%的咖啡单宁酸，与咖啡的着色有关；还有1%的葫芦巴碱，与咖啡的苦味有关；含有1%~2%的咖啡碱，与咖啡的提神有关，可以用作麻醉剂、兴奋剂、利尿剂和强心剂；含有鞣质，与咖啡的涩味有关。此外，咖啡香味中含有二乙酰、蚁酸、乙酸、丙酸、糠醛、酚类以及酯类等化合物。咖啡还含有8%~9%的脂肪酸和12%~14%的蛋白质。

三、　可可

可可树为多年生乔木，一般树高7~10m，1棵树年产20~30个可可果。可可果实是荚果，也有成为不开裂的核果，其组织色泽和形态都因种类不同而异，但大体上是蒂端大，先端小，形似短形苦瓜。果皮分为外果皮、中果皮和内果皮。外果皮有纵沟，果面有的光滑，有的呈瘿瘤状。成熟果实的色泽有橙黄、浅红、黄色等，外果皮坚硬多肉，中果皮较薄，内果皮柔软且薄。果实中有排列成五列的种子。种子数一般为20~40粒，有的多达50粒。

可可原产在亚马逊河流域的上游热带雨林地区，是湿热地区的典型品种。世界上已有60个国家或地区种植可可。我国可可主要分布在海南、广东和台湾等省。

可可豆的化学成分非常丰富（表4-12），它主要含有脂肪、蛋白质、粗纤维等。可可内还有可可碱和咖啡碱，可以作为利尿剂和兴奋剂，它们具有扩张血管，促进人体血液循环的作用。

表4-12　　　　　　　　　　　　　　　　可可豆的化学成分

化学成分	水分	蛋白质	脂肪	葡萄糖	淀粉	果胶	粗纤维
含量/%	6.09	10.73	48.41	1	5.33	1.95	10.78

续表

化学成分	单宁	咖啡碱	可可碱	可可红色	酒石酸	乙酸	矿物质
含量/%	5.97	1.66	1.66	2.30	1.16	0.9	3.67

🔍 思考题

1. 植物性食品原料分为哪几类？

2. 谷物、豆类、薯类、果蔬类、香辛料分别分为哪几类？

3. 谷物、豆类、薯类、果蔬类、香辛料的组织性状与营养成分是什么？

第五章　CHAPTER

食品原料生产中的污染

5

【提要】本章主要介绍了食品原料生产中污染物的来源与分类、食品原料生产中的农业污染、污染物在环境中的迁移与转化和污染物在生物体内的蓄积。

【教学目标】了解食品原料生产中的污染物以及农业污染研究与治理措施；理解污染物在环境中的迁移与转化和污染物在生物体内的蓄积；掌握食品原料生产中主要污染物的污染途径、危害和预防。

【名词及概念】食品污染物，生物性污染，化学性污染，物理性污染，农业污染，生物浓缩，生物积累，生物放大。

【课程思政元素】环境污染严重影响食品原料安全品质，"绿水青山就是金山银山"，应树立牢固的生态环境保护意识；食品生产过程违规违法添加化学物质有害人类健康，应坚守道德底线，树立责任意识。

第一节　食品原料生产中污染物的来源及分类

一、食品污染物的概述

按照世界卫生组织（WHO）的定义，食品污染（food pollution）是指食品中原来含有的，以及混入的或者加工时人为添加的各种生物性或化学性物质，其共同特点是对人体健康具有急性或慢性危害。广义地说，食品在生产（种植、养殖）、加工、运输、贮藏、销售、烹饪等各个环节，混入、残留或产生不利于人体健康、影响其食用价值与商品价值的因素，均可称为食品污染。这些生物性或化学性物质即为食品污染物。食品在生产、加工、贮藏、运输、销售等各环节，有可能受到各种各样的污染，一方面影响食品本身的感官性状、品质等；另一方面对人体健康造成危害，其程度取决于污染物毒性的大小、污染量、摄入量以及机体本身的因素，包括：

（1）急性食物中毒　较常见。污染物随着食物进入人体，瞬间或数小时内引起机体损害，并出现头痛、恶心、呕吐、血压下降、休克甚至死亡等临床症状。

（2）慢性中毒　食物被微量有害物质污染，长期连续地通过食物进入机体，几年、十几年甚至几十年后引起机体损害。

（3）致畸致癌致突变　食品污染物通过孕妇，作用于胚胎，使胚胎在发育过程中细胞和器官的形成不能正常进行，出现畸胎和先天性遗传性缺陷。此外，食物污染物还会间接造成对环境的危害，打破正常的食物链等。

二、　食品污染物的分类

（一）　按污染物的来源分类

随着科学技术的不断发展，各种化学物质的不断产生和应用，有害物质的种类和来源也更加繁杂。食品污染物按照其来源大致可分为：

（1）食品中存在的天然污染物，如河豚中含有的河豚毒素、发芽和绿皮马铃薯中含有的龙葵碱糖苷、大豆中含有的胰蛋白酶抑制剂、毒蘑菇中含有的蘑菇毒素等。

（2）环境污染物，如环境中含有较高含量的铅和镉等重金属、农药残留、放射性污染、致病微生物等。

（3）滥用食品添加剂，如食品生产加工过程中超范围、超剂量使用食品添加剂。

（4）食品生产、加工、贮存、运输及烹调过程中混入、残留或产生的污染物。就食品原料而言，各种危害来源中，环境污染和生产（种植和养殖）过程中投入品使用残留污染对食品安全性影响最大。

（二）　按污染物的性质分类

根据食品污染物的性质，其大致可分为生物性污染、化学性污染和物理性污染。

1. 生物性污染及预防

食品生物性污染主要是指生物（尤其是各种微生物）本身及其代谢过程、代谢产物（如毒素）对食品原料、加工过程和产品的污染。食品的生物性污染可能造成疾病的大范围或是大跨度的暴发，对人畜危害较大。根据污染食品的生物类型可将食品生物性污染分为：腐败菌污染、致病菌污染、寄生虫污染和病毒污染。

（1）腐败菌对食品的污染　食品是各种微生物生长繁殖的良好基质，能被各种腐败菌污染。腐败菌污染食品后，如果环境条件适宜，可进行自身繁殖，并分解食物中的营养物质如蛋白质、糖、脂肪、维生素、无机盐等，导致食品营养价值和品质下降，严重时造成食品腐败变质，呈现出一定程度的使人难以接受的感官性状，如刺激性气味、异常颜色、组织腐烂、产生黏液等，甚至产生有毒性的代谢产物。在食品腐败变质过程中起主要作用的微生物包括细菌、酵母和霉菌。

（2）致病菌对食品的污染　致病菌主要来自病人、带菌者、病畜和病禽等。致病菌及其毒素可通过空气、土壤、水、食具、患者的手或排泄物污染食品。食品受到致病菌污染时，不仅引起腐败变质，更重要的是能引起食物中毒。引起食物中毒的细菌有沙门氏菌、金黄色葡萄球菌、肉毒梭状芽孢杆菌、蜡状芽孢杆菌、致病性大肠杆菌、结肠炎耶尔森菌、副溶血性弧菌和李斯特菌等。国家食品卫生标准对食品中的致病菌含量有严格规定，一般情况下，致病菌都不允许在食品中检出。不同食品类别，致病菌检验重点不同，如蛋类、禽类、肉类以沙门氏菌检验为主，水果、蔬菜类以大肠杆菌为主。

①沙门氏菌：沙门氏菌（*Salmonella*）为革兰氏阴性杆菌，广泛存在于自然界，包括各种家畜、家禽、野生动物、鼠类等体表、肠道和内脏以及被动物粪便污染的水和土壤中。存在于

各种动物的肠道甚至于内脏中的沙门氏菌，当机体免疫力下降时，菌体就会进入血液、内脏和肌肉组织，造成食品的内源性污染。在肉及内脏中存在的大量沙门氏菌，会通过畜禽屠宰、加工、运输、贮存、销售、烹调等各个环节污染食品。畜禽粪便污染了食品加工场所的环境或用具，也会造成食品的沙门氏菌污染。饮食行业从业人员中的沙门氏菌病患者或带菌者，也是一个重要的污染源。饲料被污染，导致动物带菌或感染。水产品受到水源中沙门氏菌的污染。当人们食入含有一定数量沙门氏菌的食品后，即可发生感染和中毒。

②金黄色葡萄球菌：金黄色葡萄球菌（*Staphylococcus aureus*）为革兰氏阳性球菌，需氧或兼性厌氧，广泛分布于自然界，如空气、水、土壤、饲料和其他物品上。一般健康人鼻、咽、肠道内带菌率为 20%~30%。上呼吸道感染患者鼻腔带菌率 83%，所以人畜化脓性感染部位常成为污染源。引起食物中毒的主要是金黄色葡萄球菌产生的肠毒素，中毒季节多见于春夏季，中毒食品种类多，如乳、肉、蛋、鱼及其制品。金黄色葡萄球菌主要通过以下途径污染食品：食品加工人员、炊事员或销售人员带菌，造成食品污染；食品在加工前本身带菌，或在加工过程中受到了污染，产生了肠毒素，引起食物中毒；熟食制品包装不严，运输过程受到污染；奶牛患化脓性乳腺炎或禽畜局部化脓时，对肉体其他部位的污染。

③副溶血性弧菌：副溶血性弧菌（*Vibrio parahaemolyticus*）又称嗜盐杆菌、嗜盐弧菌，是一种海洋性细菌，存在于海水和海产品中。据调查，引起中毒的食物主要是海产品，如梭子鱼、乌贼、海鱼、蛤蜊、牡蛎、黄泥螺、海蜇等。各种海产品带菌情况普遍，鱼体的带菌率低者达 20%、高者达 90%，其中以墨鱼最高，带菌率 93%；其次是蛋制品、肉类或蔬菜。淡水鱼中也有该菌的存在。

④致病性大肠杆菌：大肠埃希氏菌（*Escherichia coli*）简称为大肠杆菌，主要寄居于人和动物的肠道内，在自然界分布广泛，在水、土壤、空气等环境都有不同程度的存在。它属于机会致病菌，其中有些血清型能使人类发生感染和中毒，一些血清型能致畜禽疾病。致病性大肠杆菌是指能引起人和动物发生感染和中毒的一类大肠杆菌。致病性大肠杆菌根据其致病特点一般被分为六类：肠产毒性大肠杆菌（*Enterotoxigenic E. coli*，ETEC）、肠侵袭性大肠杆菌（*Enterinvasive E. coli*，EIEC）、肠致病性大肠杆菌（*Enteropathogenic E. coli*，EPEC）、肠出血性大肠杆菌（*Enterohemorrhagic E. coLi*，EHEC）、肠黏附性大肠杆菌（*Enteroadhesive E. coli*，EAEC）和弥散黏附性大肠杆菌（*Diffusely adherent E. coli*，DAEC）。

致病性大肠杆菌主要通过牛乳、家禽及禽蛋、猪、牛、羊等肉类及其制品，水产品、水及被该菌污染的其他食物导致食用者食物中毒。致病的大肠杆菌常见的血清型较多，其中较为重要的是 EHEC O_{157}：H_7，属于肠出血性大肠杆菌，能引起出血性或非出血性腹泻，出血性结肠炎（HC）和溶血性尿毒综合征（HUS）等全身性并发症。

⑤蜡样芽孢杆菌：蜡样芽孢杆菌（*Bacillus cereus*）为需氧芽孢杆菌属成员，在自然界分布广泛，常存在于土壤、灰尘和污水中，植物和许多生熟食品中常见。已从多种食品中分离出该菌，包括肉制品、乳制品、蔬菜、鱼、马铃薯、马铃薯糊、酱油、布丁、炒米饭以及各种甜点等。食品中的蜡样芽孢杆菌于 20℃ 以上的环境中放置，能迅速繁殖并产生肠毒素，且食品在感官上无明显变化，很容易误食而发生中毒。

（3）寄生虫对食品的污染　因生食或半生食含有感染期寄生虫的食物而感染的寄生虫病，称为食源性寄生虫病，它的感染与人们生食或半生食鱼虾、肉类的饮食习惯以及不注意卫生的生活习惯密切相关。

污染食物的常见食源性寄生虫可分为五大类，共30余种，有植物源性寄生虫，如姜片吸虫；肉源性寄生虫，如旋毛虫、绦囊虫、弓形虫；螺源性寄生虫，如广州管圆线虫；淡水甲壳动物源性寄生虫，如肺吸虫；鱼源性寄生虫，如肝吸虫等。

①植物源性寄生虫：植物源性寄生虫包括布氏姜片虫、肺片形吸虫等。在植物源性寄生虫中以姜片虫最为常见。布氏姜片虫寄生于人和猪的小肠。在中国发现的可供姜片虫作为中间宿主的扁卷螺有凸旋螺、肯氏圆扁螺、半球多脉扁螺和大脐圆扁螺4种。预防布氏姜片虫须加强粪便管理，防止人、猪粪便通过各种途径污染水体；大力开展卫生宣教，勿生食未经刷洗及沸水烫过的水生植物，如菱角、菱白等。

②肉源性寄生虫：常见的有旋毛虫、猪带绦虫、牛带绦虫、裂头蚴等。

旋毛虫幼虫寄生于肌纤维内，一般形成囊包，囊包呈柠檬状，内含一条略弯曲似螺旋状的幼虫。旋毛虫感染主要发生于猪、狗和许多野生动物身上。人吃了带有旋毛虫包囊的生或半生肉，幼虫便在小肠内钻入肠壁下发育为成虫，雌虫在此产生幼虫，幼虫随血液循环至全身肌肉内再形成包囊。囊包蚴抵抗力强，能耐低温，猪肉中的囊包蚴在-15℃需储存20d才死亡，-12℃可活57d，70℃时很快死亡，在腐肉中能存活2~3个月。凉拌、腌制、熏烤及涮食等方法常不能杀死幼虫。发病人数中吃生肉者占90%以上。此外，切生肉的刀或砧板如再切熟食，人食用污染囊包蚴的熟食，也是传播的方式之一。

囊虫病在猪、牛、羊身上都常发生，其中猪囊虫和牛囊虫都是绦虫的幼虫，对人危害较大。人食用了带有活的囊虫的猪肉便会在人的肠道内成长为有钩绦虫或无钩绦虫。人吃了绦虫的卵，到小肠内可孵化成六钩蚴，然后钻进肠壁的血管和淋巴管，又随血液循环侵入人的周身肌肉和皮下，甚至到眼睛或脑发育成囊虫。屠杀生猪、牛必须经国家指定卫生部门检疫后方可进入市场，严禁不合格产品上市买卖。屠宰后如将肉制品在-13~-12℃下冷藏12h，其中囊尾蚴可完全杀死。

③螺源寄生虫：螺源寄生虫中较为常见的是广州管圆线虫，易引发嗜酸粒细胞增多性脑膜炎，主要寄生于鼠类肺动脉及右心内的线虫，中间宿主包括褐云玛瑙螺、皱疤坚螺、短梨巴蜗牛、东风螺等，一只螺中可能潜伏1600多条幼虫。广州管圆线虫多存在于陆地螺、淡水虾、蟾蜍、蛙、蛇等动物体内，如果不经煮熟就食用，很容易感染上广州管圆线虫。

④淡水甲壳动物源性寄生虫：淡水甲壳动物源性寄生虫包括卫氏并殖吸虫、斯氏狸殖吸虫，主要是指并殖吸虫。由于这些寄生虫主要寄生于人或动物的肺部，因此又称肺吸虫。

⑤鱼源性寄生虫：鱼源性寄生虫包括华支睾吸虫、棘颚口线虫、异形吸虫、棘口吸虫、肾膨结线虫、阔节裂头绦虫等，其中，以华支睾吸虫最为常见。华支睾吸虫病的病原体是华支睾吸虫，其寄生部位为肝胆管，所以俗称肝吸虫。

圈养的动物由于没有及时预防或食用不清洁的食物，在饲养和生产过程中被污染寄生虫。野生动植物或散养动物由于在整个生长过程中不断接触、食用可能被寄生虫污染的水、食物或带虫同类，感染寄生虫的概率很大。

感染寄生虫主要是由于不卫生的饮食习惯造成的，如生吃淡水鱼、生鱼片、用刚捉到的小鱼做下酒菜，易患肝吸虫病；热衷吃带血丝的猪肉和牛肉，易引发猪带绦虫、牛带绦虫病；吃醉蟹或未做熟的淡水蟹，易患肺吸虫病等。

除了动物性食品，植物性食品也会被寄生虫感染。深圳市罗湖区调查发现新鲜蔬菜中，寄生虫的总阳性率为60.63%。在所抽样品中，清洗后的蔬果也有检出寄生虫，表明生食清洗后的蔬果仍有感染寄生虫的危险性。在几种可作为生食食品的常见蔬菜中，芫荽、胡萝卜、芹菜、葱、生菜、大白菜的寄生虫阳性率均较高。

（4）病毒对食品的污染 目前发现的能够以食物为传播载体和经消化道传染的致病性病毒主要有轮状病毒、星状病毒、腺病毒、杯状病毒、甲型肝炎病毒和戊型肝炎病毒等。此外，乙型、丙型和丁型肝炎病毒虽然主要是靠血液等非肠道途径传播，但也有关于它们通过人体排泄物和靠食品传播的报道。

①轮状病毒：轮状病毒感染在世界范围内都存在。其传染源为患者及病毒携带者，可通过密切接触和粪-口途径传播，发病率和死亡率很高。

②甲型肝炎病毒：甲型肝炎病毒（Hapatitis A Virus，HAV）引起的甲型肝炎是世界性疾病，全世界每年发病数量超过 200 万人次。甲型肝炎病毒主要通过粪-口途径传播，传染源多为病人，病毒常在患者转氨酶升高前的 5~6d 就存在于患者的血液和粪便中，发病 2~3 周后，随着血清中特异性抗体的产生，血液和粪便的传染性也逐渐消失。

③乙型肝炎病毒：乙型肝炎病毒（HBV）简称乙肝病毒，是世界性传染病。其发病对象主要为青壮年人，在高发地区，除儿童外，无特殊危险人群。乙型肝炎的传播途径为肠道外传播，如血液和其他体液等，但通过唾液、胃肠道和食品传播的也有报道。

④禽流感病毒：禽流行性感冒简称禽流感，主要引起鸡、鸭、鹅、火鸡、鸽子等禽类发病。可引起从轻微的呼吸系统表征到全身呈严重败血症等多种症状。禽流感病毒对低温有很强的适应能力。在-20℃左右，它可以存活几年，在20℃的温度下它只能存活 7d。经过加热的食品中的活病毒含量会大幅度降低。禽流感病毒在 56℃条件下 30min 就能被灭活，70℃条件下 2min 即可被灭活。

⑤新型冠状病毒：新型冠状病毒（Severe Acute Respiratory Syndrome Coronavirus 2，SARS-CoV-2）是最新发现的一种可侵染人体的 β 属冠状病毒，该病毒入侵机体可引发新型冠状病毒肺炎（Coronavirus Disease 2019，COVID-19），该疫情的暴发在国内甚至国际上造成了严重影响。COVID-19 的初期临床病征通常与普通感冒相似，以浑身发热、乏力为主，部分严重个体可发展为脓毒症、凝血功能障碍等，有时甚至会危及神经系统。大量科学实验证明，新型冠状病毒在冷冻条件下可长期存活。2020 年 11 月 7 日，山东德州市报告从天津港进口的一批冷冻猪肉核酸检测呈阳性；2020 年 11 月 12 日，天津津南区疾控中心在金福临冷冻批发市场一冷库内排查发现 1 份混检样品阳性；山东梁山县对进口冷链食品检测中，发现 1 份进口冷冻牛肉制品外包装新冠病毒核酸阳性。截至 2021 年 2 月 25 日，全国海关共检测进口冷链食品样本 149 万个，检出新冠病毒核酸阳性样本 79 个。

2. 化学性污染及预防

食品的化学性污染是指进入到食品中的有毒、有害化学物质引起的污染，是食品污染的重要组成部分。农产品种植和养殖中的化学性污染源主要包括天然存在的污染、由环境污染造成的污染以及化学投入品的残留污染。

（1）天然存在的化学性污染物 天然化学污染物指天然存在于动物、植物和微生物中的化学物质。常见的有：毒蘑菇；发芽的马铃薯中的龙葵素；某些坚果中的对易感染人群引发的过敏原；植物上的某些霉菌毒素（黄曲霉毒素、甘薯黑斑病霉）等；有毒藻类（如双鞭藻）；有毒鱼类，如河鲀毒素；有毒贝类毒素，如神经性贝毒素、健忘性贝毒素等；金枪鱼在腐败过程中产生的组胺和相关化学物质；四季豆中的皂素和植物血凝素；棉花籽油中的棉酚；一些含氰植物，如苦杏仁等。

①毒蕈毒素：蕈类又称蘑菇，属于真菌类。毒蕈是指食后可引起中毒的蕈类，在我国有100多种，对人生命有威胁的有20多种，其中含有剧毒可致死的不到10种。毒蕈中的毒素种类繁多，成分复杂，中毒症状与毒物成分有关，主要的毒素有胃肠毒素、神经毒素、血液毒素、原浆毒素、肝肾毒素。由于毒蕈的种类颇多，一种蘑菇可能含有多种毒素，一种毒素可能存在于多种蘑菇中，故误食毒蘑菇的症状表现复杂，常常是某一系统的症状为主，兼有其他症状。

②黄曲霉毒素：黄曲霉毒素（Aflatoxin，AF）是由黄曲霉（Aspergillus flavus）和寄生曲霉（A. parasiticus）代谢产生的一类结构相似含多环不饱和香豆素的化合物，已分离出17种，其中4种已完全掌握其特性并从毒物学方面进行了广泛研究。黄曲霉毒素是一种毒性极强的霉菌毒素，主要损害肝脏并有强烈的致癌、致畸、致突变作用。长期摄取黄曲霉毒素与罹患肝癌有关。食物中的黄曲霉毒素呈稳定状态，能经受一般的烹调过程，不易分解。为了防止产生黄曲霉毒素，最好将桃仁、果仁、谷物贮藏在密封和干燥的地方，贮藏过程中有效控制措施为防潮。

③扁豆、芸豆毒素：扁豆（包括芸豆、四季豆等）是人们普遍食用的蔬菜，一年四季都有。但扁豆中含有毒素，若加工制作方法不当，会导致中毒发生。生的扁豆、芸豆中含有一种称为红细胞凝集素的蛋白，具有凝血作用；另外还含有一种皂素，它多存在于豆类的外皮里，是一种破坏红细胞的溶血素，并对胃肠黏膜有强烈的刺激作用，特别是立秋后的扁豆里含有这两种毒素最多，人食用后很快会出现中毒现象。一般扁豆越老毒素越多，扁豆的两端和荚丝是毒素比较集中的地方。

④苦杏仁：苦杏仁含苦杏仁苷约3%。苦杏仁苷属氰苷类，大鼠口服半数致死量为0.6 g/kg，在苦杏仁苷酶作用下，可水解生成氢氰酸及苯甲醛等。氢氰酸能抑制细胞色素氧化酶活性，造成细胞内窒息，并首先作用于延髓中枢，引起兴奋，继而引起延髓及整个中枢神经系统抑制，多因呼吸中枢麻痹而死亡。苦桃仁、亚麻仁、杨梅仁、李子仁、樱桃仁、苹果仁中毒原理同苦杏仁。大量生食甜杏仁也可中毒。此外，木薯中含有一种亚配糖体，经过其本身所含的亚配糖体酶的作用，可以析出游离的氢氰酸而致中毒。

⑤河鲀毒素：河鲀毒素（Tetrodotoxin，TTX）是氨基全氢喹唑啉型化合物，是自然界中所发现的毒性最强的神经毒素之一，可高选择性和高亲和性地阻断神经兴奋膜上的钠离子通道。河鲀毒素是小分子质量、非蛋白质的神经性毒素，其毒性比剧毒的氰化钠还要高1250多倍，0.5mg即可致命。河鲀毒素对热稳定，盐腌或日晒均不能使其破坏，只有在高温加热30min以上或在碱性条件下才能被分解。220℃加热20~60min可使毒素全部破坏。食用河鲀鱼的方法是，去鱼头、去皮，彻底去除骨脏，尤其是鱼仔，并在水中浸泡数小时以上，反复换水至清亮为止，然后再高温烹调煮熟后方可食用。

⑥组胺：鱼不新鲜或腐败时，鱼体中的蛋白质、氨基酸及其他含氮物质被分解产生组胺。摄食了含组胺较多的鱼类会引起组胺中毒。中毒现象常因某些特定鱼种因时间、温度处理不当而形成，金枪鱼、鲤鱼等肌肉呈红色的鱼类含组氨酸丰富，经细菌（如摩根变形杆菌、组胺无色杆菌、沙门氏菌）的组氨酸脱羧酶作用后可产生大量组胺。青花鱼、金枪鱼、沙丁鱼等鱼类在37℃放置96 h即可产生1.6~3.2 mg/g的组胺，在同样的情况下鲈鱼可产生0.2 mg/g的组胺，而鲤鱼、鲫鱼和鳝鱼等淡水鱼类产生的组胺更少，仅为1.2~1.6mg/kg。故淡水鱼类与组

胺中毒关系不大。加强冷藏、保持鱼体新鲜是预防组胺中毒的重要措施。

（2）环境化学污染物　化学物质（化学品）进入环境后造成大气、水和土壤环境污染，进而污染农产品。这些化学物质有有机物和无机物，它们大多是由人类活动或人工制造的产物，也有二次污染物。无机物污染物的代表为重金属污染（铅、汞、镉、砷等），化学有机污染物包括农兽药残留、食品加工和包装过程中形成的某些致癌和致突变物（如亚硝胺、塑化剂、杂环胺等）以及工业污染物如多氯联苯、二噁英等。

①重金属污染：无机物在土壤中不像有机物那样易分解、降解，大多易在土壤中残留积累，尤其是重金属。重金属在土壤中大多呈氢氧化物、硫酸盐、硫化物、碳酸盐或磷酸盐等固定在土壤中，难以发生迁移，并随污染源（如污灌）年复一年的不断积累。它的危害是慢性蓄积性发生，即在土壤中积蓄到一定程度后才显示出危害。常见的重金属污染有镉、铅、砷、汞、铬。

镉（Cd）是人体不需要的元素，进入人体可以损害血管，还可干扰铜、钴、锌等微量元素的代谢，阻碍铁的吸收，引起肺、肾和肝损害。此外，镉的暴露可以引起乳腺癌、肺癌、前列腺癌以及肠胃道肿瘤等。镉及其化合物被国际癌症机构（IARC）认定为人类确定致癌物。镉的生物半衰期长，从体内排出的速率十分缓慢，成年人若每天摄取镉 0.3 mg 以上，经过二三十年的积累就会发病，一旦发病就无可挽回。

许多植物如小麦、水稻等，对镉的富集能力很强，在有镉污染的地区，粮食、蔬菜和鱼体内都检测出了较高浓度的镉。食品中镉污染的来源包括：广泛存在于自然界的镉本底、作为原料或催化剂使用的工业镉污染、食品容器及包装材料中的镉污染以及某些含镉量较高的化肥如磷肥等。GB 2762—2017《食品安全国家标准　食品中污染物限量》标准规定了各类食品中镉的限量。

铅（Pb）是自然界广泛存在的一种重金属，可危害人的神经系统，对骨髓造血机能、消化系统和肝肾功能等存在不良影响。目前，铅及其化合物被 IARC 列为 2B 类致癌物。蓄电池、印刷、交通运输、涂料、橡胶、农药等很多行业均使用铅及其化合物，这些工业生产中产生的含铅三废以各种形式排放到环境中造成污染，影响食品安全。植物的铅忍耐能力较强，植物对铅累积的特点是主要累积在根系，只有一部分移向茎、叶和子粒，当土壤含铅为 75～600mg/kg 时，植物叶片中的铅会明显增加。铅随食品进入人体，只有 5%～10% 被人体吸收，但长期摄入铅可引起体内铅蓄积。GB 2762—2017《食品安全国家标准　食品中污染物限量》标准规定，谷物、豆类、蔬菜铅的允许限量为 1～2mg/kg。

汞（Hg）又称水银，常温、常压下以液态形式存在，进入人体后主要侵犯神经系统，特别是中枢神经系统，损害最严重的是小脑和大脑。此外，甲基汞还可以通过胎盘屏障和血脑屏障引起胎儿损害，导致胎儿先天性汞中毒，表现为发育不良，智力减退，畸形甚至发生脑瘫而死亡。目前汞及其化合物被 IARC 列为 C 类致癌物。汞在自然界中分布极少，多以化合物存在。汞污染主要来自氯碱、造纸、塑料、电子等工业以及大量使用含汞农药。汞易被植物吸收，在农作物、动物及人体内富集。GB 2762—2017《食品安全国家标准　食品中污染物限量》标准规定粮食（成品粮）总汞限量为 0.02mg/kg，薯类、蔬菜、水果总汞限量为 0.01mg/kg，肉、蛋（去壳）总汞限量为 0.05mg/kg，鱼（不含食肉鱼类）及其他水产品总甲基汞限量为 0.5mg/kg，食肉鱼类（鲨鱼、金枪鱼等）总甲基汞限量为 1.0mg/kg。

砷（As）在自然界主要以硫化物的形式存在，不同形态的砷，其毒性相差很大，二价砷化合物的毒性大于五价砷化合物。口服三氧化二砷 5~50mg 即可中毒，60~100mg 即可致死。长期接触砷，会引起细胞中毒，有时会引发恶性肿瘤，砷被 IARC 认定为确定致癌物质。砷还能通过胎盘损害胎儿。食品中砷污染来源于含砷矿石的开采和金属冶炼、化工生产和燃料燃烧、含砷农药和兽药的使用、海洋生物如虾蟹贝藻类等的富集作用、自然本底等。GB 2762—2017《食品安全国家标准 食品中污染物限量》标准规定，谷物、新鲜蔬菜、肉及其制品、食用菌及其制品和乳粉中总砷限量为 0.5mg/kg，鱼类及其制品中无机砷限量为 0.1mg/kg，除此以外的水产动物及其制品中无机砷限量为 0.5mg/kg。

铬（Cr）在自然界中不以游离态存在，主要存在于铬铅矿中。三价铬是对人体有益的元素，而六价铬是有毒的。六价铬化合物对皮肤有刺激和致敏作用，铬酸盐及铬酸的烟雾和粉尘对呼吸道有明显损害，长期接触铬酸盐，可出现胃痛、胃炎、胃溃疡，伴有周身酸痛、乏力等，味觉和嗅觉可减退，甚至消失。少量铬对植物生长有刺激作用。植物从土壤中吸收的铬大部分积累在根中，其次是茎叶，在子粒中累积量最少。铬在子粒中的转移系数很低，在污染情况不严重时，作物种子中铬的累积不至于引起食品安全问题。但研究表明，铬在茎叶特别是根中转移系数是很高的。GB 2762—2017《食品安全国家标准 食品中污染物限量》标准规定谷物、谷物碾磨加工品、豆类、肉及其制品铬限量为 1.0mg/kg，新鲜蔬菜铬限量为 0.5mg/kg，水产动物及其制品和乳粉铬限量为 2.0mg/kg，生乳、灭菌乳、发酵乳和调制乳铬限量为 0.3mg/kg。

②农兽药残留：农田、草场和森林施药后，有 40%~60% 农药降落至土壤，5%~30% 的药剂扩散于大气中。此外，动植物残体和各种生物排泄物中所含有的农兽药残留，也会污染环境。

③其他有机污染物

a. 多环芳烃类：由 2 个或 2 个以上的苯环组成的芳烃称为多环芳烃。多环芳烃是一类致癌物，其中具代表性的是苯并［a］芘，由 5 个苯环构成，致癌作用最强，并且具有致突变作用。工业生产、交通运输和日常生活中使用的燃料如石油、煤等不完全燃烧，产生多环芳烃，污染空气、水和土壤，从而污染食品。

b. 多氯联苯：多氯联苯（PCBs）是由一些氯置换联苯分子中的氢原子而形成的化合物，常见的为三氯联苯和五氯联苯，广泛应用于工业，如电器设备的绝缘油、塑料和橡胶的软化剂等。生产和使用 PCBs 的工厂任意排放"三废"是 PCBs 的主要污染源，此外，含PCBs 的固体废物的燃烧以及生活污水、工业废水的挥发等，也可造成污染。多氯联苯具有亲脂性，主要蓄积在脂肪组织及各脏器中，其急性毒作用较低，但可蓄积而产生中毒，严重时可导致死亡。

c. 二噁英：二噁英是多氯代二苯并-对-二噁英（PCDDs）和多氯代二苯并呋喃（PCDFs）的总称。它能够导致严重的皮肤损伤性疾病，具有强烈的致癌、致畸作用，同时还具有生殖毒性、免疫毒性和内分泌毒性。环境中二噁英主要来源有：含氯工业产品（主要指农药、除草剂和杀菌剂等）生产过程中的中间产物、垃圾焚烧和废金属冶炼、纸浆漂白和汽车尾气。二噁英是一种非常稳定的化合物，半衰期长，具有生物聚集性，通过食物链进入脂肪，可污染鱼、肉、乳、蛋等食品。

d. 邻苯二甲酸酯：邻苯二甲酸酯（phthalate esters，PAEs）又称酞酸酯，主要用于聚氯乙烯材料，令聚氯乙烯由硬塑胶变为有弹性的塑胶，是一类使用最广泛的增塑剂，被普遍应用于玩具、食品包装材料、医用血袋和胶管、乙烯地板和壁纸、清洁剂、润滑油、个人护理用品（如指甲油、头发喷雾剂、香皂和洗发液）等产品中。调查发现，有超过30余种PAEs在全球不同区域的水体、沉积物、土壤、空气、食品和饮用水等中检测出来，最常见且含量较高的PAEs有邻苯二甲酸二（2-乙基）己酯（DEHP）、邻苯二甲酸二异壬酯（DINP）、邻苯二甲酸二异癸酯（DIDP）、邻苯二甲酸二正辛酯（DNOP）、邻苯二甲酸丁苯酯（BBP）、邻苯二甲酸二丁酯（DBP）等。其中高分量子的DEHP和DINP是全球使用量最大的两种PAEs，分别占总PAEs产量的50%和25%，且生产量逐年增加。流行病学调查发现，体内PAEs暴露与生殖疾病、肥胖、胰岛素抵抗、糖尿病等多种疾病的发病率具有正相关性。目前已证实DEHP等多种PAEs及其代谢产物具有内分泌干扰效应，一些PAEs在某些产品中已被禁用或限制使用。我国GB 9685—2016《食品安全国家标准　食品接触材料及制品用添加剂使用标准》严格规定了DEHP从食品包装材料迁移到食品的迁移量为1.5mg/kg，DINP为9mg/kg，与世界发达国家的规定一致。

（3）人为添加的化学物质　为提高农产品产量和质量，在农作物、畜禽、水产品等生长、运输、贮藏等阶段会添加化学制品，一般认为，只要在适当的条件下使用，这些化学制品是无害的。只有当出现使用错误或超过允许量时才会引发直接或间接危害。这些化学制品主要包括农药、兽药、鱼药和化肥等。

3. 物理性污染及预防

食品物理性污染是食品生产加工过程中混入食品中的杂质超过规定的含量，或食品吸附、吸收外来的放射性核素所引起的食品质量安全问题。如小麦粉生产过程中，混入磁性金属物，就属于物理性污染。另一种形式为放射性污染，如天然放射性物质在自然界中分布最广，它存在于矿石、土壤、天然水、大气及动植物的所有组织中，特别是鱼类贝类等水产品对某些放射性核素有很强的富集作用，使得食品中的放射核素的含量可能显著地超过周围环境中存在的该核素。放射性物质的污染主要是通过水及土壤污染农作物、水产品、饲料等，经过生物圈进入食品，并且可通过食物链转移。与人体卫生学关系密切的天然放射性核素主要为^{40}K、^{226}Ra。另外^{210}Po、^{131}I、^{90}Sr、^{137}Cs等也是污染食品的重要的放射性核素。^{40}K在自然界分布较多，是通过食品进入人体最多的天然放射性核素。^{226}Ra在动物和植物组织中含量略有差别，植物比动物含量略偏高。主要通过食品进入人体，以蔬菜类和谷类为主，80%~85%沉积于骨中。

放射性核素对食品的污染有三种途径：一是核试验的降沉物的污染；二是核电站和核工业废物排放的污染；三是意外事故泄漏造成局部性污染。

预防食品放射性污染及其对人体危害的主要措施是加强对污染源的卫生防护和经常性的卫生监督。定期进行食品卫生监测，严格执行国家卫生标准，使食品中放射性物质的含量控制在允许的范围之内。对核企业的监管应考虑到：

（1）核企业厂址应选在周围人口密度较低的，气象和水文条件有利于废水和废气扩散稀释的，以及地震烈度较低的地区，以保证在正常运行和出现事故时，该地区所受的辐射剂量较低。

（2）工业流程的选择和设备选型考虑废物产生量少和运行安全可靠。

（3）废水和废弃物经过净化处理，并严格控制放射性核素的排放浓度和排放量。对浓集的放射性废水一般进行固化处理。核素污染的废物和放射性强度大的废物进行最终处置和永久贮存。

（4）在核企业周围和可能遭受放射性污染的地区进行监测。

第二节　食品原料生产中的农业污染

改革开放以来，随着经济社会的发展和新农业技术的推广与应用，我国农业取得了极大的发展和进步，同时也带来了农业生产中化肥使用过量、农膜残留、水体污染、农残超标等一系列问题，农业环境污染成为实现农业可持续发展亟待解决的问题。

农业污染是指农用地在农业生产和居民生活过程中所产生的未经合理处置的污染物对空气、土壤和水体及农产品造成的污染。农业污染对农业生产环境、农产品质量安全方面都会造成巨大的不利影响。

从物理空间来看，食品原料生产中的农业污染包括水污染、土壤污染和空气污染。为了控制农业环境污染对食品原料安全性的影响，在无公害食品和绿色食品生产的环境质量要求中，都制定了相应标准。如基地环境质量评价标准中就包括了一般基地环境的水质、土壤、大气标准和绿色食品农田灌溉水、土壤环境、产地环境空气质量要求等。

从农业污染物的来源看，主要包括："工业三废"的废水、废气、废渣污染；城市生活垃圾、生活污水污染；农业生产资料残留如农药、化肥、塑料薄膜污染等。另外，不合理的农业生产过程，也可能对农业环境造成污染，包括农业秸秆和地面农业废弃物的焚烧造成的大气污染；畜禽粪便的随意堆放和未经过严格无害化处理的畜禽粪便的使用等。

一、主要农业污染物及来源

农业污染来源于外源和内源两个方面。外源性因素包括耕地周边的工矿业产生"工业三废"、禽畜养殖业，以及生活产生的垃圾。内源性因素包括农业种植过程使用的化肥中氮磷含量过高、农药施用过量、农膜使用造成的残留以及其他农事活动如秸秆焚烧产生的污染物等。农业污染物按照化学结构分类，可分为无机污染物和有机污染物。无机污染物主要包括铅、铬、砷、汞等重金属和硝酸盐、硫酸盐、碳酸盐、氯化物、氟化物非金属及放射性元素。有机污染物主要包括施用有机磷和有机氯等有机农药后的农药残留物，化学工业生产中的酚类、苯类、多环芳烃和持久性有机污染物，城市产生的固态和液态废弃物、农民在厩肥过程中产生的有害物质等。

（一）大气沉降物

工业生产、交通运输和生活取暖中煤、石油等工业原料的使用，会产生大量的二氧化硫、氮氧化物等有害气体和微量有害金属。这些以气体溶胶形式存在的有害物质进入大气后沉降到地面或与水滴融合后转化成硫酸与硝酸，形成酸雨降至土壤中，降低土壤的 pH 和缓冲能力，改变土壤的团粒结构，导致重金属溶出增加，影响土壤的微生物区系，严重影响农作物生产和食品原料的安全性。

（二）生活污水和工业废水

生活污水和工业废水是农田土壤污染的一个重要因素。据 2007 年第一次全国污染源普查公报显示，全国各类污染源废水排放总量 2092.8 亿 t，含重金属（镉、铬、砷、汞、铅）

900t。2015年，全国废水排放总量超过695亿t，其中工业废水排放量209亿t左右、城镇生活污水排放量485亿t左右。部分未经专业处理的污水被直接用于农田灌溉，造成农田土壤污染。

（三） 工业固体废弃物和生活垃圾

我国工业固体废弃物的主要来源是煤气、电力生产的废料、化学原料及制品，采矿业、黑色冶金及有色金属冶炼等产生的废弃物。最近几十年，生活垃圾大量增多，其成分也发生了变化，由早期的燃煤炉灰和生物有机质等变成了含有各种重金属以及其他有害成分的垃圾。大量未经处理的生活垃圾和"工业三废"直接排放到农田中，导致很多有害物质残留在土壤中，超过环境自净能力的容许量，严重影响土壤微生物活性，降低土壤活力，破坏生态平衡，妨碍农作物的生长，影响农业生产和农产品质量安全性。

（四） 养殖产业中禽畜污物的排放

随着我国畜禽养殖业的高速发展，畜禽养殖业的污水、粪便等废弃物大量增加，据估算，我国每年畜禽粪便排放总量达25亿t。养殖企业粪便、污水的贮运和处理能力不足，导致大量粪便、污水未经有效处理直接排入水体，造成严重的环境污染。畜禽粪便未经无害化、资源化处理直接排入河流或随意堆放的后果：一是与农田流失的氮、磷等一同导致河流、湖泊、近海海域富营养化；二是粪便中各种病原体成为引发水体有机污染的重要原因；三是污染周边环境，极易引发疾病流行。此外，家畜粪便及排泄物还是猪丹毒、猪瘟、副伤寒、布氏杆菌、钩端螺旋体、炭疽等人畜共患疾病传播的主要载体，这些疾病如在畜禽养殖场爆发，后果不堪设想。

（五） 农业生产中化肥的过量使用

我国是世界上最大的化肥使用国，2020年全年使用量已高达5251万t。国际公认的化肥施用安全上限是$225kg/hm^2$，但我国农用化肥单位面积平均施用量已达到$434.3kg/hm^2$，是安全上限的1.93倍。据农业部门的调查，我国化肥有效利用率仅为30%~40%（发达国家为60%~70%）。在蔬菜、花卉、水果等作物上，有些地区甚至出现氮磷肥利用率仅10%的现象。根据中国科学院南京土壤研究所的研究显示，每年我国有123.5万t氮通过地表水径流到江河湖泊，49.4万t进入地下水，299万t进入大气。长江、黄河和珠江每年输出的溶解态无机氮达97.5万t，其中90%来自农业，而氮肥占50%。由于长期大量施用化肥，化肥有效利用率又低，残留在土壤的肥料被土壤固结，形成各种化学盐分，在土壤中积累，造成土壤养分结构失调，物理性状变差，部分地块有害金属和有害病菌超标，致使土壤性状恶化。同时，过量施用的化肥中含有的磷酸盐、硝酸盐等成分在土壤中不断累积，并随着灌溉水或径流和淋溶等方式流进入湖、海、河等水域，污染地表水、地下水，最终使得水体富营养化，水资源、土壤等生态环境被污染破坏。

（六） 农业生产中农药的过量使用

我国是农药生产、使用大国。每年使用农药的耕地面积高达近3亿hm^2，农药使用量2019年已达到139.17万t，单位面积平均用量比世界发达国家高2.5~5倍。大约有80%的农药是被直接投放至自然环境中的。农药施用后少量附着在植物体上，只有约1/3能被作物吸收利用，大量落入土壤及扩散到空气中并最终落入土壤，造成了土壤农药污染。除了直接施药给土壤带来的损害，还有一部分是大气中所残留的少量农药以及喷洒过程中附着在农作物上的农药，它们在被雨水冲刷后浸入土壤之中。另外使用污水进行农田灌溉或地表径流都可能造成土壤中农药的残留污染。农药的使用过量，影响了农产品的质量，而且还对土壤、水体和空气及农产品造成污染。

（七） 农用薄膜残留造成"白色污染"

我国地膜覆盖面积和使用量均居世界第一。2019 年全国农用塑料薄膜使用量为 240.8 万 t，其中地膜用量 149.7 万~157.6 万 t，农作物地膜覆盖面积 1840 万~2033 万 hm^2。我国地膜覆盖面积处于稳中有增的态势。农用塑料地膜主要是聚乙烯化合物，在生产过程中需要加 40%~60% 的增塑剂，即邻苯甲酸-2-异丁酯。持续性使用地膜进行覆盖与栽培，会大大减弱土壤的含水量与通透性，及其中的微生物活性，阻碍农作物对养分与水分的有效吸收。

从土壤残留地膜挥发到空气中的邻苯甲酸-2-异丁酯，经气孔进入叶肉组织，破坏并阻碍叶绿素的形成，降低植物光合能力，导致作物生长缓慢，产量下降。

（八） 农业生产中的秸秆燃烧

2020 年我国秸秆理论产生量为 7.97 亿 t，可收集资源量约为 6.67 亿 t。张建峰的研究显示，棕壤土秸秆焚烧后，土壤细菌、放线菌数量明显降低，真菌数量增加，加大了土壤病虫害的发生概率，不利于作物生长，同时，脲酶的增加可能造成氮肥的流失。王俊芳的研究显示，小麦、水稻、玉米秸秆明火燃烧时产生的烟尘中，TSP（总悬浮物颗粒）的排放因子分别为 11.36~18.00g/kg、9.20~13.76g/kg 和 8.94~15.19g/kg；焖火燃烧时为 28.68~48.05g/kg、34.85~46.32g/kg 和 36.44~51.38g/kg。生物质秸秆燃烧排放的颗粒物以小于 2.5μm 的细颗粒物为主。PM2.5 占 TSP 全部质量的 58.72%~83.07%。生物质秸秆焖火燃烧状态下 PM2.5 的排放因子明显比明火燃烧状态下要高得多，大约是 2.8~5.2 倍。秸秆焚烧中还有 CO、NO$_x$、SO$_x$、CH$_4$ 排放。焚烧秸秆，不仅浪费了大量的宝贵资源，而且会造成水源、空气的污染。

二、 主要农业污染及其危害

（一） 主要的农业污染

1. 化肥污染

残留在土壤的肥料被土壤固结，形成各种化学盐分，在土壤中积累，造成土壤养分结构失调，物理性状变差，部分地块有害金属和有害病菌超标。同时，还造成肥料养分流失严重，并通过径流和淋溶等方式污染了地表水、地下水和土壤等生态环境。

2. 农药污染

农药的滥用和过量使用，严重污染土壤、地表水和大气等生态环境，增加农作物农药残留，降低农产品质量，危害人体身心健康。

3. 农膜污染

长期大量使用农用塑料薄膜，以及各种塑料制品等，导致土壤中薄膜残留增多，严重污染土壤等生态环境，俗称"白色污染"。并且，农用塑料薄膜生产应用的热稳定剂中含有镉、铅，在长期大量使用塑料大棚和地膜覆盖过程中都可以造成土壤重金属的污染。

4. 畜禽粪便污染

随着我国畜禽养殖业的高速发展，畜禽养殖业的污水、粪便等废弃物大量增加。包括一些规模化养殖场在内的企业，未经过环境评价，缺乏必要的污染防治措施，致使粪便等污物到处堆放，污染了空气、地表水等生态环境，大量粪便、污水未经无害化处理直接排入水体，造成严重的环境污染。

5. 三废污染

三废是废气、废水和固体废弃物的简称。废气主要是指工业中排出的有毒废气，污染面大，会对空气和土壤造成严重污染。工业废气的污染大致分为两类，一类是气体污染，如二氧化硫、氟化物、臭氧、氮氧化物、碳氢化合物等；另一类是气溶胶污染，如粉尘、烟尘等固体粒子及烟雾，雾气等液体粒子，它们通过沉降或降水进入土壤，造成污染。废水主要是指城镇污水和工业废水，没有经过净化处理而直接用于农田灌溉，把污水中的重金属带入农田，污染土壤。例如冶炼、电镀、燃料、汞化物等工业废水能引起镉、汞、铬、铜等重金属污染。固体废弃物主要是指生活垃圾和城镇废弃物，不进行处理，作肥料施入农田，则其中的寄生虫、病原菌和病毒等可引起土壤污染。特别是农村污水、人粪尿和生活垃圾等，普遍存在随意堆放在道路两旁、田边地头、水塘沟渠或直接排放到河渠等现象，严重的污染了土壤、地表水等生态环境。

6. 农田土壤重金属污染

农田土壤中重金属的来源主要有内源与外源两种。内部来源主要是指该地区土壤地质情况，也就是其背景值，与成土母质息息相关；外部来源主要包括大气沉降、灌溉用水、农用肥料的使用、工业排放等。

（二）　农业污染的严重危害

1. 对我国水安全构成严重威胁

我国淡水资源严重不足。化肥、农药的不合理使用以及对畜禽粪便管理不力，极大地加重了我国水体污染的程度。中国农业科学院的有关专家分析，在我国水环境中，来自农田和畜禽养殖粪便中的总磷、总氮比重已分别达到43%和53%，接近和超过了来自工业和城市生活的点源污染，已成为我国水环境污染的主要因素，对我国水安全构成了严重威胁。

2. 土壤环境受到严重破坏

由于过量使用化肥、农药及污水灌溉等，土壤板结，地力下降，土壤受到重金属、无机盐、有机物等物质污染情况严重。中国科学院的一项调查结果显示，目前全国至少有1300万~1600万 hm² 耕地受到农药的污染。我国东北地区一些农场长期使用氮肥，土壤有机质含量已由原来的5%~8%降到1%~2%。江西红壤表土 pH 由 5.0 降到 4.3，土壤板结普遍严重。

3. 土壤性状变劣

据新疆农业大学对新疆昌吉市地膜残留量的对比实验研究结果表明，残膜积累对土壤主要物理性状、有机质、作物品质、后茬作物产量以及幼苗生长和出苗率均产生不利影响。特别是作物出苗率、幼苗生长、粮食产量及品质影响最明显。曾覆膜区由于残膜污染使土壤性状变劣，直接影响到土壤空气，水分调控，特别是残膜积累还阻滞上升水流补充到耕层。

4. 部分农产品质量安全下降

北京市农委有关资料显示北京市场（含超级市场）的叶菜类蔬菜60%~70%硝酸盐含量超标，果菜类蔬菜20%~30%硝酸盐含量超标，其中菠菜的硝酸盐含量高达2358mg/kg，萝卜达2177mg/kg，大白菜达3225mg/kg。

5. 农产品出口贸易及农民增收受到阻碍

加入世界贸易组织（WTO）以来，先是欧盟对我国动物源性产品实施报复性禁令，后是荷兰销毁我国的出口农产品，接着是其他国家针对我国出口的农产品提高了进口要求，强化了检验检疫。2006 年 5 月，日本实行《食品中残留农药化学品肯定列表制度》，对 734 种农药、兽药和添加剂在农产品中的残留限定了标准。它表明今后出口到日本的农产品将几乎不允许有农药残留。欧、美等发达国家也通过立法，制定繁杂的环保公约、法律等，对商品设定准入限制的绿色壁垒。据联合国统计，我国每年约有包括农产品在内的 74 亿美元出口商品因绿色壁垒受阻。作为 WTO 成员，在国际多边贸易中如何应对日益苛刻的绿色壁垒已成为我国农业所面临的重要课题。

三、 国外农业污染研究与治理

随着世界各国对工业污染的有效控制，农业污染问题日益凸显，国外在农业污染的基础研究和防控技术及管理措施等方面开展了大量研究和实践。

1. 美国

美国的调查评估报告显示，1990 年面源污染约占总污染量的 2/3，其中农业面源污染占面源污染总量的 68%～83%，导致 50%～70% 的地面水体受污染或影响，美国环保署在 2003 年宣布农业源已经成为水污染的第一大污染源。

美国采取的主要防控措施：

一是政策措施。美国在农业政策方面有系统的法律框架，如美国环保局实施了面源污染管理计划，农业部实施了乡村清洁水计划、国家灌溉水质计划、农业水土保持计划、清洁水法案、最大日负荷计划、杀虫剂实施计划等，并积极鼓励农民对农业污染进行主动性控制，在法律方面有效控制农业生产中高毒性农药的投放，对减少农业污染起到很大的作用。

二是技术措施。在技术措施方面主要使用基于自愿和奖励的最佳管理措施（BMPs）控制农业源污染。BMPs 包括 4 类：（1）减少粪便中的磷含量，例如对牲畜的精细喂养；（2）改变水文状态，例如排水管、排水渠的改变；（3）土地使用功能的改变，例如将临近水域的土地变为河岸缓冲带；（4）乡村土地上磷的重新分配，如分散牲畜粪便。BMPs 由于具有较大的灵活性，得到一定程度的推崇，并且这种基于奖励和资源利用的方法也不会对本国的农业发展造成负面影响。

三是有机农业和绿色农业等综合环保措施。美国在农业污染控制上极力推广成本低廉、操作简单的替代技术，鼓励农民自愿采用环境友好的环保控制技术，其主要控制技术有农田最佳养分管理、有机农业或综合农业管理模式、农业水土保持技术措施等。美国大力发展环保农业模式，投入大量资金，致力于专业化、集约化、低污染、低投入、高成效、高产量的农业，推出了有机农业、绿色农业、生物农业、再生农业等运行模式。

2. 欧盟

欧盟各国农业污染也成为地表水氮磷富集的最主要来源。荷兰农业污染氮磷分别占环境污染负荷的 60% 和 45%；瑞典来自农业面源的氮磷占流域输入总量的 60%～80%。

欧盟的农业污染控制主要是根据欧盟综合污染防治（IPPC）指令 96/61/DE 的规定，采用最佳可用技术（BAT）作为能够达到对整个环境进行高水平保护的重要工具。欧盟农业集约化程度很高。西欧国家自 20 世纪 80 年代末以来逐步实施农业投入氮、磷总量控制，氮、磷化肥用量分别下降了大约 30% 和 50%，连续 20 年氮、磷化肥用量的大幅度下降，使得农业源污染得到了有效控制。农药、化肥及畜禽废水等排污量大大减少，农田环境及生态环境得到了较大的改善。由于欧盟成员国在大幅度减少氮、磷化肥用量的同时，通过农业政策的落实，提升农业科技水平，提高氮、磷化肥和农业系统中有机氮、磷资源的利用率，促进高产水平下物质投入在生产系统内部的良性循环，虽然耕地面积和化肥投入量不断下降，但其耕地产出率和作物产量逐年上升，粮食总产和单产分别比 20 世纪 90 年代初期增加了 57% 和 80%。

2000 年欧盟颁布了《欧盟水框架指令》（EU water frame work directives），启动了流域管理计划，用以控制面源污染对水体的影响。欧盟欧洲环境信息观测网（EIONET）重点研究与解决农业污染问题，对生物污染、化学污染、饲料污染等固体与液体污染物进行了重点关注。欧盟各成员国对耕地土壤养分含量进行定期检测，并利用现代信息技术进行管理，大大推进了养分精准化利用水平。目前，欧盟倾向于综合污染预防与控制的灵活政策，即允许地方政府根据当地实际情况，根据最佳可用技术针对不同的企业分别确定不同的排放标准，而不是提出统一的硬性排放标准。

3. 日本

20 世纪 60 年代，日本农业污染开始加重，引起了政府高度重视，推出了环保型农业发展模式，推广环保农业。其目的是在环境容量内重新构筑能够降低环境破坏的农业生产技术体系，具体措施包括：确定环境标准和环境容量、减少农药和化肥使用量、使用硝化抑制剂和化肥缓释剂、通过不同土地利用方式的交叉组合控制面源污染等。

日本在农业环境保护和立法上实行政策支持、立法配套的做法，实行了世界上最为严格的环境标准，对污染型产业的发展形成了强大的约束力。日本的政策支持包括对环保型农户建设实行硬件补贴和无息贷款支持以及税收减免等优惠政策；立法配套包括针对农业《食物、农业、农村基本法》《可持续农业法》《堆肥品质管理法》《食品废弃物循环利用法》等多部法律法规。从总法到具体单项法规、从农业生产投入品到农产品加工等各个环节做到法律法规配套，尽可能减少法律法规盲区，这些法律措施的综合运用在日本取得了很好的环境效益。2001 年以来，日本政府还相继出台了《农药取缔法》《土壤污染防治对策法》等法律法规。

在农业污染防治上实施有机农业、生态农业和保护性耕作等，实施限定性农业技术标准，规定肥料类型、施肥期、施肥方法、畜禽场的农田和化粪池的最低面积或容积配额等技术，以及对质量较差的耕地实行休耕或改变利用方式等措施相继推广应用，有效地减少了农业污染。

欧盟、美国、日本等总结 30 多年来实行的污染防治的经验和教训，各自提出了农药化肥减量的污染预防战略。

进入 20 世纪 90 年代以来，世界各国均开展了农业面源污染扩散与管理的模型研究。提出了农药化肥迁移模型（ACTMO），农业径流管理模型（ARM），农业管理系统中农药、径流与侵蚀模型（CREAMS）等。随着计算机技术和 3S 技术飞速发展，一些集空间信息处理、数据库技术、数学计算、可视化表达等多功能大型专业软件得以应用，农业污染管理和风险评价研究成果也层出不穷。国外在农业污染控制，特别是土壤污染修复等方面已进入到商业化实用阶段，非常值得我国借鉴。

第三节　污染物在环境中的迁移与转化

污染物在环境中的迁移与转化，因不同的物质或在不同的环境而不同。

一、 污染物在环境中的迁移扩散

有机化合物对环境和地下水资源的污染已成为当前国际环境污染防治与保护的焦点问题，并引起了国内外广大学者的广泛重视。有机污染物在土壤中主要以挥发态、自由态、溶解态和固态 4 种形态存在，而且绝大多数有机污染物都属于挥发性有机污染物。这些挥发性有机污染物通过挥发、淋浴和由浓度梯度产生扩散等在土壤中迁移或逸入空气、水体中，或被生物吸收迁出土壤之外，进而对大气、水体、生态系统和人类的生命造成极大的危害。

污染物在大气中的迁移是指由污染源排放出来的污染物由于空气的运动使其传输和分散的过程。迁移过程可使大气中污染物浓度降低，污染物在迁移过程中受到各种因素的影响，主要有空气的机械运动，如风和湍流，由于天气形势和地理地势造成的逆温现象以及污染源本身的特征等。

有机污染物质水中的迁移主要取决于有机污染物本身的性质以及水体的环境条件。有机污染物一般通过吸附作用、挥发作用和生物富集等过程进行迁移。在土壤–水体系中，土壤对非离子性有机物的吸附主要是溶质的分配（溶解）过程，即非离子性有机物可通过溶解作用分配到土壤有机质中，并经过一定时间达到分配平衡，此时，有机质在土壤和水中含量的比值称为分配系数。有研究表明，当土壤有机质含量在 0.5% ~ 40%，有机磷与氨基甲酸酯农药在土壤–水间的分配系数与有机质含量成正比。挥发作用是有机质从溶解态转入气态的一种重要迁移过程，挥发速率依赖于有机物的性质和水体特征，若有机物具有"高挥发"性质，则在影响有机物的迁移扩散方面具有重要作用。

有机污染物在土壤中迁移转化问题实质上是水动力弥散问题。一般情况下，水动力弥散是由于质点的热动力作用和因流体对溶质分子造成的机械混合作用而产生的，即溶质在孔隙介质中的分子扩散和对流弥散共同作用的结果。由于孔隙系统的存在，使得流体的微观速度在孔隙的分布上无论其大小还是方向都不均一。这主要有三方面的原因：一是由于流体的黏滞性使得孔隙通道轴处的流速大，而靠近通道壁处的流速小；二是由于通道口径大小不均一，引起通道轴的最大流速之间的差异；三是由于固体颗粒的切割阻挡，流线相对平均流动方向产生起伏，使流体质点的实际运动发生弯曲。以色列理工学院土木工程系的 Bear 将水动力弥散理论归属于可溶混流体的驱替理论，并且总结了弥散机理和各种参数确定的研究方法。有机污染物进入地下水系统需经过三个阶段：通过包气带的渗漏、由包气带进一步向包水带中扩散和进入包水带中污染地下水。有机污染物进入包气带中使土壤饱和后，在重力作用下向潜水面垂直运移，在向下运移的过程中一部分滞留在土壤的孔隙中，对土壤也构成了污染。有机污染物通过包气带运移时，在低渗透率地层上易发生侧向扩散、而在渗透率较高的地层中，污染物会在重力作用下垂直向下运移至毛细带顶部。到达毛细带的污染物在毛细力、重力作用下发生侧向及垂向运移，在毛细带区形成一个污染界面。部分有机污染物进入包水带对地下水构成污染，部分有机污染物滞留在毛细带附近，随着降雨的淋溶作用，滞留在包气带及毛细带的污染物会进一步进入地下水中，导致地下水污染。有机污染物进入地下环境后，它在多孔介质中的运动属于多相渗流问题，即有机污染物、水、气三相共存的状态。因此，就是根据水动力弥散的原理，污染物才得以扩散和迁移。

农药滴滴涕在土壤中挥发性不大，由于其易被土壤胶体吸附，故它在土壤中移动也不明显。但滴滴涕可通过植物根际渗入植物体内，在叶片中积累量最大，在果实中较少。短链氯化石蜡（SCCPs）暴露后，大量的短链氯化石蜡可迁移至南瓜叶片中，并通过叶片挥发至空气中，而脱氯产物比母体化合物的挥发性更大，也更易通过植物挥发至空气中。

二、　污染物在环境中的转化

污染物转化是指污染物在环境中通过物理的、化学的或生物的作用改变其形态或转变为另一种物质的过程。各种污染物转化的过程取决于它们的物理化学性质和所处的环境条件，此转化过程往往与迁移过程伴随进行。污染物的物理转化可通过蒸发、渗透、凝聚、吸附以及放射性元素的蜕变等一种或几种过程来实现。污染物的化学转化以光化学反应、氧化还原和络合水解等作用最为常见。生物转化是污染物通过生物的吸收和代谢作用而发生的转化。例如，大气中的二氧化硫（一次污染物）经光化学氧化作用或者雨滴中有铁、锰离子存在的催化氧化作用而转化为硫酸或硫酸盐（二次污染物）；同时也发生由气态（二氧化硫）转化为液态（硫酸）或固体（硫酸盐）的物理转化。水环境中重金属的氧化还原反应，使污染物的价态发生变化，如三价铬转化为六价铬，三价砷转化为五价砷；有害物质的水解，会使它分解而转化为另一种性质的物质，这些都是污染物的化学转化。微生物在合适的环境条件下会使含氮、硫、磷的污染物转化为其他无毒或毒性不大的化合物，如有机氮被生物转化为氨态氮或硝态氮，硫酸盐还原菌可使土壤中的硫酸盐还原成硫化氢气体进入大气；许多土壤中的有机物通过微生物的降解而转化为其他衍生物或二氧化碳和水等无害物，如微生物降解多氯联苯、塑化剂、农药等。

土壤中的微生物，包括细菌、真菌、放线菌和藻类等，它们中的有一些具有农药降解功能的种类。细菌由于其生化上的多种适应能力和容易诱发突变菌株，从而在农药降解中占有主要地位。细菌降解农药的本质是酶促反应，即化合物通过一定的方式进入细菌体内，然后在各种酶作用下，经过一系列的生理生化反应，最终将农药完全降解或分解成分子量较小的无毒或毒性较小的化合物的过程。

微生物在农药转化中的作用有矿化作用和共代谢作用。矿化作用是农药可以作为微生物的营养源而被微生物分解利用，生成无机物、二氧化碳和水，是农药最理想的降解方式。共代谢作用是有些合成的化合物不能被微生物降解，但若有另一种可供碳源和能源的辅助基质存在时，它们则可被部分降解。自然界中广泛存在大量具有共代谢功能的微生物，它们可以降解多种类型的化合物。共代谢作用在农药的微生物降解过程中发挥着主要的作用。

微生物降解农药时，农药在微生物体内发生氧化、还原、水解、缩合和共轭等一种或多种反应。

影响微生物降解农药的因素：

（1）微生物自身的影响　微生物的种类、代谢活性、适应性等都直接影响到对农药的降解与转化。研究表明，不同微生物种类或同一种类的不同菌株对同一有机底物或有毒金属的反应都不同。另外，微生物具有较强的适应和被驯化的能力。

（2）农药结构的影响　农药化合物的分子质量、空间结构、取代基的种类及数量等都影响到微生物对其降解的难易程度。一般情况下，高分子化合物比低分子量化合物难降解，聚合物、复合物更能抗生物降解；空间结构简单的比结构复杂的容易降解。

（3）环境因素的影响　环境因素包括温度、酸碱度、营养、氧、底物浓度、表面活性剂等。

污染物在环境中的转化往往是物理的、化学的和生物的作用伴随发生的。

第四节　污染物在生物体内的蓄积

污染物进入生物体后，易溶于水的、生物体能够分解的毒物，经机体的代谢作用后，很快排出体外，而脂溶性较强、不易分解、与蛋白质或酶有较高亲和力的毒物，就会长期残留在生物体内，如滴滴涕（DDT）、狄氏剂等农药，多氯联苯（PCBs）、多环芳烃（PAHs）和一些重金属等。它们的性质稳定，脂溶性很强，被摄入生物体内后，很难分解排泄。这些物质在体内就会蓄积，逐渐增大，它包括下列几种情况。

一、生物浓缩

生物浓缩是指生物机体或处于同一营养级上的许多种生物，从周围环境中蓄积某种元素或难分解的化合物，使生物体内该物质的浓度超过环境中的浓度的现象。生物浓缩又称生物富集。生物浓缩的程度用浓缩系数来表示。浓缩系数是指生物机体内某种物质的浓度和周围环境中该物质的浓度的比值，如式（5-1）：

$$BCF = C_b/C_e \qquad (5-1)$$

式中　BCF——生物浓缩系数；

C_b——某种元素或难降解物质在机体中的浓度；

C_e——某种元素或难降解物质在机体周围环境中的浓度。

生物浓缩系数可以是个位到万位级，甚至更高。其大小与下列三个方面的影响因素有关。在物质性质方面的主要影响因素是降解性、脂溶性和水溶性。一般，降解性小、脂溶性高、水溶性低的物质，生物浓缩系数高；反之，则低。如虹鳟对2，2′-四氯联苯和4，4′-四氯联苯的浓缩系数为12400，而对四氯化碳的浓缩系数是17.7；褐藻对钼的浓缩系数是11，对铅的浓缩系数却高达70000。在生物特征方面的影响因素有生物种类、大小、性别、器官、生物发育阶段等。如金枪鱼和海绵对铜的浓缩系数，分别是100和1400。在环境条件方面的影响因素包括温度、盐度、水硬度、pH、氧含量和光照状况等。如翻车鱼对多氯联苯浓缩系数在水温5℃时为6.0×10^3，而在15℃时为5.0×10^4，水温升高，相差显著。一般地，重金属元素和许多氯化碳氢化合物，稠环、杂环等有机化合物具有很高的生物浓缩系数。

二、生物积累

生物积累是指一生物在整个代谢的活跃期，通过吸收、吸附、吞食等各种过程，从周围环境中蓄积某种物质，以致随着生长发育，浓缩系数不断增大的现象。

生物积累程度也用浓缩系数表示。以水生生物对某物质的生物积累而论，其微分速率方程可以表示为式（5-2）：

$$\frac{dc_i}{d_t} = k_{a_i} c_w + \alpha_{i,i-1} \cdot W_{i,i-1} c_{i-1} - (k_{e_i} + k_{g_i}) c_i \qquad (5-2)$$

式中　c_w——生物生存水中某物质浓度；

c_i——食物链 i 级生物中该物质浓度；

c_{i-1}——食物链 $i-1$ 级生物中该物质浓度；

$W_{i,i-1}$——i 级生物对 $i-1$ 级生物的摄食率；

$\alpha_{i,i-1}$——i 级生物对 $i-1$ 级生物中该物质的同化率；

k_{a_i}——i 级生物对该物质的吸收速率常数；

k_{e_i}——i 级生物体中该物质消除速率常数；

k_{g_i}——i 级生物的生长速率常数。

此式表明，食物链上水生生物对某物质的积累速率等于从水中的吸收速率，从食物链上的吸收速率及其本身消除、稀释速率的代数和。

当生物积累达到平衡时 $dc_i/d_t=0$，式（5-2）成为式（5-3）

$$c_i = \frac{k_{a_i}}{k_{e_i}+k_{g_i}}c_w + \frac{\alpha_{i,i-1} \cdot W_{i,i-1}}{k_{e_i}+k_{g_i}}c_{i-1} \tag{5-3}$$

上列式子表明，生物积累的物质浓度中，一项是从水中摄得的浓度，另一项是从食物链传递得到的浓度。这两项的对比，反映出相应的生物富集和生物放大在生物积累达到平衡时的贡献大小。

三、 生物放大

生物放大是指在生态系统中，由于高营养级生物以低营养级生物为食，某种物质在生物机体中的浓度随着营养级的提高而逐步增大的现象。生物放大的结果使食物链上高营养级生物机体中这种物质的浓度显著地高于环境浓度生物放大的程度，同生物浓度和生物积累一样，也用浓缩系数来表示。例如，据1966年报道，在美国图尔湖湖水的滴滴涕浓度是 0.006mg/L，第一级营养级的藻类的浓缩系数为 167~500，大型水生植物为 3500，第二营养级的无脊椎动物的浓缩系数为 10000，经鱼类到达第四营养级的水鸟浓缩系数高达 120000 倍。

但是，生物放大并不是在所有条件下都能发生。据文献报道，有些物质只能沿食物链传递，不能沿食物链放大；有些物质既不能沿食物链传递，也不能沿食物链放大。这是因为影响生物放大的因素是多方面的。如食物链往往都十分复杂，相互交织成网状，同一种生物在发育的不同阶段或相同阶段，有可能隶属于不同的营养级而具有多种食物来源，这就扰乱了生物放大。不同生物或同一生物在不同的条件下，对物质的吸收、消除等均有可能不同，也会影响生物放大状况。

由于生物浓缩、生物积累和生物放大作用，进入环境中的污染物，即使是微量的，也会使生物尤其是处于高营养级的生物受到严重毒害，这对人类的健康也构成了极大的威胁。我们必须严格控制污染物的排放，杜绝高残留、难降解农药的生产和使用，从源头上预防和控制这类污染物对生物和人类的危害。

🔍 思考题

1. 不同食品原料污染物的来源及预防。
2. 污染物质生物体内蓄积对食品安全的影响。
3. 主要农业污染物有哪些？
4. 食品原料的重金属污染来源有哪些？
5. 简述工业三废对食品原料安全生产可能产生的主要危害。
6. 简述污水灌溉对食品原料安全生产可能产生的主要危害。

食品原料生产的安全控制

【提要】食品原料生产的安全控制包括食品原料的安全生产与农药、兽药、肥料以及转基因食品原料的安全问题。

【教学目标】了解内容：农药的概况与分类；兽药的概况与分类；国内外转基因食品的现状。理解内容：农药、兽药的危害；肥料的使用现状；影响农药生物富集的因素；食品原料生产中常用的肥料；转基因食品原料的安全问题。掌握内容：农药污染食品的途径；控制农药污染食品的措施；兽药污染食品的途径；控制农药、兽药污染的主要防控技术措施；肥料的分类，控制肥料的施用与污染的措施；转基因食品安全的检测程序。

【名词及概念】农药，"三致"作用，兽药，兽药残留，饲料添加剂，抗寄生虫药物变态反应，肥料，微生物肥料，转基因生物，转基因食品，转基因植物，转基因动物。

【课程思政元素】食品原料生产的安全控制与建设生态文明、和谐发展、可持续发展有密切联系，背后蕴含的正确的认知观与法治、公正及平等的价值观；防治措施背后的系统论、控制论思想及绿色、生态、安全意识；任何食品的安全都是相对的，经过安全评价获得政府批准的转基因产品与非转基因产品是一样安全的，转基因食品上市前都要通过严格的安全评价和审批程序，倡导学生用辩证的态度去看待转基因食品的安全性问题。

第一节　食品原料的安全生产与农药

随着全球养殖业和种植业的高速发展，农药在防治病虫害及调节植物生长过程中发挥了不可替代的作用。但农药的广泛使用同时带来了环境污染和食品农药残留问题。当食品中的农药残留超过最大残留限量时，将对人畜产生不良反应或通过食物链对生态系统中的生物产生危害。目前，食品中农药残留已成为全球公共卫生问题和一些国际贸易纠纷的起因，也是我国农畜产品出口的重要限制因素之一。因此，与时俱进制定农药相关的标准和法规，预防农药污染和残留超标，以保证食品原料与食品安全，对保障人类的健康非常重要。

一、农药的概况

农药的发展历史大概可分为两个阶段：20世纪40年代以前的天然药物及无机化合物农药时代，20世纪40年代后的有机合成农药时代。目前全球农业种植中最常用的农药有数百种。

农药的合理使用已成为农业生产中保产与增产的有效措施，并成为卫生保健领域中除害灭病、维护人类健康的措施之一。据世界各地的研究资料表明，如不施用农药，农作物病虫害将使产量损失 30%~50%；在卫生防疫上，使用滴滴涕等农药消灭虱、蚊等，防止了整个欧洲的斑疹伤寒、疟疾和乙型脑炎的蔓延和传播，使得印度疟疾病人从 1952 年的 7500 万例，降低到 1964 年的 10 万例。

关于农药的定义，法律定义为：用于预防、消灭或者控制危害农业、林业的病、虫、草和其他有害生物以及有目的地调节植物、昆虫生长的化学合成或者来源于生物、其他天然物质的一种物质或者几种物质的混合物及其制剂。按《中国农业百科全书·农药卷》的定义，农药主要是指用来防治危害农林牧业生产的有害生物（害虫、害螨、线虫、病原菌、杂草及鼠类）和调节植物生长的化学药品，但通常也把改善有效成分的物理、化学性状的各种助剂包括在内。需要指出的是，农药的含义和范围在不同的时代、国家和地区有所差异。如美国早期将农药称之为"经济毒剂"，欧洲则称之为"农业化学品"，还有的书刊将农药定义为"除化肥以外的一切农用化学品"。20 世纪 80 年代以前，农药的定义和范围偏重于强调对有害物的"杀死"，但 20 世纪 80 年代以来，农药的概念发生了很大变化。我们不再注重"杀死"，而是更注重于"调节"，因此，将农药定义为"生物合理农药""理想的环境化合物""生物调节剂""抑虫剂""抗虫剂""环境和谐农药"等。尽管有不同的表达，但今后农药的内涵必然是"对害物高效，对非靶标生物及环境安全"。

二、 农药的分类

农药种类繁多，可根据用途即使用对象分类，也可以按成分、剂型、毒性、使用方法及作用机理等进行分类。

按照用途可将农药分为：杀虫剂、杀螨剂、杀线虫剂、杀菌剂、除草剂、杀虫杀菌剂、杀鼠剂、植物生长调节剂、驱避剂、引诱剂、附着剂、天敌、微生物制剂等。

按照剂型可以将农药分为：粉剂、颗粒制剂、悬浮剂、乳剂、水乳剂、微胶囊剂等。

按照农药的有效成分可以分为有机磷系列、氨基甲酸盐系列、合成拟除虫菊酯系列、沙蚕毒素系列、大环内酯物系列、苯基吡唑类等。

三、 农药污染食品的途径

食品中的农药残留，一方面来自农药对作物的直接残存，另一方面来自作物从环境中对农药的吸收以及食物链的传递与生物富集，如图 6-1 所示。

（一） 农药对作物的直接残存

农药施用以后，有部分农药会残存在作物上，或黏附在作物的体表，或渗入植物组织内部，或随植物的体液传送到植株的各个部分，这些残留的农药在外界环境的影响下和植物体内各种酶系的作用下逐渐降解、消失。

（二） 通过土壤中沉淀的农药污染

在农田喷洒的农药，一般只有 10%~20% 吸附或黏着在农作物茎、叶、果实的表面，起杀虫或杀菌作用，而有 40%~60% 的农药洒落在地面，污染土壤。农药在土壤中的分布，主要集中在土壤耕作层。土壤中的农药可通过植物的根系吸收转移至植物组织内部和食物中去，土壤中农药的污染量越高，食物中的农药残留量也越高。

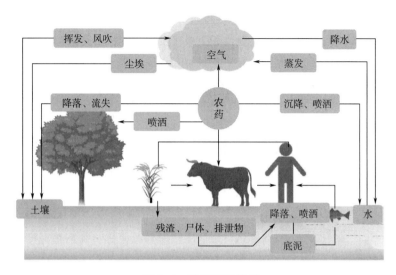

图6-1 农药污染途径

但附着于茎、叶、果实的农药会经日光分解、风雨漂洗而流失。同时吸入作物体内的农药经代谢与分解后，作物的农药残留通常会降低到对人体健康不产生影响的水平。具体说来，规定农田的施药标准使得农药残留量在作物收获时低于残留标准。所以，在农药的开发过程中，通过开展对拟开发的候选化合物的设计及筛选，使得施用于农田时其残留量低于残留标准，仅允许在环境中易被降解而在作物中不残留或不易残留的化合物作为农药登记而使用。另外，对在土壤等环境中稳定性高、难分解的化合物，即使其有优越的杀菌活性，也不可作为农药登记及使用。

（三） 农药的生物富集与食物链传递

生物富集又称生物浓缩，是指处于同一营养级的生物体利用非吞食方式，从周围环境（水、土壤、大气）中积累某种元素或难降解的物质，使其在机体内的含量超过周围环境中含量的现象。生物富集现象最终导致生物体内的污染物浓度超过了环境中该污染物的浓度。而生物放大是指同一食物链上的高营养级的生物，通过吞食低营养级生物而累积某种元素或难降解物质，使其在机体内的含量随营养级数的提高而增多的现象。生物放大作用可使食物链上高营养级的生物体内的这种元素或物质的浓度超过了周围环境中的浓度。

而生物累积是指生物体在生长发育过程中，直接通过环境（水、土壤、大气）和食物链蓄积某种元素或难降解物质，使其在机体中的含量超过周围环境中的浓度的现象。生物累积可以认为是生物富集和生物放大的总和。

影响农药生物富集的因素：

（1）农药的理化性质　脂溶性大的农药容易在生物体富集。

（2）生物种的特性　生物体内存在的、能与污染物结合的活性物质活性的强弱和数量的多少都能影响生物富集。这类物质包括糖类、蛋白质、氨基酸、脂类和核酸等。如氨基酸中都含有羧基和氨基，它们都能与金属结合形成金属螯合物；脂类则含有极性酯键，这类酯键能和金属离子结合形成络合物或螯合物，导致重金属储存在脂肪内。污染物质和这些生物各组分结合，就被固定在生物体的各部位，降低污染物的活性，从而加速了生物的吸收，富集量也相应增加。

（3）不同器官　生物体的不同器官对农药的富集量也有差别。因为各类器官的结构与功能不同，所以与农药接触时间长短、接触面积大小等都不相同，富集量存在差异。如毒死蜱和丙溴磷在鲫鱼组织器官中均能检测到，且富集量都表现为肝脏>鳃>肌肉。

（4）农药在环境中的含量和稳定性。

（5）动物的取食方式和取食量　一般代谢能力强、脂肪含量高的生物易富集农药。

（四）　通过气流扩散大气层污染

农药的喷洒可直接污染大气层，虽量甚微，但长时期的接触也会造成土壤和水域的污染，并危害在大气层生活的生物和人类，同时还可通过气流进行远距离的扩散。在一些遥远的南北极地区，也检出有农药的存在。

（五）　农药污染的其他来源

除上述来源外，还有一些途径能造成农药残留的形成，如食用被农药污染的水源加工食品或农副产品；农药的生产及使用者在接触农药后立即接触食品或农产品等。

四、　农药的危害

人们进食残留有农药的食物后是否出现中毒症状及出现症状的轻重程度要依农药的种类及进入体内的农药量来定。并不是所有农药污染的食品都会引起中毒，如果污染较轻，人体摄入的量较小时不会出现明显的症状，但往往有头痛、头昏、无力、恶心、精神差等一般表现；当农药污染较重，进入体内的农药量较多时可出现明显的不适，如乏力、呕吐、腹泻、肌颤、心慌等表现；严重者可出现全身抽搐、昏迷、心力衰竭等症状，甚至引起死亡。农药对人畜的危害可分为急性毒性、慢性毒性、迟发性神经毒性、致畸、致癌、致突变作用等。对于有致畸、致癌、致突变作用的农药品种，要根据其作用强度采取禁产、禁用或限用等措施。因此，在生产实践过程中，与人类关系密切的主要是急性毒性和慢性毒性。

（一）　急性毒性

急性中毒主要由职业性（生产和使用）中毒、自杀或他杀以及误食、误服农药，或者食用喷洒了高毒农药不久的蔬菜和瓜果，或者食用因农药中毒而死亡的畜禽肉和水产品而引起。急性中毒发病急、症状明显、严重，中毒后常出现神经系统功能紊乱和胃肠道症状，严重时会危及生命。

（二）　慢性毒性

农药对人体的急性危害往往容易引起人们的注意，而慢性危害则易被人们忽视。因为慢性毒性产生的生理变化（又称为细微效应）常常没有明显症状，所以几乎不引起人们的注意。虽然迄今为止并没有观察发现到慢性中毒死亡的事例，但是最新研究表明，这类危害是值得注意的。

（三）　对酶系的影响

肝微粒体多功能氧化酶是哺乳动物体内一组具有多功能的代谢酶系。一般认为多功能氧化酶是一种解毒酶，它能把农药氧化或羟基化成极性更高的物质，易于排泄，但也可以增毒，如涕灭威、对硫磷等。

有机氯农药滴滴涕、有机磷农药杀虫畏和氨基甲酸酯农药叶蝉散等都对肝微粒体酶具有诱导作用。这种作用对有毒化合物有一定的解毒效果，但同时由于诱导使肝细胞光滑内质网增生，哺乳动物肝脏重量增加，会对肝功能带来不利影响。

有机磷农药对胆碱酯酶有抑制作用，从而对神经系统功能产生影响。滴滴涕作用于肾上腺皮质，减少血浆胆红素的含量，提高胆红素葡萄糖醛酸转移酶的活性。有机磷、氨基甲酸酯杀虫剂对血清中葡萄糖醛酸苷酶有显著影响，在极低用量时，不影响胆碱酯酶，但可以引起葡萄糖醛酸苷酶活性的明显增加。

（四）　组织病理改变

有机氯杀虫剂可引起肝脏病变，某些有机磷农药可引起皮炎及皮肤刺激，也有的可引起眼睛受损等。

（五）"三致" 作用

"三致" 作用是指致癌、致畸和致突变。如果使用的农药对脱氧核糖核酸（DNA）能产生损害作用，就可能干扰遗传信息的传递，引起子细胞突变。当致突变物质作用于生殖细胞，使生殖细胞发生变化时就会致畸，若引起体细胞突变便可能致癌。有些农药在动物体内已经被证实具有致癌作用，有机氯农药常被认为有 "三致" 作用。有机磷农药大部分是弱烷化剂，如敌敌畏、敌百虫、乐果、甲基对硫磷、甲基内吸磷等都能与 DNA 的鸟嘌呤起甲基化作用，因而有可能引起癌症。敌百虫和乐果对小白鼠体内骨髓细胞有致突变作用。有些氨基甲酸酯杀虫剂能产生亚硝胺类化合物，亚硝胺具有致畸作用。除草醚和杀虫脒被认为有 "三致" 作用，已停止使用。

当然，"三致" 作用试验大多是在高剂量情况下在动物（小白鼠）身上做的试验，因此，不能机械、简单地类推到人体中。但这是值得注意和研究的问题，因为一旦在人体上发现该现象时则为时已晚。如美国在越南战争期间，使用化学落叶剂造成战后出现许多畸形儿就是一个典型的例子。

农药对机体的毒性作用，取决于其固有毒性以及农药或活性代谢产物到达作用部位的数量，而后者与化学毒物在体内的吸收、分布、代谢和排泄过程有关。农药从机体的外表面或内表面（如皮肤、消化道黏膜和肺泡）吸收进入血循环，随血液分布到全身各组织。在某些特定的组织，如肝，可以通过代谢从机体内被有效地清除，而在另一些组织，如肾和肺，则通过排泄清除。吸收、分布、代谢和排泄过程共同影响农药在靶器官中的浓度和持续时间。

五、　控制农药污染食品的措施

随着工农业生产的发展，化学农药的使用也日益普遍，农药残留对人体健康的危害不容忽视。为了确保食品安全，必须采取正确的对策和综合防治措施，尽量减少农药对食品的污染及其残留，以保障百姓的身体健康。

（一）　加强农药管理

最主要的是建立农药注册制度。各种农药必须申请注册，申请时必须具备该农药的化学性质、使用范围、使用方法和药效、药害试验资料，对温血动物的急性与慢性毒性和致癌、致畸、致突变的试验资料，对水生生物的毒性、残留与分析方法等有关资料。未经注册批准的农药，不准投产出售。一般注册有效期应为三年，之后应重新申请注册。

（二）　禁止和限制某些农药的使用范围

目前，某些危害较大的农药已被禁止使用，国家明令禁止使用的农药和限制使用的农药清单可从中华人民共和国农业农村部官网查询。

根据农药的化学结构，对一些有致癌等危害作用的农药应该绝对禁止使用。对于残效期长又有蓄积作用的农药只能用于作物种子的处理，残效期长而无蓄积作用的农药可用于果树。某些农药急性毒性较大，但分解迅速又无不良气味的可用于蔬菜、水果及烟、茶等经济作物。

对现有生产和使用的农药品种进行全面研究，包括农药残留、急性毒性、慢性毒性及对环境的污染（包括水、土壤），根据检测和研究结果，综合分析确定农药使用范围，提出合理用药的安全措施，以及对一些剧毒、高毒及化学稳定性高的农药加以限制和禁用，以高效低残毒的新农药来替代。不少国家对一些化学农药都已采取了禁用和限用的措施。

（三） 规定施药与作物收获的安全间隔期

对每一种农药，要根据其特性，研究确定其残留量和半衰期，并规定最后一次施药至收获前的间隔期，减少或避免农药残留，以保证食品的安全性。NY/T 1276—2007《农药安全使用规范　总则》和 GB 8321.1~GB 8321.9《农药合理使用准则》规定了常用农药所适用的作物、防治对象、施药时间、最高使用剂量、稀释倍数、施药方法、最多使用次数和安全间隔期、最大残留量等，以保证农产品中农药残留不超过食品卫生标准中规定的最大残留量标准。

（四） 制定农药在食品中的残留量标准

根据每一种农药的蓄积作用、稳定性、对动物的致死量、安全范围等特性，制定其在食品中的残留量标准，为安全食品的生产提供参考。制定农药在食品中的残留标准应参考以下几点：①农药在食品中的蓄积特点；②农药对外界环境因素及加工处理的稳定性；③农药在最敏感动物慢性试验中的最大安全阈；④按人的平均体重及每天食物总量来计算的摄入量。

（五） 开展高效低残留新农药的研究和推广

为了逐步消除和根本解决化学农药对食品和环境的污染问题，必须积极研究和推广高效、无毒、低残留（或无残留）、无污染、无公害的新型农药，逐渐淘汰传统农药。这是当前国内外农药发展的总趋势。寻找理想的高效低残留农药必须具备以下两个条件：①对防治对象具有选择性，保证对人、畜、鱼和害虫的天敌不造成危害；②容易受阳光、土壤和微生物的作用而分解，不会污染环境。

在农业生产中，应用生物病虫害综合防治措施，加强环境中农药残留检测工作，健全农田环境监控体系，防止农药经环境或食物链污染食品和饮水。此外，还须加强农药在贮藏和运输中的管理工作，防止农药污染食品，或者被人畜误食而中毒。开展食品卫生宣传教育，增强生产者、经营者和消费者的食品安全知识，严防食品农药残留，杜绝农药残留对人体生命健康造成危害。

（六） 采用科学合理的加工食用方法，消除食品中农药的残留

农产品中的农药，主要残留在粮食糠麸、蔬菜表面和水果表皮，可用机械的或热处理的方法予以消除或减少，尤其是化学性质不稳定、易溶于水的农药，在食品的洗涤、浸泡、去壳、去皮、加热等处理过程中均可大幅度消减。食品在食用前要去皮、充分洗涤、烹饪和加热处理。实验结果显示，加热处理可使粮食中六六六减少 34%~56%，滴滴涕减少 13%~49%。

第二节　食品原料的安全生产与兽药

自 20 世纪以来，公共卫生和动物卫生对兽药的依赖是众所周知和毫无争议的，其在降低

动物发病率和死亡率、促进生长、提高饲料利用率和动物生产性能、改善产品品质方面的作用十分明显，已成为现代畜牧业不可或缺的物质基础。但矛盾的是，随着兽药被广泛应用，其结果必然会导致动物性食品的兽药残留问题，随之引起的食品安全事件频繁发生，给人类健康带来巨大威胁。兽药残留已经成为影响动物性食品的质量和全球消费者健康的重要问题。因此加强兽药残留监控，解决兽药残留问题，对于提高动物性食品的质量，保障食品安全，保护人民身体健康以及促进农产品国际贸易均具有极其重要的意义。

一、　兽药概述

（一）　兽药的概念

兽药是指用于预防、治疗、诊断动物疾病或者有目的地调节动物生理机能的物质（含药物饲料添加剂），主要包括血清制品、疫苗、诊断制品、微生态制品、中药材、中成药、化学药品、抗生素、生化药品、放射性药品以及外用杀虫剂、消毒剂等。

饲料添加剂是指为满足特殊需要而加入到动物饲料中的微量营养性或非营养性物质，饲料药物添加剂则指饲料添加剂中的药物成分，也属于兽药的范畴。

我们一般将兽药分成兽用生物制品和兽用化学药品两大类，将疫苗、诊断液和血清等作为兽用生物制品，其他的兽药都归类为兽用化学药品。

（二）　兽药残留的概念

兽药残留是"兽药在动物源食品中的残留"的简称，根据联合国粮农组织和世界卫生组织（FAO/WHO）食品中兽药残留联合立法委员会的定义，兽药残留是指动物产品的任何可食部分所含兽药的母体化合物及（或）其代谢物，以及与兽药有关的杂质。所以，兽药残留既包括原药，也包括药物在动物体内的代谢产物和兽药生产中所伴生的杂质。一般以 μg/mL 或 μg/g 计量。

（三）　兽药残留限量

所谓最高残留限量（MRL）是指对食品动物用药后产生的允许存在于食品表面或内部的该兽药残留的最高量。

根据农业农村部、国家卫生健康委员会和国家市场监督管理总局公告 2019 年第 114 号，GB 31650—2019《食品安全国家标准　食品中兽药最大残留限量》已于 2020 年 4 月 1 日正式实施。此次发布的食品中兽药最大残留限量标准规定了 267 种（类）兽药在畜禽产品、水产品、蜂产品中的 2191 项残留限量及使用要求，基本覆盖了我国常用兽药品种和主要食品动物及组织，标志着我国兽药残留标准体系建设进入新阶段。

二、　兽药的分类

兽药残留的种类主要有以游离或结合形式存在的原药及其主要代谢产物（除高亲脂性化合物，因代谢和排泄迅速，不会在动物体内蓄积）、共价结合代谢物（因其从机体排出相对较慢）。

兽药种类繁多，按用途可分为以下几类：抗微生物药物、抗寄生虫药物、杀虫剂和生长促进剂。抗微生物药物有抗生素类药物和合成抗生素类药物，是最主要的兽药和药物添加剂，约占药物添加剂的 60%。

（一）抗微生物药物

抗微生物药物是指对病原微生物（细菌、真菌、病毒、支原体、衣原体等）具有抑制或杀灭作用的物质。

1. 抗生素

抗生素是由微生物（包括细菌、真菌、放线菌属）或高等动植物在生活过程中所产生的具有抗病原体或其他活性的一类次级代谢物，能干扰其他生物细胞发育功能的化学物质。用于治疗敏感微生物（常为细菌或真菌）所致的感染。

根据化学结构，常见的抗生素可分为四环素类、氨基糖苷类、β-内酰胺类、大环内酯类、林可酰胺类、氯霉素类、多肽类等。

（1）四环素类　四环素类抗生素在化学结构上属于氢化并四苯环衍生物，具有酸碱两性特征，常为盐酸盐。四环素类抗生素抗菌谱极广，对革兰氏阳性菌、革兰氏阴性菌、多数立克次体属、螺旋体属乃至原虫类均可产生抑制作用。代表性药物：金霉素、土霉素、四环素和多西环素。

（2）氨基糖苷类　氨基糖苷类抗生素是由氨基糖与氨基环醇形成的苷。其共同特征：①均为有机生物碱，常与硫酸或盐酸生成盐，其盐易溶于水且性质较稳定。该类抗生素盐的解离度大，脂溶性差，口服不易吸收，几乎完全从粪便排泄，可作为肠道感染用药。注射给药后吸收迅速，大部分以原药物从尿中排出，适用于泌尿道感染。②抗菌谱广，对需氧革兰氏阴性菌的作用强，对厌氧菌无效；对革兰氏阳性菌的作用较弱，但对金黄色葡萄球菌及耐药菌株较敏感。碱性条件下药物的抗菌作用更强。③不良反应主要为肾毒性，导致肾功能减退，出现蛋白尿；耳毒性，损害第八对脑神经和前庭器官功能，导致耳聋和运动失调；神经肌肉阻滞作用，导致骨骼肌松弛，呼吸肌麻痹，甚至呼吸停止。代表性药物：链霉素、卡那霉素、庆大霉素、新霉素和安普霉素等。

（3）β-内酰胺类　β-内酰胺类抗生素指化学结构中具有β-内酰胺环的一大类抗生素，包括临床常用的青霉素与头孢菌素。β-内酰胺类抗生素具有杀菌活性强、毒性低、适应证广及临床疗效好的优点。各种β-内酰胺类抗生素的作用机制均相似，都能抑制胞壁黏肽合成酶，即青霉素结合蛋白，从而阻碍细胞壁黏肽合成，使细菌胞壁缺损，菌体膨胀裂解。该类药物的化学结构，特别是侧链的改变形成了许多具有不同抗菌谱和抗菌作用以及各种临床药理学特性的抗生素。代表性药物：青霉素、氨苄青霉素、阿莫西林和头孢噻肟等。

（4）大环内酯类　大环内酯类抗生素的化学结构中含有12~16碳内酯环母核，并通过苷键连接有1~3个中性或碱性糖链。具有抗支原体、抗革兰氏阳性菌活性和低毒性；在碱性环境中稳定，抗菌活性强，在酸性环境中易失活，pH低于4时几乎完全失活。代表性药物：红霉素、泰乐菌素、替米考星等。

（5）林可酰胺类　林可酰胺类抗生素化学结构中含有氨基酸和糖苷部分，并通过肽键相连，主要抗革兰氏阳性菌。代表性药物：林可霉素（洁霉素）和克林霉素等。

（6）氯霉素类　氯霉素类抗生素包括氯霉素及其衍生物，又称为酰胺醇类。代表性药物：氯霉素、甲砜霉素和氟甲砜霉素。其中氯霉素为第一个人工合成的抗生素，由于再生障碍性贫血和灰色血小板综合征等严重毒副作用而被禁止使用。

（7）多肽类　多肽类抗生素是衍生自氨基酸的一类抗生素。多肽类抗生素是目前已知数量最为庞大的抗生素群，达近千种，绝大部分由放线菌产生，少数由真菌产生。但临床上常用的多肽类抗生素较少，主要用作药物饲料添加剂。其共同特点是口服不易吸收、促生长效应和不易产生耐药性，属低残留抗生素。多数多肽类抗生素对革兰氏阳性菌有较强的抑杀作用，个别则对革兰氏阴性菌和绿脓杆菌有作用。主要毒副作用为损害肾上皮细胞，导致肾功能障碍。代表性药物：杆菌肽、黏杆菌素、多黏菌素 B、维吉尼霉素。

2. 合成抗生素类药物

合成抗生素类药物最早出现于 1935 年，20 世纪 70 年代后得到快速发展。合成抗生素类药物具有抗菌谱广、价格低廉和性质稳定的优点，在兽医临床诊断和畜牧业生产中应用广泛。常见的合成抗生素类药物主要有磺胺类、喹诺酮类、硝基呋喃类、喹噁啉类、硝基咪唑类和二氨基嘧啶类等。

（1）磺胺类　磺胺类药物是具有氨基苯磺酰胺结构的一类药物总称，在兽医临床上用于预防和治疗细菌感染性疾病，具有抗菌谱广、性质稳定、使用方便、体内分布广泛等优点。根据不同磺胺类药物的理化性状和特点，磺胺类药物在兽医临床上的应用主要包括两种类型：①用于全身性感染的磺胺药物，代表性药物：磺胺嘧啶、磺胺间甲氧嘧啶、磺胺对甲氧嘧啶、磺胺甲噁唑、磺胺异噁唑等；②用于消化道感染的磺胺药，代表性药物：磺胺脒、酞磺胺噻唑、琥珀酰磺胺噻唑等。

（2）喹诺酮类　喹诺酮类药物在化学结构上属于吡酮酸衍生物，是继磺胺类药物之后人类在合成抗生素方面最重要的突破。喹诺酮类药物可抑制细菌 DNA 螺旋酶，抗菌谱广、高效、低毒、组织穿透力强，抗菌作用是磺胺类药物的近千倍。按发明先后及抗菌性能的差异，可分为三代药物。

①第一代喹诺酮类药物：只对大肠杆菌、痢疾杆菌、肺炎杆菌、变形杆菌及沙门氏菌等有效；对革兰氏阳性菌和绿脓杆菌作用弱或无效。临床上使用的主要是萘啶酸和噁喹酸，因疗效不佳又易产生耐药性，已少用。

②第二代喹诺酮类药物：其抗菌谱比第一代喹诺酮类药物明显扩大，对大肠杆菌、痢疾杆菌等有较强的抗菌活性，且对绿脓杆菌有效。临床上使用的主要是吡哌酸和氟甲喹。

③第三代喹诺酮类药物：又称氟喹诺酮类药物，其抗菌谱进一步扩大，抗菌活性更强，现已是兽医临床广泛应用的抗革兰氏阳性菌及支原体的有效抗菌药。代表性药物有恩诺沙星、诺氟沙星、沙拉沙星、达氟沙星等。

（3）硝基呋喃类　硝基呋喃类药物是呋喃核的 5 位引入硝基和 2 位引入其他基团的一类合成抗菌类。硝基呋喃类药物有非常好的抗菌作用，对大多数革兰氏阳性菌、革兰氏阴性菌、部分真菌和原虫有杀灭作用，曾被广泛应用于治疗和预防由大肠杆菌和沙门氏菌引起的哺乳动物消化道疾病和作为广谱抗菌药物应用于水产养殖。代表性药物：呋喃唑酮、呋喃它酮、呋喃西林和呋喃妥因等。硝基呋喃类药物由于具有致癌和致突变毒性，已被多数国家所禁用。

（4）喹噁啉类　喹噁啉类药物是人工合成的具有喹噁啉-1,4-二氮氧结构的动物专用药。该类药物抗菌谱广，对革兰氏阳性菌和革兰氏阴性菌均有较强的抑制作用，对猪密螺旋体有良好的防治作用；对动物生长具有显著的促进作用，曾被广泛用作猪等养殖动物的饲料药物添加剂。代表性药物：喹乙醇、卡巴氧、乙酰甲喹等。

（5）硝基咪唑类　硝基咪唑类药物是一类具有抗原虫和抗菌活性的药物，具有抗厌氧菌的作用。对原虫和各种厌氧菌具有显著的抑制作用，是治疗禽组织鞭毛滴虫病（火鸡黑头病）、牛胎毛滴虫病及猪密螺旋体性痢疾（猪赤痢）的有效药物；也用作生长促进剂，促进猪、鸡的生长及改善饲料转化率。代表性药物：甲硝唑、地美硝唑、替硝唑等。

（6）二氨基嘧啶类　二氨基嘧啶类药物为人工合成的广谱抗菌药物，因能增强磺胺类药物和多种抗生素的疗效，又称为抗菌增效剂。代表性药物：二甲氧苄氨嘧啶、三甲氧苄氨嘧啶等。

（二）抗寄生虫药物及杀虫剂

抗寄生虫药物是指能驱除或杀灭畜禽体内寄生虫的药物，包括抗蠕虫药物和抗原虫药物。杀虫剂包括有机磷、有机氯和菊酯类。寄生虫病是危害畜牧生产的一类常见病和多发病，它不仅造成畜禽的生产性能下降或引起死亡，而且某些人畜共患的寄生虫病还能危及人体健康。

1. 抗蠕虫药物

（1）苯并咪唑类　苯并咪唑类药物是一类现代广谱抗蠕虫药，品种较多。该类药物的特点是驱虫谱广且效果好，毒性低，甚至还有一定的杀灭幼虫和虫卵的作用。代表性药物：噻苯达唑、甲苯达唑、阿苯达唑等。

（2）阿维菌素类　阿维菌素类是新型广谱抗寄生虫药，药效极高，是目前使用最为广泛的驱虫药，也是适用量最大的兽药品种，主要用于体内、外寄生线虫和节肢动物感染的治疗和预防，但对绦虫和吸虫无效。代表性药物：伊维菌素、爱比菌素、多拉菌素等。

（3）咪唑并噻唑类　咪唑并噻唑类药物属于抗线虫药物，代表性药物：左旋咪唑。

（4）四氢嘧啶类　四氢嘧啶类药物属于抗线虫药物，代表性药物：噻嘧啶和甲噻嘧啶。

2. 抗原虫药物

（1）聚醚类　聚醚类药物是由微生物发酵产生的，对钠、钾、钙等金属离子有特殊的亲和力，可形成亲脂性络合物，来攻击子孢子和第一代裂殖体，使球虫体内 Na^+ 量急剧增加，妨碍离子的正常平衡和运转，球虫体内过剩的 Na^+ 不能排出，最后使虫体膨胀而死亡，因而又称离子载体抗球虫药。其独特的作用机理，使得与人工合成抗球虫药之间没有交叉耐药性的问题，代表性药物：莫能菌素、盐霉素、马杜拉霉素。

（2）三嗪类　三嗪类药物包括三嗪苯己腈化合物的地克珠利和属三嗪酮化合物的妥曲珠利。

（3）二硝基类　二硝基类药物包括二硝托胺和尼卡巴嗪。

（4）磺胺类　目前，由于广谱、高效、低毒的抗球虫药不断上市，多数磺胺药的抗球虫活性已无实用意义。我国批准专用于抗球虫的磺胺药仅为磺胺喹噁啉和磺胺氯吡嗪，兼用于抗球虫的药物有磺胺二甲嘧啶、磺胺间甲氧嘧啶等。

（5）其他类　包括氨丙啉（又称安普罗胺）和氯羟吡啶（又称克球酚）以及硝酸二甲硫胺、氯苯胍、常山酮等。

3. 杀虫剂

（1）有机磷类　代表性药物：敌百虫、敌敌畏、蝇毒磷、辛硫磷等。

（2）有机氯类　代表性药物：林丹，毒杀芬，滴滴涕（DDT）。

（3）菊酯类　代表性药物：二氯苯醚菊酯、氰戊菊酯、溴氰菊酯等。

（三）生长促进剂

具有促生长作用的物质包括亚治疗量抗微生物药物、性激素和 β-受体激动剂等。常见的促生长剂包括：甾类同化激素、二苯乙烯类，雷索酸内酯类、β-受体激动剂、生长激素、镇静剂、甲状腺抑制剂、离子载体类抗生素、有机砷等。生长促进剂主要通过增强同化代谢、抑制化或氧化代谢、改善饲料利用率或增加瘦肉率等机制发挥促生长效应。这类药物效能极高、起效快、剂量小，许多药物属内源性物质，监控难度较高。性激素和β-受体激动剂对人、动物和环境的潜在危害很大，包括我国在内的多数国家都禁止用于食品动物。

1. 甾类同化激素

甾类同化激素包括雄激素、雌激素、孕激素。甾类同化激素是通过调节机体代谢，尤其是蛋白质和脂肪的合成与分解代谢而起到促进生长育肥，增加胴体蛋白质含量，降低脂肪含量，降低饲料消耗作用。此类激素曾是应用最为广泛、效果显著的一类生长促进剂。

（1）雄激素　雄激素类生长促进剂主要对小母畜、育肥母畜有刺激生长、改善饲料效率、改进胴体品质的作用。代表性药物：睾酮、勃地酮、氯睾酮和诺龙等。

（2）雌激素　雌激素类生长促进剂主要对生长肥育期公畜或阉公畜有促进增重、提高胴体蛋白质含量、提高饲料转化率的作用，对幼母畜也有一定作用。代表性药物：$17-\beta-$雌二醇。

（3）孕激素　孕激素对生长、育肥母牛有较好的刺激生长作用，对阉公畜无效。代表性药物：群勃龙、孕酮、乙酸美仑孕酮等。

2. 二苯乙烯类

二苯乙烯类是具有雌激素性质的非甾体类同化激素，由于具有致畸胎、癌瘤等严重的毒副作用，在 20 世纪 70 年代末被许多国家纷纷禁止使用。代表性药物：己烯雄酚、己二烯雌酚和己烷雌酚等。

3. 雷索酸内酯类

雷索酸内酯类是具有雌激素性质的非甾体类同化激素。代表性药物为玉米赤霉醇。

4. β-受体激动剂

β_2-肾上腺受体激动剂（简称"β-受体激动剂"）是 20 世纪 80 年代以来研究开发的一类作用于细胞 β_2-肾上腺素受体的类激素添加剂物质，属苯乙胺类化合物。在动物体内具有类似肾上腺素的生理作用，能够增强心脏收缩、扩张骨骼肌血管和支气管平滑肌，临床上用于治疗休克和支气管痉挛。高剂量时则对多种动物（猪、牛、羊等家禽）具有提高饲料转化率和增加瘦肉率的作用。代表性药物：克伦特罗、沙丁胺醇、西马特罗、马布特罗、莱克多巴胺等。

5. 生长激素

生长激素是脊椎动物脑下垂体前叶嗜酸性细胞产生的多肽类激素，具有刺激调节机体生长的功能。在猪、鸡、牛、绵羊、人等动物中是由 191 个氨基酸残基组成，鸭中则由 189 个残基组成。可通过注射或埋植来刺激生长，口服无效。肌肉注射后，在动物体内很快被分解，残留量很少。代表性药物：牛生长激素和猪生长激素。

6. 镇静剂

临床上主要用于动物镇静，也可用于平滑肌解痉作用的辅助药，或用于抗休克、中暑、降温及高温运输防暑等辅助药。代表性药物：氯丙嗪、乙酰丙嗪、安定、心的安、利血平等。

三、　兽药污染食品的途径

现代化动物饲养多采用集约化的生产方式来提高生产效率。在集约化饲养条件下，高密度群体使生存环境拥挤，动物活动空间受限，易导致动物之间或人畜之间的疾病传播。因此，为了维持动物的健康和经济效益，直接对动物施用改善营养和病害防治用药或在饲料中添加一定的药物来达到预防效果已成了普遍的做法。用药剂量不当及频率的增加，容易造成食品中兽药或其代谢物等的蓄积。除动物病害防治用药和饲料添加用药外，食品保鲜过程中加入抗微生物制剂，以及食品生产、加工、运输过程中操作人员为自身疾病预防而无意带入的某些化学物也可导致兽药残留，具体表现在以下几个方面。

（一） 兽药的乱用和滥用

不正确地使用药物，如用药剂量、给药途径、用药部位和用药动物种类等不符合用药指示。在养殖过程中，一些养殖户通常长期、大量使用药物添加剂以预防动物疫病的发生，不合理地滥用药物是导致兽药残留超标的重要原因。同时，来历或疗效不明的抗生素及人用药物的使用、在未确诊的情况下兽药的重复超量使用、原料药制剂无效的直接使用、兽药的给药途径及对象的随意改变以及重复使用"一药多名"的药物等因素，均是导致兽药残留在动物体内过量积累的原因。

（二） 休药期内兽药的违规使用

在休药期结束前屠宰动物。休药期是指从停止给药到允许动物或其产品上市的间隔时间。休药期的长短与动物种类、用药剂量、给药途径及药物在动物体内的消除率和残留量有关。国家对许多兽药和药物饲料添加剂都规定了休药期，该规定是确保动物体内的兽药残留量不致引起消费者伤害的重要措施。在使用兽药及含药物添加剂投喂饲料时，不按规定施行休药期，将直接导致过量兽药残留发生。

（三） 违禁兽药的非法使用

所谓非法使用违禁药物，是指违反国家规定使用国家严格禁止的药物。截至 2018 年 10 月 31 号，我国明确列出的饲料和食品中养殖禁用物质的品种有 92 种，涉及农业部第 176 号、第 193 号、第 235 号、第 519 号、第 560 号等 9 个公告，包括 16 种肾上腺素受体激动剂、18 种精神药物、14 种性激素、28 种抗生素和杀虫剂以及其他类物质 16 种。这些公告从根本上杜绝了违禁药品在养殖和治疗过程中进入动物体内的可能。但在经济利益的驱使下，使用违禁兽药造成的兽药残留是引起公共安全事件最主要的原因之一。

（四） 违背有关规定

《兽药管理条例》明确规定，标签必须写明兽药的主要成分及其含量等。但有些兽药企业为了逃避报批，在产品中添加一些化学物质，却未在标签中说明；还有些兽药生产厂家夸大药物适应症，不标明兽药化学名称、主要成分、禁忌和毒副作用；另外在产品名称上标新立异，出现"一药多名"和"一名多药"的现象，从而造成用户盲目、重复、过量用药。这些违规做法均可造成兽药残留超标。

（五） 环境污染导致药物残留

在食品的生产、加工、贮运过程中可能会导致食品被未妥善保存的兽药意外污染（图 6-2），动物饲料来源受污染或者霉变而产生毒素，都可能造成食品最终的兽药残留超标。

四、 兽药残留的危害

兽药作为药物的一个大类，虽然在治疗动物疾病等方面发挥了巨大的作用，但滥用兽药极易造成动物源食品中有害物质的残留，而且对畜牧业的发展和生态环境也造成极大危害。兽药残留的危害主要有以下几个方面。

（一） 兽药残留对人类健康的危害

兽药残留是影响动物源性食品安全的重要因素之一。动物性食品中的药物残留对人类健康

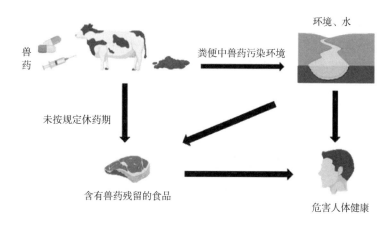

图 6-2　兽药污染途径

的危害少数表现为急性中毒和引起变态反应，多数表现为潜在的慢性中毒。人体由于长期摄入低剂量的同一残留物并逐渐蓄积而导致器官病变，影响机体正常的生理活动和新陈代谢，导致疾病的发生，甚至死亡。

1. 急性及慢性毒性

人若一次过量摄入兽药残留超标的食品，会出现急性中毒反应。盐酸克伦特罗由于能提高瘦肉率而被养殖户广泛地使用，但其易在动物肝脏、肺等组织中残留，因食用这些组织而引起急性中毒的报道已经屡见不鲜。但是一般兽药残留的毒性作用多是通过长期接触或逐渐在体内蓄积而造成的，畜禽产品中兽药残留的浓度通常较低，常表现为潜在的慢性中毒，如三聚氰胺对泌尿系统的结石危害，氨基糖苷类药物（如链霉素卡那霉素族、新霉素族等）的耳毒性以及肾脏毒性，磺胺类药物对泌尿系统的损害和颗粒性白细胞缺乏症，氯霉素导致的再生障碍性贫血和白血病，幼儿出现"灰婴综合征"等。

2. "三致"作用

当人们长期食用具有潜在致癌、致畸和致突变作用的含药物残留的动物性食品时，药物在体内不断积蓄，可能引起基因突变或染色体畸变。苯并咪唑类、喹噁啉类、硝基呋喃类、砷制剂等多种药物已证明有"三致"作用，喹诺酮类药物个别种类已在真核细胞内显示出突变作用。磺胺二甲嘧啶等一些磺胺类药物可诱发啮齿动物甲状腺增生，并有致癌倾向。链霉素和治疗量的四环素具有潜在的致畸作用。

3. 引起变态反应（又称过敏反应）

食物过敏是指食物进入人体后，机体对其产生异常免疫反应，导致机体生理功能的紊乱和（或）组织损伤，进而引发一系列临床症状。兽药中常引发过敏反应的药物主要有青霉素类、磺胺类、四环素类和某些氨基糖类药物，其中青霉素及其代谢物所引起的过敏反应最为常见和严重。过去几十年中，有关乳及乳制品中青霉素和磺胺类药物残留引起的人过敏反应时有发生，轻者引起皮肤瘙痒、皮炎或荨麻疹，重者引起急性血管性水肿、休克，甚至死亡。

4. 激素类作用

激素类药物，如甾体类激素（雌激素、雄激素、糖皮质激素等）和非甾体类激素（己烯雌酚、己烷雌酚）在促进动物生长、提高饲料转化率、促进动物发情、提高受胎率等方面效果明显。这类药物可扰乱人体内分泌系统，导致异性化，引起儿童早熟、肥胖。例如，雄性激素会导致男性睾丸萎缩、肝肾功能障碍或肝肿瘤，女性出现雄性化、月经失调、毛发增多等；雌激素会导致男性女性化、抑制骨骼和精子发育，且雌激素物质可导致女性及其后代的生殖器官发生畸形或癌变。

5. 对胃肠道微生物的影响

在正常条件下，人体消化道内的微生物维持着共生状态的平衡，某些有益菌群会合成人体所需的维生素来帮助食物消化或促进身体健康发展。某些广谱抗生素进入肠道后会抑制某些敏感菌群而使不敏感菌大量繁殖，破坏了人体消化道微生物的平衡状态。长期摄入这些兽药超标的食品，会导致二次感染、菌群失衡、消化道功能紊乱和维生素缺乏等疾病。

6. 诱导产生耐药菌株

随着抗生素的不断应用，细菌的耐药性越来越严重。在治疗细菌性疾病过程中没有充分考虑穿梭或交叉用药，而使耐药菌株不断出现。此外，在一些高档饲料中，添加大量高档抗生素以达到预防疾病的目的，导致动物长期低剂量采食抗生素，使体内大量细菌产生耐药性，甚至许多细菌已由单药耐药发展到多重耐药，并不断向环境中排放，造成环境中耐药菌数量大幅度上升，相应引发的疾病也显著增加。传统的条件致病菌在常规条件变为非条件性病原菌，致病菌毒力变异明显，非典型病例增多，致病菌免疫原性变异加剧，新的血清型不断出现，病原菌突破种、属障碍，感染宿主呈现多样化，动物并发、继发感染的现象越来越普遍。

（二） 兽药残留对生态环境的影响

一些不能被动物充分吸收利用或性质稳定的兽药及其代谢产物随着排泄物进入污水或者直接排入环境，而环境自净力和水处理技术的有限性，使大部分抗生素类药物无法去除，造成周围环境的兽药残留。有报道称，在用动物排泄物施肥的土壤 0~40cm 的表层，检测到的土霉素和金霉素残留最大浓度竟分别高达 32.3mg/kg 和 26.4mg/kg。环境中的兽药残留可能通过动物摄食或饮水重新进入动物体内，最终通过食物链富集到人体内，损害人类健康。

（三） 影响畜牧业发展

长期滥用药物严重制约着畜牧业的健康持续发展。如长期使用抗生素易造成畜禽机体免疫力下降，影响疫苗的接种效果；还可引起畜禽内源性感染和二重感染；使得以往较少发生的细菌病（大肠杆菌、葡萄球菌、沙门氏菌）转变成为家禽的主要传染病。此外，耐药菌株的增加，使有效控制细菌疫病变得越来越困难。

（四） 影响食品贸易和经济的发展

兽药残留影响动物源性食品的出口贸易。20 世纪 90 年代初，我国畜禽产品开始进入国际市场，但由于药物残留常被有关国家相继退货或销毁。出口日本的鸡肉，由于克球酚残留超标相继被退货，导致出口受阻。欧盟以中国饲料中用药过滥，畜禽产品中残留超标等原因，于 1996 年 8 月停止进口我国畜禽产品。随后，我国畜禽产品在韩国、南非等国出口也受到遏制。1997—1998 年欧盟曾 4 次派人来我国考察鸡肉产品，对我国疫病防治、兽医管理体制、产品药残及检测手段等方面提出了异议，并决定继续对我国畜禽产品采取贸易禁运，造成了政治和经济的巨大损失。当疯牛病、痒病、口蹄疫等在欧洲肆虐，世界牛肉和牛制品的销售遭受重创时，巨大的市场真空并未被我国的牛肉填补，主要是因为兽药残留问题。

我国加入世界贸易组织（WTO）后，国际贸易中的非贸易性技术堡垒现象，使我国畜禽产品的出口面临更加激烈的竞争环境。若不能很好地控制兽药残留，畜禽产品的出口贸易将困难重重。

五、　控制兽药残留的措施

我国对动物性食品中兽药残留监控工作起步较晚，随着社会经济的发展，国际交往和食品贸易日益密切，人们对食品质量安全提出了越来越高的要求，也逐渐认识到兽药残留对人类健康的危害，有关部门已经开始重视动物性食品中的兽药残留问题，制订了各种监控兽药残留的法规，这是我国对兽药残留监控保证动物性食品安全的有力措施。食品中控制兽药残留的措施主要包括以下几个方面。

（一）　合理规范使用兽药

应科学合理使用兽药，禁止使用违禁和伪劣兽药。使用兽用专用药，合理配伍用药，尽量减少用药种类，特殊情况下一般最多不超过三种抗菌药物。

（二）　严格规定休药期，制定兽药最大残留限量

为保证内服或注射药物后，动物组织中的残留量降至安全范围，必须严格规定药物休药期，并制定最大残留限量。

（三）　加大管控力度

加大对兽药经营环节的监管力度，结合药品经营质量管理规范（GSP）对兽药店进行监督检查，防止假冒伪劣或过期兽药在市场上流通。并对畜禽养殖环节采取相应管控措施，合理养殖，有效预防，减小发病率，进而减少药物的使用，生产记录应明确记录疫病防治情况、所用药品的名称、来源、用法、用量、用药停药时间及屠宰日期，并定期检查。另外还需加大兽药质量检测及畜禽产品兽药残留检测力度，制定严格的抽样监测制度，提高兽药检测及兽药残留监测能力，做到检测能力参数能够全面覆盖所监控区域市场上所有产品，保证每个环节合法、诚信、规范。

（四）　选择合适的食品加工食用方式

可通过选择合适的加工、烹调、冷藏等方法减少食物中的兽药残留。世界卫生组织（WHO）估计，经加热烹调后，肉制品中残留的四环素类可从 $5\sim10mg/kg$ 降至 $1mg/kg$；氯霉素经煮沸 30min 后，至少使 85% 失活。

（五）　完善技术标准及法律法规

为了与国际接轨，我国应进一步完善兽药残留检测的技术标准及法律法规。近些年，我国已经相继制定了《兽药管理条例》《允许作饲料添加剂的药物品种及使用规定》《食品动物禁用的兽药及其化合物清单》等规定，在动物养殖及产品生产加工检测等步骤更加规范化管理，进一步提高动物源性食品安全质量，为食品安全及国际贸易出口打下基础。

（六）　新型兽药研究

药物生产企业应加强高效、低毒、低残留兽药的研制，用微生态制剂、中草药兽药等代替高毒、高残留药物，减轻其产生的残留危害。通过基础研究确定新兽药的毒理学特性，通过研究新兽药的代谢途径、最大剂量、用药周期、日允许量来制定新型兽药的休药期和残留控制标准，使得新型药物更加科学合理应用在生产中。

（七）　发展绿色畜牧业

绿色畜牧业是畜牧业发展的必然方向，绿色畜牧业秉承可持续发展的原则，可以从养殖模式上的优化减少动物源性食品中兽药残留带来的危害，促进经济发展，同时可以减轻对

生态环境的污染。发展集约化养殖可以更好地便于政府管控和养殖场废物无害化处理，同时绿色畜牧业还可以通过提高饲料利用率、推广绿色饲料添加剂、利用生态工程技术等措施实现。

第三节　食品原料的安全生产与肥料

肥料是植物的粮食，是农业生产的物质基础。肥料在给人类带来作物丰产的同时，也产生污染，给作物的食用安全带来一系列的问题。如某些违背生态规律，破坏自然资源的生产技术，片面追求生产效益而滥用化肥，使生产出来的瓜、菜、水果淡而无味，营养成分含量低以及硝酸盐累积等环境问题，对农产品质量安全和消费者健康造成严重影响。

一、肥料的定义与分类

凡是施在土壤中或植物体上，能够供给植物养分和改善土壤性质的物质，都称为肥料。肥料的种类很多，分类方法也多种多样，如表6-1所示。直接供给作物必需营养的那些肥料称为直接肥料，如氮肥、磷肥、钾肥、微量元素和复合肥料都属于这一类。另一些主要为了改善土壤物理性质、化学性质和生物性质，从而改善作物的生长条件的肥料称为间接肥料，如石灰、石膏和细菌肥料等属于这一类。然而，这两类肥料有时是不能截然分开的，如有机肥料既是直接肥料又是间接肥料。

表6-1　　　　　　　　　　　　　肥料的分类

分类方法	肥料种类
按肥料来源、组分、性质	化肥、有机肥、生物肥料
按营养元素	氮肥、磷肥、钾肥、硼肥等
按营养成分比例	单质肥料、复合肥料、混合肥料
按肥料状态	固体（粉状、粒状）、液体肥料
按肥料中养分供应速率	速效肥、缓效肥料、长效肥料
按肥料中养分形态	氨态氮肥、硝态氮肥、酰胺态氮肥
按肥料溶解性	水溶性、弱酸溶性、难溶性肥料
按积攒方法	堆肥、沤肥、沼气发酵肥等

二、肥料使用现状和存在问题

在实际生产中不使用肥料、农药，作物难以形成较高的产量和效益。我国肥料生产和施用历史如表6-2所示。就肥料的使用情况来看，目前存在的主要问题：

第一，在农业生产特别是食品原料生产中，存在着盲目施肥现象，为了追求产量，使肥料用量大增，造成土壤板结，物理性状变差。据31个省、市、自治区的调查，目前在农业结构改制后的蔬菜、瓜果地里，单季作物肥料（折合纯养分）用量通常可达 $56 \sim 2000 kg/hm^2$ 以上，如一些蔬果种植大县的肥料平均用量已达 $1146 kg/hm^2$。

第二，肥料品种结构不合理。首先，在施用的肥料中，主要以单一化肥为主，复合肥仍较少。而单一化肥中仍以氮肥为主。氮、磷、钾施用比例失调，$N : P_2O_5 : K_2O = 1 : 0.4 : 0.2$ 左右。20 世纪 90 年代，全世界氮肥使用量为 8000 万 t 氮，其中我国用量达 1726 万 t 氮，占世界用量的 21.6%。我国耕地平均施用化肥氮为 $224.8 kg/hm^2$，其中有 17 个省的平均施用量超过了国际公认的上限 $225 kg/hm^2$，有 4 个省达到了 $400 kg/hm^2$。据研究，上海地区经地面径流冲入河道及淋溶流失的氮素占施用量的 25%，成为水体富营养化的重要污染源。大量的 KNO_3、NH_4NO_3 等化学氮肥的施用，引起土壤中硝酸盐的累积，每年农田使用化肥氮进入环境的氮素达 1000 万 t 左右，有些地区饮用水及农产品中，硝态氮和亚硝态氮的含量均明显超标。据对北京、上海、天津等 7 个城市的调查，123 种主要蔬菜品种中，硝酸盐轻度污染 34 种，占 27.6%；中、高和严重污染的占 72.4%，按世界卫生组织和联合国粮农组织规定推算，其中达严重污染不能食用的蔬菜品种有 33 个，占 26.8%。其次局部地区部分作物施肥比例不合理，优质有机肥投入严重不足，不注重培肥土壤和改善土壤环境。有资料表明，1985 年，有机肥料占 80%，目前只占 40% 左右。肥料投入成本居高不下，特别是氮素利用率仅有 30%，比发达国家低 15% ~ 20%。通过农业农村部"无公害食品行动计划"和农产品质量安全保障工程的实施，一些省市肥料施用结构不断优化、肥料施用总量有所下降、肥料运筹渐趋合理、商品有机肥的开发使用的比重不断提高。

表 6-2 我国肥料生产与施用历史

年代	肥料生产	肥料施用
1900—1949 年	由国外少量引进。后期兴办两个小氮肥厂，主产硫铵	几乎全部依靠有机肥
20 世纪 50 年代	主产氮肥，磷肥开始兴办。年产约 8 万 t（有效养分）	有机肥与氮肥配合施用，但氮肥所占比例不到 10%
20 世纪 60 年代	氮肥以碳铵为主。年产肥料约 200 万 t（有效养分）	有机肥料与氮、磷肥配合施用，化肥所占比例约 20%
20 世纪 70 年代	引进尿素生产线，氮肥产量居世界第 3 位，引进钾肥	有机肥与氮、磷、钾配合施用，化肥比例超过 1/3
20 世纪 80 年代	肥料产量居世界第 2 位，年产 1300 万 t（有效养分）。尿素与碳铵并重。磷肥主要是过磷酸钙和钙镁磷肥	有机肥所占比例逐步下降。化肥投入比例开始超过有机肥
20 世纪 90 年代	肥料产量居世界第 1 位，年产约 2000 万 t（有效成分）。复混肥生产开始兴起。（年进口化肥 500 万 ~ 800 万 t）	主要依靠化肥，复合肥投入比例增大。钾肥仍要依靠有机肥。叶面肥种类增多

续表

年代	肥料生产	肥料施用
1998 年	肥料总产量 2955 万 t，其中氮肥 2.226t，磷肥 667 万 t，钾肥 40 万 t（均为有效成分）。复混肥生产：磷一铵 139.8 万 t，磷二铵 74.1 万吨，硝酸磷肥 77 万 t，三元复合肥 115 万 t，混合肥 372.6 万 t。（均为实物）进口：809 万 t（有效成分）。其中磷二铵 550 万 t，氯化钾 511 万 t	主要依靠化肥，秸秆还田增多。省间、城郊与边远农村间肥料施肥用量严重不平衡

三、 食品原料生产中常用肥料

农业生产中，常用的肥料品种很多。对于不同品种的肥料，其特性也各异，这就要求我们在施肥时，必须了解各种肥料的基本知识，以便能充分、高效地利用它，从而保证食品原料的安全以及人们的健康。

（一） 常用肥料概念

根据肥料来源、性质的不同，一般可分为化学肥料、有机肥料、微生物肥料三大类。每一类中又包括若干品种。如化学肥料中又可细分为氮肥、磷肥、钾肥、复合肥和微量元素等。同时氮肥还可进一步细分为碳酸氢铵、尿素、硝酸铵、硫铵等。

1. 化学肥料　由无机物质组成的肥料称为无机肥料。绝大多数的化学肥料属于无机肥料。一般人们将无机肥料直接称化肥（化学肥料的简称）。它是以矿物质、空气、水等为原料，经化学及机械加工制成的肥料。其特点是养分含量高，肥效快，施用和贮运方便。根据化学肥料中所含的某种主要养分而称为氮肥、磷肥、钾肥、微量元素肥料等。

2. 有机肥料　有机肥料，又称为农家肥，是农村中就地取材、就地积制而成的一切自然肥料，它们大多是动植物的残体、人畜排泄物、生活垃圾等。经过微生物分解转化堆腐而成。由于其中含有丰富的有机物，也称有机肥料。它具有来源广、成本低、养分全、肥效长等特点。

3. 微生物肥料　微生物肥料又称菌肥或生物肥料，是指由一种或数种土壤中有益微生物活细胞制备而成的肥料。施用后通过微生物的生命活动能改善植物营养状况。包括细菌肥料和抗生菌肥料，如根瘤菌肥料、固氮菌肥料、磷细菌肥料。有些具有抗菌作用和刺激植物生长作用的放线菌，也已发展为菌肥。

目前，我国植物营养学和肥料生产中研制出许多针对土壤、肥料性状和植物营养特性肥料新品种，如复混肥、作物专用肥（玉米、小麦、水稻、甜菜）、果树专用肥、部分树种专用肥、包膜肥料（涂层尿素）、缓释肥料（长效碳铵）、药肥（肥料中添入除草剂）、磁化肥、碳肥、黏性肥料等。这些新型肥料将是我国今后肥料研发的主要方向。

（二） 常用肥料基本特征

常用肥料的基本特性及分类如表 6-3 所示：

表6-3　　　　　　　　　　　常用肥料基本特性及分类

肥料	基本特性	生产中常用肥料
化学肥料（无机肥料）	养分含量高，但养分种类比较单一；能及时供应较多的养分，但肥效不能持久；只能供给作物矿质养分，一般没有直接的改土作用，甚至有破坏土壤性质的副作用；养分浓度大，容易挥发、淋失或发生强烈的固定，从而降低肥料利用率	氮肥：有铵态、硝态、酰胺态和长效氮肥四种类型 磷肥：分为水溶性、弱酸溶性和难溶性三种类型 钾肥：氯化钾和硫酸钾 复合肥：磷酸一铵、磷酸二铵、硝酸磷肥、磷酸二氢钾 复混肥 微肥：铁肥、锌肥、硼肥
有机肥料（农家肥）	含有多种养分，较全面但养分含量低；供肥时间长，肥效缓慢；含有机质多，有显著的培肥地力、改良土壤作用；增强土壤的保水保肥能力，改良土壤性质	粪尿肥：人粪尿、家畜粪尿、禽粪、厩肥等 堆沤肥：堆肥、沤肥、秸秆还田、沼气发酵肥等 绿肥：豆科与非豆科绿肥，陆生与水生绿肥等 饼肥：大豆饼、菜籽饼、棉籽饼等 泥炭肥：泥炭、腐殖酸类肥料 其他：泥土肥、海肥、秸秆碳化成的碳肥等
微生物肥料（菌肥）	不含营养元素，含有高效活性菌；是一种辅助肥料；需要创造菌株生长繁殖的环境条件才能提高肥料效果；施用量少，施用方式与时间应按菌株种类、生活习性要求进行	起固氮作用的微生物肥料，如根瘤菌肥料、冻干菌剂 起分解土壤有机物质的微生物肥料，如AMB细菌肥料 起分解土壤中难溶性矿物的微生物肥料，如硅酸盐细菌肥料、钾细菌肥料、磷细菌肥料 抗病与刺激作用生长的微生物肥料。如"5406"放线菌剂、复合菌肥 菌根菌肥料，简称菌根

四、　食品原料生产与肥料

（一）　肥料的作用

科学施肥既是农业生产中不可缺少的一项增产措施，也是优质农产品生产过程中一种重要的调控手段。早期人类耕种时就懂得向农田施肥，使农田获得肥力和较高产量。随着农业的发展，肥料尤其是化肥的用量在逐年增大，并有继续增长的趋势。人们在使用肥料的过程中，确实感受到了它的好处，使农作物产量大幅度提高，取得了巨大的经济效益。据全国化肥试验网的大量试验结果，施用化肥水稻、玉米、棉花单产可提高 40% ~ 50%，小麦、油菜等越冬作物单产提高 50%~60%，大豆单产提高近 20%。农业增产的实践证明，1kg 化肥，可增产 5~10kg 粮食。我国粮食的增产，有 30%~35% 是靠施用化肥取得的，化肥的贡献不容忽视。因此，肥料具有积极的作用：①促进和改善土壤—植物—动物系统中营养元素的平衡、交换与循环；②提高土壤肥力，增加土地生产力；③改善农副产品的品质。

然而，当肥料中有毒有害物质超标以及不科学施肥，就会产生副作用。①氮肥：气态氮损失增加温室气体量；硝态氮淋失污染地下水。硝酸盐在农产品中积累，降低食品安全性，降低作物抗逆性。②磷肥：地表径流导致水体的富营养化；生产过程中的大气氟污染。③工农业废弃物：不科学的施肥导致的土壤污染。具体表现在直接或间接影响农产品的营养品质、卫生品质、感官品质和储藏品质，影响农产品市场竞争力和农民增收乃至消费者的健康。特别是氮肥的不合理施用，会导致蔬菜、水果中硝酸盐富集，严重威胁人类健康。不合理施肥还会导致农业面源污染、作物营养失调、生理病害加剧、农药用量增加，对农产品质量安全造成严重影响。

（二） 肥料的安全问题

肥料的大量施用一方面增大了投入成本，另一方面影响植物生长环境，土壤生产力下降、农产品与农业环境污染、生态环境破坏等问题，已经引起社会的广泛关注。大面积深度污染，已使土地积重难返，造成永久的伤害。严重污染的土地，可使农作物发育减退甚至死亡。更多的被污染土地的毒素会在农作物体内积累，进而危害到人畜健康。不合理的施肥，造成地下水及河流湖泊的富营养化，已使近 1333 万 hm^2 的农田受到了不同程度的污染，西北灌区的土壤次生盐渍化问题已引起了国内外人士极大忧虑。

1. 污染食品原料

（1）主要通过施入大量氮素肥料造成食品原料内硝酸盐的过量积累　我国的主要土壤肥料是氮、磷、钾系列。氮肥施用量过多，导致土壤中硝酸盐浓度增高。生长在施用化肥土壤上的作物，可以通过根系吸收土壤中的硝酸盐。由于环境条件的限制，作物对硝酸盐的吸收往往不充分，致使大量的硝酸盐蓄积于作物的叶、茎和根中，造成严重污染，对人畜产生危害，流行病学调查表明，消化道癌的发病率与食物中硝酸盐、亚硝酸盐和亚硝胺的含量有关。蔬菜是人们食用较多且硝酸盐含量较大的食品，据调查，我国的蔬菜中硝酸盐含量普遍过高，特别是叶菜。现在世界各国都在研究和筛选低富集硝酸盐蔬菜品种，并通过控制氮肥的用量和时间，调节营养元素平衡，制定标准和改变食用方式等措施，以减轻硝酸盐积累对人体的危害。

各国都规定了硝酸盐和亚硝酸盐的食品限量标准。世界卫生组织规定硝酸盐的限量指标为 5mg/kg，亚硝酸盐为 0.2mg/kg。研究表明，$NO_3—N$ 对人的单一毒害剂量为 0.7g。

（2）通过肥料中所含有的有毒有害物质如重金属、病原微生物、毒气等直接对食品原料或土壤的污染　生产化肥的原料中含有一些微量元素，并随生产过程进入化肥，以硫酸为生产原料的化肥，在硫酸的生产过程中带入大量的砷，以硫化铁为原料制造的硫酸含砷量达 490~1200mg/kg，平均为 930mg/kg，由此引起以硫酸为原料的化肥如硫酸铵、硫酸钾的含砷量也较高。再以磷肥为例，磷石灰中除含铜、锰、硼、钼、锌等植物营养成分外，还含有砷、镉、铬、氟、汞、铅和钒等对植物有害的成分。据调查，一些磷肥中砷平均达 24mg/kg，过磷酸钙中砷的含量达 104mg/kg，重磷酸钙高达 273mg/kg，磷肥含镉量 10~20mg/kg，含铅约 10mg/kg 左右，含氟 2%~4%。长期施用磷肥会引起土壤中砷、镉、铅、氟积累，带来作物中残留较高。有些肥料中还含有一些有机污染物，如氨水中往往含有大量的酚，会造成土壤酚污染，同时，会造成农产品的品质下降，加工品中含酚量较高且有异味。磷矿中还有放射性物质（主要是铀和镭），造成的放射性污染不容忽视。

人们一般认为有机肥培肥土壤是最安全的。这种认识是不全面的。有机肥并非最"洁净"的。从对环境的污染看，无论是化肥还是有机肥，只要施用不当，均会出现污染。过量施用化肥是有害的，但有机肥若用量过大，腐熟不全，施用季节不当，也会对水圈、生物圈与大气圈产生污染。应特别注意的是，当前农村中的有机肥有不少是来自含化学激素或重金属等饲料饲养的畜禽排泄物，其中还带有一些病原体，不少企业制造的商品有机肥的原料也不纯净。因此，有机肥也会变成引发土壤污染的根源。

随着集约化养殖业的发展，畜禽粪尿已成为不能忽视的重要污染源。据近年统计，我国畜禽粪例每年产量在 17.3 亿 t 以上，进入环境的氮有 1600 万 t，磷有 360 多万 t，由于不合理使用饲料添加剂，畜禽粪中还含有大量铬、砷等重金属，对农产品安全带来了威胁。城市污水处理厂处理工业废水和生活污水时，会产生大量的污泥。污泥中含有丰富的氮、磷、钾等植物营养元素，常用作肥料。但一些污泥常含有某些有害物质（主要有病原微生物、重金属和一些人工合成的有机化合物），大量使用或利用不当，会造成土壤污染，使作物中有害成分增加，影响其食用安全。表 6-4 为我国部分地区及日本污泥中重金属含量的调查结果。

表 6-4　　　　　　　　　　　　　污泥中重金属含量　　　　　　　　　　单位：mg/kg 干重

污泥来源	汞	镉	砷	铬	铝	铜	锌
北京高碑店	16.0~17.0	1.9~54.0	7.8~11.0	250~447	136~260	350~508	605~1225
上海川沙地区	6.0~19.8	25~48	—	—	135~339	220~792	2985~8480
日本五个城市	—	16~22.7	—	95~924	—	235~1086	1520~7948

污泥中的可溶性重金属易被农作物吸收，造成对作物的不利影响，使作物产量和质量下降。污泥中还含有一定数量的细菌和寄生虫卵。施用未杀菌的污泥，易污染牧草和蔬菜，并导致疾病的传播。各国对污泥中有害物质的含量制定了相应的标准，以避免污泥施用对土壤的污染，同时减少果蔬作物食用的不安全性。

此外，随着社会的发展，人口在不断增加，城市垃圾在数量和种类上日益增加。垃圾污染对食品安全的影响，主要表现在两个方面：一方面为垃圾本身对食品的污染；另一方面为垃圾利用过程对农作物的污染，如垃圾堆肥等的有害物质（重金属等）对农作物产品带来的危害，使生长在土壤中的农作物中重金属含量超过食品卫生标准。目前医疗垃圾的处理日趋专业化，但同样带有致病微生物的屠宰厂、生物制品厂的垃圾未有专业处理，需要引起注意。

（3）钾肥过量会导致农作物以及果品的质量下降。

2. 污染水体

肥料会影响饮用水质，促进水生生物繁殖，加速水质恶化。氮、磷等化学肥料，凡未被植物吸收利用和未被根层土壤吸附固定的养分，可转入地面水和地下水，成为环境污染物。如果这些肥料被雨水冲刷到河流湖泊或井水中时，就会带来比较严重的污染问题。当水中含有过量的磷酸盐和硝酸盐即富营养化时，会导致藻类植物的疯狂生长，它们大量地消耗水中的二氧化碳，其他的植物由于吸收不上二氧化碳而死亡，产生的"尸体"会污染水源，甚至在较浅水域的藻类也会因为吸收不上二氧化碳而死亡。腐烂植物的分解又需要大量的氧气，这时藻类植物产生的氧气是远远不够用的。这样就会造成局部水域的缺氧，从而导致水中一些需氧的微生物死去，使水中的生态平衡受到破坏，污染成为必然的结果。

畜禽场的粪肥是农业生产的重要肥料库。若未能充分利用，就会成为农村严重的污染源。由于农村用肥和畜禽场平时不断排出粪尿之间的矛盾以及农民往往因劳动力紧张不愿使用粪肥而使畜禽场粪肥大量堆积，经雨天冲刷造成环境污染。经调查，上海畜禽粪尿中有 17%COD$_{Cr}$、23%的氮、16%的磷流入河道，使畜禽附近水体氮、磷大增，有机污染明显。此外，畜禽类中含有各种病原体对水体卫生学污染影响巨大。应用畜禽粪污染的灌溉水或应用未经腐熟的粪肥可导致农作物生物学污染。

3. 污染大气

氮肥在嫌气条件下可被细菌分解而进入大气，加重大气污染。

（三） 食品原料生产中的肥料危害

1. 农作物生产中的肥料危害

施肥对农作物的污染主要有两个途径，其一是通过肥料中含有的有毒有害物质如重金属、病原微生物、毒气等直接对农作物或土壤的污染；其二是通过施入大量氮素肥料造成农作物体内硝酸盐的过量积累。

现代农业生产中，肥料的投入作为增产的一项重要措施，而其中化肥的比例大大超过有机肥。化肥中又以氮肥的用量最大。氮是植物生长发育必不可少的主要营养元素之一。在农作物的施肥中，氮素化肥的施用量居其他各种肥料之首，若施用过量或不当，不但会降低农作物产量，还会导致环境污染和品质下降，影响人类健康。

（1）直接损害人体健康　正常情况下，蔬菜中含有一定量的硝酸盐，对人畜无毒害。但是超量施用氮素肥料或使用技术不规范，则会使蔬菜硝酸盐含量数十倍地增加。含有超量的硝酸盐的蔬菜被人食用后，在人体内与胺类物质结合形成强致癌物质——亚硝胺物质。

一般，农作物内不会累积较多的亚硝酸盐，对人体健康无直接危害。对北京、上海、杭州等城市蔬菜进行检测，亚硝酸盐的含量大多在 1mg/kg 以下，与国外的报道相近。而发现农作物中硝酸盐含量较高，并且不同种类的蔬菜，其含量差别很大。一般叶菜和根菜类蔬菜的硝酸盐含量（1000mg/kg 以上）高于花、果、瓜、豆类蔬菜（大多为 1000mg/kg 以下）。即使同一蔬菜不同器官，其硝酸盐含量各不相同，一般茎或根>叶>瓜（果）；叶柄>叶片；外叶>内叶。作物吸收氮素的量受氮肥施用量、施肥期及施肥方法等因素的影响，作为喜硝态氮作物的蔬菜，非常容易从土壤吸收硝态氮并累积于体内，所以，要减少蔬菜中硝酸盐的累积，同时又要获得高额产量，控制上述几个影响因素是非常必要的。

（2）破坏土壤结构，农业不可持续　人类赖以生存的土壤，如果长期偏施化肥，可以使土壤盐渍化、板结，最终造成土壤老朽化，土壤保湿、保肥能力降低，影响农作物生长，农田水土流失。

（3）作物品质下降和出现缺素病害　化学肥料成分单一，长期使用 1~2 种化肥，会使农产品品质下降，如蔬菜生产过程经常会发生生长不协调导致徒长、落花、落果；发生缺乏某种营养元素的生理性缺素症病害。

（4）污染水源　农田超量使用氮肥，除了一部分被蔬菜吸收外，大部分随灌溉水流入江河地下水，造成水质恶化、富集化，这种水灌溉作物会影响蔬菜生长及品质；水中含氮素肥被分解成一氧化氮、二氧化氮气体，污染空气，危害人类呼吸器官，破坏空气臭氧层，对作物生长造成影响。

（5）施肥不当造成对植物损伤　在蔬菜生长过程中，菜农也常常应用有机肥。施用有机肥料对蔬菜的生长发育和保持蔬菜口味十分重要。畜禽饲养场的粪便和屠宰场的废物、废水以及人粪尿、生活污水等，含有病原菌、寄生虫、病毒等，如果不进行无害化处理，利用这些废弃物作肥料，则可引起土壤和水质污染，并通过农作物，特别是蔬菜危害人群健康。人畜粪经排出后，由于受到周围环境微生物的污染，使其中微生物的种类和数量更多（表6-5）。

表6-5　　　　　　　　　　　人畜粪便中有机物及细菌含量

类型	含水率/%	COD$_{Cr}$/（mg/g）	BOD$_5$/（mg/g）	细菌总数/（CFU/g）	总大肠菌群/（CFU/g）
人粪（干）	—	—	302.00	1.0×10^9	1.5×10^8
鸡粪	69.2	124.50	151.36	9.9×10^8	2.0×10^8
猪粪	76.5	148.86	162.06	3.3×10^6	1.7×10^7
奶牛粪	81.6	168.58	164.54	2.1×10^8	1.8×10^7

2. 水产品生产中的肥料危害

肥料主要通过对水体的污染造成对鱼类和其他水生生物的危害。现代农业生产中，为了增产，常常在农田中超量施用化肥，其中又主要以氮肥、磷肥为主，除了农作物从土壤中吸收部分外，其余的常随雨水进入地下水或流入河流湖泊中，引起水体富营养化，促进藻类植物的活性，刺激它们急剧过量增长以及死亡后腐烂分解，耗去水中大量的氧，引起鱼、贝等动物大量窒息死亡。大量的硝酸盐也会随雨水进入鱼类和其他水生生物生活的水域中，使其体内残留增加，进而通过食物链进入人体，危害人体健康。另外，肥料中所含的重金属，病原微生物等有毒物质也会污染水体而造成水产品污染。

3. 畜产品生产中的肥料危害

在畜牧业生产过程中，肥料中的有毒物质如硝酸盐、重金属、病原微生物、放射性元素主要是通过牧草、饲料及饮水等途径进入畜产品中而造成危害。

五、　控制肥料的施用与污染

（一）　严格把关，确保肥料质量安全

严格执行《中华人民共和国农业法》《农业技术推广法》及《肥料登记管理办法》等相关配套法规，积极推广质量优、安全性强、效果佳的肥料品种；建立健全肥料生产质量保证体系，生产经营的肥料质量符合相应的国家标准、行业标准、地方标准和企业标准以及GB 18382—2021《肥料标识内容和要求》，扎扎实实地抓好肥料生产、加工、包装、销售等全过程的质量监控，保证肥料质量达到农业安全生产要求，确保农业用上"安全肥"、农民用上"放心肥"。

（二）　加紧制定和完善管理办法、法规和标准

针对肥料污染农产品的情况，制定农产品中硝酸盐残留的限量标准。加强产地土壤环境质量评价，设立长期土壤监测点，对灌溉水质、土壤施肥水平、植株残留进行监测，为科学施肥提供依据；强化对肥料中有毒有害物质的监测，严格实行肥料准入制度；加强产前、产中肥料

质量监控，加快平衡施肥技术推广，实施调肥增效工程，合格调控施肥总量，调优肥料结构，调整肥料品种，调高施肥效益。科学引导对秸秆等有机废物资源化、无害化的开发利用，增加对农田优质有机肥的投入，做到"长短结合、缓急相济"。

农业科学院蔬菜花卉所沈明珠等按照 1973 年联合国粮农组织（FAO）和世界卫生组织（WHO）规定的食品硝酸盐允许摄入量 [$NaNO_3$ $0 \sim 5mg/$（$kg \cdot d$）]，以人均体重 60kg、每日食菜 0.5kg（鲜重）计算，提出蔬菜可食部分中 NO_3^- 含量的卫生标准为 432mg/kg，低于该标准的，生食允许定为一级；按盐渍后 NO_3^- 含量损失 45% 计算，<785mg/kg 为二级，生食不宜，但盐渍和熟食允许；按烧煮后 NO_3^- 损失 70% 计算，<1440mg/kg 定为三级，生食和盐渍均不宜，但熟食允许；人体可能中毒的一次剂量为 3100mg/kg。所以，<3100mg/kg 定为四级，为严重累积级，熟食也不允许（表6-6）。

表6-6　　　　　　　　　　蔬菜可食部分硝酸盐含量的食用卫生分级

级别	一级	二级	三级	四级
累积程度	轻	中	重	严重
NO_3^-/（mg/kg）	<432	<785	<1440	<3100
卫生性	生食允许	生食不宜 盐渍允许 熟食允许	生食不宜 盐渍不宜 熟食允许	生食不宜 盐渍不宜 熟食不宜

（三）　科学施肥

根据优化配方施肥技术，科学合理施肥。总的原则：以有机肥为主，适当减少化肥使用量，使有机和无机肥料配合施用；以多元复合肥为主，单元素肥料为辅；以施基肥为主，追肥为辅。有机肥应经过高温堆沤腐熟，杀死病菌、虫卵后施用。大量使用堆沤肥、厩肥、作物秸秆、饼肥、腐殖酸类肥料和微生物肥料等有机肥，禁止使用以垃圾和污泥为原料的肥料，保证肥料质量，推广平衡施肥、秸秆还田、控氮技术，严格控制氮肥的施用量，提高氮肥利用率；加强生物肥料，特别是微生物肥料等新技术的研究、开发和推广。改进施肥和灌溉技术；研究推广设施栽培和无土栽培技术。另外，为降低污染，充分发挥肥效，应实施配方施肥，即根据农作物营养生理特点、吸肥规律、土壤供肥性能及肥料效应，确定有机肥、氮、磷、钾及微量元素肥料的适应量和比例以及相应的施肥技术，做到对症配方。

六、　微生物肥料及发展趋势

（一）　微生物肥料概念与分类

微生物肥料（microbial fertilizer）是含有特定微生物活体的制品，应用农业生产，通过其中所含微生物的生命活动，增加植物养分的供应量或促进物生长，提高产量，改善农产品品质及农业生态环境。微生物肥料包括微生物接种剂，复合微生物肥料，生物有机肥。

1. 微生物接种剂（microbial inoculant）

又称微生物菌剂。一种或一种以上的目的微生物经工业化生产增殖后直接使用，或经浓缩或经载体吸附而制成的活菌制品。

微生物菌剂按菌种的构成分为：①单一菌剂（single species inoculant）：由一种微生物菌种

制成的微生物接种剂；②复合菌剂（multiple species inoculant）：由两种或两种以上且互不拮抗的微生物种制成的微生物接种剂。按微生物种类不同又分为：①细菌菌剂（bacterial inoculant）：以细菌为生产菌种制成的生物接种剂；②放线菌菌剂（actinomycetic inoculant）：以放线菌为生产菌种制成的微生物接种剂；③真菌菌剂（fungal inoculant）：以真菌为生产菌种制成的微生物接种剂。按菌剂的主要作用分为：①固氮菌菌剂（azotobacteria inoculant）：以自生固氮菌和/或联合固氮菌为生产菌种制成的微生物接种剂；②根瘤菌菌剂（rhizobia inoculant）：以根瘤菌为生产菌种制成的微生物接种剂；③硅酸盐细菌菌剂（silicate bacteria inoculant）：以硅酸盐细菌为生产菌种制成的微生物接种剂；④溶磷微生物菌剂（inoculant of phosphate-solubilizing microorganism）：以溶磷微生物为生产菌种制成的微生物接种剂；⑤光合细菌菌剂（inoculant of photosynthetic bacteria）：以光合细菌为生产菌种制成的微生物接种剂；⑥菌根菌剂（mycorrhizal fungi inoculant）：以菌根真菌为生产菌种制成的微生物接种剂；⑦促生菌剂（inoculant of plant growth-promoting rhizosphere microorganism）：以植物促生根圈微生物为生产菌种制成的微生物接种剂；⑧有机物料腐熟菌剂（organicmatter-decomposing inoculant）：能加速各种有机物料（包括作物秸秆、畜禽粪便生活垃圾及城市污泥等）分解、腐熟的微生物接种剂；⑨生物修复菌剂（bioremediating inoculant）：能通过微生物的生长代谢活动，使环境中的有害物质浓度减少、毒性降低或无害化的微生物接种剂。

2. 复合微生物肥料（compound microbialfertilizer）

目的微生物经工业化生产增殖后与营养物质复合而成的活菌制品。是由特定微生物与营养物质复合而成，能提供、保持或改善植物营养，提高农产品产量或改善农产品品质的活体微生物制品。

3. 生物有机肥（microbialorganic fertilizer）

目的微生物经工业化生产增殖后与主要以动植物残体（如畜禽粪便、农作物秸秆等）为来源并经无害化处理的有机物料复合而成的活菌制品。这是一类兼具微生物肥料和有机肥效应的肥料，由有益菌与有机质复合而成，是具有微生物肥料和有机肥料双重功效的肥料。

（二）微生物肥料作用

微生物肥料可以增加土壤的肥力，减少化肥使用量，能够净化和修复土壤，在提质增产、降低植物病害发生、提高食品安全等方面具有重要的作用。

（1）促进、调控植物生长微生物的生物活性　在施用微生物肥料后，可产生多种生理活性物质：植物生长激素——吲哚乙酸和赤霉素，还有多种维生素等。它们可以刺激细胞形成层的分裂，促进植物的生长发育，提早开花，改进品质。减少农田中的氮肥用量，促进和调节作物生长。

（2）提高作物产量和品质　微生物肥料能够固定土壤中的营养元素，刺激微生物肥料产生促进作物生长的激素，改善作物的营养状况，促进植株健壮生长，提高肥料利用率，实现减量施肥、高效施肥和经济施肥，提高农产品的产量和品质。

（3）改良土壤　土壤团粒结构是土壤肥力的重要指标。微生物肥料可以为土壤带入丰富的活菌，增强土壤的透气、透水的能力，降低了土壤容重，提高土壤疏松度，有效地解决土壤板结的问题，保护土壤中植物根的良好生长。

（4）抑制病虫害微生物　肥料中的微生物在土壤中繁殖成为优势种群，可以改善土壤的微生物生态环境，抑制有害微生物的繁殖，减少有害微生物的危害。同时，微生物肥料中的微生物在土壤中的代谢产物是作物的肥料，一些代谢产物还具有抑制病虫害的作用，有益于提高作物抵抗恶劣环境的能力。

（三） 微生物肥料的发展展望

（1）围绕国家对微生物肥料产业需求，加强新功能菌种的研发，包括新功能菌种的筛选技术和评价技术的研究。

（2）建立专门的生物肥菌资源库，由国家将各种菌种资源进行统一收集，建立专门的机构进行菌种采集，而且要有专门的技术人员在实际环境中进行实践和操作，成立专门的资源库，将不同的菌种进行分类保存，做好微生物肥料菌种的保护和保藏工作。

（3）加强复合微生物肥料的研究开发和推广应用。复合微生物肥料具有对促生长或有效拮抗病原微生物，提升农产品品质等功能菌株进行科学合理的复配组合的微生物肥料产品；优先研发微生物与腐殖酸等复合微生物肥料，拓展其在减肥增效、水肥一体化及设施农业中的应用。

（4）加强土壤微生物区系与作物根系共生的生态系统形成和变化机理的研究，为微生物肥料健康发展提供理论和指导。

（5）加快微生物肥料的标准化工作，推动微生物肥料产业健康发展。

（6）大力发展绿色食品、有机食品，促进绿色生态农业发展，为微生物肥料推广使用创造巨大的市场需求。

第四节　转基因食品原料的安全评价

自 1994 年美国研发的转基因番茄在美国批准上市以来，转基因食品商业化进入了迅猛发展阶段，转基因技术具有提高农作物产量，增强作物的抗病性，提高食品的营养价值等特点。转基因食品对解决人类粮食短缺等问题具有重要作用，同时，转基因食品的安全性问题也成了人们关注的焦点。

一、 转基因相关概念

根据联合国粮农组织（FAO）、世界卫生组织（WHO）、食品法典委员会（CAC）及卡塔尔生物安全议定书（cartagena protocol on biosafety）的定义，"转基因技术"是指利用基因工程或分子生物学技术，将外源遗传物质导入活细胞或生物体中产生基因重组现象，并使之遗传和表达。"转基因生物"（genetically modified organism，GMOS）是指遗传物质基因发生改变的生物，其基因改变的方式是通过转基因技术，而不是以自然增殖或自然重组的方式产生，包括转基因动物、转基因植物和转基因微生物三大类。"转基因食品"（genetically modified foods，GMFs）是指用转基因生物所制造或生产的食品、食品原料及食品添加剂等。

转基因食品作为一种新型食品资源，有着巨大的发展前景和市场潜力。转基因生物与一般同类生物体相比，产量有大幅度提高，还增加了抗病性、抗虫性和耐贮性，加工生产出的转基因食品营养成分有所提高，口感也有可能不太一样。

目前已经进入食品领域的三类转基因生物（转基因植物、转基因动物和转基因微生物）

中，前者的产业化规模和范围要比其他两类大得多。例如，对于植物性食物（主要有小麦、玉米、大豆、水稻、马铃薯、番茄等）而言，可以培育延缓成熟、耐极端环境、抗虫害、抗病毒、抗枯萎等性能的作物，提高生存能力；培育不同脂肪酸组成的油料作物、多蛋白的粮食作物等以提高作物的营养成分；对于鱼类、猪、牛等动物性食物，主要是提高动物的生长速度、瘦肉率、饲料转化率，增加动物的产乳量和改善乳的组成成分；在微生物方面，以改造有益微生物，生产食用酶，提高酶产量和活性为主要目标。

二、 转基因技术在食品原料生产中的应用

在能源短缺、食品不足和环境污染这三大危机构成全球性问题的今天，基因工程在人类生活和社会发展中将起到越来越重要的作用。1996—2018 年，转基因作物为全球带来了 2249 亿美元的经济效益。随着社会不断发展，人民生活水平的提高，人们对食品在数量、品种以及质量等方面有了更高的要求，这就推动了新型食品资源的研究与开发，而包括基因工程在内的生物技术的深入发展和应用，使食品资源越来越丰富，也给食品工业带来了巨大的变化，特别是遗传工程技术改良的农作物在口感、营养、质地、颜色、形态、成熟度方面比传统的杂交育种具有更为明显的优势。

国内外对转基因食品已有数十年的研究历史，1996 年以来转基因农作物开始大规模种植，国外大量的转基因农产品已直接或间接地被加工制成人类食品。在美国，转基因作物被广泛应用于食品加工和食品配料生产，美国超市中约 60% 的加工食品含有包括转基因大豆、玉米、油菜等转基因成分。我国至今为止批准了抗病番木瓜、抗虫水稻、转植酸酶玉米、抗虫耐除草剂玉米、耐除草剂大豆、耐除草剂玉米等转基因作物的生产应用安全证书，但目前国内商业化种植的仅有转基因棉花和转基因抗病毒番木瓜。

（一） 转基因植物性原料

转基因植物（transgenic plant）是指将外源 DNA 通过载体、媒体或其他物理、化学方法导入植物细胞并得到整合和表达的过程。1983 年，首批转基因植物——烟草和马铃薯问世。1994年首批转基因植物性食品——延缓成熟以保鲜的番茄在美国获准进入市场销售。2019 年全球有 29 个国家和地区种植转基因农作物，种植面积达 1.904 亿 hm^2，累计种植面积达 27 亿 hm^2，使生物技术成为世界上应用速度最快的作物技术。转基因技术在植物品种改良中取得的成就最为引人注目，归纳起来有下列几个方面。

1. 改良植物性食品原料的生产性能

利用基因工程和组织培养的手段，培育具有抗病毒、抗虫害、抗除草剂、生长快、高产、高营养成分的优良农作物品种，是农业生物工程的主要任务。抗除草剂性状和抗虫性状仍是市场最常用的转基因作物性状。抗除草剂品种主要应用在玉米、棉花和大豆三种大田作物的种植中。

昆虫对农作物的危害极大，目前对付昆虫的主要武器仍是化学杀虫剂。化学杀虫剂的过度使用不但严重污染环境，而且还诱使害虫产生相应的抗性。为了实现农业的可持续发展，科学家们努力寻求安全有效的病虫害防治方法。1987 年首次报道了抗虫转基因植物，1995年抗虫转基因马铃薯进入商品化生产，次年，抗虫转基因玉米也进入商品化生产。转基因抗虫品种包含来自苏云金芽孢杆菌的基因片段，可以通过产生杀虫蛋白来帮助作物抗虫，它对许多昆虫包括棉蚜虫的幼虫具有剧毒作用，但对人畜、植物、成虫和脊椎动物无害。

现已得到的转苏云金芽孢杆菌基因的植物有番茄、甘蓝、玉米、水稻、马铃薯、油菜等。转基因抗虫品种还包含蛋白酶抑制基因。与抗虫关系最密切的是丝氨酸蛋白酶抑制剂。与苏云金芽孢杆菌基因相比，丝氨酸蛋白酶抑制剂抗昆虫谱更广，抗虫害能力更强，对人畜无害，而且害虫不能通过突变产生耐受性。

2. 改良植物性食品原料的营养品质

（1）提高作物蛋白品质 通过修饰氨基酸合成途径来提高游离氨基酸、赖氨酸、甲硫氨酸的含量，也可向作物中添加一种全新的蛋白来改善作物的蛋白质质量。如利用转基因技术向小麦中导入高分子量铁谷蛋白亚基基因可以提高生面团的质量；将玉米中编码必需氨基酸的基因导入马铃薯。

（2）改变植物食品原料中碳水化合物、油脂组成及含量 淀粉是贮存于绿色植物中的主要的多糖类化合物，是自然界中仅次于纤维素的最丰富的碳水化合物，淀粉生产总量的约75%用于食品和酿酒业。通过增加植物中ADP葡萄糖焦磷酸化酶（AGPase）的含量可能增加淀粉量；20世纪90年代，人们将淀粉合成酶反义基因成功地导入马铃薯中，使反义转基因马铃薯中淀粉合成酶的活力降低了70%～100%，阻止了直链淀粉的合成，从而获得了支链淀粉含量很高或完全不含直链淀粉的马铃薯。相反通过反义基因抑制淀粉分支酶基因则可获得完全只含直链淀粉的转基因马铃薯。另外，用基因工程的方法也可以改变油料作物的油脂组成及含量。可使转基因作物中的饱和脂肪酸（软脂酸、硬脂酸）的含量有所下降，而不饱和脂肪酸（油酸、亚油酸）的含量则明显增加。

（3）提高植物性食品原料中维生素的含量 转基因技术可以提高许多植物中的维生素含量。已成功研制出富含维生素A的转基因水稻。随着对维生素C的生物合成途径的进一步了解，可以利用转基因技术在植物中大量表达维生素C，从而满足人们对维生素C的需求。此外，基因工程技术还可以为解决人们常缺乏微量元素的问题，在水稻中引入了一个编码大豆铁蛋白（soybean ferritin）的基因，使转基因水稻种子中铁含量提高3倍。目前，利用转基因技术也可以降低食物中过敏原的水平，已经获得成功，转基因水稻可有效降低致敏毒素蛋白含量。

3. 改善植物性食品原料的加工、贮藏性能

利用转基因技术可以使植物一个基因的表达减少甚至消除，使之更适于加工和保鲜的需要。如通过导入硬脂酸-ACP脱氢酶的反义基因，可使转基因油菜种子中硬脂酸的含量从2%增加到40%，使其更适于加工代可可脂。利用反义技术成功构建了乙烯合成受抑制（达97%）的转基因番茄，其果实不能自然成熟，不变红，不变软，只有用外源乙烯处理6d后才能正常成熟，显著延长了番茄的保鲜期。类似的研究已扩大到了苹果、梨、香蕉、芒果等。另外，采用基因工程方法提高果蔬的抗冻能力也已在农业生产中得到广泛应用。美国的Hightower等（1991年）将鲽鱼科的抗冻基因转入番茄和烟草中，发现其具有抑制冰块重新结晶的能力，从而使蔬菜免遭冻害。目前，这种抗冻基因也已被转入黄瓜等其他蔬菜作物中，提高了蔬菜的贮藏性能。

（二）转基因动物性原料

转基因动物（transgenic animal）是指利用基因工程手段将外源基因有目的、有计划地导入受体动物的受精卵或胚胎，使之稳定整合于动物基因组并能遗传给后代的一类动物。动物转基因技术通过利用转入适当的外源基因或对动物自身的基因加以修饰的方法生产转基因动物，降

低动物结缔组织的交联度，从而使动物的肉质得到改善、获得风味及营养价值符合消费者需求的肉品、乳品或蛋类。

早在 1968 年 Munro 在鸡的基因转移中获得成功，但没有引起重视，20 世纪 80 年代以来，转基因猪、绵羊、兔、牛、鸡等相继研究成功。转基因动物研究仍然在全世界范围内如火如荼地进行中。例如，英国在 1998 年转基因动物利用试验已占所有动物实验的 17%。1990 年荷兰基因药物公司诞生了世界第一的转基因公牛，导入了乳铁蛋白基因，1/4 后代母牛产乳铁蛋白。转基因动物从此进入商业性阶段。2015 年 11 月，世界上首例导入外源基因使生长速度变快的转基因三文鱼（商品名：AquAdvanage 三文鱼）获得美国食品与药物管理局（FDA）批准进入市场销售。转基因动物及其产品的主要优势表现在提高动物生产性能、增强抗病能力、加快培育新品种，以及有利于建立疾病模型、生产医疗药品和营养保健品、移植器官等方面。

我国国家重点研发计划正在进行转基因动物研究与产业化开发，并已经取得了显著的成绩，先后获得了生长速度快、瘦肉率高以及对某些病毒有一定抗性的转基因猪、转基因羊和转基因牛等。例如，2011 年，内蒙古农业大学联合吉林大学、南京大学、中国科学院动物所的研究团队成功获得 Fat-1 转基因牛，Fat-1 转基因牛的动物产品对于预防人的心脑血管病具有重要价值。2017 年，华南农业大学研究人员将转基因小鼠的唾液腺作为生物反应器，生产出具有良好生物活性的人神经生长因子蛋白（human nerve growth factor，hNGF）。虽然转基因动物的研究都取得了很大的进展，但相对于植物食品和微生物发酵食品，利用基因工程技术改良动物品种和提高动物食品品质的研究仍然相对较少。

1. 提高动物的生产性能

将外源生长激素（GH）基因导入目标动物，使该动物的肌肉蛋白含量和饲料转换率明显提高，生长速度加快。类似试验已在鱼、猪、牛等动物获得成功。有资料显示，转基因猪生长速度较快，饲料利用率提高 17%，胴体脂肪为对照组的 50%，改善肉食品质。同时，也存在死胎和畸形率较高的问题，只有将这些难题解决后，才可能在技术上有新的突破。

2. 提高食用肉品质

利用转基因技术增加蛋白质含量，减少脂肪含量，以此来提高食用肉品质。转基因动物相比较传统养殖动物具有高瘦肉率和高饲料转化率的特点。

3. 提高乳汁营养

此研究主要是利用转基因技术来改变牛乳的成分，从而提高其营养价值。例如，利用转基因将 k-酪蛋白转基因在奶牛中高效表达，可显著提高牛乳中 k-酪蛋白组分的比率，从而有益于提高乳酪的产量；将乳糖酶基因在牛乳腺细胞中的表达能产生低乳糖牛乳，很好地解决了不耐乳糖症人群的问题；研究具有高乳铁蛋白含量的转基因牛、羊，就可使牛乳更近似人乳，有助于增强人体抵抗疾病的能力。

4. 提高产乳量

采用基因工程技术生产的牛生长激素（bovine somatotropin，BST）注射至母牛体内而获得的转基因奶牛已成功问世，它可在不影响乳质量的前提下提高产乳量。

（三） 转基因微生物性原料

微生物转基因食品是指以含有转基因的微生物为原料的转基因食品，即用转基因微生物加工而成的食品。转基因微生物食品，主要是利用微生物的相互作用，培养一系列对人类有利的新物种。直接用作食品的转基因微生物目前在市场上尚未出现，将转基因细菌和真菌生产的酶用于食品生产和加工已经比较普遍。

　　典型微生物转基因食品代表是乳酪。乳酪在制作过程中需要用到发酵和凝乳两个过程。起到凝乳作用的凝乳酶来源于没有断乳小牛的胃的皱襞中。常规方法需要屠宰小牛后，从胃中提取凝乳酶来生产乳酪，而利用转基因微生物能使凝乳酶在体外大量产生，避免了小牛的无辜死亡，也降低了生产成本。目前美国超过 2/3 的乳酪在生产过程中使用了这种凝乳酶。

　　在食品工业中，微生物可用于生产酶制剂、氨基酸、有机酸、维生素、色素、香料等添加剂。氨基酸、有机酸、维生素、色素和香料等生产菌种的改良涉及的基因较多，调控复杂，不易利用基因工程技术进行改良，大多仍处于研究阶段，只有少数氨基酸和维生素以转基因微生物生产。而酶制剂应用广泛，涉及的基因单一，适合利用基因工程技术进行改良。目前工业上着重于对乳酸菌和酵母菌的基因工程改良。在全球范围内，很多企业已成功地应用转基因微生物生产食品酶制剂，如丹麦的 Novo-Nordisk 公司和荷兰的 Gist-Brocades 公司。生产食品酶制剂的转基因微生物包括浅青紫链霉菌、锈赤链霉菌、枯草芽孢杆菌、地衣芽孢杆菌、解淀粉芽孢杆菌、米曲霉和黑曲霉等。

　　转基因酵母菌在食品生产上的应用也较为多见，目前已获准商业化使用的转基因酵母菌有面包酵母和啤酒酵母。利用转基因啤酒酵母所生产的啤酒已被消费者试用，但尚未在市场上得以推广。α-乙酰乳酸脱羧酶的基因在大肠杆菌进行异源表达生产大量的 α-乙酰乳酸脱羧酶。α-乙酰乳酸脱羧酶在啤酒工业的使用，大大缩短啤酒发酵周期，节约制冷能源用重油及辅料成本，同时提高啤酒产量 5% 以上。

三、　国内外转基因食品的现状及发展

（一）　转基因食品的现状

　　转基因食品的研究已有几十年的历史，但真正商业化是 20 世纪 90 年代以后。1983 年世界上第一株基因植物——一种对抗生素产生抗体的烟草出现，三年后，转基因抗虫和抗除草剂植物开始落田试验；1990 年第一例转基因棉花种植试验成功；1994 年一种可以抵御番茄环斑病毒病的番茄在美国上市销售。目前，全球种植量最大的转基因作物为大豆、玉米、棉花和油菜。近年来，全球转基因作物种植面积快速增长，2000 年全球转基因种植面积是 4420 万 hm^2，2019 年种植面积达到 1.904 亿 hm^2。美国、巴西、阿根廷、加拿大和印度的转基因农作物种植面积占全球转基因作物种植面积的 91%。

　　转基因技术在农产品方面的应用，美国居于世界首位。20 世纪 80 年代初，美国最早开始进行转基因食用作物的研究，1996 年又最早将它们推上商业化的进程。在美国，其转基因农作物播种面积为 2050 万 hm^2，据估计有 60% 的加工食品为转基因食品。加拿大、阿根廷、澳大利亚、西班牙、法国、南非等国也都在大力开展转基因食品研究。基因工程技术的影响已遍布美国的农作物种植和食品加工各环节。90% 以上的大豆为转基因类型；玉米、小麦等粮食作物中超过 50% 为转基因作物，生物技术生产的玉米已经用在许多食品中，如早餐粥和软饮料、糕点、糖果等食品甜味剂的玉米糖浆中。全球范围内已经批准商业化种植的转基因作物有玉米、棉花、大豆、油菜、甜菜、水稻、番木瓜、番茄、小麦、甜椒、苜蓿、菊苣、李子、西葫芦、甜瓜、甘蔗、马铃薯、南瓜、玫瑰、烟

草、亚麻、匍匐剪股颖、茄子、苹果、胡萝卜等涉及 70 余个品种，而用这些转基因作物生产的转基因食品已达数千种。

2019—2020 年转基因作物种植大国主要种植的转基因食品及面积如表 6-7 所示。

表 6-7　　2019—2020 年转基因作物种植大国主要种植的转基因食品作物及面积

统计年份	国家名称	转基因食品名称	面积/万 hm²	面积合计/万 hm²
2019	美国	大豆	3043	6485.815
		玉米	3317	
		油菜	80	
		甜菜	45.41	
		马铃薯	0.1780	
		木瓜	0.1	
		南瓜	0.1	
		苹果	0.0265	
2019	巴西	大豆	3510	5141.8
		玉米	1630	
		甘蔗	1.8	
2019	阿根廷	大豆	1750	2340
		玉米	590	
2019	加拿大	油菜、大豆、玉米、甜菜、马铃薯	—	1246
2019	巴拉圭	大豆、玉米	—	约 400
2019	乌拉圭	大豆、玉米	—	120
2019	玻利维亚	大豆	140	140
2019	菲律宾	玉米	90	90
2019	澳大利亚	油菜、红花	—	约 600
2020	印度	木瓜	15.3	15.3
2020	中国	木瓜	1.4835	1.4835

根据国际农业生物技术应用服务组织（ISAAA）数据，2018 年中国转基因作物种植面积为 290 万 hm²，位列全球第 7 位。虽然我国的转基因育种研究取得了许多成就，但与国际先进水平相比仍有一定差距，目前我国转基因作物研究与应用的安全监管体系尚不健全和完善，与转基因相关的种植与管理制度也需要建立与完善。2020—2021 年中国农业转基因生物安全证书批准清单共 590 项，批准进口 47 项，转基因食品包括耐除草剂玉米、抗病番木瓜、抗虫水稻等，目前在有效期的转基因食品作物生产应用批准清单如表6-8所示。

表 6-8   2018—2022 年中国农业转基因食品作物生物安全证书（生产应用） 批准清单

作物	转基因生物特性	名称	申报单位	有效区域	有效期
大豆	耐除草剂大豆	SHZD3201	上海交通大学	南方大豆区	2019 年 12 月 2 日至 2024 年 12 月 2 日
		DBN9004	北京大北农生物技术有限公司	北方春大豆区	2020 年 12 月 29 日至 2025 年 12 月 28 日
		中黄 6106	中国农业科学院作物科学研究所	黄淮海夏大豆区	2020 年 6 月 11 日至 2025 年 6 月 11 日
		中黄 6106	中国农业科学院作物科学研究所	北方春大豆区	2021 年 2 月 10 日至 2026 年 2 月 9 日
玉米	抗虫耐除草剂玉米	DBN9936	北京大北农生物技术有限公司	北方春玉米区	2019 年 12 月 2 日至 2024 年 12 月 2 日
		瑞丰 125	杭州瑞丰生物科技有限公司 浙江大学	北方春玉米区	2019 年 12 月 2 日至 2024 年 12 月 2 日
		DBN9501	北京大北农生物技术有限公司	北方春玉米区	2020 年 12 月 29 日至 2025 年 12 月 28 日
		DBN9936	北京大北农生物技术有限公司	黄淮海夏玉米区、南方玉米区、西南玉米区、西北玉米区	2020 年 12 月 29 日至 2025 年 12 月 28 日
		瑞丰 125	杭州瑞丰生物科技有限公司	黄淮海夏玉米区、西北玉米区	2021 年 2 月 10 日至 2026 年 2 月 9 日
		DBN3601T	北京大北农生物科技有限公司	西南玉米区	2021 年 12 月 17 日至 2026 年 12 月 16 日
		Bt11×GA21	中国种子集团有限公司	北方春玉米区	2022 年 4 月 22 日至 2027 年 4 月 21 日
		Bt11×MIR 162×GA21	中国种子集团有限公司	南方玉米区、西南玉米区	2022 年 4 月 22 日至 2027 年 4 月 21 日
	抗虫玉米	ND207	中国林木种子集团有限公司 中国农业大学	北方春玉米区、黄淮海夏玉米区	2021 年 12 月 17 日至 2026 年 12 月 16 日
		浙大瑞丰 8	杭州瑞丰生物科技有限公司	南方玉米区	2021 年 12 月 17 日至 2026 年 12 月 16 日

续表

作物	转基因生物特性	名称	申报单位	有效区域	有效期
玉米	耐除草剂玉米	DBN9858	北京大北农生物技术有限公司	北方春玉米区	2020 年 6 月 11 日至 2025 年 6 月 11 日
				黄淮海夏玉米区、南方玉米区、西南玉米区、西北玉米区	2020 年 12 月 29 日至 2025 年 12 月 28 日
		nCX-1	杭州瑞丰生物科技有限公司	南方玉米区	2022 年 4 月 22 日至 2027 年 4 月 21 日
		GA21	中国种子集团有限公司	北方春玉米区	2022 年 4 月 22 日至 2027 年 4 月 21 日
水稻	抗虫水稻	Bt 汕优 63	华中农业大学	湖北省	2021 年 2 月 10 日至 2026 年 2 月 9 日
		华恢 1 号		湖北省	2021 年 2 月 10 日至 2026 年 2 月 9 日
番木瓜	抗病番木瓜	YK1601	中国热带农业科学院热带生物技术研究所	华南适宜生态区	2018 年 12 月 20 日至 2023 年 12 月 20 日
		华农 1 号	华南农业大学	华南地区	2020 年 12 月 29 日至 2025 年 12 月 28 日

注：引自《中华人民共和国农业农村部农业转基因生物安全证书批准清单》。

转基因动物的产业化程度远远落后于转基因植物。我国在转基因动物方面也开展了大量工作。1984 年，我国科学家朱作言等将人生长激素导入鱼中培育出世界上第一批转基因鱼，此后在国外也开始普遍研究转基因鱼类。在转基因动物研究方面，我国在转基因鱼、兔、鸡、羊等的研究取得了突破性进展。在转基因食品的商业化上，我国政府和科学家既谨慎又坚决。2017 年由美国 AquaBounty 技术公司研发的转基因三文鱼在加拿大上市，这是首个供食用的转基因动物产品上市。2019 年美国食品与药物管理局（FDA）解除从加拿大进口转基因三文鱼卵的警告令，意味着"AquAdvantage"转基因三文鱼可在美国养殖。

近年来，虽然转基因动物研究取得了很大的进步，但从伦理学角度转基因动物的规模化生产仍然面临着很多挑战，随着科技的不断进步和人们对转基因食品的正视，相信利用生物技术的转基因动物研究一定会造福人类。

（二）　转基因食品的发展展望

转基因作为一项新兴的生物技术，在提高作物产量、改善品质、增强植物耐旱、抗寒、抗盐碱提高植物抗病虫害等诸多方面都有非常广阔的应用前景。专家根据世界人口趋势报告数据推测，到 2050 年全球人口将达 98 亿。为此，粮食产量必须进一步增加才能解决世界人口吃饭问题。而随着城市化程度的提高，必然使耕地面积减少，加剧了世界的粮食危机。利用基因工程改良农作物，发展增产型转基因食品原料的生产，是解决这一问题的重要途径之一。转基因技术还被用来改善食物营养成分。总之，转基因技术的应用前景是非常广泛的，我们既要给予足够的重视，又要在转基因食品的研究、开发、生产、贸易流通和消费利用时用科学的方法，公正地评价它的短期和长期安全性。

四、 转基因食品原料的安全问题

转基因技术作为新技术给人类带来了丰富的食品供应和巨大的经济效益，同时也带来了食品安全的新问题。关于转基因食品的争论由来已久，主要有两方面意见：一方面，转基因食品的安全性问题，主要集中在导入外源基因是否会产生无法获知的恶劣特性，如毒性、营养缺失性等，是否对人体造成危害和损伤；另一方面，转基因食品的生态安全问题，争论聚焦在转基因作物的消耗是否会导致基因污染，是否会破坏原来生物群的平衡与多样性等。而对于普通大众最为担心的主要是三个问题：一是转基因食品会不会有毒；二是长期食用会不会对人的身体健康产生不良影响；三是会不会影响人类的基因而对下一代产生影响。

（一） 各国对转基因食品的态度

任何技术的发展都需要得到公众的理解和接受。对于公众最为关心的转基因作物对环境的安全性和转基因食品对人体健康的安全性问题。世界各国对转基因技术与食品的认识各不相同，这就决定了各国对转基因食品的态度存在着明显的差异。

1. 中国

我国对转基因食品在管理上持谨慎态度，在研究上则予以支持。尽管我国的转基因技术研究起步较晚，发展速度却非常快，在某些领域已进入世界先进行列。为加强农业转基因生物安全管理，国务院于2001年5月颁布了《农业转基因生物安全管理条例》。农业部于2002年1月5日发布了《农业转基因生物安全评价管理办法》《农业转基因生物进口安全管理办法》和《农业转基因生物标识管理办法》三个配套规章，并规定自2002年3月20日起施行。卫生部针对"转基因加工食品"的标识问题，2002年4月8日出台了《转基因食品卫生管理办法》，要求对以转基因动植物、微生物或者其直接加工品为原料生产的食品和食品添加剂必须进行标识。2017年，国务院修订了《农业转基因生物安全管理条例》，农业部修订了《农业转基因生物安全评价管理办法》《农业转基因生物进口管理办法》和《农业转基因生物标识管理办法》。2018年，市场监管总局、农业农村部、国家卫生健康委《关于加强食用植物油标识管理的公告》要求转基因食用植物油应当按照规定在标签、说明书上显著标示。

2. 美国

美国是转基因技术的发源地，也是转基因技术最为先进，应用最为广泛的国家。美国基于"实质等同"原则，认为传统食品与转基因食品不存在本质区别，对转基因食品采取宽松的监管模式。美国食品与药物管理局（FDA）、美国环境保护署（EPA）和美国农业部（USDA）共同负责转基因食品的监管。据报道，美国超过90%的陆地棉、大豆、玉米、油菜、甜菜为转基因品种。以美国为代表的一些国家主张对转基因食品采取宽松的管理政策，其出发点是转基因生物及其产品与非转基因生物及产品没有本质的区别，只要转基因食品通过新成分、过敏原、营养成分和毒性等常规检验就可以上市。当然，美国较注重转基因产品的监管，2001年1月出台了《转基因食品管理草案》，强制性地要求转基因食品的原料生产部门在产品进入市场之前至少120d，须报美国环境保护署（EPA）或美国农业部（USDA）批准，有些机构也可请美国食品与药物管理局（FDA）批准。生产转基因食品的公司，在出售转基因或转基因食品成分时，必须先请示美国食品与药物管理局（FDA），以确认此类食品与相应的传统产品相比具有同等的安全性。

3. 欧盟

欧盟基于"谨慎预防原则"，采取严格的监管模式。在欧盟转基因作物受到严格的控制。欧洲种植转基因作物是由于欧洲玉米螟的侵扰，据国际农业生物技术应用服务组织（ISAAA）数据显示，自 2016 年以来，只有西班牙和葡萄牙种植了转基因 Bt 玉米。2019 年，西班牙和葡萄牙分别种植了 107130hm^2 和 4753hm^2 的转基因玉米，共计 111883hm^2，比 2018 年减少了 7.5%。目前为止，欧盟法规没有改变，也没有批准种植的迹象。调查显示，70%的欧洲人不想吃转基因食品。欧盟对于转基因食品实行强制性标签制度。标签上必须标明该食物的组成、营养成分和食用方法。要求所有转基因食品、以转基因动植物和水产品为原料的加工食品及动物饲料等都必须标明使用了转基因技术外，还必须建立从生产者、流通业者和加工业者的相关档案。欧盟对许多进口农产品都要求提供非转基因品的证明。欧盟甚至规定，餐饮业销售的食品中如果含有转基因成分，则必须在菜单上清晰地标明"转基因食品"。尽管欧洲各国政府对转基因食品态度比较谨慎，但并没有妨碍它们在生物工程技术领域的研究。

4. 日本

以日本为代表的一些国家对转基因食品安全问题的认识介于美国与欧盟之间，认为转基因食品可能有害，也可能无害。日本政府和科研机构对生物工程技术的研究非常重视，并取得了很多成果，不过由于日本消费者对转基因食品非常敏感，因而成果还难以推广应用。所有在日本销售的转基因产品，都必须通过日本卫生劳动部的安全审查。日本对转基因食品也采取强制性标签制度。对于那些以转基因生物为原料的食品，只要其含量超过 5%，并且是三种主要原料之一，生产厂家就有义务注明该产品为"转基因食品"或"使用了转基因原料"等标识。对转基因原料的流通过程也作了详细规定，要求它们必须与非转基因产品分别包装、运输和贮存。日本允许种植转基因作物除了玫瑰之外，正式的商业种植并未实施。

（二） 转基因食品原料的主要安全问题

自 20 世纪 80 年代转基因技术及其产品问世以来，其商业发展极为迅速，同时人们也关注转基因食品安全性问题。主要集中在转基因食品是否危害人类健康，是否危害农业生产，是否破坏生态平衡。从食品本身来看，任何食品的安全都是相对的，比如一些天然的食物也可能含有致癌物。对转基因食品同样我们也应以辩证的态度去看待，下面将从转基因食品原料可能存在的潜在安全问题进行介绍。

1. 外源基因毒性问题

转基因生物所转入的基因是否属于有毒蛋白或抗营养因子，这属于转基因安全评价的中间试验阶段关注的问题，如果评价有这两类情况，该转基因农产品的安全评价就会直接被否决。转基因作物里的抗生素标记基因，有可能使人对抗生素产生抗体，目前含有这类标记基因的转基因作物不会通过安全评价，在获得更高级别的安全评价之前，还需要解答转基因植物产品是否对动物有害等。因此，综合来看，获得转基因安全评价证书的转基因产品具备很好的安全性。至于公众所关注的转基因食品当中外源基因潜在的其他不确定性问题，则需要经历漫长的时间去验证。

2. 食品营养成分可能存在相互作用

外源基因可能对食品的营养价值产生无法预期的改变，其中有些营养降低而另一些营养增加。据研究报道，转基因食品与非转基因食品之间基本的营养成分无显著性差异，相关转移基因表达的营养物质含量高于非转基因食品。而有关食用植物和动物中营养成分改变对营养的相互作用、营养的生物利用率、营养的潜能和营养代谢等方面的作用报道较少。

3. 转基因食品引起食物过敏症的可能性

对一种食物过敏的人，有时还会对另一种过去不曾过敏的食物产生过敏反应，原因就在于蛋白质的转移。在转基因操作中，某种生物的蛋白质也会随基因加入，因而有可能导致过敏现象的扩展，特别是对儿童和具有过敏体质的成人。1996 年，美国先锋种子公司把巴西坚果的基因转入大豆中想要提高大豆的氨基酸，但是研究发现对巴西坚果过敏的人对转入巴西坚果基因后的大豆也产生了过敏反应。因此，转基因食物过敏性安全评价也主要通过确定评价新型食物是否含有与已知过敏原相同的蛋白成分，以分析其是否具有潜在过敏性。如果新食品中被植入的基因来源没有过敏史，则可通过氨基酸序列分析和物理化学分析试验确定新蛋白质是否可能具有潜在过敏性。

4. 转基因作物对环境生态可能产生的影响

环境保护论者担心转基因作物广泛种植后会引起环境恶化的风险。转基因作物可通过花粉导入方法进行基因转移，可能将一些高产、抗虫、抗病、抗除草剂或对环境胁迫具有耐性的基因转移给周围野生植物，会引发超级杂草的出现，从而严重威胁其他作物的正常生长和生存，还可导致除草剂的滥用，引起土壤板结，土质变坏，药物残留，加重环境污染等问题。研究表明，第三代、四代害虫已对转基因抗虫作物产生抗性。因此，转基因抗虫作物的大规模种植有可能需要喷洒更多的农药，将会对农田和自然生态环境造成更大的危害。

5. 转基因生物对生态的可能影响

转基因生物可能会破坏生态平衡，影响生物多样性。而且生物进化速度过快，可能会产生新的病毒或有害物种，产生基因污染。加快生物的进化速度在某些方面有其积极意义，但对于整个生态来讲，则破坏了生物的进化平衡，导致生态系统病态发展。转基因作物相对于非转基因作物具有一定的优势，缺乏天敌的存在及对外界环境的强适应性，短期内出现大量的个体，大量的转基因生物进入自然界后很可能会与野生物种杂交，这种基因在物种间的横向漂移打破了原有的生态平衡，可能会造成"基因污染"，从而影响到生物多样性的保护和持续利用，对环境及生态系统造成的危害性比其他任何因素对环境造成的污染都难以消除。

转基因技术作为生物科技的前沿技术，全世界范围内，关于转基因认识的鸿沟仍然普遍存在。从世界卫生组织、联合国粮农组织、欧盟食品安全局、日本厚生劳动省、美国食品与药物管理局、英国皇家学会、美国国家科学院以及中国科学院等权威机构的长期跟踪、评估、评价、监测结果来看，转基因技术及其产品的安全性是可以控制的，是有保障的，经过安全评价获得政府批准的转基因产品与非转基因产品是一样安全的。转基因技术在培育新的优良品种方面，正显示出独特的技术优势和全新的开发前景。同时转基因产品也可能会带来潜在的或目前尚不可预见的后果，至于长期食用转基因食品的安全性有待于进一步验证。因此，我们必须用科学和社会责任两种态度来保护和推动转基因食品的发展。

（三） 转基因食品的安全性评价

转基因技术是一柄双刃剑，利用其优点的同时也要及时发现其潜在的缺陷，但发展转基因技术仍然是大势所趋。目前，转基因食品上市前要通过严格的安全评价和审批程序，国际上关于转基因食品的安全性是有权威结论的，即通过安全评价、获得安全证书的转基因生物及其产品都是安全的。国际食品法典委员会制定的一系列转基因食品安全评价指南，各国安全评价的模式和程序虽然不尽相同，但总的评价原则和技术方法都是按照国际食品法典委员会的标准制定的。一般转基因食品指的是以通过安全性评价的转基因生物作为原料加工而得到的食品。

1. 转基因食品安全性评估的基本原则——实质等同性原则

转基因食品逐渐给人类带来巨大的社会和经济效益的同时，与其有关的环境释放安全性和食用安全性的问题日益引起各国的广泛关注。传统食品的安全性评价方法是以毒理学为基础的，但它已不能满足转基因食品安全性评价的要求。1993 年，经济合作与发展组织（Organization for Economic Cooperation and Development，OECD）（简称经合组织）发表了"现代生物技术食品的安全评价——概念和原则"，提出了"实质等同性（substantial equivalence）原则"，即如果一种新食品或食品成分与现有的食品或食品成分实质等同（即它们的分子结构、成分与营养特性等数据，经过比较而认为是实质相等），那么，就安全而言，它们可等同对待，即新食品或食品成分能够被认为与传统食品或食品成分一样安全。当转基因生物食品或其成分完全不同于传统食品时，则须进行食品安全性评估。在经济合作与发展组织（OECD）和 FAO/WHO 的倡议下，"实质等同性"已被欧盟、美国、加拿大、澳大利亚等用作对转基因食品进行安全性评价的主要依据。

2. 转基因食品安全性评价方法

国际生命科学会欧洲分会新食品领导小组提出了食品安全性评价的等同和相似原则（safety assessment of food by equivalence and similarity targeting，SAFEST），该原则要求对转基因食品从营养与毒理学两方面进行个案评价。SAFEST 的主要内容有：转基因食品都来源于具有安全食用历史的生物，通过比较该食品与传统食品的等同性与相似性，阐明其不同点和作为食品中安全性评价的靶点（target），并在营养成分、毒素水平、杂质水平、新成分的结构与功能等几个主要方面与传统食品进行比较。在对一种转基因食品进行安全性评价时，首先要了解和描述它的背景资料，即食品名称、来源（动物、植物或微生物）、基因改造方法（宿主、载体、插入基因、重组生物体的特性）、人体摄入量、使用目的及使用人群（是否为特殊人群，如孕妇、儿童等）、加工方法及食品成分等，通过比较分析来评价的试验样品与实际生产和人类实际消费的传统食品的一致性。该领导小组根据上述原则将转基因食品分为三类：

（1）SAFEST 1 与传统食品相同或相似。相同与相似指与传统食品相比两者生物化学特性一致，差异仅在传统食品自然变异范围之内。对成分复杂的食品来说，相同与相似指两者在食物成分、营养价值、体内代谢途径、机体膳食中的作用、杂质水平等指标的差异在传统食品已知的变异范围之内。这一类食品则不需进一步进行更多营养和毒理学评价。

（2）SAFEST 2 与传统食品相似，但存在某个新成分或新特性或缺乏某一个原有的成分或特性。这一类食品需要对其不同的成分与特性作进一步的分析评价。

根据转基因食品的基本资料若不能确定与传统食品是否相同或相似，则必须进一步对其进行营养评价。转基因食品的营养评价应从营养价值、营养素的生物利用率和动物（人）对营养素的摄入量三方面来进行。转基因食品营养价值的评价包括三个要素：组成成分、在膳食中的作用（如是否为某种营养素的补充剂）和在膳食中的应用情况。

（3）SAFEST 3 与传统食品既不相同也不相似，这一类食品需要做广泛的毒理学评价。毒理学试验范围与项目的选择应以新食品的分子、生物学、化学分析数据为基础，结合其摄入量和在膳食中的作用进行确定。转基因食品毒理学评价试验项目包括毒物动力学和代谢试验、遗传毒性、致过敏性、增殖性、致病性、啮齿类动物 90d 亚慢性喂养试验及其他毒性试验，根据试验证明对人类的安全性包括耐受量，对肠道菌群谱和数量的作用以及对生物标记的效应。

当然，对此原则也有持不同观点的人群，认为关于"实质等同性"原则强调的是"实质"等同，但不能将实质解释为单一的"化学成分"等同。当前的实质等同原则将实质等同的判断标准唯一性地体现为化学成分。转基因食品安全性的评价不仅与化学成分相关，而且与生物学、生态学、社会学等休戚相关。如果说在成分相同或类似的情况下，基因的转移、突变会在性状、结构、特征等方面影响生物产品的性能和质量，那么单一的"化学成分"检测可能就偏离了科学性的轨道。因此，化学成分的实质等同不能有效防止和避免转基因生物安全性。

3. 我国对转基因食品的安全性评价管理方法

依据国际食品法典委员会标准，我国制订了转基因植物安全评价指南等系列评价指南。按照农业转基因生物用途，实行分类别安全评价管理。用于生产应用的农业转基因生物，一般要通过实验研究、中间试验、环境释放、生产性试验、申请安全证书5个阶段的严格评价，才可能获得农业转基因生物安全证书。如果在任何一个阶段发现了食用或环境安全性问题，都将终止研发，不允许进入市场。获得安全证书的转基因作物，还要根据《中华人民共和国种子法》的规定，通过审定等品种管理的相关程序才能进行商业化种植。进口农业转基因生物用作加工原料的，必须满足三个前置条件：一是输出国家或者地区已经允许作为相应用途并投放市场；二是输出国家或者地区经过科学试验证明对人类、动植物、微生物和生态环境无害；三是有相应的安全管理、防范措施。此外，还要经农业农村部委托的具备检测条件和能力的技术检测机构检测，并经过国家农业转基因生物安全委员会安全评价合格，确认对人类、动植物、微生物和生态环境不存在危险，才可能获得进口用作加工原料的农业转基因生物安全证书。加工具有活性的农业转基因生物，还需取得农业转基因生物加工许可证。

转基因产品的食用安全主要评价基因及表达产物在可能的毒性、过敏性、营养成分、抗营养成分等方面是否符合法律法规和标准的要求，是否会带来安全风险。评价内容主要包括四个部分：

（1）基本情况　包括供体与受体生物的食用安全情况、基因操作、引入或修饰性状和特性的叙述、实际插入或删除序列的资料、目的基因与载体构建的图谱及其安全性、载体中插入区域各片段的资料、转基因方法、插入序列表达的资料等。

（2）营养学评价　包括主要营养成分和抗营养因子的分析。

（3）毒理学评价　包括急性毒性试验、亚慢性毒性试验等。

（4）过敏性评价　主要依据联合国粮农组织与世界卫生组织提出的过敏原评价决策树依次评价，禁止转入已知过敏原。

另外，对转基因生物及其产品在加工过程中的安全性、转基因植物及其产品中外来化合物蓄积情况、非预期作用等方面也要进行安全性评价。我国批准种植的转基因食品作物仅有番木瓜和玉米，批准进口用作加工原料的有大豆、玉米、棉花、油菜和甜菜等作物。

（四）　转基因食品管理

1. 转基因食品管理的主要内容

转基因食品管理的体系包括安全性认证、品种管理和强制性标签三部分内容。

（1）安全性认证　对转基因食品的安全性评估是一项综合性的管理措施，对它的品种管理则更为复杂，一般从三个方面来考虑：①生产商提供证明：转基因产品须通过所在国政府的安全性评估，并经所在国主管部门正式批准种植，在本国进行过商业性销售。生产商提供证据来证明该转基因食品是安全无害的。证明可由生产厂商提供，也可由国际认可的科学研究部门或其他有资格的技术、检验机构提供。②国际上的接受程度：转基因食品在世界各国被接受的程度是一个比较重要的参考因素。一般情况下，被广泛接受的产品较为可信，其安全性方面的风险较小。③进口国官方机构的评估：由于转基因食品的安全性关系到消费者的安全和健康，进口国官方的主管部门应该对进口转基因食品实行强制性的安全性评估。

（2）品种管理 品种管理是转基因食品管理的基础。转基因生物作为原料通过食品加工体系迅速扩散，如果对原料品种没有进行必要管理，就无法确定最终产品中是否含有转基因成分。①品种划分：从遗传学角度来看，DNA 序列在一定程度上具有差异的动植物就可以认为是不同的品种。导入异源 DNA 片段的特性以及在受体中的位置是划分品种的基础。②品种命名：为了有效地对转基因生物进行品种管理，有必要对传统商品名称的命名方式进行改进。不能简单或笼统地命名。应该将经过基因重组所具备不同 DNA 特征作为品种名称的一部分，或者在品种名称中缀以品种代号，代号及所代表的意义必须事先向管理当局备案并获得认可。③品种纯度验证：生产商应提供品种的特征资料，包括该 DNA 特征描述、序列谱、验证方法，并具体说明品种改良的目的。有些出于商业原因不愿意提供 DNA 序列谱的，也可只提供验证品种纯度的检验方法，或者提供验证品种的试剂盒。

（3）强制性标签 针对各类转基因食品或含转基因成分的食品，应实行标签制度，标签内容应包括：①转基因生物的来源；②过敏性；③伦理学考虑；④不同于传统食品（成分、营养价值、效果等）。如我国现行的标识制度将转基因动植物（含种子、种畜禽、水产苗种）和微生物，转基因动植物、微生物产品，含有转基因动植物、微生物或者其产品成分的种子、种畜禽、水产苗种、农药、兽药、肥料和添加剂等产品，直接标注为"转基因××"；将转基因农产品的直接加工品，标注为"转基因××加工品（制成品）"或者"加工原料为转基因××"；将用农业转基因生物或用含有农业转基因生物成分的产品加工制成的产品，但最终销售产品中已不再有或检测不出转基因成分的产品，标注为"本产品为转基因××加工制成，但本产品中已不再含有转基因成分"或者标注为"本产品加工原料中有转基因××，但本产品中已不再含有转基因成分。"

2. 转基因食品的管理措施

2019 年，全球有 74% 的大豆、31% 的玉米和 27% 的油菜属于转基因作物。总计 71 个国家和地区对用于人类食物、动物饲料和商业种植用途的转基因作物签发了监管批文。自 1992 年以来，除了康乃馨、玫瑰和矮牵牛外，监管部门已经批准了 4485 项批文，涉及 29 种转基因作物的 403 个转化体。在这些批文中，2115 项用于食物（直接使用或加工），1514 项用于饲料（直接使用或加工），856 项用于环境释放或种植。实践证实转基因作物带来了巨大的社会经济效益。当前讨论是否应该接受转基因食品不再是主要问题，而是应该如何对其进行安全有效地管理，对其潜在危害进行研究，切实保证通过安全评价的转基因食品才能规模化生产。

（1）建立完善的转基因产品安全评价体系 1993 年，经济合作与发展组织（OECD）发表了"现代生物技术食品的安全评价——概念和原则"，提出了"质量等同性概念"，其含义为在评价新的食品或食品成分的安全性时可用现有的生物食品做比较。

在对转基因生物安全性讨论的同时，对转基因食品安全性进行评估的相关规则和是否需要加施适当标签的问题也逐渐被提到日程上来，FAO/WHO 和一些国家对此开始制定了相应的政策和法规。欧洲议会于 1997 年 5 月 15 日通过了《新食品规程》，规定欧盟成员国对上市的转基因产品（包括所有转基因食品或含有转基因成分的食品）必须加施转基因生物标签。

我国转基因品种进行商业化推广前，需要先进行生物安全评价。在通过生物安全评价并取得转基因生物安全证书后，还需要通过审定以及获得种子生产经营许可证，新品种才可以进行商业化推广。农业农村部下设农业转基因安全委员会，负责农业转基因生物的安全评价工作。农业转基因生物安全委员会由从事农业转基因生物研究、生产、加工、检验检疫以及卫生、环境保护等方面的专家组成。2001 年 5 月 9 日，国家全文公布了《农业转基因生物安全管理条例》，2002 年 1 月 5 日，我国农业部签发了三个农业法令——《农业转基因生物安全评价管理办法》《农业转基因生物进行安全管理办法》和《农业转基因生物标识管理办法》。根据《农业转基因生物标识管理办法》要求，从 2002 年 3 月 20 日起，含有转基因成分的大豆、番茄、棉花、玉米、油菜 5 种农作物及其产品（如大豆油）需要标明转基因成分才能加工和销售。2015 年 10 月 1 日起施行的《中华人民共和国食品安全法》第四章食品生产经营，第六十九条规定"生产经营转基因食品应当按照规定显著标示"。农业部 2017 年审议并通过了《转基因植物安全评价指南》《转基因动物安全评价指南》《动物用转基因微生物安全评价指南》《农业部科教（转基因）行政审批工作规范》，强调要加强安全评价试验监管，确保安全评价工作规范有序、评价结果科学可靠。

（2）目前，农业农村部正在筹建若干个农业转基因生物技术检测机构，包括了"农业转基因生物环境安全评价检测机构""农业转基因生物食用安全检测机构""农业转基因生物产品检验机构"三个方面，建全高水平的质量标准检测体系和严格的审批制度。

（3）培养健康、规范的转基因产品市场，同时加强对公众的科学普及与教育，使他们具有选择、接受安全转基因产品的能力。

（4）积极参与有关国际组织的活动，以维护我国的合理利益。

当然，严格管理的最终目的并不是限制转基因及其产品的研制与开发利用，而是为使其健康发展提供保障，既要保证转基因产品的安全性又不能过于限制转基因技术的发展才是任重而道远的工作。

🔍 思考题

1. 农药如何分类？
2. 农药污染食品的途径及控制措施有哪些？
3. 兽药及兽药残留的概念？
4. 兽药污染食品的途径及控制措施有哪些？
5. 兽药残留的危害有哪些？
6. 肥料污染食品的途径及控制措施有哪些？
7. 转基因技术在食品原料生产中有哪些方面的应用？
8. 简述转基因食品原料可能存在的安全问题。
9. 转基因产品的食用安全评价的主要内容是什么？

第七章
CHAPTER
7

植物性食品原料的安全控制

【提要】植物性食品原料的安全控制，包括植物生产的产地环境安全控制、生产投入品的安全控制、生产过程及病虫害安全控制等。投入品包括化肥、农药、农艺措施等。

【教学目标】了解内容：植物性食品原料生产对产地环境的要求；植物原料生产的农艺技术；植物原料生产过程中病虫害控制；信息技术在现代农业中的应用。掌握内容：熟悉植物性食品原料生产对产地环境的主要要求；熟悉影响植物性食品原料生产过程中主要安全性危害及包括农艺技术在内的主要防控技术措施；熟悉植物性食品原料生产过程并能够编制一份完整的绿色食品原料生产技术规范。

【名词及概念】连作，轮作，套作，混作，间作，秸秆还田技术，寄生性天敌，捕食性天敌，物理防治，生物防治，计算机视觉技术，区块链技术。

【课程思政元素】农艺技术背后中华文化的生态思维，系统论，控制论思想；生物防治背后的绿色、生态、安全意识；区块链技术在食品安全控制中的应用前景讨论。

第一节　植物性食品原料生产基地的选择

一、安全农作物对环境质量的要求

（一）安全农作物对自然条件的要求

1. 景观条件

（1）距离高速公路、主要国道、干道1000m以上，地方主要干道500m以上。

（2）附近500m以内没有医院、生活污染源，1000m以内没有工矿企业。

（3）平原农区禁用地上水源灌溉，地下水源灌溉取水层深度大于50m，山地农区上游没有工矿企业等污染的可用地上水。

（4）环境质量符合国家土壤水质、空气质量标准。

（5）三年内没种过棉花，一年内没有存放过有毒有害农药、除草剂、调节剂、激素等危险物。

2. 应选择在作物的主产区、高产区和优异独特的生态区。

3. 要求土壤肥沃、旱涝保收。

（二） 基地环境质量的评价要素

（1）大气评价指标　二氧化硫、氮氧化物、氟化物和总悬浮颗粒物。

（2）灌溉水的评价指标　pH、氟化物、氯化物、氰化物、铜、砷、铅、镉、汞、铬。

（3）土壤的评价指标　砷、铅、镉、汞、铬等，广泛使用有机氯农药的地区检测六六六和滴滴涕等农药。

二、 基地环境质量评价标准

（一） 水质标准

1. 一般基地环境的水质标准如表7-1所示。

表 7-1　　　　　　　　　　　　　　一般基地环境的水质标准

项目	指标
pH	5.5~8.5
化学需氧量/（mg/L）	≤150
总汞/（mg/L）	≤0.001
总镉/（mg/L）	≤0.005
总砷/（mg/L）	≤0.05
总铅/（mg/L）	≤0.10
铬（六价）/（mg/L）	≤0.10
氟化物/（mg/L）	≤2.0
氰化物/（mg/L）	≤0.50
石油类/（mg/L）	≤1.0
粪大肠菌群/（MPN/L）	≤10000

2. 绿色食品农田灌溉水质要求

农田灌溉用水，包括水培蔬菜和水生植物，应符合表7-2要求。

表 7-2　　　　　　　　　　　　　绿色食品农田灌溉水质要求

项目	指标	检测方法
pH	5.5~8.5	GB 6920—1986《水质　pH值的测定　玻璃电极法》
总汞/（mg/L）	<0.001	HJ 597—2011《水质　总汞的测定冷原子吸收分光光度法》
总镉/（mg/L）	<0.005	GB/T 7475—1987《水质　铜、锌、铅、镉的测定　原子吸收分光光度法》
总砷/（mg/L）	<0.05	GB/T 7485—1987《水质　总砷的测定二乙基二硫代氨基甲酸银分光光度法》

续表

项目	指标	检测方法
总铅/（mg/L）	<0.1	GB/T 7475—1987《水质　铜、锌、铅、镉的测定　原子吸收分光光度法》
铬（六价）/（mg/L）	<0.1	GB/T 7467—1987《水质　六价铬的测定　二苯碳酰二肼分光光度法》
氟化物/（mg/L）	<2.0	GB/T 7484—1987《水质　氟化物的测定　离子选择电极法》
化学需氧量（COD$_{Cr}$）/（mg/L）	<60	HJ 828—2017《水质　化学需氧量的测定　重铬酸盐法》
石油类/（mg/L）	<1.0	HJ 637—2018《水质　石油类和动植物油类的测定　红外分光光度法》
粪大肠菌群/（MPN/L）	<10000	SL 355—2006《水质　粪大肠菌群的测定　多管发酵法》

注：灌溉蔬菜、瓜类和草本水果的地表水需测粪大肠菌群，其他情况不测粪大肠菌群。

（二）　土壤标准

1. 一般基地环境的土壤标准如表7-3所示。

表7-3　　　　　　　　　　　　一般基地环境的土壤标准

耕作条件	旱田			水田		
pH	<6.5	6.5~7.5	>7.5	<6.5	6.5~7.5	>7.5
镉/（mg/L）≤	0.30	0.30	0.40	0.30	0.30	0.40
汞/（mg/L）≤	0.25	0.30	0.35	0.30	0.40	0.40
砷/（mg/L）≤	25	20	20	20	20	15
铅/（mg/L）≤	50	50	50	50	50	50
铬（六价）/（mg/L）≤	120	120	120	120	120	120
铜/（mg/L）≤	50	60	60	50	60	60

2. 绿色食品土壤环境质量要求

按土壤耕作方式的不同分为旱田和水田两大类，每类又根据土壤pH的高低分为三种情况，即pH<6.5；6.5<pH<7.5；pH>7.5，应符合表7-4要求。

表7-4　　　　　　　　　　　　绿色食品土壤环境质量要求

项目	旱田			水田			检测方法
	pH<6.5	6.5<pH<7.5	pH>7.5	pH<6.5	6.5<pH<7.5	pH>7.5	
总镉/（mg/kg）	<0.30	<0.30	<0.40	<0.30	<0.30	<0.40	GB/T 17141—1997《土壤质量　铅、镉的测定　石墨炉原子吸收分光光度法》

续表

项目	旱田 pH<6.5	6.5<pH<7.5	pH>7.5	水田 pH<6.5	6.5<pH<7.5	pH>7.5	检测方法
总汞/(mg/kg)	≤0.25	≤0.30	≤0.35	<0.30	<0.40	<0.40	GB/T 22105.1—2008《土壤质量 总汞、总砷、总铅的测定 原子荧光法 第1部分：土壤中总汞的测定》
总砷/(mg/kg)	≤25	≤20	<20	<20	<20	<15	GB/T 22105.2—2008《土壤质量 总汞、总砷、总铅的测定 原子荧光法 第2部分：土壤中总砷的测定》
总铅/(mg/kg)	≤50	<50	<50	<50	<50	<50	GB/T 17141—1997《土壤质量 铅、镉的测定 石墨炉原子吸收分光光度法》
总铬/(mg/kg)	≤120	≤120	<120	<120	<120	<120	HJ 491—2009《土壤总铬的测定 火焰原子吸收分光光度法》
总铜/(mg/kg)	≤50	≤60	≤60	<50	<60	<60	HJ 491—2019《土壤和沉积物 铜、锌、铅、镍、铬的测定 火焰原子吸收分光光度法》

注：①果园土壤中铜限量值为旱田中铜限量值的2倍。
②水旱轮作的标准值取严不取宽。
③底泥按照水田标准执行。

3. 绿色食品土壤肥力要求如表7-5所示。

表7-5　　　　　　　　　　　　　土壤肥力分级指标

项目	级别	旱地	水田	菜地	园地	牧地	检测方法
有机质/(g/kg)	Ⅰ	>15	>25	>30	>20	>20	NY/T 1121.6—2006《土壤检测 第6部分：土壤有机质的测定》
	Ⅱ	10~15	20~25	20~30	15~20	15~20	
全氮/(g/kg)	Ⅰ	>1.0	>1.2	>1.2	>1.0	—	NY/T 53—1987《土壤全氮测定法（半微量开氏法）》
	Ⅱ	0.8~1.0	1.0~1.2	1.0~1.2	0.8~1.0		
有效磷/(mg/kg)	Ⅰ	>10	>15	>40	>10	>10	LY/T 1233—1999《森林土壤有效磷的测定》
	Ⅱ	5~10	10~15	20~40	5~10	5~10	
速效钾/(mg/kg)	Ⅰ	>120	>100	>150	>100	—	LY/T 1236—1999《森林土壤速效钾的测定》
	Ⅱ	80~120	50~100	100~150	50~100		
阳离子交换量/[cmol(+)/kg]	Ⅰ	>20	>20	>20	>20	—	LY/T 1243—1999《森林土壤阳离子交换量的测定标准》
	Ⅱ	15~20	15~20	15~20	15~20		

注：底泥、食用菌栽培基质不做土壤肥力检测。

（三） 大气标准

1. 一般基地环境的大气标准如表7-6所示。

表7-6 一般基地环境的大气标准

项目	浓度限值	
	日平均	1h 平均
总悬浮颗粒（标准状态）/（mg/m³）≤	0.3	—
二氧化硫（标准状态）/（mg/m³）≤	0.15	0.5
二氧化氮（标准状态）/（mg/m³）≤	0.12	0.24
氟化物（标准状态）/（μg/m³）	7	7

2. 绿色食品产地环境空气质量要求如表7-7所示。

表7-7 绿色食品产地环境空气质量要求（标准状态）

项目	指标		检测方法
	日平均[1]	1 小时平均[2]	
总悬浮颗粒物/（mg/m³）	<0.30	—	GB/T 15432—1995《环境空气总悬浮颗粒物的测定　重量法》
二氧化硫/（mg/m³）	<0.15	<0.50	HJ 482—2009《环境空气二氧化硫的测定　甲醛吸收-副玫瑰苯胺分光光度法》
二氧化氮/（mg/m³）	<0.08	<0.20	HJ 479—2009《环境空气氮氧化物（一氧化氮和二氧化氮）的测定　盐酸萘乙二胺分光光度法》
氟化物/（μg/m³）	<7	<20	HJ 955—2018《环境空气 氟化物的测定　滤膜采样/氟离子选择电极法》

注：①日平均指任何 1d 的平均指标。

②1 小时指任何 1h 的指标。

第二节　植物性食品原料安全控制

我国是具有五千年悠久历史的文明古国，农耕文明极其发达。在几千年的发展历程中，我国人民创造和积累了许多科学实用的农业生产知识和技术，形成了独特的农艺技术和制度体系。将这些传统的农艺技术与现代科技有机结合，可以为破解目前食品原料安全风险加大的难题发挥积极作用。

在传统的农业生产中，常用的植物性食品原料安全控制农艺技术包括轮作倒茬技术、间作套种技术、植株调整技术、疏花疏果技术、田园整理和秸秆还田技术、科学施肥和灌溉技术等。下面以蔬菜为例介绍常用的相关农艺技术。

一、 蔬菜轮作倒茬技术

（一） 轮作和连作的概念

1. 轮作

指同一田块上，按照一定年限，有顺序地轮换种植几种不同种类作物的种植方式，又称倒茬或换茬。轮作在农业生产的蔬菜栽培中使用广泛，是蔬菜稳产、高产、高效和可持续发展的重要农艺技术措施。

2. 连作

指在同一块地里连续种植同一种作物（或同科作物）的种植方式。同种作物或近缘作物连作以后，即使在正常管理的情况下，也会造成相同病虫害的发生加重、营养元素缺乏、产量降低、品质变劣的现象，也就是连作障碍。在农作物生产中，不同植物的根系分布不同，对营养的需求不同，易感的病虫害也有差异。轮作可以有效降低连作障碍，降低病虫害的发生，减少农药用量。合理轮作有助于抑制杂草和病虫害，也有利于改善植物养分的供给，合理利用地力，改善土壤结构，平衡土壤中的酸碱性，防止土壤流失，降低水资源的污染。

（二） 蔬菜轮作的方法和原则

1. 轮作的方法

因蔬菜种类多，不同于大田作物，不可能逐一按种类轮作。实践中常按照蔬菜植物的农业生物学分类方法将蔬菜分成几大类，按类分块轮作，如白菜甘蓝类、葱蒜类、根菜类、茄果类、瓜类、豆类、薯芋类等，将同类的蔬菜集中在同区，考虑轮作时将其视为同种作物。水生蔬菜和多年生蔬菜占地长，一般单独设计轮作区。

2. 蔬菜轮作的原则

实行蔬菜轮作设计，应遵循以下原则：

（1）根系深浅不同　根系深浅不同，吸收土壤养分的层次也不同，因此将根系深浅不同的蔬菜轮作能够充分利用土壤中不同层次的养分。

（2）有利于病虫害防治　同科蔬菜多年连续栽培，经常会感染相同病虫害，使病虫害加重。因此，每年换种不同种类的蔬菜，使病虫失去寄主或改变生活条件，达到防治病虫害的目的。而进行粮菜轮作、水旱轮作可以有效控制土传病害。

（3）养分吸收特性不同　豆类蔬菜的根瘤菌，能够有效固定空气中的氮，提高土壤肥力，下茬可种植需氮较多的白菜、茄子等，接下来再种植消耗氮肥较少的根菜类和葱蒜类。油菜、菠菜等叶菜消耗氮肥较多，番茄、茄子、辣椒、黄瓜等果菜类消耗磷肥较多，生姜、莲藕等根茎菜类需要钾肥较多，这3类蔬菜互相轮作可以更充分利用土壤养分。

（4）注意不同蔬菜对土壤酸碱度的要求　不同蔬菜作物对土壤酸碱度的影响不同，如种植南瓜、甜玉米后，可降低土壤酸度，而种植甘蓝、马铃薯等后，则增加土壤酸度。因此对土壤酸度敏感的洋葱作为南瓜后作可增产，作为甘蓝后作则减产。

（5）要考虑前茬作物对杂草的抑制作用　一些生长速率快或生育期长、茎叶繁茂，茎叶覆盖度高的蔬菜，如南瓜、甘蓝、毛豆、马铃薯等，对杂草有明显的抑制作用；而生长缓慢、叶面积小的蔬菜，如胡萝卜芹菜以及洋葱等，则容易滋生杂草。安排茬口时应考虑将抑制杂草作用较强的蔬菜种类作为易发生杂草危害的蔬菜作物前作。

除根据以上原则外，还要根据蔬菜种类、品种和发病情况来确定是否需要轮作和轮作的年限。百合科、伞形科、禾本科蔬菜较耐连作，茄科、豆科、菊科等对连作敏感。马铃薯、山药、黄瓜、辣椒、生姜等需要间隔2~3年栽培；番茄、茄子、芋头、豌豆、香瓜、大白菜等需要间隔3~4年；西瓜则要间隔6~7年以上。

二、 蔬菜间作、 混作和套作技术

（一） 间作、 混作和套作的概念

1. 间作

两种或两种以上的作物，同时有规则地（隔畦、隔行或隔株）栽培在同一田块上的种植方式称为间作。

2. 混作

两种或两种以上的蔬菜作物，同时不规则地混合种植在同一块田地上的种植方式称为混作。

3. 套作

在前作农作物生长的中后期，在其行间或株间种植后作作物的种植方式称为套作。实行间、混、套作，就是把两种或两种以上具有生态互补效应的作物构成一个结构合理的复合群体，从而提高土地生产力和光能利用率，实现光照、温度、水分、肥料等资源的优化共享以及有效防治病虫害，因而具有较好的增产增收效果。

例如，温室黄瓜与莴苣或油菜间作，莴苣或油菜收获后，套作尖椒，两种作物高矮搭配，使黄瓜通风透光的要求得到充分满足，矮棵作物也获得了适宜的环境条件。

（二） 蔬菜间作、 混作和套作的原则

间、混、套作属于高效益的集约种植方式，对栽培技术的要求更严格。要在品种构成、播种期等方面入手，协调主作和间作的关系，缓解两种作物之间对光照和肥水的竞争，实现复合群体的高产高效。间、套作也存在栽培管理费工较多、不便于机械化作业等缺点，利用不当，甚至还会出现两种作物相互影响、相互制约，造成减产。具体应遵循以下原则：

1. 合理搭配蔬菜种类和品种

蔬菜作物种类品种繁多，生物学特性各异，因此要根据蔬菜的根系深浅、喜光耐阴、植株高矮、生育期长短和生长速率快慢等生理、生态特性合理搭配，达到高产、高效的目的。

（1）利用不同蔬菜作物生长期的"时间差"　如不搭架的蔓性南瓜、西瓜与生长期短的油菜、茼蒿等绿叶菜类间作，绿叶菜采收后，南瓜、冬瓜可将其空间扩展覆盖，扩大受光面积。

（2）利用植株"高度差"　高棵的茄果类、瓜类、豆类与矮棵的葱蒜类、绿叶菜类间、套作，为复合群体创造良好的通风透光环境。

（3）利用病虫发生条件的"生态差"　综合土壤、植物、微生物三者关系，运用植物健康管理技术原理，选择适宜作物间作套种，如"生姜、丝瓜、茎用芥菜"立体套栽，丝瓜、生姜、茎用芥菜分别为葫芦科、襄荷科、十字花科作物。这样的套作组合可提高土壤中养分利用率；使病原菌和害虫失去寄主和改变生态环境，减轻病虫基数积累，降低病虫害发生危害程度。

2. 复合群体结构要主次分明

间、套作要有主次，作物的间、套作应以主作为中心，合理设计前、后作蔬菜的品种结构、定植期（播种期），最大限度地缩短前后作共生的时间，使前作能有效利用后作群体形成

前的生长时期，后作能充分利用前作收获结束后腾出的土地和空间。

3. 采取配套栽培技术措施

间、套作一般是由两种或几种不同种类的蔬菜作物构成，不同作物生长习性不同，所处的生长阶段不同。由此对肥水和田间管护的要求也不相同。管理上要综合考虑，抓住作物生长的关键期，采取有针对性的技术措施，尽量缓解复合群体中的种间竞争。

4. 作物间对肥水温湿需求相差不宜过大

在田间生产条件下，肥水、温度、相对湿度等指标难以进行单行或单畦调控，如果间、套作复合群体中两种作物对上述指标要求相差过大，管理上则无法兼顾，势必造成顾此失彼。例如，大棚黄瓜就不宜与青花菜间作。

另外，并非所有的蔬菜都可以间作套种，如甘蓝和芹菜不能进行间作，因为它们的根系分泌物相互抑制对方的生长，造成减产。除了蔬菜作物之间进行间套作外，还可以采取菜粮（棉）间套作和果菜间作。

三、 田园整理和秸秆还田技术

每季（茬）农作物收获以后，都会在土地中留下大量的秸秆、枝叶、根系、残次果等副产物。这些副产物也是植物光合作用的产物，其中含有大量的多糖、脂类、蛋白质等有机质及氮、磷、钾等矿物质元素。同时，这些副产物中也会带有大量的病原微生物和害虫、虫卵等有害生物，若直接还田，有可能会增加后季农作物病虫害的发生。但是，这些副产物经过适当处理后返回土地，对增加土壤有机质，改善土壤物理性状，增加团粒结构，提高土壤肥力，减少后季农作物的肥料用量并增加产量，会具有良好效果；同时经过田园整理和适当处理以后还田，还可以大大减少土地中病原微生物和害虫、虫卵等有害生物的数量和密度，降低后季农作物病虫害的发生，减少农药用量，形成一种良好的正反馈机制，对提高食品原料安全水平具有积极作用。

田园整理又称秸秆还田，是指每季（茬）农作物收获以后，将田园中的留下的大量秸秆、枝叶、根系、残次果等收集清理的一种农事活动。通过田园整理，不但使田园更加整洁，还可以将带有大量病原微生物和害虫、虫卵等有害生物的田园垃圾收集起来，集中进行无害化处理，为后季农作物的生产创造更加清洁、适宜的耕作环境。

田园垃圾无害化处理的方式，包括集中焚烧、堆肥、沤肥、填埋等。其中堆肥、沤肥是一类资源化再利用的绿色处理方式，是一种值得广泛推广应用的传统的秸秆还田技术。

目前的秸秆还田技术，除了堆肥、沤肥以外，随着现代的科学技术进步，还发展出了许多新的技术。如墒沟埋草还田、留高桩机械返转灭茬还田、留高桩套播还田、铺盖还田、集中工业化处理做成碳肥还田、集中工业化处理做成生物有机肥还田等。

在利用农作物秸秆做成碳肥还田方面，黑龙江省的工作十分引人关注。黑龙江地力农业发展有限公司等数十家企业引进南京农大秸秆高温厌氧热裂解炭化专利技术，运用世界先进的炭化设备及加工工艺，将生物质秸秆转化为气态、液态和固态三类产物，形成炭、肥、药、油、脂、醇等系列产品，打造生物质综合循环利用的全产业链。其产品包括生物质炭基肥、土壤调理剂、有机质营养土、液体肥等。该系列产品对恢复土壤活力，改善土壤理化和生物性质，养地保墒，提高农作物品质作用明显。

生物炭是稳定的富碳产物，孔隙结构丰富，并具有比表面积大、吸附能力和抗分解能力强等特点。在土壤改良、作物增产、环境保护等方面具有积极作用。黑龙江农垦北大荒集团下属的八大管理局在 2018—2020 年期间，对生物质炭基肥进行了试验示范测试，并总结出产品在食品原料安全生产和黑土地保护方面的八大优势：①修复土壤提地力、激活土壤活力；②钝化固化重金属、提高肥料效率；③驱虫防病控农残、增加有机还田；④防治板结促土团、改善土壤结构；⑤纳米孔隙加缓释、调节作物生长；⑥抗旱保墙通空气、产生内源物质；⑦养分增效碳提升、抗生元素倍增；⑧促生提温壮生物、增强免疫功能。

上述研究结果表明，作物秸秆炭化还田，对于促进农业生态环保、循环和可持续发展具有积极意义。

第三节　植物性食品原料生产中病虫害的生物和物理防控技术

一、　绿色食品原料生产与生物防治

生物防治是利用生物及其代谢产物来控制有害生物，减轻有害生物危害程度的理论与技术体系。植物病虫害的生物防治内容主要包括天敌昆虫的发掘和利用、有益微生物的利用、植物抗病抗虫性及其相关功能基因的利用等，也包括开发植物生长调节剂、昆虫生长调节剂和昆虫信息素等。随着科学的不断发展，不同学科的交叉融合，生物防治内涵也不断改进、充实和创新，并逐步建立了日趋完善的生防理论。

我国是世界上最早发现和应用天敌昆虫的国家，早在 3000 年前《诗经》中就有记载胡蜂类捕捉蛾类幼虫的诗句。我国将生物防治作为近代科学来研究是从 20 世纪 30 年代开始的。新中国成立以后，生物防治研究机构陆续在全国范围内出现，并不断充实提高。生物防治措施已成为我国病虫害防治的重要措施之一，打开了生物防治工作新局面。

农业害虫生物防治是传统生物防治的起源，历史久远，研究领域广阔，技术内容丰富，涉及对象众多。其主要成就为三个方面。

（一）　保护利用自然天敌控制害虫发生

自从 1888 年美国农业部引进澳洲瓢虫（*Rodoliacardinalis*）防治加利福尼亚州柑橘吹绵蚧（*Iceryapurchasi*）取得惊人成就以来，引进和利用天敌就成为了害虫生物防治的重要途径。害虫天敌资源调查是生物防治的基础性工作。我国在 20 世纪 70 年代就开展了害虫天敌资源调查工作，初步明确了害虫天敌的资源情况，比如水稻害虫天敌 1303 种，棉花害虫天敌 500 种，柑橘害虫天敌达 1051 种。为了进一步发挥天敌的作用，1987 年，中国植保学会和中国农科院生防室联合在山东威海市召开了全国第一次天敌保护利用学术讨论会，总结提出我国对天敌保护利用的含义，概述为"天敌保护利用是指采取措施，避免或减少人为的杀伤，创造适于天敌生存和繁衍的良好生态环境，充分发挥天敌在自然界控制有害生物的作用"。该会议将天敌保护提升到改造环境、促进生态平衡、利用生态调控对害虫进行治理的层次。

（二）　优势种天敌人工大量繁殖释放治虫

天敌商品化生产的基本条件之一，是天敌的人工或机械化大量繁殖技术。近年来，我国在寄生性和捕食性天敌的工厂化生产上取得可喜成就。目前商品化产品主要有赤眼蜂、平腹小蜂、瓢虫、草蛉、捕食螨等，尤其是繁殖利用赤眼蜂方面，无论是在繁殖技术、繁殖量，还是在防治面积和防治效果上都居世界先进水平。

（三） 生物农药治虫

生物农药主要包括微生物源农药、植物源农药和动物源农药等。其中微生物源又包括昆虫病原真菌、细菌、病毒和线虫等。比如目前应用最广的是利用白僵菌、绿僵菌、蜡蚧轮枝菌和虫瘟霉防治农业害虫，仅绿僵菌制剂就可防治 200 多种害虫。昆虫病原细菌方面应用最广和研究最深入的是苏云金芽孢杆菌（Bt）。除了利用 Bt 活菌制剂杀虫外，目前还利用分子生物学手段将 Bt 杀虫蛋白基因经过改造，转到了棉花中，使棉花具备抗棉铃虫的特质。除了利用微生物活体杀虫外，利用生物体代谢物或人工合成昆虫信息素、干扰素等也广泛应用于害虫的防治上。

二、 利用天敌控制农业生产中的害虫

农业害虫的生物防治资源十分丰富，主要包括寄生性天敌、捕食性天敌、昆虫病原微生物等。下面简单介绍几种农业害虫常见的寄生性天敌和捕食性天敌。

（一） 寄生性天敌

1. 赤眼蜂

赤眼蜂是膜翅目（Hymenoptera）小蜂总科（Chalcidoidea）赤眼蜂科（Trichogrammatidae）中的一类微小的卵寄生蜂，具有资源丰富、分布广泛和对害虫控制作用显著等特点，已成为世界性的重要天敌昆虫，并被广泛用于多种农林害虫的生物防治，取得了显著效果。

2. 蚜小蜂

蚜小蜂隶属于膜翅目（Hymenoptera）小蜂总科（Chalcidoidea）蚜小蜂科（Aphelinidae），主要寄生于蚜虫、粉虱和介壳虫上，常见的有丽蚜小蜂、苹果绵蚜日光蜂等。特别是丽蚜小蜂目前已经商品化生产，广泛应用到防治温室白粉虱上。

3. 其他寄生天敌

农业害虫寄生性天敌资源丰富，常见的还有姬蜂、茧蜂、跳小蜂、缨小蜂、细蜂、肿腿蜂、螯蜂、寄蝇、麻蝇、头蝇、长角象甲和寄蛾等。

（二） 捕食性天敌

1. 瓢虫

瓢虫隶属瓢虫科（Coccinellidae）昆虫属鞘翅目（Coleoptera），多数为扑食性，主要捕食蚜虫、介壳虫、粉虱和叶螨等。目前研究较多或利用面积较大的有七星瓢虫（Coccinellaseptempunctata）、澳洲瓢虫（Rodoliacardinalis）、异色瓢虫（Harmoniaaxyridis）、深点食螨瓢虫（Stethoruspunctillum）和大红瓢虫（Rodoliarufopilosa）等。

2. 草蛉

草蛉隶属脉翅目（Neuroptera）草蛉科（Chrysopidae），是脉翅目中最常见的类群之一。草蛉幼虫具有捕食性，可以捕食蚜虫、介壳虫、叶蝉、木虱、粉虱、蓟马、叶螨以及多种鳞翅目害虫的卵和幼虫。草蛉捕食量大、适应性强、繁殖能力强、易于人工饲养，是一类重要的捕食性天敌昆虫，被广泛应用于农业害虫的生物防治中。

3. 捕食螨

捕食螨隶属蛛形纲（Arachnoidea）蜱螨目（Acarina），常见的有植绥螨科（Phytoseiidae）

和长须螨科（Stigmaeidae）等。捕食螨可以捕食植食性螨类、蚜虫、介壳虫、粉虱等。

4. 其他捕食性天敌

包括半翅目（Hemiptera）的花蝽科（Anthocoridae）、姬蝽科（Nabidae）和猎蝽科（Reduviidae）等昆虫；鞘翅目（Coleoptera）的步甲科（Carabidae）、虎甲科（Cicindelidae）、隐翅甲科（Staphylinidae）等；双翅目（Diptera）的食蚜蝇科（Syrphidae）、瘿蚊科（Cecidomyiidae）等；还有螳螂目（Mantodea）的螳螂科（Mantidae），膜翅目（Hymenoptera）的胡蜂科（Vespidae）等。

（三）　植物原料生产中天敌的引进

天敌的引进一般是用来针对外地传入的有害生物，从有害生物的原产地引进天敌，并通过繁殖释放，使天敌在有害生物入侵地定居从而控制外来有害生物。我国对天敌的引进一直比较重视，1980—2004年，引进天敌生物共339次。用引进的天敌成功防治有害生物的案例有很多，比如1909年澳洲瓢虫（R. cardinalis）第一次从美国引入我国台湾，成功地控制住了柑橘吹绵蚧的危害，1955年又从苏联引进到广州，对柑橘和木麻黄上的吹绵蚧起到有效控制作用。孟氏隐唇瓢虫（Cryptolaemusmontrouzieri）是我国引进天敌定殖成功的又一案例，从1955年引进到广州，到1998年在福建的茶区发现，证明该瓢虫已经建立了稳定的种群。另外我国于1978年从英国引进丽蚜小蜂用于防治温室白粉虱；1986年引进空心莲子草跳甲（Agasicleshygrophila）防治空心莲子草；1997年从英国引进胡瓜钝绥螨（Amblyseius cucumeris）防治红蜘蛛、柑橘锈壁虱；2000年从比利时引进大唼蜡甲（Rhizophagusgrandis）防治红脂大小蠹等都取得了非常好的成效。

三、　害虫生态调控防治技术

农业害虫生物防治的重点之一就是对害虫开展生态调控，这是基于生态学为基础的害虫管理策略。该策略充分发挥生态系统中生物与非生物的调节与控制因素的功能，将害虫危害控制在生态经济阈值水平之下。

（一）　害虫生态调控应遵循的基本原则

害虫生态调控只是害虫管理中的一种策略，是基于生态学为基础的害虫管理策略，它包括"调节"和"控制"两个内涵，其中"调节"是将害虫持续维持在低平衡密度之下，"控制"是将害虫迅速控制在平衡密度之下，二者相辅相成。开展害虫的生态调控，应遵循以下四项基本原则：

（1）功能匹配高效原则　充分利用农田生态系统内一切可以利用的物质和能量，有效组装包括害虫生态防治在内的各种技术措施，如农业防治措施、抗虫品种利用、生物和物理防治措施等，使其功能协调匹配，促进生态系统整体功能不断合理优化。

（2）系统结构协调原则　生态系统内各功能组分有共生、竞争、制约、捕食等作用，因此因势利导地利用系统内作物的耐害补偿功能与抗逆性功能，天敌的控制作用和其他调控因子，变对抗为利用，变控制为调节，为系统的整体服务。

（3）持续性调控原则　根据生态系统具有自我调节与自我维持的能力，以及朝着系统功能完善方向演替的特性，及时对作物的生长发育、害虫与天敌的种群动态及土壤肥力进行监测，设计和实施与当地相适应的生态工程技术，最优地发挥系统内各种生物资源的作用，提高系统的负反馈作用和调控能力，将系统内主要害虫持续控制在经济允许水平之内。

（4）经济合理原则　要求害虫生态调控所挽回的经济收益大于或等于其所花去的费用。在此条件下，生态调控技术的实施才是经济合理的，否则将得不偿失。

（二）　害虫生态调控的措施与实施

害虫生态调控措施很多，常用的有以下几种：

1. 调控害虫的自身种群密度，因势利导地利用害虫种群系统的自我调节机制，抓住薄弱环节，抑制害虫种群的发生；使用昆虫行为调节剂，诱杀和干扰成虫的行为，压低虫源的基数等；适时合理地使用高效低毒的特异性农药，着重于提高防治的效果。

2. 调控害虫-天敌关系，种植诱集作物或间套作等过渡性作物，创造天敌生存与繁衍的生态条件；减少作物前期用药，让天敌得以繁殖到一定数量，发挥自然天敌对害虫的调控作用。

3. 调控作物-害虫关系，调节农作物播种时间与栽培密度，减轻害虫对农作物在时间、空间上的危害程度；通过追施化肥，喷施生长调节素，整枝等改善作物的能量分配，提高作物的生殖生长能力。

4. 农田生态系统调控区域性的作物布局，充分利用光、热、水等自然资源；进行作物的轮作、间套作；选用适应于当地生物资源、土壤、能源、水资源和气候的高产抗性配套品种。

（三）　应用与前景

生态调控是以往防治策略的延续和改进，与综合防治相比，其显著改进是强调整体效能、系统健康和持续控制，因此更符合农业生产和社会发展趋势。害虫生态调控作为害虫管理的一种新理论和新方法，有其可靠的理论基础，自身的指导思想、方法论和所遵循的基本原则，尤其是有切实可行的调控措施和生态工程技术作为保障，无疑具有很强的生命力。

四、　绿色食品生产中植物病害的生物防治

植物病害的生物防治，是指在农业生态系中调节植物的微生物环境，使其不利于病原物或者使其对病原物与微生物的相互作用发生有利于寄主而不利于病原物的影响，从而达到防治病害的目的。广义的植物病害生物防治包含利用有益生物和利用有益生物代谢产物两大类。

（一）　利用有益生物防治植物病害

用来防治植物病害的有益生物通常指有益的微生物，主要包括细菌、真菌和病毒等。主要利用的生防机制包括拮抗作用，重寄生作用，竞争作用，诱导植物抗病性等。比如芽孢杆菌（*Bacillus*）是目前应用最多的生防细菌种类之一。芽孢杆菌种类繁多，目前在植物病害生物防治上应用较多的主要有枯草芽孢杆菌（*B. subtilis*）、解淀粉芽孢杆菌（*B. amyloliquefaciens*）、多黏类芽孢杆菌（*Panebacilluspolymyxa*）等，多数应用在防治土传病害上，例如枯草芽孢杆菌 BS05 可以在小麦上定殖，对小麦还具有促生和诱导抗病能力，对小麦纹枯病的防治效果达到 62.77%。荧光假单胞杆菌（*Pseudomonas fluorescens*）2P24 能够产生多种抗生物质，对番茄青枯病具有很好的生防效果，而菌株 CN12 对小麦全蚀病有较好的防治效果；放射土壤杆菌（*Agrobacterium radibacter*）K84 在防治核果类果树根癌病上有很好的效果，其相关产品已在全世界广泛应用，是根癌病防治中的重大突破和进展。木霉属（*Trichoderma*）真菌因其在生物降解和生物防治等方面的应用潜力，在农业生产领域具有特殊地位。在植物病害生物防治应用比较多的木霉菌主要有绿色木霉（*T. viride*）、钩状木霉（*T. hamatum*）和哈茨木霉（*T. harzianum*）等。

（二） 利用有益生物代谢产物防治植物病害

利用有益生物代谢产物加工而成的农药，通常被称为生物化学农药。目前我国已经达到产业化规模的生物化学农药品种有井冈霉素、阿维菌素、硫酸链霉素、春雷霉素、印楝素、多抗霉素、中生菌素和宁南霉素等。井冈霉素是1972年上海农药研究所在中国井冈山地区土壤中发现的吸水链霉菌井冈变种产生的一类氨基糖苷类代谢产物，用来防治水稻纹枯病效果显著；春雷霉素用于防治稻瘟病，有良好的内吸治疗效果，主要作用为抑制菌丝蛋白质的合成；多抗霉素，具有广泛的抗真菌谱，可用于防治人参褐斑病、苹果斑点落叶病、烟草赤星病、番茄（草莓、黄瓜）灰霉病、黄瓜霜霉病、梨黑斑病、三七和甜菜褐斑病等多种病害。

五、 绿色食品生产中的物理防治

（一） 物理防治的概念

物理防治是利用各种物理因素（如光、热、电、温度、相对湿度、电磁波、超声波、核辐射等）及机械设备来防治病虫害的措施。与化学防治方法相比，物理防治具有环境污染小、无残留、不产生抗性等特点，顺应了绿色和有机农业生产发展的需要，是一种绿色低碳的农作物病虫害防治方法。

（二） 物理防治的主要方法

1. 诱集和诱杀

利用害虫的趋性或其他习性进行诱集，然后集中杀灭。常见的有：

（1）灯光诱杀 利用害虫对光的趋性来诱集害虫。目前在农业害虫防治中应用较为广泛的有黑光灯、高压汞灯和频振式杀虫灯等。例如黑光灯和性诱剂结合，或在灯旁边设置高压电网杀灭害虫。

（2）潜所诱集 利用害虫的潜伏习性，在合适场所诱集害虫潜伏，然后消灭害虫。

（3）黄板诱集 利用蚜虫、白粉虱等害虫趋黄的习性，设置黄色黏虫板进行诱杀。

2. 高温防治法

利用超出病、虫、草等有机体所能忍受的极端温度控制病虫害，是物理防治的重要方法之一。在我国，高温防治法在设施农业中被广泛采用，例如在春天育苗时，利用电阻丝产生的高温提高土壤温度并进行土壤消毒，减少苗床中的病原菌和害虫的数量。夏季，采用焖棚的方法，提高大棚内的温度，减少大棚内病原菌和害虫的数量等。用热水处理种子和无性繁殖材料，这种"温汤浸种"的方式可杀死种子表面和种子内部潜伏的病原物和害虫。

3. 电磁辐射防治法

利用高频电流在物质内部产生的高温可以消灭隐蔽的害虫。利用微波加热的方式对种子、粮食和食品进行快速杀菌处理。用 γ 射线处理储存期的农产品，具有灭菌杀虫作用，也可用红外线烘烤防治钻蛀性害虫。

4. 物理阻隔防治法

物理阻隔是指掌握病害发生规律及害虫生活习性，人为设置障碍，阻止病害虫的扩散蔓延，保护植物免受病虫害的危害，或就地消灭病虫害。比如树干上涂胶或刷白能够防治树木害虫；利用防虫网隔开作物与害虫；对果实进行套袋能防止蛀果害虫产卵危害等。

5. 人工器械防治法

人工器械防治是指用手工及一些简单器械来防治农业病虫草害，以达到作物病虫草害综合防治目的的一种物理方法。比如直接拔除病株，用铁丝钩扑杀树干中的天牛幼虫，直接人工捕捉棉铃虫幼虫等。

6. 其他物理防治法

除上述几种物理方法外，气调杀虫法、低温冷藏法、湿度处理法、紫外线法、利用银灰色膜等措施也广泛应用于病虫草害的综合防治。

第四节　信息技术在植物性食品原料安全控制中的应用

现代信息技术，因为其强大的信息采集与分析能力，正在逐渐替代人工中机械化、规律化的工作。又随着大数据、云计算等功能的完善，使得其已经在诸多领域占据着主要地位。

信息技术在食品原料安全中的应用主要包括生产数据记录、安全性检测、质量追踪三大步骤。

（1）通过从管理系统中采集生产信息记录，并整理成数据库，帮助食品监管人员掌握食品原料从生长到产出销售整个过程的数据；还可以查看企业日常工作记录，相关原材料质量管理规定，以及一些相关的制定标准，从而更好地了解食品原料，把控食品原料的安全。

（2）在安全性检测中，可以利用计算机视觉技术，检测食品原料的新鲜程度、大小、形状、是否有病害等，并通过食品原料检测模型对食品原料进行安全性测定，对于检测单一食品指标时，效果显著。

（3）食品监管人员可通过计算机数据系统对食品企业的所有工作记录进行查看，并整理成管理档案。做到对食品原料的生产、加工、运输、存储、销售等所有环节的全方位监管，从而更好地应对日后可能发生的食品原料安全问题，做到精准问责。

食品原料按资源的不同分为农产品、畜产品、水产品和林产品。其主要可划分为种植和养殖两种生产模式。本节将主要以种植生产模式为主，详细介绍信息技术在植物性食品原料安全控制中的应用。

一、　生长环境的模拟与监测对于植物性食品原料安全的影响

生长环境作为影响农作物生长的主要因素中的一种，很大程度上决定了其生产结果。从现阶段的具体应用来看，利用信息技术，可以构建一个模拟生长环境系统。在构建系统时，首先需要在保证真实可靠的前提下，收集各种种植、地块等信息，并运用现存的农业生产理论。其次，需要分析实际案例，并结合实际生产需求，利用该模型规划出农作物在各种条件下的生长状况与生产结果。最终获得所需最合理的种植管理方案，以减少资源浪费和环境污染，推动农业现代化的进程。

同样，为了验证模拟系统得出的方案的可靠性，还可以利用该系统模拟气象种植。通过预测该地区未来可能发生的所有自然气候条件，模拟农作物在其中将会产生的所有结果。从模拟中，不仅能检验该方案的可靠性，还可以得到模拟农作物的抗寒、抗旱、耐水性等表现，做到科学生产。

在面对真实的种植环境时，借助生态监测系统和各种传感器，能够实时掌握农作物的生长

环境信息：土壤水分、土壤温度、土壤盐分、土壤水势、土壤热通量、空气温度、空气相对湿度、辐射、风向、风速、降水量等，并结合模拟系统中得到的数据自动调整环境的温度、相对湿度，或进行灌溉、施肥等操作，为农作物提供一个良好的生长环境。

根据农业气象站监测得到的气象数据，利用计算机技术分析云图走向，预测未来几天的具体天气情况，可以有效帮助农民更好地完成农业种植工作，以及做到预防未来自然灾害的作用。在日常管理时，可以根据预测结果了解到未来几日的天气情况，如预测显示未来将有大雨天气，那么就可以暂时不对农作物进行灌溉、喷洒农药等，节省人力成本。或者是预测到有大雨洪涝、干旱、台风等恶劣天气即将到来时，可以提前做好准备，尽可能将损失降至最低。

气象本身是多变的，也是难以干预和控制的，但是通过建设自动气象站，利用现代科技密切关注天气变化，就可以将气象危害水平降至最低，让气象为农业服务，提前合理的安排农事作业等，进而趋利避害，节本增效。目前，随着农业现代化进程的加快，农业气象监测等支撑工作的要求也在不断提高，而自动气象站的应用和发展，为现代农业种植提供了强有力的技术和数据支撑，对农业发展起到了重要作用。

现代社会经济的发展，离不开对自然资源的开发和环境的改造。这也就导致自然环境逐渐恶化，农业害虫和病毒的种类越来越多。因此如何迅速找到病虫害并正确防治，成了影响农作物生长的主要因素之一。

首先，在模拟系统中，可以预测到种植周期内每个时段分别可能会发生的病虫害，并根据此信息提前喷洒农药，预防病虫害的发生，提高农作物的抗病力。

其次，还可以通过在农场各个地块中设置病虫害监测装置，实时监测农场中病虫害的状态。其原理是利用害虫的趋光天性，对害虫进行诱杀，并利用内置超高清摄像头对储虫盒的虫体进行拍照，通过无线网络即时将照片发送至远程信息处理平台，利用最前沿的图像处理技术，对照片进行分析处理，即可对测报设备每天收集的害虫进行分类与计数，并且形成数据库，通过数据分析与统计，就能判断农场中发生某种虫害的趋势，并且发出有效预警，提醒相关管理人员以及职能部门提前采取防治措施，真正做到防灾、减灾。为农业高产，农产品高品质提供了有力保障。

监测装置在农场中是定点放置的，随着种植面积的增加，所需数量也会逐渐增加。因此，在资源有限的情况下，也可以使用无人机快速跟踪巡视的方式进行监测。

无人机利用自身携带的高清摄像头模块，大面积拍摄视频，再利用病虫害特化训练的检测模型，识别出疑似目标区域并截图。随后上传至后台，根据数据库中的信息，识别出截图所属地块可能发生的病虫害信息；同样，也可以利用植被和昆虫光谱响应不同这一特点，建立光谱数据模型。使用携带遥感模块的无人机，使用电磁波巡视地块并收集地貌数据，通过对比分析数据库中的信息，可以有效地发现对应地块是否有病虫害发生（图7-1）。

另外，使用 Hough 算法对作物行进行检测，然后掩盖作物行，从而确定作物间的杂草植被，再提取目标的形态学特征，与将杂草作为训练集的数据模型进行对比，最终判断得到农场中是否有杂草，从而尽早铲除，减少对农作物的影响。

在得到病虫害信息后，系统会根据数据库中已有的治理经验模型，自动计算出这次治理所需的农药品种与用量，最后经由无人机对病灶地点进行消杀。在提高了效率的同时，精确控制了农药的用量，并且由于无人机喷洒，减少了工作人员与农药的接触，使病虫害的治理更加高效、安全。

图 7-1　操作无人机巡视农场

二、　计算机视觉技术在植物性食品原料检测中的应用

食品原料品质的好坏直接影响了其市场价值，品质不过关的原料甚至可能会引起巨大的经济损失和安全隐患。因此，食品原料的检测是其上市销售前非常重要且必要的一个环节。

在各种新型检测技术中，计算机视觉技术因为能够快速、连续地检测目标信息，再通过图像处理和识别技术得出检测结果。相比于传统人工检测，是一种更加高效、经济且客观的检测方式。目前，在水果蔬菜等检测中，计算机视觉技术已得到广泛的应用，用于检测这些食品原料的新鲜度、颜色、缺陷等信息。

计算机视觉（computer vision system，CVS）是指以计算机作为人脑，利用摄像头代替人眼对目标进行识别、分类、测量等操作。计算机视觉技术是一种对宏观物体进行计算机模拟的科学和技术。因为全程交由计算机处理信息，所以运用计算机视觉技术得到的结果，具有准确性高、客观稳定等特点。对于计算机视觉技术来说，其可涉及的科学分类是多样的，例如在任何需要借助图像分析的生物科学、人工智能等领域（图 7-2）。

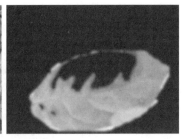

图 7-2　计算机视觉技术在农作物病虫害方面的应用

为了代替人类视觉系统完成感知并分析图像信息的任务，一个完整的计算机视觉系统应至少包含：作为完成感知信息并输入的摄像设备、良好的照明环境、最终分析处理信息的图像处理核心。在拥有这些配置后，开始工作的第一步就是获取图像。人眼之所以可以看见世界，是因为有光线的存在。因此模拟人眼产生的摄像设备，同样需要依赖环境的灯光效果获取图像。

拥有良好的照明系统，可以获取到精度更高的图像，进而影响下一步分析的准确性。在处理图像时，首先通过由摄像设备采集传输来的光信号转换为电信号，再通过图像采集卡继续转换为数字信号，最终组合成图像信息，再根据需求运用例如特征采集等算法，进行更近一步的处理工作。

在蔬菜和水果这类原料中，在需要检测新鲜度的同时，还对果蔬的外观品相有着相当高的要求，这将直接影响其价值和销售进度。因此，需要利用计算机视觉技术，在不接触原料的情况下，对果蔬原料进行新鲜度无损检测并保留最好的品相。

三、　溯源系统在植物性食品原料安全中的重要性

伴随着网络的飞速发展，越来越多的食品行业的食品安全问题出现在了大众的视野之内。究其原因，还是由于食品行业安全信息不够全面，导致监管力度不够，最终使得食品安全变成了一个问题。这个问题的主要矛盾在于食品原料生产方、运输保管方、监管方等群体所能获得的信息不对等，因此让某些群体钻了空子。

若想解决日益增多的食品安全问题，已经不能单靠食品监管部门的追查了。所以需要从造成当前食品行业安全问题的根源入手，如实公布参与了食品生产流通各个环节的详细信息。只有当食品原料生产商、物流运输商、食品销售商以及安全监督单位和消费者所拥有的信息量较为对等时，食品安全才能够得到有效保障。

但这都是建立在公布出的信息均为真实信息的前提下。倘若有一方没有公布正确的信息，或者存储的数据遭到篡改，都会导致食品出现安全隐患。因此，如何做到一份记录正确无误的食品溯源信息，同时防止被恶意篡改信息，成了完善食品行业安全的一门必修课。

区块链作为一种常用的分布式记账技术，拥有"不可伪造""全程留痕""公开透明"等特征。因此，利用区块链技术，可以实现食品信息的一体化，使流通过程中每一层处在同一地位，共享获得的食品生产和流通信息，减少信息的中心化带来的信任问题。再利用数字签名和各种加密技术，保证数据传输过程的安全性，进一步保障食品信息是安全可信的。

因此，需要建立一个食品原料追溯平台，在传统的食品原料溯源系统的基础上，加入区块链技术，并优化数据追溯方案。从而实现对食品原料信息的记录、溯源生产信息、对食品原料生产单位进行登记、对食品原料流通经手的单位进行登记、相关参与者的注册与登录以及他们的身份认证等功能。

为了达成数据共享这个目的，在此追溯系统中需要建立相应的中央数据库。食品原料从生长开始，经过收获、加工、运输、销售等各个环节，最终运送到消费者手中。这之间采集到的必要数据均需要上传至中央数据库并与其进行数据交换，再经由中央数据库对数据进行集中整理。但是，需要监管的企业众多，会导致系统中充斥着各种复杂烦琐的密钥验证，系统运转速度缓慢，并且系统中的数据如有错误也无法及时有效地检测出来。因此，在整条供应链中的各个食品原料生产运输相关的主体可以作为不同的区域级，分别拥有各自的数据库，并自行对数据库进行管理。

为了确保追溯信息全面而详细以及农产品的安全，溯源系统应有对农场土地做规划、建立地块档案的功能。对资源规划后的土地进行分区块记录，使得每个地块都有据可查（例如种植

信息、投入品、农事、作物收采等）。确保管理人员可根据需求快速查找并管理土地，并从中了解各种资源的历史和当前使用情况。

作物的种植记录作为追溯数据中重要的部分之一，溯源系统还应做到对农场中各类农作物种植做统一管理，每块土地作物种植信息均由统一管理员负责整理并录入。其中，种植信息至少应包括：每个蔬果的蔬菜（水果）名称、图片、地块（棚）、品种、种植面积、种植（采收）时间、生长周期、产量等信息。

为了达到最优的种植效率和产量，一般需要总体规划和管理农场种植事宜。根据模拟系统中得到的种植计划，再根据农作物的生长状态，由管理员设置每块土地每天的农事操作信息，例如施生物有机肥、除草、浇水、采收等。从农事计划确定开始，到农场工作人员完成农事中所有的数据均需要记录在案，以确保追溯信息完整性。

包装和流通都是农产品整体监管过程中重要而又容易出问题的环节，许多农产品事故都是出在包装不当或运输时间过长造成货品的新鲜度或品质问题。同时这也是农产品最终到达消费者手中之前最后几个环节，因此这时产品情况的检测和记录也应全数记录。

最终，农场企业将所有种植、检测、入库、包装、装车运输各个过程的信息，通过追溯系统生成追溯二维码。消费者只需扫码便可了解到产品生产过程和生产环境的相关信息，提高了农产品的安全性。

通过微信小程序快捷地将作物的种植位置、产品名称、检测报告、种植日期、采收日期、种植环境数据、农事操作记录、种植过程中的影像信息、农场基本情况、加工信息等展示给消费者，并且消费者可以对产品进行评论与投诉。

区块链技术在溯源中的应用保证了食品安全，并让食品追溯系统达到了一个新高度，同时也促进了食品行业的新发展。在农产品安全信息溯源平台研究和开发中，将区块链技术的去中心化、区块链基于时间戳的链式区块结构、区块链加密算法和共识机制、开放性等特征应用在农产品安全信息溯源场景中，将农产品全过程信息流记录上链并进行存证和固化，同时对数据进行加密存储，利用分布式账本，有效保证全程农产品安全信息溯源数据完整、真实、透明、不可篡改。相信在未来的食品行业发展中，随着各种信息技术不断地更新进步，对于食品信息的追踪将会更加精确，食品原料安全的控制必然会更加稳定。

植物性食品原料安全生产规范示例

DB36/T 497—2018《婺源绿茶 有机茶种植技术规程》

绿色稻谷生产操作规程

绿色番茄生产操作规程

绿色柑橘生产操作规程

农产品地理标志质量控制技术规范——大庙香水梨

🔍 思考题

1. 植物性食品原料生产基地选择需要满足什么样的基本条件？
2. 能够控制植物性食品原料生产安全的农艺技术有哪些？
3. 什么是植物病虫害生物防治？生物防治都有哪些措施？
4. 植物病虫害物理防治的主要措施都有哪些？
5. 计算机在农业安全生产中有哪些用途？
6. 什么是生长环境的模拟？对食品原料安全有哪些影响？
7. 什么是生长环境的监测？通过哪些技术手段实现的？
8. 计算机视觉技术在食品原料检测中有哪些应用？
9. 食品原料溯源都可以追溯哪些信息？
10. 区块链技术在食品原料溯源中应用有什么意义？
11. 设计一个你理想中的食品原料溯源信息展示。
12. 食品原料生产基地的环境质量要求有哪些？
13. 编写一份完整的绿色食品（粮食、蔬菜或水果）原料生产操作规程。

畜产品食品原料的安全控制

【提要】畜产品安全控制技术包括畜禽养殖环境安全控制、畜禽舍环境要求、畜禽养殖场废弃物安全处理和畜产品生产安全控制与检验等。

【教学目标】了解内容：畜禽养殖场、畜禽舍环境要求；畜禽养殖场废弃物处理；畜产品生产安全技术规范；畜禽育种安全控制；奶牛场饲养管理技术；养猪场饲养管理技术；禽类饲养管理技术；其他牲畜饲养技术规范及畜禽屠宰及半成品加工卫生要求。掌握内容：熟悉畜产品原料的安全检验；熟悉饲料及饲料添加剂安全控制及兽药安全控制；熟悉肉类生产安全控制、乳类生产安全控制、禽蛋生产安全控制。

【名词及概念】畜禽养殖，技术规范，管理技术，安全控制，物理防治，生物防治，安全检验，卫生规范。

【课程思政元素】畜禽养殖场的设计、环境要求及废弃物的处理融入生态畜牧业、可持续发展、人与自然和谐共处、环境保护等思政元素；畜禽养殖管理、兽药安全控制及畜产品安全检验融入职业道德教育、责任感、遵纪守法、公共卫生安全等思政元素。

第一节　畜禽养殖环境安全控制

一、畜禽养殖场环境要求

畜禽养殖场环境主要指畜禽场与周围的关系，如相互间的环境影响、交通运输、电力供应、信息交流、防疫条件等。主要应注意以下方面的问题：远离居民区和工业区、交通要便利、防疫要好、电力有保证、通讯良好、气候条件适宜、有广泛的种植业结构。

（一）畜禽场场址环境要求

畜禽舍及运动场的地势应高燥，至少高出当地历史洪水的水平线。不能选择低洼潮湿的场地，建筑用地要远离沼泽地区，地势要向阳避风，以保持场区小气候状况能够相对稳定，减少冬春风雪的侵袭，特别是避开西北方向的山口和长形谷地。畜禽场的地面要平坦而稍有坡度，以便排水，防止积水和泥泞。

1. 畜禽场内地势、地形的选择

地形要开阔整齐。场地不要过于狭长或边角太多，否则会增加畜禽场防护设施的投资。畜禽舍用地的面积应根据饲养数量而定，占地面积不宜过大，在不影响饲养密度的情况下应尽量缩小。陆上运动场的面积最好留有发展余地。场地内阳光必须充足。畜禽舍照射到阳光越多，病原微生物被杀死得越多，畜禽患疾病的可能性也就越小。畜禽舍四周有树没有害处，但附近大树太多则不利于畜禽舍的阳光照射。所建畜禽舍应朝南或南偏东一些。畜禽场最好应充分利用自然的地形地物，如树林、河川等作为场界的天然屏障。既要考虑畜禽场免遭其他周围环境的污染，远离污染源（如化工厂、宰屠场等），又要注意避免畜禽场污染周围环境（如对周围居民生活区的污染等）。

2. 土质的选择

畜禽场内的土壤，应该是透气性强、毛细管作用弱、吸湿性和导热性小、质地均匀、抗压性强的土壤，以沙质土壤最适合，以便雨水迅速下渗。越是贫瘠的沙性土地，越适于建造畜禽舍。这种土地渗水性强。如果找不到贫瘠的沙土地，至少要找排水良好、暴雨后不积水的土地，以保证在多雨季节不会出现潮湿和泥泞。因为养畜禽最主要的就是应保持畜禽舍内外清洁干燥。

3. 水源的选择

对水源选择的要求，一是水量要充足，既要能满足畜禽场内的人、畜等生产、生活用水，又要满足畜禽场的其他生产；二是水质要求良好，不经处理即能符合饮用标准的水最为理想，此外，在选择时要调查当地是否因水质而出现过某些地方性疾病等；三是水源要便于保护，以保证水源经常处于清洁状态，不受周围条件的污染；四是要求取用方便，设备投资少，处理技术简便易行。

（二）畜禽场产地水质要求

水质卫生标准如表8-1所示。

表8-1　　　　　　　　　畜禽及饲养管理人员生活饮用水卫生标准

编号	项目	标准
感官性状指标		
1	色	色度不超过15度，并不得呈其他异色
2	浑浊度	不超过5度
3	臭和味	不得有异臭、异味
4	肉眼可见物	不得含有
化学指标		
5	pH	$6.5 \sim 8.5$
6	总硬度（以CaO计）/（mg/L）	$\leqslant 250$
7	铁/（mg/L）	$\leqslant 0.3$
8	锰/（mg/L）	$\leqslant 0.1$
9	铜/（mg/L）	$\leqslant 1.0$
10	锌/（mg/L）	$\leqslant 1.0$
11	挥发酚类/（mg/L）	$\leqslant 0.002$
12	阴离子合成洗涤剂/（mg/L）	$\leqslant 0.3$

续表

编号	项目	标准
	毒理学指标	
13	氟化物（以 F 计）/（mg/L）	≤1.0
14	氯化物（以 Cl 计）/（mg/L）	≤250
15	氰化物/（mg/L）	≤0.05
16	砷/（mg/L）	≤0.05
17	硒/（mg/L）	≤0.05
18	汞/（mg/L）	≤0.001
19	镉/（mg/L）	≤0.01
20	铬（六价）/（mg/L）	≤0.05
21	铅/（mg/L）	≤0.05
	细菌学指标	
22	细菌总数	1mL 水中不超过 100 个
23	大肠菌群/（MPN/L）	≤3
24	游离性余氯	在接触 30min 后应不低于 0.3mg/L。集中式给水除出厂应符合上述要求外，管网末梢水不低于 0.05mg/L

（三） 畜牧场产地空气质量要求

环境空气质量标准依照 GB 3095—2012《环境空气质量标准》执行。该标准规定了环境空气质量功能区划分、标准分级、污染物项目、取值时间及浓度限值、采样与分析方法及数据统计的有效性规定。

二、 畜禽舍环境要求

（一） 牛舍环境要求

1. 牛场的场区规划

牛场一般分生活区、管理区、生产区和病牛隔离治疗区。四个区的规划是否合理，各区建筑物布局是否得当，直接关系到牛场的劳动生产效率、场区小气候状况和兽医防疫水平，影响到经济效益。

2. 牛场建筑物的配置要求

牛场内建筑物的配置要因地制宜，便于管理，有利于生产，便于防疫、安全等。要统一规划，合理布局。做到整齐、紧凑，土地利用率高和节约投资，经济实用。

（1）牛舍 我国地域辽阔，南北、东西气候相差悬殊。东北三省、内蒙古、青海等地牛舍设计主要是防寒，长江以南则以防暑为主。牛舍的形式依据饲养规模和饲养方式而定。牛舍的建造应便于饲养管理，便于采光，便于夏季防暑、冬季防寒，便于防疫。修建牛舍多栋时，过去均采取长轴平行配置，满足视线美观。当对无公害畜禽饲养时，为了便于畜禽舍通风换气，多栋畜禽舍时应交叉配置。

（2）饲料库 建造地应选在离每栋牛舍的位置都较适中处，而且位置稍高，既干燥通风，又利于成品料向各牛舍运输。

（3）干草棚及草库 尽可能设在下风向地段，与周围房舍至少保持50m以上距离，单独建造，既防止晒草影响牛舍环境美观，又要达到防火安全。

（4）青贮窖或青贮池 建造选址原则同饲料库。位置适中，地势较高，防止粪尿等污水污染，同时要考虑出料时运输方便，减小劳动强度。

（5）病牛舍 应设在牛场下风头，而且相对偏僻一角，便于隔离，减少空气和水的污染传播。

（6）办公室和职工宿舍 设在牛场之外地势较高的上风口，以防空气和水的污染及疫病传染。养牛场门口应设立消毒室和消毒池。

3. 牛舍建筑的要求

牛舍建筑，要根据当地的气温变化和牛场生产用途等因素来确定。建牛舍不仅要经济实用，还要符合兽医卫生要求，做到科学合理。有条件的，可建质量好的、经久耐用的牛舍。

牛舍内应干燥，冬暖夏凉，地面应保温、不透水、不打滑，且污水、粪尿易于排出舍外。舍内清洁卫生，空气新鲜。

由于冬季、春季风向多偏西北，夏季风向多偏东南，为了做到冬防风口、夏迎风口，牛舍以坐北朝南或朝东南为好。

（二） 猪舍环境要求

1. 猪场的场区规划

猪场的规划是否合理，直接影响到日常劳动效率和各类设施的利用率，也影响到猪场小气候环境状况的改善和卫生防疫工作。在选定猪场址以后，就应根据猪场的近期和远景规划，场内的主要地形、地势、水源、风向等自然条件，安排猪场的全部建筑物。场内各种建筑物的安排，要做到土地利用经济，建筑物间联系方便，布局整齐紧凑，尽量缩短供应距离。猪场场区规划中，一般将整个猪场划分为生产区、管理区和病猪隔离治疗区。

（1）生产区 生产区包括饲养区和生产辅助区，它是养猪场的主体部分。各类猪群猪舍的安排，应充分考虑各类猪群的生产利用特点，肥猪舍应建在场门口处，以便出场运输方便。生产区内每栋猪舍的间距应不小于一栋猪舍的宽度，一般猪舍间距离应为12~15m。猪舍与猪舍之间可设中央通道连接，以便于各类猪群周转。猪舍的朝向最好是坐北朝南。兽医室，应建在猪场生产区的下风区一角。生产辅助区包括饲料加工间、料库、技术人员工作室、生产技术档案室等。生产辅助区可建在管理区与饲养区之间，生产辅助区既有与饲养区之间的隔离，又有与管理区之间的隔离。在生产区应设立传达室、消毒室、更衣室和车辆消毒池，严禁非生产人员出入猪场生产区，出入车辆必须经消毒室或消毒池进行消毒；在生产辅助区与饲养区之间还应设立消毒室、更衣室、消毒池，严禁非饲养区人员进入，所有出入的饲养人员必须经过严格的冲洗、消毒，更换饲养区内衣鞋后才能进入饲养区。

（2）管理区 管理区包括办公区和生活区。办公区应在生活区与生产区之间。办公区与生产区的距离最好在100m以上。

（3）病猪隔离治疗区 病猪隔离治疗区主要包括病猪隔离观察室、堆肥场等。病死猪的处理应在场区以外寻找安全处，由于此部分与猪场的人畜保健和环境卫生关系密切，因此，应安排在猪场的下风区，离生产区的距离也应在100m以上。

2. 猪场各区间的道路及消毒设施配置

（1）道路　场区内道路应设南北方向的主道，主道应为净道；在猪场的上风口靠生产辅助区与办公区间应设东西两侧的过道，供外界向场内运输饲料或饲料原料，以及运输苗猪或种猪用；场内向饲养区运送饲料的车辆应为专用车辆，此车辆不得驶向场外，运输饲料时车辆应走消毒池。在猪场的下风口，在饲养区与病猪隔离区之间应设有运输猪场粪便、出售肥猪之用的道路。各条道路最好不要交叉。

（2）大门和消毒设施　猪场生产区应设南、北大门，其高度和宽度应能容纳相应的机动车进出所需，大门只供场内运输使用，平时关闭。大门口应设消毒池，消毒池要与大门等宽，长度为机动车轮胎周长的一周半以上。生产辅助区与饲养区的通道应设消毒间，内设消毒池、紫外线消毒灯，进行双重消毒。

3. 猪舍的建筑设计

（1）符合猪的生物学特性　猪舍建筑应根据猪对温度、相对湿度、光照等环境条件的要求来设计。一般猪舍温度最好调控在 10~25℃，相对湿度控制在 45%~75%。为了保持猪群健康，提高猪群的生产性能，一定要保证舍内空气清新，光照充足，尤其是种公猪更需要充足的阳光，以激发其旺盛的繁殖机能。

（2）与当地的气候及地理条件相适应　各地的自然条件和环境气候条件不同，对猪舍的建筑要求也有差异。长江以南地区，雨量充足、气候炎热的地区，主要是注意防暑降温；华北地区，由于冬季时间长，因而猪舍建筑主要应考虑防寒保温。

（3）便于实行科学的饲养管理　在建筑猪舍时应充分考虑到符合养猪生产工艺流程，做到操作方便，降低劳动生产强度，提高管理定额，充分提供劳动安全和劳动保护条件。

（4）有利于减少疾病的发生　猪舍建筑应考虑能将猪舍内环境条件调节到最佳小气候环境状态，这样可使猪保持健康正常的状况，减少疾病的发生；减少用药量，以便做到实施无公害养猪生产。

（三）　禽舍环境要求

1. 禽场场地规划与建筑物布局

禽场的功能分区是否合理、各区建筑物布局是否得当，不仅直接影响基建投资、经营管理、生产的组织、劳动生产效率和经济效益，而且影响场区小气候状况和兽医卫生水平。因此，在所选定的场地上进行分区与确定各区建筑物的合理布局，是建立良好的禽场环境和组织高效率生产的基础工作和可靠保证。

禽场的分区规划应遵循下列几项基本原则：一是应体现建场方针、任务，在满足生产要求的前提下，做到节约用地，少占或不占可耕地；二是在建设一定规模的禽场时，应当全面考虑禽粪的处理和利用；三是应因地制宜，合理利用地形地物，以创造最有利的禽场环境，减少投资，提高劳动生产率；四是应充分考虑今后的发展，在规划时应留有余地，尤其是对生产区规划时更应注意。

在进行禽场规划时，同场址选择一样，首先应从人、禽健康的角度出发，以建立最佳生产联系和卫生防疫条件，来合理安排各区位置。职工生活区应占全场上风和地势较高的地段，然后依次为管理区、禽生产区、粪便及病禽处理区。

禽场建筑物的合理布局原则，一是应根据生产环节确定建筑物之间的最佳生产联系；二是应遵守兽医卫生和防火安全的规定；三是为减轻劳动强度、提高劳动效率创造条件；四是合理利用地形、地势、主风和光照。

2. 禽舍建筑

禽舍建筑应根据饲养禽种的不同年龄、不同的饲养方式、不同饲养地的气候条件来建造，一般可有下面 3 种类型。

（1）简易禽棚　在南方地区和长江流域，多建简易禽棚用以饲养各种类型的禽群。最常见的有南方的拱形禽棚和长江流域的塑料大棚形禽舍，这 2 种禽舍形状、结构相似。

禽舍骨架用竹构建，高度以便于人的操作为宜，一般约 2m，底宽 2~3m，禽舍长度根据饲养禽数而定。棚顶采用芦席铺盖而成，其上再覆以油毛毡或塑料薄膜以防雨雪，长江流域也有再在上面盖上稻草等覆盖物，以便夏季防暑和冬季保温。夏季将四周撑起敞开，形成"凉亭"，四周用竹栅或网围起，这样可增加通风量；冬季棚顶及四周再加防风保暖材料，棚的两端加设门帘。棚内除养禽外，还供饲养人员食宿、堆放饲料及存放蛋。平时以竹栅将禽群围在禽棚外的朝南方向。这种禽棚也可根据放牧禽群的需要而搬运地方，主要用于仔禽和后备种禽及放牧蛋禽的饲养。

（2）固定式群养种禽舍　多采用小群饲养的方式，其优点是有运动场，活动地方较大，能使种禽得到阳光的照射和新鲜空气，可以多活动增强体质、保持健康、精力充沛、增强抗病能力、提高生产性能、培育优良的后代，使种禽的体型、体重和生产力等各方面保持或超过亲代的性能，达到种用目的和标准。但这类禽舍投资较大，成本较高，饲养管理较不方便，不易观察到每只禽的动态及生产情况，管理不便，易发生传染病。配种时易受其他禽的干扰。建造禽舍时将整幢禽舍隔成许多小间，每间饲养一公数母，可减少群养带来的不利影响。

（3）密闭式商品禽舍　这种禽舍一般用于饲养商品肉鸡和蛋鸡，生产肉、蛋供应市场需要。这种禽舍采用流程式群养更合适。其优点是：①提高饲养密度，减少基建投资：商品禽流程式群养，可根据各阶段的生长情况来确定饲养密度，这样既能增加每平方米的饲养只数，提高劳动生产力和饲养效率，又可大大减少基建投资。②易于进行饲养管理，操作方便，大大节省清洁卫生的时间，增加管理数量，每个饲养员可以饲养更多的商品禽，比散养方式增加更多的饲养数量，提高工作效率。③提高商品禽的生产性能：工厂式商品禽舍，可根据禽各阶段的生理习性来调节饲养环境，这既可减少禽的死亡，又可提高禽的生产性能，降低饲料消耗，提高饲养效益。④利于对禽进行精心的观察和记录，及时掌握禽的生产情况，发现问题，立即采取措施，而且便于做好选种工作，将早期生长速度较快的仔禽选择留种。⑤减少传染病的发生和传播：工厂式商品禽舍既可大群饲养，也可分小群饲养，这样可减少互相接触的机会，且饲料、饮水的供给都较规范，可加强防污设施，减少粪便的污染，有效地预防传染病的发生及传播。

三、 畜禽养殖场废弃物安全处理

（一） 畜禽场粪便及尿的处理

畜禽粪尿是由饲料中未被消化吸收的营养物质、体内代谢产物、消化道黏膜脱落物和分泌物、肠道微生物及其分解产物等共同组成，生产中收集到的畜禽粪尿还有在饲喂时撒落的饲料，以及采用地面垫料饲养时的垫料等。

为了减少畜禽粪造成的环境污染，充分利用畜禽粪中丰富的营养和能量资源，必须通过适当的方法对畜禽粪进行处理。畜禽粪处理和加工，首先要彻底杀灭病原体，减少有害气体的产生；其次，加工要减少畜禽粪的体积，并能形成固态产品，采用密封包装，可远距离运输，并可减少运输费用及避免在运输过程中造成环境污染；第三，在加工处理过程中，必须尽量减少畜禽粪中营养成分的损耗，并提高营养物质的消化利用率；第四，处理工艺应当高效节能，尽可能降低处理成本，使畜禽粪处理能产生一定的经济效益。

1. 脱水干燥处理

新鲜畜禽粪的主要成分是水。通过脱水干燥处理，使畜禽粪的水分含量降低到15%以下。这样既减少了畜禽粪的体积和质量，便于包装运输，又可有效地抑制畜禽粪中微生物的活动，减少营养成分（特别是蛋白质）的损失。

2. 高温快速干燥处理

采用以回转圆筒烘干炉为代表的高温快速干燥设备，可在短时间（10min左右）内将水分含量达70%的湿畜禽粪，迅速干燥至水分含量仅10%～15%的畜禽粪加工品。在加热干燥过程中，还可做到彻底杀灭病原体，消除臭味，畜禽粪营养损失量小于6%。

3. 太阳能自然干燥处理

这种处理方法采用塑料大棚中形成的"温室效应"，充分利用太阳能对畜禽粪作干燥处理。专用的塑料大棚长度可达60～90m，内有混凝土槽，两侧为导轨，在导轨上安装有搅拌装置。湿畜禽粪装入混凝土槽，搅拌装置沿着导轨在大棚内反复行走，并通过搅拌板的正反向转动来捣碎、翻动和推送畜禽粪。利用大棚内积蓄的太阳能使畜禽粪中的水分蒸发出来，并通过强制通风排除大棚内的水气，从而达到干燥畜禽粪的目的。在夏季，只需要约1周的时间即可把畜禽粪的水分含量降到10%左右。

4. 发酵处理

畜禽粪的发酵处理是利用各种微生物的活动来分解畜禽粪中的有机成分，可以有效地提高这些有机物质的利用率。在发酵过程中形成的特殊理化环境也可基本杀灭畜禽粪中的病原体。根据发酵过程中依靠的主要微生物种类不同，可分为有氧发酵和厌氧发酵两类处理。

（二） 畜禽粪的利用

1. 畜禽粪作饲料的安全性问题

在利用畜禽粪饲喂畜禽时，必须重视畜禽粪饲料的安全性。人们最为关心的是矿物质元素（铜、钙、铅、汞、砷等）、药物（抗生素、磺胺类药物等）、真菌毒素等的过量水平对畜禽造成的危害，以及病原体通过粪便传播给其他动物和人。但在正常情况下，畜禽粪在用作饲料前只要经过适当的加工处理，并根据各种畜禽粪的营养成分合理控制用量，使日粮的组成尽可能平衡，那么使用畜禽粪作饲料就不会对动物的健康造成危害。

2. 畜禽粪用作肥料

畜禽粪在我国一直被农民视作优质的有机肥用于种植业生产中，过去农民常把经堆肥发酵处理的畜禽粪直接施用到农田中，使畜牧业和种植业形成一个良性的生态循环。现代大规模集约化养畜禽生产发展以来，畜禽粪的产量大幅度增加，单纯依靠畜禽场周围的农田来利用鲜畜禽粪已远远不够；且从防疫角度出发，畜禽场的粪便不经处理最好不要直接撒向周围农田。

3. 畜禽粪用作饲料

由于饲喂的不同阶段的畜禽，饲料的营养含量不一，造成不同生产阶段的畜禽所产粪的营养含量也不一样。一般来说，畜禽粪的粗蛋白质含量在15%左右，且含有其他多种营养成分，在良好的处理加工后，可作为其他动物的良好饲料。

（1）用畜禽粪饲喂牛　畜禽粪在饲喂前必须经过加工处理，减少微生物数量，彻底消灭病原体，并提高适口性。用作饲料的畜禽粪不得发霉，不得含有碎玻璃、碎石块和其他异物。最好用磁铁吸除铁钉、铁丝和其他金属物，以免使牛发生创伤性胃炎或创伤性心包炎。用畜禽粪饲喂牛时，比较好的处理方法是堆贮或窖贮，可以有效地改善饲料的适口性、杀灭病原体、提高饲料营养价值。这一方法类似制作青贮饲料。

（2）用畜禽粪饲喂羊　羊的营养需要水平较低，越冬饲喂时间又相当长，因此羊可以利用质量较差、含大量垫料的畜禽粪。在羊的日粮中补充含碳水化合物丰富的原料，并满足矿物质需求量水平时，可以用畜禽粪来取代所有的饲草和精料，这在越冬期间尤为重要。因此，用畜禽粪饲喂羊具有很大的经济潜力。

（3）用畜禽粪饲喂鱼　我国许多地方有用畜禽粪喂鱼的习惯，这是我们平常提倡的生物链养殖模式之一。

（三）　粪便无害化卫生标准

畜禽粪便无害化卫生标准是借助 GB 7959—2012《粪便无害化卫生要求》。该标准是针对人粪便无害化处理制定的标准，是为贯彻居民以"预防为主"的卫生工作方针，切实搞好粪便卫生管理和无害化处理，加强除害灭病的技术指导，改善城乡环境卫生面貌，保障人民身体健康，制定的该标准。该标准适用于全国城乡垃圾、粪便无害化处理效果的卫生评价和为建设垃圾、粪便处理构筑物提供卫生设计参数。该标准主要是针对人粪便无害化卫生处理标准，国家目前尚未制定出对于畜禽粪便的无害化卫生标准，因而书中借鉴人的粪便无害化卫生标准来叙述对畜禽粪便无害化处理的卫生要求。

第二节　畜产品食品原料生产投入品安全控制及产品检验

一、　饲料及饲料添加剂安全控制

（一）　饲料原料的卫生质量要求

1. 饲料原料产地环境质量要求

（1）产地选择　无公害饲料原料产地应选择在生态条件良好，远离污染源，并具有可持续生产能力的农业生产区域。

（2）环境空气质量　环境空气质量标准可参照第一节执行。

（3）灌溉水质量　农田灌溉水质量应遵照 GB 5084—2021《农田灌溉水质标准》执行。该标准规定了农田灌溉水质要求、标准的实施和采样监测方法。该标准适用于全国以地面水、地下水和处理后的城市污水及与城市污水水质相近的工业废水作水源的农田灌溉用水。

2. 饲料原料的质量管理

（1）严格按规定挑选原料产地、稳定原料购买地　饲料企业原料采购人员，除应对国内外饲料原料的价格充分了解外，还应对企业所用的各种原料的产地环境质量情况了如指掌，一旦将原料产地确定后，除非遇到价格的过大波动，否则应长期稳定原料购买地。这样能充分保证原料的清洁卫生。

（2）严格把握原料购买中的质量关　为了及时检测原料质量，饲料厂家应建立化验室，除常规分析仪器外，更重要的是要配置显微检测仪器和有毒成分检测仪器。在初步确定原料产地后，购前应首先抽取产地的原料进行质检，尤其是对有毒有害物质的检查，然后按照质检情况来确定是否在该地购买此批原料。在确定购买原料后，应以质定价，签订质量指标明确的合同。在原料进库前，应对原料进行质量指标检验，对不合格的原料，坚决实行质检一票否决制。

3. 原料检测方法及质量控制

（1）样本采集　对于自检或送检的样本，应严格按照采样的要求，抽取平均样本。

（2）水分的控制　对自检或送检的样本，应严格控制入库前水分含量不高于12.5%。如果原料水分含量达14.5%以上，不但存放中容易发热霉变，而且会使粉碎效率降低。要求谷物类饲料原料的水分含量<14%，每增加1%水分，其粉碎率可降低6%。

（3）杂质程度的控制　饲料原料中杂质最多不超过2%，其中矿物质不能超过1%。

（4）霉变程度的控制　饲料原料中可以滋长的霉菌有80种以上，其中黄曲霉毒素对于家禽和幼龄家畜的危害更为严重。干饲料中黄曲霉毒素的允许量，多数国家规定为50mg/kg。一般认为，在饲料中含量达400mg/kg以上时，畜禽会发生中毒。因此，对贮存时间长久，已有轻微异味或结块的原料，应按要求采样，经有关部门检测后，酌情处理。

（5）注意其他有害成分　如棉籽饼中的游离棉酚含量，菜籽饼中的硫代葡萄糖苷及其分解产物——异硫氰酸盐和恶唑烷硫酮的含量，大豆饼中的脲酶活性。在采购过程中千万要注意此三饼有毒成分的含量。对于矿物质饲料或工业下脚料，要测定其中汞（<0.1mg/kg）、铅（<10mg/kg）、砷（<2mg/kg）、氟（<150mg/kg）的含量。另外，注意鱼粉掺假掺杂，要进行显微检测。

4. 主要饲料原料的质量指标

（1）饲料用玉米　饲料用玉米质量应按 GB/T 17890—2008《饲料用玉米》执行。该标准规定了饲料用玉米的定义、要求、抽样、检验方法、检验规则及包装、运输、贮存要求。标准适用于收购、贮存、运输、加工、销售的商品饲料用玉米。

饲料用玉米按容重、粗蛋白质、不完善粒、杂质分等级。容重是指玉米籽粒在单位体积内的质量，以 g/L 表示。粗蛋白质以原料中化验的氮量乘以 6.25。不完善粒是指受到损伤但尚有使用价值的颗粒，包括下列几种，虫蚀粒：被虫蛀蚀，伤及胚或胚乳的颗粒；病斑粒：粒面带有病斑，伤及胚或胚乳的颗粒；破损粒：籽粒破损达该籽粒体积 1/5 以上的籽粒；生芽粒：芽或幼根突破表皮的颗粒；生霉粒：粒面生霉的颗粒；热损伤粒：受热后外表或胚显著变色和损伤的颗粒。杂质是指能通过直径 3.0mm 圆孔筛的物质，无饲用价值的物质，玉米以外的其他物质。

卫生检验和植物检疫按照国家有关标准和规定执行；抽样方式、色泽、气味、容重、不完善粒、杂质测定、检验规则、包装、运输和贮存等均按 GB 1353—2018《玉米》执行。

（2）鱼粉　鱼粉按 SC/T 3501—1996《鱼粉》执行。该标准规定了鱼粉的要求、抽样、试验方法、标志、包装等内容。标准适用于以鱼、虾、蟹类等水产动物及其加工的废弃物为原料，经干法或湿法制成的饲料用鱼粉。

鱼粉生产所使用的原料只能是鱼、虾、蟹类等水产动物及其加工的废弃物，不得使用受到石油、农药、有害金属或其他化合物污染的原料加工鱼粉。原料应保持新鲜并及时加工处理，避免腐败变质。已经腐败变质的原料不应再加工成鱼粉。

（3）饲料用大豆粕　饲料用大豆粕是指以大豆为原料，以预压-浸提或浸提法取油后所得残渣。它的感官性状应呈浅黄褐色或淡黄色不规则的碎片状，色泽一致，无发酵、霉变、结块、虫蛀及异味异嗅。水分含量不得超过 13.0%，不得掺入饲料用大豆粕以外的物质。饲料用大豆粕的脲酶活性不得超过 0.4。饲料用大豆粕的包装、运输和储存，必须符合保质、保量、运输安全和分类、分级储存的要求，严防污染。

（二）　饲料的质量要求

1. 饲料卫生质量鉴定

所谓饲料卫生质量鉴定就是经常或在需要的时候检查饲料中是否存在有害物质，并阐明其性质、含量、来源、作用和危害，同时，在此基础上作出饲料处理等结论。通过鉴定，可保证畜禽健康和生产力的提高，减少饲料资源的浪费，同时还能明确饲料卫生质量事故的原因和责任。

（1）经常性的鉴定　为了保证畜禽健康和生产力正常发挥，饲料监测部门有计划地、定期地或以抽查的方式对饲料进行卫生质量鉴定，在易发生问题的季节应安排这项工作。

（2）对新产品、新工艺的鉴定　对未曾生产的新品种或新开发的饲料资源，必须系统地进行鉴定。对已有的饲料品种，如配方与工艺改变，也需进行鉴定，以确定是否符合卫生要求。

（3）发生中毒或与饲料有关的疾病时，对可疑饲料进行鉴定　这种鉴定涉及对患病畜禽治疗是否及时，甚至涉及法律责任，因而要求较高。

（4）怀疑饲料受到污染时进行鉴定　这种鉴定涉及批量饲料的处理，因而较为复杂。

2. 饲料卫生标准

饲料卫生标准可参照 GB 13078—2017《饲料卫生标准》执行。该标准规定了饲料中的有害物质及微生物允许量。该标准适用于加工、经销、贮运和进出口的鸡配合饲料，猪配合饲料、混合饲料和饲料原料。

3. 引起畜禽饲料品质劣变的主要原因及其防止措施

随着畜禽养殖业的发展，畜禽饲料问题日益突出，只有提供营养全价、适口性好的优质饲料，才是保证畜禽养殖业顺利发展的关键。但在实际生产、加工或贮存等过程中，由于自然因素的影响，造成饲料品质变坏，营养价值降低，风味改变，使饲料失去原有的作用，甚至因饲料变质而使畜禽中毒，造成不必要的经济损失。因而必须注意饲料的保存，防止饲料品质劣变。

（1）引起畜禽饲料品质劣变的主要原因　造成饲料品质劣变的原因大致有以下几种：

①光的破坏：阳光能加速饲料的氧化，特别是能加速饲料中多种氨基酸、维生素及脂肪的氧化分解。

②高温、高湿：饲料在高温情况下，可使蛋白质变性，维生素被破坏；相对湿度过大时，饲料微生物中霉菌和腐败菌迅速生长繁殖，产生有害毒素，降低饲料营养性和适口性，甚至危及动物生命。

③氧的破坏：大气中的氧与饲料接触后，饲料中的维生素 A、维生素 D、维生素 B 族及胡萝卜素和部分氨基酸会被氧破坏。

④酶的破坏：饲料中含有多种消化酶，在温度、相对湿度适宜的情况下，这种酶即开始活化并作用于饲料中相应的物质，消耗饲料的营养成分，甚至使饲料变质，如硫胺酶可分解饲料中的维生素 B_1 等。

⑤昆虫和鼠类的破坏：饲料一旦被昆虫或鼠类破坏即被污染，造成浪费。

（2）防止畜禽饲料品质劣变的措施　为了防止饲料营养价值降低，避免饲料变质变味，使饲料起到应有的作用，对饲料的贮存保管必须要做到：①饲料应置于闭光、阴凉、通风干燥处；②饲料不散放，用密闭的塑料袋封装保存；③一次配料不宜过多，一般冬季贮存不宜超过 15d，夏季不超过 8d，维生素、微量元素及定期预防投服的药品等，宜现配现用；④在饲料中应添加一些抗氧化剂和防霉剂，如维生素 E、丙酸钙等；⑤定期进行灭鼠，以防虫害。

4. 饲料的检测

（1）感官检验　饲料常因品质不同而有不同的特征，对人体的感官会引起不同的反应，留下一定的印象。感官检验就是利用人体的各种感觉器官直接判断饲料品质好坏的一种方法。感官检验结果虽然不很精确，但是方法简便迅速，无须仪器设备，对饲料品质的鉴定具有一定作用，尤其是对商品外观价值和色、气、味等项目的鉴定，仍然起着决定性的作用。

常用的感官检验方法如下：

①视觉检验：就是利用眼来观察饲料的形状、色泽、杂质含量以及有无结块、霉变、虫害等。

②嗅觉检验：不同的饲料具有不同的形状，变质的饲料有某些特殊气味，嗅觉检验就是根据饲料的不同气味，利用鼻闻的方法来鉴定、判断饲料品质的好坏。

③味觉检验：就是利用舌头舔尝辨别饲料有无刺舌的恶味、苦味及其他坏味，从而判断品质的好坏。

④触觉检验：主要利用手触摸饲料时的感觉，如软硬、光滑、轻重、温度高低等，来判断饲料水分的大小、品质的好坏。

⑤齿碎检验：主要用于谷类饲料水分的检验，检验时用牙齿咬碎谷粒，根据其抗压力的大小，判断其水分的高低。

⑥听觉检验：利用耳听饲料在不同情况下所发出的响声，如饲料流落时发出的声音，齿碎时的声音等，来判断饲料水分大小、品质的优劣。

以上各类检验方法，在应用时并不是孤立的，而是互相协同的。根据各种方法鉴定的结果加以综合分析才能得到正确的结果。

（2）物理检验　物理检验方法所需仪器简单、操作方便，易为广大群众所接受，在饲料检验中也具有一定的作用。

①筛选法：用一组筛孔大小不同的筛（0.5mm、1.0mm、2.0mm 孔径），将饲料进行筛分，仔细观察各筛层饲料粒度的大小、种类和混入的异物。用筛选的方法能够分辨出单用肉眼不易看出来的异物，而且还可了解饲料粒度的分布情况，鉴定饲料的粒度。

②容重法：某一种饲料通常在一定体积内的质量是一定的。因此，通过测定饲料的容重，与该饲料的标准容重相比，就可以辨别饲料中有无异物混入，以及该饲料品质好坏的程度等。

③相对密度法：选用相对密度不同的液体（四氯化碳相对密度 1.59、三氯甲烷相对密度 1.50、蒸馏水相对密度 1.00），将饲料放入液体内，搅拌，静置，然后观察饲料在液体中沉浮

的情况，并根据各种饲料的相对密度鉴别饲料中有无沙土、稻壳、碉生皮、锯木屑等杂物。

（三）　配合饲料企业卫生规范要点

（1）饲料原料采购、运输、贮存的卫生。

（2）工厂设计与设施的卫生。

（3）工厂的卫生管理。

（4）生产过程中的卫生。

（5）包装卫生要求。

（6）贮存卫生要求。

（7）运输卫生要求。

（8）卫生与质量检验管理。

（四）　饲料添加剂使用注意事项

（1）合理使用。

（2）搅拌均匀。

（3）防止引起中毒。

（4）配伍、禁忌。

（5）保存。

案例：饲料中抗生素残留带来的畜产品安全问题

饲料中长期大量使用抗生素的主要问题：一是耐药性，抗生素使病菌产生抗药性，形成耐药病菌，给临床治疗增加了困难，人类耐药性的产生与否和家畜使用抗生素有直接关系，值得深入研究。二是二次感染，正常动物机体的呼吸道、消化道及泌尿生殖系统寄生着多种微生物群落，菌群之间相互制约、动态平衡，形成共生状态。长期大量使用抗生素，会使敏感的细菌生长繁殖受到抑制，而不敏感的细菌大量繁衍，产生新的感染。三是抗生素残留，抗生素被动物吸收后，可以分布全身，同时可通过泌乳和产蛋过程残留在乳、蛋中，从而在畜产品中广泛地残留。抗生素的残留不仅可能影响畜产品的质量和风味，也被认为是动物细菌耐药性向人类传递的重要途径。一些具有明显副作用且已禁用的抗菌药如磺胺类、痢特灵、土霉素、氯霉素、喹诺酮等在一定范围内仍在继续使用。过去几年，因氯霉素超标问题，造成我国大量的对虾出口被退回并索赔，在市场上也出现过含有大量氯霉素、土霉素等抗生素的禽肉食品、鲜牛乳。

因此，建立无公害畜产品生产基地，发展无公害养殖，将现代畜禽养殖技术与畜产品安全生产紧密结合，通过推广各项行之有效的无公害生产措施，使现有的畜禽养殖技术和先进的无公害畜禽产品生产技术相结合，并对核心技术进行改革与创新提高，形成新的畜禽产品安全生产模式，大幅度提高畜禽产品生产的标准化、现代化和产业化水平。

二、　兽药安全控制

兽药是用于畜禽疾病的预防治疗和诊断的药物，以及加入饲料中的药物添加剂。它包括兽用生物制品、兽用药品（化学药品、中药、抗生素、生化药品、放射性药品）。兽药具有规定的用途、用法和用量。若超量使用或不规范使用，则可能出现一系列的风险问题，长期滥用药物将会严重制约我国畜牧业的持续健康发展，当蓄积的药物浓度达到一定量时，会使畜禽机体免疫力下降，而且会影响到疫苗的接种效果，引起畜禽内二重感染和外源性感染，提高畜禽传染病的发病率。

兽药的合理使用可以提高畜牧业的生产效率，控制畜牧业动物疫病的传播。因此，当前要大力推进兽药经营质量管理规定，督促养殖场严格遵守休药期有关规定，进一步加强兽药生产、经营秩序的整顿，真正从源头控制药物残留，从经营环节提高兽药质量，减少畜产品中的兽药残留和耐药性病原微生物。相关部门提出安全控制对策，严格按照相应的法律法规采取强制措施，控制畜禽食品，做好兽药检测的相关工作，从而防止兽药残留问题的发生。相关人员对此加大关注力度，避免因此而影响我国畜牧业的可持续发展。

（一）兽药的质量与管理

1. 兽药管理的有关规定

为加强兽药的监督管理，保证兽药质量，国务院于 2020 年 3 月 27 日第三次修订了《兽药管理条例》。农业农村部 2020 年 4 月 2 日第 6 次常务会议审议通过《兽药生产质量管理规范（2020 年修订）》。这两项法规规定，对兽药生产、经营和使用及医疗单位配制兽药制剂等实行许可证制度，兽药需有批准文号。对新兽药审批和兽药进出口管理也都做了明确规定，条例明文禁止生产、经营假劣兽药。为进行兽药监督，规定设立从中央到地方的各级兽药监察机构负责兽药质量监督与检验工作。

兽药要求符合《中华人民共和国兽药典》《中华人民共和国兽药规范》《兽药质量标准》《兽用生物制品质量标准》《进口兽药质量标准》和《饲料药物添加剂使用规范》的相关规定。所有兽药必须来自具有《兽药生产许可证》和产品批准文号的生产企业，或者具有《进口兽药许可证》的供应商。所用兽药的标签应符合《兽药管理条例》的规定。

2. 兽药的质量与稳定性

兽药的质量需要符合国家、行业或地方标准。合格的药品是指原料、辅料、包装材料等经过检验合格，严格按照药品生产工艺规程进行生产，并经有关药检部门检验符合规定的药品。不合格药品包括假药和劣药。假药是指药品所含成分的名称和药品标准不符合的药品，以及禁用药品及未取得批准文号的药品。劣药是指药品质量不符合质量标准，包括包装不符合规定、超过有效期、变质不能使用等情况。

兽药的质量可以分为内在质量、外观质量和包装质量。内在质量是指标示的活性成分以及含量是否在标准规定的范围内。一般依靠理化分析来测定。外观质量主要指药品有无变色、结块、潮解、析出结晶和沉淀。一般可以用肉眼观察，外观变化也间接反映了内在质量的变化，可预示药品使用效果可能发生的改变。

药品的有效期是根据药品稳定性试验得出。药品稳定性即是指药品在其生产及贮藏过程中外观质量及内在质量保持程度。农业部于 1999 颁发了《兽药稳定性研究技术要求》，它是兽药稳定性考察项目和方法的基本依据。稳定性考察一般分为因素试验、加速稳定性试验和自然贮藏稳定性试验。

3. 兽药的贮藏管理

兽药典及标准对兽药的贮藏条件都有明确的规定，如光线、温度、相对湿度、包装形式等。

遮光：指用不透光的容器包装。

密闭：指将药品置于容器密闭，不得被异物进入。

密封：指容器封闭，防止风化、吸潮及挥发性气体的进入或逸出。

阴凉阴暗处：指避光且温度不超过 20℃。

冷处：指温度在 2~10℃。

兽药在贮藏时一般要求温度不得超过 30℃，相对湿度 ≤75%，特殊药品按具体规定执行。要求防止霉变和虫蛀。平时要求注意药品的养护，即为了达到贮藏条件要求，对药品所采取的避光、温度控制、相对湿度控制、防虫、防鼠措施，目的是减少和防止药品在贮藏过程中质量的变化。要求药品保管人员熟悉各种药品的理化性质和规定的贮藏条件；对药品进行分类管理；全面掌握药品进出库规律，按"先进先出，先产先出，近期（指失效期）先出"的原则，确定各批号药品的出库顺序，保证药品始终保存在良好状态。

4. 兽药的外观性状与包装检查

药物的外观性状与包装质量是药物质量的重要表征，而兽药的内在质量检验一般由兽药检定机构负责。检查的内容包括药物的包装检查、容器检查、标签或说明书的检查、原料药的检查及制剂的外观性状检查。

（1）制剂的外观性状检查　①针剂：水针剂主要检查澄明度、色泽、裂瓶、漏气、浑浊、沉淀和装量差异。粉针剂主要检查色泽、黏瓶、溶化、结块、裂瓶、漏气、装量差异及溶解后的澄明度。②片剂、丸剂、胶囊剂：主要检查色泽、斑点、潮解、发霉、溶化、黏瓶、裂片、片重差异，胶囊还应检查有无漏粉、漏油。③酊剂、水剂、乳剂：主要检查不应有的沉淀、浑浊、渗漏、挥发、分层、发霉、酸败、变色和装量。

（2）有效期与失效期　有效期是指在规定的贮藏条件下，能够保证药品质量的期限；标签上注明的有效期，标示期内有效，超过则失效。如注明有效期为 2021 年 5 月 31 日，6 月 1 日起就过期了。也有在有效期药品标签上注明 1 年或几年的，这就需要根据批号来推算。如批号为 201207，注明有效期为 2 年，即指到 2022 年 12 月 7 日失效。

失效期是有效期的另一种表示方法。如注明失效期为 2021 年 5 月，即表明 2021 年 4 月 30 日前有效，从 5 月 1 日起就过期失效了。明确批号和有效期，可有计划地采购药品，并在规定期限内使用，不仅可保证疗效，而且可减少不必要的损失。

5. 给药途径

（1）口服　口服药物，经胃肠吸收后作用于全身，或停留在胃肠道发挥局部作用。其优点是操作比较简便，适合大多数动物。缺点是受胃肠内容物的影响较大，吸收不规则，显效慢。

（2）注射　注射包括皮下注射、肌内注射、静脉注射、静脉滴注等数种。其优点是吸收快而完全，剂量准确，可避免消化液的破坏。

（3）局部用药　目的在于引起局部作用，例如涂擦、撒布、喷淋、洗涤、滴入等，都属于皮肤、黏膜局部用药。刺激性强的药物不宜用于黏膜。

（4）群体给药法　为了预防或治疗动物传染病和寄生虫病以及促进畜禽发育、生长等，常常对动物群体施用药物。常用方法有以下几种：

①混饲给药：将药物均匀混入饲料中，让动物吃料时能同时吃进药物。此法简便易行。

②混水给药：将药物溶解于水中，让动物自由饮用。此法尤其适用于因病不能吃食，但还能饮水的动物。

③气雾给药：将药物以气雾剂的形式喷出，使之分散成微粒，让动物经呼吸道吸入而在呼吸道发挥局部作用，或使药物经肺泡吸收进入血液而发挥全身治疗作用。

④药浴：陆生动物也可采用药浴方法杀灭体表寄生虫，但须有药浴的设施。药浴用的药物最好是水溶性的，遇难溶的药物时，要先用适宜溶媒将药物溶解后再溶入水中。

⑤环境消毒：为了杀灭环境中的寄生虫与病原微生物，除采用上述气雾给药法外，最简便的方法是往动物厩舍、窝巢及饲养场喷洒药液，或用药液浸泡、洗刷饲喂器具及与动物接触的用具。

6. 药物的用量与药物计量单位

药物的用量又称药用量或剂量，一般是指成年畜禽的一次用量。即对成年动物能产生明显治疗作用而又不致引起严重不良反应的剂量。

在评价药物治疗作用与毒性反应的实验研究中，常测定 ED_{50} 和 LD_{50} 两个剂量值。ED_{50} 即半数有效量，是指在一群动物中引起半数（50%）动物阳性反应的剂量。LD_{50} 即半数致死量，是指在一群动物中引起半数动物死亡的剂量。LD_{50}/ED_{50} 的值称作治疗指数（TI），可用来表示药物的安全性。TI 值越大，药物越是安全有效。

药物计量单位是以法定计量单位来表示。一般固体药物用质量单位，液体药物用体积单位表示，如 g、mg、L、mL 等。一部分抗生素、激素、维生素及抗毒素其用量单位用特定的单位（U）或国际单位（IU）来表示。

（二）　兽药准用规定

畜禽生产中所使用的兽药主要有抗菌药、抗寄生虫药、疫苗、消毒防腐药和饲料药物添加剂。任何滥用兽药的行为都会遭受严重后果。无公害畜产品生产中特别要求正确使用兽药，防止兽药残留给人带来危害，为此专门制定了兽药使用准则。

1. 禁用药物　禁用有致畸、致癌、致突变作用的兽药。禁止使用未经国家畜牧兽医行政管理部门批准作为兽药饲料药物添加剂的药物及用基因工程方法生产的兽药。在奶牛饲料中禁用影响奶牛生殖的激素类药，具有雌激素样作用的物质如玉米赤霉醇等。禁用麻醉药、镇痛药、中枢兴奋药、化学保定药及骨骼肌松弛药。禁用性激素类、β-受体激动剂、甲状腺素类和镇静剂类违禁药物。

2. 对抗菌药、抗寄生虫药和生殖激素类药开列允许使用名录，未经允许的药物不得使用。

3. 慎用经农业农村部批准的拟肾上腺素药、平喘药、抗胆碱药、肾上腺皮质激素药和解热镇痛药。在奶牛饲养中慎用作用于神经系统、循环系统、呼吸系统、内分泌系统的兽药。

4. 兽药要求符合《中华人民共和国兽药典》等标准的规定，所有兽药必须来自具有兽药生产许可证和产品批准文号的生产企业，或者具有《进口兽药许可证》的供应商，防止伪劣兽药带来药害。要求预防动物疾病的疫苗必须符合《兽用生物制品的质量标准》。

5. 允许使用国家标准中收载的畜禽用中药材和中药成方制剂，允许使用经国家兽药管理部门批准的微生态制剂。

（三）　提高兽药安全质量的措施

1. 设计高效低毒的化学药品

设计高效低毒的化学药品的目的是防止药物对动物产生直接危害，减少在畜禽体中的残留。

2. 对药物进行安全性毒理学评价

为保障动物性食品的安全性，必须对药物和饲料中的各种污染及有害物质进行安全性毒理学评价。主要分为两大类，即一般毒性试验和专门毒性试验。前者包括急性毒性、蓄积毒性、亚急性和慢性毒性试验等；后者包括繁殖试验，致畸、致癌、致突变试验，局部刺激试验等。

3. 严格履行兽药管理条例和兽药生产许可证制度

对兽药的生产和使用进行严格管理，制定药物（包括药物添加剂）管理条例，切实做好兽药的具体管理工作。

（四）　加强兽药使用管理的措施

1. 休药期和最高残留限量的规定

肉、蛋、乳中药物残留与使用药物的种类、剂量、时间及动物品种、生长期有关。不同的兽药品种在畜禽体内的消除规律不一。如含新霉素饲料（140mg/kg）饲喂 3 周龄肉鸡 14d，可在肾脏中检出新霉素，而休药 10d 后，肾脏已检不出药物残留。盐霉素极难溶于水，在鸡体内很快被排泄，宰前停药 1d 即无残留。为了保证畜牧业的健康发展和畜产品的安全性，兽药使用准则中规定了用于预防治疗的抗菌药、抗寄生虫药和奶牛用生殖激素类药的兽药品种、给药途径、使用剂量、疗程休药期及注意事项。

休药期又称消除期，指畜禽停止给药到许可屠宰或它们的产品许可上市的间隔时间。休药期的规定目的是减少或避免供人食用的畜产品中残留药物超标。在休药期间，动物组织或产品中存在的具有毒理学意义的残留可逐渐消除，直至达到"安全浓度"，即低于"允许残留量"。

GB 31650—2019《食品安全国家标准 食品中兽药最大残留限量》规定，兽药残留是指对食品动物用药后，动物产品的任何食用部分中与所有与药物有关的物质的残留，包括药物原型或/和其代谢产物；总残留是指对食品动物用药后，动物产品的任何食用部分中药物原型或/和其所有代谢产物的总和；日允许摄入量（ADI）是指人的一生中每日从食物或饮水中摄取某种物质而对其健康没有明显危害的量，以人体重为基础计算，单位：（g/kg·bw）；最大残留限量（MRL）是对食品动物用药后，允许存在于食物表面或内部的该兽药残留的最高量/浓度（以鲜重计，单位 μg/kg）。

2. 合理应用抗菌药物和抗寄生虫药物

生产实践中合理应用抗菌药物，对控制动物性食品中药物残留，保障人体健康甚为重要。应该限制人用抗菌药物或容易产生耐药菌株的抗生素在畜牧业生产上的使用范围，不能任意将这些药物用作饲料药物添加剂。

3. 加强兽药残留的检测和监督

建立有效的兽药残留检测和监督制度，分别从饲料和饲料添加剂、动物宰前尿检及宰后胴体组织检测，发现有违禁药物残留和兽药残留超标的畜产品一律不准销售。

4. 建立兽药使用档案

要按照实施无公害畜禽饲养兽药使用准则的全部过程建立详细记录，包括免疫程序记录：疫苗种类、使用方法、剂量、批号、生产单位；动物治疗记录：发病时间及症状、预防和治疗用药经过、药物种类、使用方法及剂量、治疗时间、疗程、所用药物商品名称；生产单位及药品批号、治疗效果等。

三、 畜产品的安全检验

（一） 肉品卫生检验

肉品卫生检验是有效实施肉品卫生管理的重要措施之一，它不仅要检查畜禽法定疫病，还要检查内外科病、皮肤病、中毒病以及其他可能影响身体健康的各种污染。

1. 畜禽屠宰卫生检验

（1）宰前检验 查验检疫证明。在入场检疫时，如发现病畜禽，应立即送急宰。宰前检验主要是看、听、摸、检。

（2）宰后检验 检验的方法包括：①编号：在宰后检验之前，首先将分割开的胴体、内脏、头蹄和皮张编上同一号码，以便在发现问题时进行查对。②头部检验：主要剖左右颌下淋巴结，观察有无炭疽、结核或淋巴结化脓，有时也能据此检出猪瘟和猪肺疫。③皮肤检验：在胴体解体开膛之前进行，观察皮肤有无出血、淤血等病变。④内脏检验：包括心、肝、肺、脾、肠、胃、肾等器官的检查。⑤胴体检验：主要检验颈浅背侧淋巴结、浅腹股沟和肾脏及胴体放血程度，胴体上不能遗留甲状腺。为了检验囊虫，在胴体检验时要检查深腰肌和膈肌。在猪囊虫较多的地方，还需检验猪肩胛外侧肌和股部内侧肌。⑥旋毛虫检验。

经卫生检验，肉品质量可分为三类：①良质肉：指健康牲畜肉，食用不受限制。②条件可食肉：指经过无害化处理后可食用的病畜肉。③废弃肉：指不准食用的患有烈性传染病的牲畜如炭疽、鼻疽等的肉尸。

2. 肉品卫生的实验室检验

（1）微生物学检验 检验内容主要包括：细菌总数的测定，大肠菌群最近似数测定和沙门氏菌检验。

（2）理化检验 检验内容主要包括：解冻失水率的测定，总挥发性盐基氮的测定等。

（3）卫生理化指标检验 检验内容主要包括重金属汞、镉、铅、砷等的检测，六六六、滴滴涕、有机磷农药残留量检测，抗生素、磺胺类、呋喃唑酮残留的检测，氯羟吡啶、克伦特罗等的检测。

（二） 鲜乳卫生检验

1. 鲜乳的检验

为保证乳品加工的质量，实施标准化生产，乳品工厂在接受生乳时必须对其采样检验。采样前将乳桶中的乳混匀，若在贮藏缸内取样，应开动搅拌机混匀，以保证乳品具有代表性。一般取样的数量占被检乳质量的0.02%~0.1%，每次取样量不得少于250mL，样品应贮藏于2~6℃，以防变质。

（1）鲜乳的感官检验 检验内容包括气味、色泽、杂质、凝块或发黏现象。

（2）鲜乳的理化检验 内容有相对密度，含脂率，全乳总固体，酸度等。煮沸实验和酒精试验也可以粗略测定乳的酸度。

（3）细菌学检验 包括细菌总数，大肠菌群最近似数，致病菌检验。

（4）乳房炎乳的检验 采用氯糖数的测定。所谓氯糖数即乳中氯的百分含量与乳糖的百分含量之比。正常乳中氯与乳糖的含量有一定的比例关系。健康牛乳中氯糖数不超过4，患乳房炎的乳中氯糖数则增至6~10。

（5）乳的掺伪检验 掺伪检验通常需要综合多项检验结果方可有效判断，掺伪后可使酸度、脂肪、乳糖含量、蛋白质含量低于正常值。掺伪后，乳的相对密度、滴定酸度、含脂率、乳清的相对密度、冰点等指标中大部分或全部下降。但掺入电解质类物质则乳的电导率上升。

（6）乳中抗生素的检测　乳中若含有抗生素，则可以抑制乳中微生物的生长。因此可用TTC等方法对乳中含有的 β-内酰胺类抗生素进行检测。

2. 生鲜牛乳的卫生评定

生鲜牛乳经过全面检查后，对其质量水平及卫生状态，则可以给予综合评价。

（1）乳中有下列缺陷者，禁止销售　①色泽异常。②乳汁黏稠，有凝块或絮状沉淀及外观污秽。③有明显的异常气味或异常滋味。④产前15d内的胎乳或产后7d内的初乳。

（2）乳汁内不得有明显污染物或加有防腐剂、抗生素和其他有碍食品卫生的物质。乳中不得检出掺伪物质。

（3）牛乳相对密度不得低于1.032；乳脂率不得低于3.0%，酸度不得>22°T。

（4）炭疽、牛瘟、狂犬病、钩端螺旋体病、开放性结核、乳房放线菌病等患畜乳，一律不准食用。

（三）　蛋品卫生检验

1. 原料蛋的卫生检验

再制蛋加工前，必须对原料蛋的质量进行检验，确保蛋的新鲜和品质。目前广泛利用不破壳的鉴别方法进行检验，必要时进行理化和微生物检验。

（1）感官鉴别法　感官鉴别法主要凭检验人员的技术经验来判断，靠眼看、耳听、手摸、鼻嗅等方法，从外观上来鉴别蛋的质量。

①看：用肉眼观察蛋壳色泽、形状、胶护膜、蛋壳清洁度和完整情况。新鲜蛋蛋壳表面干净，附有一层霜状胶质薄膜。如果胶质脱落、不清洁、乌灰色或有霉点，则为陈蛋。

②听：用听的方法鉴别鲜蛋的质量通常有两种方法，一是敲击法，即从敲击蛋壳发出的声音来判断有无裂纹、变质和蛋壳的厚薄程度。新鲜蛋发出的声音紧实，似碰击石头的声音；裂纹蛋发音沙哑，有啪啪声；二是振摇法，是将鲜蛋拿在手中振摇，没有声响的为好蛋，有响声的是散黄蛋。

③嗅：是用鼻子嗅有无异味。新鲜鸭蛋有轻微的腥味。有些蛋虽然蛋白、蛋黄正常，但有异味，是异味污染蛋。有霉味的是霉蛋，有臭味的是坏蛋。

④摸：将蛋放在手掌上感觉蛋的质量，一般新鲜蛋手感较重，蛋内无动荡感；如感觉较轻，蛋内有动荡感的则为陈蛋。

（2）光照透视鉴别法　蛋壳具有透光性，采用灯光透视法对鲜蛋逐个进行选剔，称作"照蛋"。由于蛋内容物发生变化形成不同的质量状况，在灯光透视下，可观察蛋壳、气室高度、蛋白、蛋黄、系带状况，对蛋的品质做出综合评定。该法准确、快速、简便，经营鲜蛋和蛋品加工时普遍采用这种方法。

新鲜蛋光照时，蛋内容物透亮，并呈淡橘红色。气室较小，略微发暗，不移动。蛋白浓厚澄清，无色，无任何杂质。蛋黄居中，蛋黄膜裹得很紧，呈现朦胧暗影。蛋转动时，蛋黄也随之转动，其胚胎看不出。系带在蛋黄两端，呈淡色条状带。通过照检，还可以看出蛋壳上有无裂纹，蛋内有无血丝、血斑、肉斑、异物等。

2. 蛋制品的卫生检验

以鸡蛋、鸭蛋和鹅蛋等禽蛋为原料制成的产品，主要包括再制蛋、冰蛋品和干蛋品，它们能较长期贮存，调节市场供应，便于运输，且能增加风味，易于消化吸收，因而蛋制品在动物性食品加工业中占有重要的地位。常见蛋制品的感官指标如表 8-2 所示。

表 8-2　　　　　　　　　　　　　蛋制品的感官指标

品种	指标
巴氏杀菌冰鸡全蛋	坚洁均匀，呈黄色或淡黄色，具有冰鸡全蛋的正常气味，无异味，无杂质
冰鸡蛋黄	坚洁均匀，呈黄色，具有冰鸡蛋黄的正常气味，无异味，无杂质
冰鸡蛋白	坚洁均匀，白色或乳白色，具有冰鸡蛋白正常的气味，无异味，无杂质
巴氏杀菌鸡全蛋粉	呈粉末状或极易松散之块状，均匀淡黄色，具有鸡全蛋粉的正常气味，无异味，无杂质
鸡蛋黄粉	呈粉末状或极易松散块状，均匀黄色，具有鸡蛋黄粉的正常气味，无异味，无杂质
鸡蛋白片	呈晶片状，均匀浅黄色，具有鸡蛋白片的正常气味，无异味，无杂质
皮蛋（松花蛋）	外包泥或涂料均匀洁净，蛋壳完整，无霉变，敲摇时无水响声，剖检时蛋体完整，蛋白呈青褐、棕褐或棕黄色，呈半透明状，有弹性，一般有松花花纹。蛋黄呈深浅不同的墨绿色或黄色，略带溏心或凝心。具有皮蛋应有的滋味和气味，无异味
咸蛋	外壳包泥（灰）等涂料洁净均匀，去泥后蛋壳完整，无霉斑，灯光透视时可见蛋黄阴影，剖检时蛋白液化、澄清，蛋黄呈橘红色或黄色环状凝胶体。具有咸蛋正常气味，无异味
糟蛋	蛋形完整，蛋膜无破裂，蛋壳脱落或不脱落。蛋白呈乳白色、浅黄色，色泽均匀一致，呈糊状或凝固状。蛋黄完整，呈黄色或橘红色，呈半凝固状，具有糟蛋正常的醇香味，无异味

第三节　畜产品生产安全技术规范

一、畜禽育种安全控制

（一）畜禽的引种原则

畜禽的引种原则要按国家颁布的《种畜禽管理条例》《种畜禽生产经营许可证管理办法》《中华人民共和国动物防疫法》执行。要求做到：正确选择引入品种，慎重选择个体，不到疫区引进品种，严格执行检疫制度，种畜禽场必须要有生产、经营许可证，要区分被引进品种是原种还是商品配套系，要考虑引入地和产地间的环境差异，妥善安排调运季节，要考虑被引进品种的生产性能，要有被引进品种的血缘关系及亲本生产性能记录。

1. 正确选择引入品种

选择引入品种的主要依据是该品种具有良好的经济价值和育种价值，并有良好的适应性。

在引进种畜禽时，尤其是从国外引进种畜禽时，应按要求向省级畜牧主管部门申请，然后由省级畜牧主管部门报农业农村部种畜禽管理部门审批。要求具体写明引种目的，引进何种品种，该品种产自何国家及地区。

2. 慎重选择个体

引种时对个体的挑选，除注意品种特性、体质外形以及健康、发育状况外，还应特别加强系谱的审查，注意亲代或同胞的生产力高低，防止带入有害基因和遗传疾病。引入个体间一般不宜有亲缘关系，公畜最好来自不同品系。此外，年龄也是需要考虑的因素，由于幼年有机体在其发育的过程中比较容易对新环境适应，因此，从引种角度考虑，选择幼年健壮个体，有利于引种的成功。

3. 严格执行检疫制度

不管是到国外引种还在国内异地引种，都必须了解该品种产地的疫病情况，尤其是被引品种产地区域内相关畜禽的疫病发生情况。因而引种前了解疫病时，不仅要了解同类畜禽，还要了解产地其他家畜有否发生传染性疾病。因为有的传染病畜禽均能发生，即使在禽上不发生的传染病，禽也可能作为中间寄主，引回后传染给其他家畜。所以，严格讲是不能在任何畜禽发病的疫区引进任何畜禽品种。

4. 所有畜种必须有检疫证书

切实加强种畜检疫，严格实行隔离观察制度，防止疾病传入是引种工作中必须认真重视的一环。根据 2021 年 5 月 1 日起施行的《中华人民共和国动物防疫法》要求，国内异地引进种用动物及其精液、胚胎、种蛋的，应当先到当地动物防疫监督机构办理检疫审批手续并须检疫合格。人工捕获的可能传播动物疫病的野生动物，须经捕获地或者接收地的动物防疫监督机构检疫合格，方可出售和运输。经检疫合格的动物、动物产品，由动物防疫监督机构出具检疫证明，动物产品同时加盖或者加封动物防疫监督机构使用的验讫标志。经检疫不合格的动物、动物产品，由货主在动物检疫员监督下作防疫消毒和其他无害化处理；无法作无害化处理的，予以销毁。

5. 种畜禽场必须要有生产、经营许可证

根据中华人民共和国国务院《种畜禽管理条例》第十五条规定，生产经营种畜禽的单位和个人，必须向县级以上人民政府畜牧行政主管部门申领《种畜禽生产经营许可证》，工商行政管理机关凭此证依法办理登记注册。生产经营畜禽冷冻精液、胚胎或者其他遗传材料的，由国务院畜牧行政主管部门或者省、自治区、直辖市人民政府畜牧行政主管部门核发《种畜禽生产经营许可证》。《种畜禽管理条例》第十六条规定，生产经营种禽的单位和个人，符合下列条件的，方可发给《种畜禽生产经营许可证》：

（1）符合良种繁育体系规划的布局要求；

（2）所用种畜禽合格、优良，来源符合技术要求，并达到一定数量；

（3）有相应的畜牧兽医技术人员；

（4）有相应的防疫设施；

（5）有相应的育种资料和记录。

6. 要区分被引进品种是原种还是商品配套系

对从国内引进的品种，畜禽原种是指经国家及省级畜禽品种审定委员会认定并公布的培育品种（配套系）和地方良种；对从国外引进的品种必须为经国家畜牧行政主管部门批准引进的国外优良畜禽原种（纯系）和曾祖代配套系。

7. 要考虑品种原产地与引入地间的环境差异

一个再好的品种，要保持其生产性能的正常发挥，最关键的是引入地的饲养环境条件是否能适合被引入品种的生存。为了使引入品种引入后能健康、正常地生活，引种前必须要对品种原产地的饲养方式、饲养条件等有所了解。如果畜禽品种的引入地与原产地环境差异大，且饲养方式差异也很大，则有可能品种引入后较难适应引入地的气候环境条件；该品种引入后就有可能发生疾病，或生产性能指标达不到原产地的实际生产情况。

8. 要考虑被引进品种的生产性能

品种引入的主要目的是使该品种发挥出与原产地同样的生产水平，以达到获得较高经济效益，因而必须切实了解引入品种的生产性能指标。这不是看该品种向市场推销时的情况介绍，而是要看该品种原始生产记录，尤其是品种引进后作为繁殖畜禽用时，必须要有被引进品种的血缘关系及亲本生产性能记录，否则就有可能在数量较少时遇到近亲繁殖现象的发生。

（二） 引入品种的检疫要求

所谓引入品种，是指从其他地区引入到本地来的品种，包括国外引进和国内其他地区引进的品种。为了防止在引入国外优良畜禽品种的同时，将我国境内不存在的疾病带入，对国外引入品种必须遵照《中华人民共和国进出境动植物检疫法》，进行严格的检疫。对从国内其他地区间引入品种应遵照《中华人民共和国动物防疫法》执行。

（三） 引入品种的管理要求

要对引入品种进行防疫隔离观察和风土驯化工作，由于引入品种毕竟不是在当地条件下育成的。因此，应该从加强它们对当地条件的适应性入手，做好风土驯化工作，这样才可能逐步提高生产性能。要坚持集中饲养、慎重过渡、逐步推广、开展品系繁育的原则。

（四） 种畜禽场应具备的基本条件

种畜禽场应具备的基本条件必须严格按照《种畜禽管理条例》和《种畜禽管理条例实施细则》执行。种畜禽场应具备的基本条件包括：基础设施，技术力量配备，种畜禽生产群体规格（指单品种数量）和国家确定保护的珍贵畜禽品种群体规模（系指单品种规模）。

二、 奶牛场饲养管理技术

（一） 奶牛饲养饲料使用准则

奶牛饲养饲料使用准则应执行 NY 5032—2006《无公害食品　畜禽饲料和饲料添加剂使用准则》。

1. 奶牛的饲养标准

（1）能量需要　采用产乳净能，即相当于 1kg 含脂率 4% 的标准乳所含能量，即 3081kJ 产乳净能作一个奶牛能量单位。

（2）干物质和粗纤维的需要　干物质采食量受体重、产乳量、泌乳阶段、饲料能量浓度、饲料类型、饲养方法、气候的影响。每产 1kg 标准乳需 0.45kg 干物质饲料，粗纤维含量占 15%～20% 为宜。

（3）蛋白质的需要　每千克标准乳需要 55g 可消化粗蛋白。

（4）钙磷需要　产乳母牛对 Ca 和 P 的需要，其中维持需要每 100kg 体重给 6g Ca 和 4.5g P；每千克乳给 4.5g Ca 和 3g P。Ca∶P 以（1.3～2）∶1 为宜。

2. 日粮组成

奶牛的日粮由三部分组成。以粗料、青饲料、青贮料为主，营养不足用精料补充，再不足时以补充料补充，使营养达到平衡。

3. 奶牛生产各阶段的精料配方要求

奶牛各阶段精料配方要求如表8-3所示。

表8-3　　　　　　　　　　　　　　　奶牛各阶段精料配方　　　　　　　　　　　　　单位:%

原料种类	犊牛	泌乳盛期1	泌乳盛期2	干奶牛
玉米	50	50	48	60
豆饼	30	29	25	10
麸皮	12	16	22	10
鱼粉	5	—	—	—
大麦	—	—	—	8
高粱	—	—	—	8
CaCO$_3$	1	—	—	—
骨粉	1	3	3	2
食盐	1	2	2	2
添加剂	适量	适量	适量	适量
青贮饲料或干草	干草	青贮饲料质量略差	青贮饲料质量较优	青贮玉米、牧草

4. 优质青干草

干草是指青绿植物在结实之前刈割下来晒干制成的饲草，优质的干草干燥后仍保持青绿色。

5. 优质青贮饲料的制备

青贮饲料是一种贮藏青饲料的方法，它是将铡碎的新鲜植物体，通过微生物发酵和化学作用，在密闭条件下调制而成。优质的青贮饲料不仅可以较好地保存青贮饲料中的营养成分，而且由于微生物发酵中所产生的酸类及醇类，使青贮饲料具有酒酸香味，适口性好，且易消化吸收。青贮饲料在制作时，还可根据需要在牧草中加入青贮添加剂，以提高青贮料的品质和适口性。

（二）　奶牛饲养管理准则

奶牛饲养管理准则应执行 NY/T 5049—2001《无公害食品　奶牛饲养管理准则》。要搞好奶牛的饲养管理，必须了解奶牛的生物学特性，搞好奶牛品种及个体的选择，掌握各饲养阶段奶牛的饲养管理要点。

1. 犊牛的饲养管理要点

（1）初生犊管理要点　①擦去犊牛身上、口腔及鼻腔黏液，防止窒息死亡。②在距犊牛腹部5~8cm处，剪断脐带。③与母牛隔离，将犊牛单独饲喂于单栏保育室。④去角：生后7~10d去角。

（2）饲喂要点 ①及时喂初乳：最好喂自己母亲的初乳，尤其是头三天的初乳可全部用于喂犊牛。初乳一般喂1周。初乳不能煮开或加开水喂，只能用温水浴加温。②逐渐使用乳粉或代乳品：3d后应给犊牛逐渐使用乳粉或代乳品，由于国外脱脂乳粉便宜，所以国外一般用脱脂乳粉；我国可使用一些代乳品。③逐渐添加优质干草：为了让犊牛对采食干草有良好的适应性，应在喂精料至1月龄左右，给犊牛栏内逐渐放入少量优质青干草，在犊牛逐渐适应后增加青干草的喂量。

2. 育成牛的饲养管理要点（断乳到产犊前）

（1）3~6月龄阶段 每日喂精料2.5kg，干草自由采食。

（2）6月龄以后 每日喂混合精料2kg，青贮10~20kg，干草自由采食。

（3）15~16月龄 及时配种，并单独饲养。

（4）配种要求 母牛在发情后5~15h排卵，在牛停止接受爬跨3~5h内输精最好，受胎率最高。

（5）妊娠期推算 奶牛的妊娠期平均为280d，预产期的推算方法是：配犊月份减3，日期加6。

3. 奶牛产犊前后的饲养管理要求

（1）母牛初次妊娠临产前两个月清洗和按摩乳房，促进乳腺发育。

（2）初产母牛应在产犊前及时观察母牛预产情况，并做好接产准备工作。

（3）在母牛正常接产且胎衣排出后，应及时消毒，并用甲酚皂溶液清洗外阴部。

（4）产后2d内以优质干草为主，同时补饲易消化的饲料。

（5）产后3~4d时，如果奶牛各方面都很好，可随产乳量增加，增加精料和青贮饲料的喂量。

（6）产后1周内，不宜饮冷水，以37~38℃温水为好，尽量多饮水。

（7）产后母牛应饮麸皮盐水汤（麸皮0.5~1.0kg，食盐80g）或红糖温水汤。

4. 哺乳母牛的饲养管理

（1）合理配制日粮 按3:1（乳料比）的原则加料。

（2）定时、定量饲喂 依据先粗后精，先干后湿，先喂后饮的原则进行定时、定量饲喂。青贮饲料或青饲喂一般采用自由采食，而精料则定时、定量喂。每天精料的饲喂次数应和挤乳次数一致，可在机器挤乳间设置喂料槽，在挤乳时如果不能测出每头奶牛每天的产乳量及其体重，则可按母牛的产乳量设置同批产乳量相近的母牛一起挤乳，这样使每头奶牛的采食精料量与所产乳量基本一致。国外一般采用计算机全自动控制采食量，即根据母牛前天的产乳量计算出当天的精料需要量，并按挤乳次数分摊到每顿的饲喂量。

（3）配合精料的比例 应根据母牛的产乳量、青贮饲料的品质，适当提高或降低精料的营养成分，以保证母牛在发挥产乳潜力的同时，仍能保持比较良好的体型，防止母牛过肥和过瘦。

（4）奶牛乳房的清洗和按摩方法 挤乳前先用温热毛巾清洗乳房周围和乳头，然后换水再擦洗乳房表面。一头牛用一条干净毛巾，一桶干净热水。

（5）挤乳方法 分手工挤乳和机器挤乳两种。手工挤乳时要注意部位准确、手法要轻；机器挤乳时要注意在母牛一次挤乳基本干净后要及时拆除挤乳机，不要在挤后仍空挤母牛乳房，以免对母牛乳房有伤害。两种方法挤乳时均要注意不要将有乳房炎的母牛的乳仍挤到一起。

5. 干奶牛的饲养管理要点

母牛干奶期为 60d，干奶方法有快速干奶法和逐渐干奶法两种。奶牛干奶期的饲养管理要做到：

（1）饲喂的饲料干物质控制在体重 2%，精料喂量为体重的 0.6%～0.8%，精：粗＝1∶3。

（2）日粮中混合精料喂量 2.5～3.0kg/（d·头），青贮 20kg/（d·头）。

（3）增加运动，防止难产。

（三）　奶牛饲养兽医防疫准则

奶牛饲养兽医防疫准则应执行 NY 5047—2001《无公害食品　奶牛饲养兽医防疫准则》。

1. 奶牛防疫要求

（1）免疫接种　奶牛场应根据《中华人民共和国动物防疫法》及其配套法规的要求，结合当地实际情况，有选择地进行疫病的预防接种工作，并注意选择适宜的疫苗、免疫程序和免疫方法。

（2）疫病监测　牛的疾病包括内科病、传染病、产科病、寄生虫病和外科病。奶牛场常规监测疫病的种类至少应包括牛的传染性疾病和牛产科病。

（3）疫病控制和扑灭　奶牛场发生疫病或怀疑发生疫病时，应依据《中华人民共和国动物防疫法》及时采取措施进行扑灭。

2. 记录

每群奶牛都应有相关的资料记录，其内容包括奶牛的来源，饲料消耗情况，发病率，死亡率及发病原因，无害化处理情况，实验室检查及其结果，用药及免疫接种情况，犊牛出售情况。所有记录应在清群后保存 2 年以上。

3. 日常卫生消毒

（1）消毒剂　消毒剂要选择对人和牛安全、没有残留毒性、对设备没有破坏、不会在牛体内产生有害残留的消毒剂。选用的消毒剂应符合 NY/T 5030—2016《无公害食品　兽药使用准则》的规定。在母牛挤乳期间应适当控制消毒剂的使用剂量。

（2）消毒方法　消毒方法包括喷雾消毒、浸液消毒、熏蒸消毒、紫外线消毒、喷洒消毒、火焰消毒。

（3）消毒制度

①环境消毒：牛舍周围环境每 2～3 周用 2%火碱或撒生石灰消毒 1 次；场周围及场内污水池、排粪池、下水道出口，每月用漂白粉消毒 1 次。在大门口、牛舍入口设消毒池，注意定期更换消毒液。

②人员消毒：工作人员进入生产区净道和牛舍要经过洗澡、更衣、紫外线消毒。严格控制外来人员，必须进生产区时，要洗澡、更换场区工作服和工作鞋，并遵守场内防疫制度，按指定路线行走。

③牛舍消毒：每批牛调出后，要彻底清扫干净，用高压水枪冲洗，然后进行喷雾消毒或熏蒸消毒。至少要一年进行一次。

④用具消毒：定期对保温箱、补料槽、饲料车、料箱、针管等进行消毒，可用 0.1%新洁尔灭或 0.2%～0.5%过氧乙酸消毒，然后在密闭的室内进行熏蒸。

⑤带牛消毒：定期进行带牛消毒，有利于减少环境中的病原微生物。可用于带牛消毒的消

毒药有：0.1%新洁尔灭，0.3%过氧乙酸，0.1%次氯酸钠。

三、 养猪场饲养管理技术

（一） 生猪饲养饲料使用准则

生猪饲养饲料使用准则应执行 NY 5032—2006《无公害食品 畜禽饲料和饲料添加剂使用准则》。

1. 生猪饲料、饲料添加剂卫生要求

（1） 生猪饲料原料和饲料添加剂卫生标准应参照本章第二节执行。

（2） 不应给肥育猪使用高铜、高锌日粮；禁止在饲料中添加 β-受体激动剂、镇静剂、激素类、砷制剂。

（3） 使用含有抗生素的添加剂时，在商品猪出栏前，按有关准则执行休药期。

（4） 不使用变质、霉败、生虫或被污染的饲料。不应使用未经处理的泔水、其他畜禽副产品。

2. 生猪各饲养阶段应执行有关营养标准

在猪的不同生长时期和生理阶段，根据营养需求，配制不同的配合饲料。

（二） 生猪饲养管理准则

生猪饲养管理准则应执行 NY/T 5033—2001《无公害食品 生猪饲养管理准则》。该标准规定了无公害生猪生产过程中引种、环境、饲养、消毒、免疫、废弃物处理等涉及生猪饲养管理各环节应遵循的准则。该标准适用于无公害生猪猪场的饲养与管理，也可供其他养猪场参照执行。生猪饲养管理按饲养阶段可分为哺乳仔猪期的饲养管理、断乳仔猪期的饲养管理、肉猪期的饲养管理、后备母猪的饲养管理、哺乳母猪的饲养管理以及母猪饲孕期的饲养管理。

1. 搞好猪的规范化生产

（1） 控制合理的饲养密度。

（2） 定时定量饲喂。

（3） 分开收集猪粪、猪尿。

（4） 合理进行病、死猪的处理。

2. 哺乳仔猪的饲养与管理

（1） 抓好乳食，过好初生关 固定乳头，吃好初乳。初乳是母猪分娩后 5~7d 内分泌的淡黄色乳汁，与常乳的化学成分不同，对初生仔猪有特别的生理作用。初乳中含有免疫抗体和镁盐，有轻泻性，可使胎粪排出，而且初乳的各种营养物质在小肠内几乎全被吸收，有利于增长体力和产热。仔猪有固定乳头吸乳的习惯，为了使同窝仔猪生长均匀、健壮，在仔猪出生后 2~3d 应进行人工辅助固定乳头，使它吃好初乳，即在母猪分娩结束后，将仔猪放在躺卧的母猪身边，让仔猪自寻乳头，待大多数找到乳头后，对个别弱小或强壮争夺乳头的仔猪再进行调整，将弱小的仔猪放在前边乳汁多的乳头上，强壮的放在后边乳头上。

加强保温，防冻防压。母猪冬春季节分娩造成仔猪死亡的主要原因是冻死或被母猪压死，尤其是出生后 5d 内。仔猪的适宜温度，生后 1~3 日龄是 30~32℃，4~7 日龄是 22~25℃，2~3 月龄是 22℃（成年猪是 15℃）。实际上仔猪总是群居，室温还可以略低些。

（2） 抓补料，提高断乳窝重 ①矿物质的补充：生后 2~3d 补铁，否则 10 日龄前后仔猪会出现食欲减退、被毛苍白、生长停滞和白痢等，甚至死亡。但补铁的同时也需补铜。②水的补充：仔猪常感口渴，如不喂给清水，就会喝脏水或尿，引起下痢，因此，在仔猪出生后 3～5d 起就可在补饲间设饮水槽，补给清洁饮水。③饲料的补充：5～7d 开始补料，训练仔猪开食。补料的目的除补充母乳之不足、促进胃肠发育外，还有解除仔猪牙床发痒、防止下痢的作用。

（3）抓旺食，过好断乳关　根据仔猪采食的习惯，选择香甜、清脆、适口性好的饲料，特别是在自然哺乳母猪乳量较多的情况下，这一措施能促进仔猪多吃料。补料要多样配合，营养丰富。补饲次数要多，以适应肠胃能力。注意饲料调制，加强饲养卫生。饲料均应新鲜、清洁，切忌喂霉坏变质饲料。增加补料量，提高断乳窝重。

（4）抓好仔猪早期断乳　早期断乳可缩短母猪的哺乳期，使体重损耗少，断乳后可及时发情配种，从而缩短母猪的产仔间隔，使产仔窝数由每年 2 窝提高到 2.2～2.5 窝，从而提高了母猪的繁殖能力和利用强度。

3. 断乳仔猪的饲养与管理

（1）断乳仔猪的饲养　使断乳仔猪能尽快地适应断乳后的饲料，减少断乳造成的不良影响。方法有两种：①进行早期强制性糕点料和断乳前减少母乳的供给，迫使仔猪在断乳前就能进食较多补助饲料。② 使仔猪进行饲料的过渡和饲喂方法的过渡。饲料的过渡就是仔猪断乳 2 周之内应保持饲料不变，并添加适量的抗生素、维生素和氨基酸，以减轻应激反应，2 周之后逐渐过渡到吃断乳合适猪饲料。饲喂方法的过渡，仔猪断乳后 3～5d 最好限量饲喂，平均日采食量为 160g，5d 后实行自由采食。断乳仔猪栏内最好安装自动饮水器，保证随时供给清洁饮水。

（2）断乳仔猪的管理

①分群：为了稳定仔猪不安情绪，减轻应激损失，最好采取不调离原圈，不混群并窝的"原圈培育法"。

②良好的环境条件：断乳幼猪适宜的环境温度是，30～40 日龄为 21～22℃，41～60 日龄为 21℃，60～90 日龄为 18℃。育仔舍内相对湿度过大可增加寒冷和炎热对猪的不良影响。潮湿有助于病原微生物的孳生繁殖，可引起仔猪多种疾病。断乳幼猪舍适宜的相对湿度为 65%～75%。猪舍内外要经常清扫，定期消毒，杀灭病菌，防止传染病。保持空气新鲜。猪舍空气中的有害气体对猪的毒害作用具有长期性、连续性和累加性，对舍栏内粪尿等有机物及时清除处理，减少氨气、硫化氢等有害气体的产生，控制通风换气量，排除舍内污浊的空气，保持空气清新。

（3）预防注射　仔猪 60 日龄注射猪瘟、猪丹毒、猪肺疫和仔猪副伤寒等疫苗，并在转群前驱除内外寄生虫。

4. 肉猪的饲养管理

（1）提供良好的饲养条件

① 保证合理的饲养密度：饲养密度明显影响猪的群居和争斗、采食和饮水、活动和睡眠、排粪尿等行为。随着圈养密度或肉猪群头数的增加，平均日增重和饲料转化率均下降，群体越大生产性能表现越差。

②饲喂合理的配合日粮：按生长猪各阶段的营养需要标准来配制日粮。

③保证最优的环境条件：包括适宜的温度和相对湿度，合理的光照照度和时间和合理的通风换气。

（2）提高肉猪生长速度的技术措施

①肉猪原窝饲养：原窝猪在 7 头以上、12 头以下都应原窝饲养，不能再重新组群。当两窝猪头数都不多，并有许多相似性时，要合群并圈也应在夜间进行，要加强管理和调教，避免或减少咬斗现象。这样可保证肉猪定期出栏。

②坚持科学的饲料调制：饲料调制原则是缩小饲料体积，增强适口性，提高饲料转化效率。实验证明，颗粒料优于干粉料，湿喂优于干喂。

③采用合理的饲喂方法：自由采食与定量饲喂两种饲喂方法经多次比较试验表明，前者日增重高、背膘较厚，后者饲料转化效率高、背膘较薄。为了提高瘦肉率和饲料转化效率，日常饲喂中应采用定量饲喂。

④供给充足清洁的饮水：肉猪的饮水量随体重、环境温度、日粮性质和采食量等而变化，一般在冬季，肉猪饮水量为采食风干饲料量的 2~3 倍或体重的 10% 左右，春秋季其正常饮水量约为采食风干饲料量的 4 倍或体重的 16% 左右，夏季约为 5 倍或体重的 23%。饮水的设备以自动饮水器为最佳。

⑤去势：去势一般多在生后 35 日龄左右，体重 5~7kg 时进行。此时仔猪已会吃料，抵抗力较弱，体重小易保定，手术流血少恢复快。

⑥防疫：防疫应根据当地疫情制定免疫计划，做到头头接种，对漏防和从外地引进的猪只，应及时补接种。

⑦驱虫：肉猪的寄生虫主要有蛔虫、姜片吸虫、疥螨和虱子等内外寄生虫，通常在 90 日龄时进行第一次驱虫，必要时在 135 日龄左右时再进行第二次驱虫。服用驱虫药后，应注意观察，若出现副作用时要及时解救。驱虫后排出的虫体和粪便，要及时清除，以防再度感染。

（三）生猪饲养兽医防疫准则

生猪饲养兽医防疫准则应执行 NY 5031—2001《无公害食品　生猪饲养兽医防疫准则》。

1. 生猪防疫要求

（1）免疫接种　养猪场应根据《中华人民共和国动物防疫法》及其配套法规的要求，结合当地实际情况，有选择地进行疫病的预防接种工作，并注意选择适宜的疫苗、免疫程序和免疫方法。

（2）疫病监测　养猪场常规监测疫病的种类至少应包括：口蹄疫、猪水泡病、猪瘟、猪繁殖与呼吸综合征、伪狂犬病、乙型脑炎、猪丹毒、布鲁氏菌病、结核病、猪囊尾蚴病、旋毛虫病和弓形虫病。

（3）疫病控制和扑灭　养猪场发生疫病或怀疑发生疫病时，应依据《中华人民共和国动物防疫法》及时采取控制和扑灭措施。

（4）记录　每群生猪都应有相关的资料记录，其内容包括：猪只来源，饲料消耗情况，发病率，死亡率及发病原因，无害化处理情况，实施室检查及其结果，用药及免疫接种情况，猪只发运目的地。所有记录应在清群后保存 2 年以上。

2. 日常卫生消毒

（1）消毒剂　消毒剂要选择对人和猪安全、没有残留毒性、对设备没有破坏、不会在猪体内产生有害物的消毒剂。选用的消毒剂应符合 NY/T 5030—2016《无公害农产品　兽药使用准则》的规定。

（2）消毒方法　同奶牛日常卫生消毒。

（3）消毒制度

①环境消毒：猪舍周围环境每 2~3 周用 2% 火碱或撒生石灰消毒 1 次；场周围及场内污水池、排粪池、下水道出口，每月用漂白粉消毒 1 次。在大门口、猪舍入口设消毒池，注意定期更换消毒液。

②人员消毒：工作人员进入生产区净道和猪舍要经过洗澡、更衣、紫外线消毒。严格控制外来人员，必须进生产区时，要洗澡、更换场区工作服和工作鞋，并遵守场内防疫制度，按指定路线行走。

③猪舍消毒：每批猪调出后，要彻底清扫干净，用高压水枪冲洗，然后进行喷雾消毒或熏蒸消毒。

④用具消毒：定期对保温箱、补料槽、饲料车、料箱、针管等进行消毒，可用 0.1% 新洁尔灭或 0.2%~0.5% 过氧乙酸消毒，然后在密闭的室内进行熏蒸。

⑤带猪消毒：定期进行带猪消毒，有利于减少环境中的病原微生物。可用于带猪消毒的消毒药有：0.1% 新洁尔灭，0.3% 过氧乙酸，0.1% 次氯酸钠。

四、 禽类饲养管理技术

（一） 禽饲养饲料使用准则

禽饲养饲料使用准则应执行 NY 5032—2006《无公害食品 畜禽饲料和饲料添加剂使用准则》。

1. 肉禽、蛋禽饲料、饲料添加剂卫生要求

（1）肉禽、蛋禽饲料原料和饲料添加剂卫生标准应参照本章第二节执行。

（2）饲料、饲料添加剂和混合饲料应具有一定的新鲜度，具有该品种应有的色、嗅、味和组织形态特征，无发霉、变质、结块、异味及异嗅。

（3）氨苯砷酸和洛克沙砷不应作肉鸡饲料添加剂。

（4）肉禽、蛋禽配合饲料、浓缩饲料和添加剂预混合饲料中不应使用违禁药物。

2. 肉鸡、蛋鸡、肉鸭各饲养阶段营养标准

应根据不同禽的种类和品种，不同生长时期和生理阶段特点，根据营养需求，配制不同的配合饲料。

（二） 肉鸡、 蛋鸡饲养管理准则

肉鸡、蛋鸡饲养管理准则应执行 NY/T 5038—2006《无公害食品 家禽养殖生产管理规范》。

1. 肉鸡饲养管理准则

（1）雏鸡来源 雏鸡来自有种鸡生产许可证，而且无鸡白痢、新城疫、禽流感、支原体、禽结核、白血病的种鸡场，或由该类场提供种蛋所生产的经过产地检疫的健康雏鸡。一栋鸡舍或全场的所有苗鸡只应来源于同一个种鸡场。

（2）初生雏的选择 通过看、摸、听，从羽毛和外貌状态、腹部和脐部收缩状况、雏鸡的活力和鸣叫声、体重大小等可区分健雏和弱雏。健雏羽毛清洁，富有光泽，脚粗壮有力，外貌无畸形或缺陷。腹部宽阔平坦，卵黄吸收良好，脐部没有出血痕迹，愈合良好。活泼好动，眼大有神，站立有力，走动奔跑平稳，反应敏捷，鸣声洪亮。弱雏常见绒毛蓬乱，缺乏光泽，雏鸡脚干瘦。腹部膨大，脐部突出，卵黄吸收不良。弱雏的活力差，精神不良甚至萎靡不振，缩

头闭目，站立无力不稳，反应迟钝，怕冷且常挤成一团，有时弱雏的肛门口还有白色的粪便粘连。

（3）雏鸡的运输　雏鸡运输时，包装应用特制纸箱或专用竹篮，且一次性使用，以减少疫病传播机会。运输时要防止摆动，顶上要有覆盖物，防止雨淋和日晒，做到既保温又通风。运输时间不要超过12h，长途运输时，中途要将上下雏调换位置，一般情况下中途不能停车。冬天应选择在气温较高的中午运输，夏天应选择在气温较凉的早晨运输。

（4）禽场选址及鸡舍设备卫生条件　禽场选址及鸡舍设备卫生条件应按照本章第一节执行。

（5）饲养管理卫生条件　①出栏后严格消毒：每批肉鸡出栏后应实施清洗、消毒和灭虫、灭鼠，消毒剂选择可参照生猪饲养管理准则中卫生消毒部分。灭虫、灭鼠应选择符合农药管理条例规定的菊酯类和抗凝血类杀鼠剂。②进苗前的空舍时间：鸡舍清理完毕至进鸡前空舍至少2周，关闭并密封鸡舍防止野鸟进入鸡舍。③严禁随意进入鸡舍：鸡场所有入口处应加锁并设有"谢绝参观"标志。鸡舍门口设消毒池和消毒间，进出车辆经过消毒池，所有进场人员要脚踏消毒池，消毒池选用2%~5%漂白粉澄清溶液或2%~4%氢氧化钠溶液，消毒液定期更换。④工作人员要身体健康：工作人员进鸡舍前更换干净的工作服和工作鞋。鸡舍门口设消毒池或消毒盆供工作人员鞋消毒。舍内要求每周至少消毒1次，消毒剂选用符合《中华人民共和国兽药典》规定的高效、无毒和腐蚀性低的消毒剂，如卤素类、表面活性剂等。坚持全进全出制。同一幢鸡舍的鸡要坚持全进全出制饲养制度，同一个鸡场只能饲养一个品种的鸡群，不能饲养其它禽种。

（6）饲养管理要求

①饲养方式：可采用地面平养和离地饲养（网上平养和笼养），地面平养选择刨花或稻壳作垫料，垫料要求一定要干燥、无霉变，不应有病原菌和真菌类微生物群落。

②饮水管理：采用自由饮水。确保饮水器不漏水，防止垫料和饲料霉变。饮水器要求每天清洗、消毒。水中可以添加葡萄糖、电解质和多维类添加剂。

③喂料管理：肉鸡从育雏期开始必须提供充足的饲养空间、充足的食槽和水槽位置，从小就开始采用定时、定量饲喂，这样一方面可使鸡每顿的食欲均较旺盛，减少鸡的采食时间和饲料的浪费；另一方面便于观察鸡群，凡是由于外界环境条件改变或鸡体潜伏着疾病等不正常因素存在时，采用定时定量喂料法可使采食不正常的鸡很快暴露出来，以便及时采取有针对性的治疗措施。饲料必须采用按营养标准配制、符合无公害生产条件的饲料厂生产的饲料。

④防止鸟和鼠害：控制鸟和鼠进入鸡舍，饲养场院内和鸡舍经常投放诱饵灭鼠和灭蝇。鸡舍内诱饵注意投放在鸡群不易接触的地方。鸡舍的窗应设置窗纱，以防止鸟类进入。

⑤废弃物处理：可参照第本章第一节执行。

⑥生产记录：建立生产记录档案，包括进雏日期、进雏数量、雏鸡来源，饲养员；每日的生产记录包括：日期、肉鸡日龄、死亡数、死亡原因、存栏数、温度、相对湿度、免疫记录、消毒记录、用药记录、料量、鸡群健康状况、出售日期、数量和购买单位。记录应保存2年以上。

2. 产蛋鸡的饲养管理

（1）搞好光照管理　在18~19周龄时的青年鸡转到产蛋鸡舍后，光照应在自然光照下逐渐增加人工光照，至 26~28 周产蛋高峰时达到 16~17h，并保持此光照时间至 72 周龄产蛋结束时。增加光照有多种方法，我国主要采用慢增光照制度（每星期增加 0.5h 光照）和快增光照制度（每星期增加 1h 光照）。光照的强度只要满足鸡能看到吃食饮水就可以。

（2）保持合理温度　温度主要影响鸡的采食量和饲料效率。产蛋鸡适宜的温度，笼养是 15~21℃，超过 26℃ 或低于 12℃，都会使产蛋量受到影响。因此，冬季应注意保温。平养鸡舍可适当增加饲养密度或实行保暖措施以保持舍内温度。夏季应注意防暑，利用遮阴、经常饮新鲜凉水、加强通风换气等措施达到降温的目的。

（3）降低舍内相对湿度　空气相对湿度一般与温度相结合对鸡产生影响，高湿（特别是高温高湿或低温高湿）的影响最大。产蛋鸡相对湿度的适宜范围为 55%~60%。

（4）搞好通风换气　改善鸡舍空气环境，防止有害气体含量升高的主要措施是加强通风。通风不仅能减少鸡舍内有害气体的含量，还能保持鸡舍内的干燥，防止鸡舍内相对湿度过高。同时增加通风有利于保持舍内空气新鲜，提高饲料转化率。

（5）提供合理的营养　随着产蛋的开始和产蛋率的上升，产蛋鸡所需的营养不断增加。必须根据鸡的生长发育情况和产蛋情况，合理调整鸡的饲料和采食量。一般是在产蛋率达 5%、50% 和 80% 三个阶段更换产蛋初期料和产蛋高峰料。随着产蛋率的上升，所更换的产蛋料的营养越来越高。

（6）做好适时转群工作　转群一般发生在育雏结束时由雏鸡转向育成鸡舍，以及在育成鸡饲养结束时由育成鸡舍转到产蛋鸡舍，做好转群前的准备工作，包括鸡舍的冲洗、工具的准备、鸡舍和设备的维修和消毒等工作。需转群的鸡群在转群前 1d 应适当少喂饲料，转群前 4h 应停止供水。转群前 1d 应把鸡舍门窗打开，同时也应把风机打开，排净鸡舍内的有毒气体。同时，应备足转群人员的劳保及防疫用品。

（7）正确区别高产蛋鸡、低产蛋鸡和不产蛋鸡。

（8）做好产蛋鸡日常管理　日常管理工作主要包括：掌握好合理的饲养温度，使产蛋鸡在合理温度下能获得高产和高的饲料转化率；保持鸡舍内空气干燥，防止鸡粪在舍内发酵，做好及时清粪工作；保持合理的饲养密度，根据不同的饲养方式确定不同的饲养密度，尤其是保证所有的鸡能同时吃到食、饮到水；根据产蛋率的变化，及时调整饲料营养供应，在产蛋上升阶段，营养供应的要求是加在前面，而在产蛋下降阶段，营养供应的要求是减在后面。

（9）应提供合适的公母比例　选择体质强健、性欲旺盛的公鸡，一般一只公鸡配 8~10 只母鸡。采用人工授精的鸡场除应加强对种公鸡的饲养管理外，还应正确掌握输精时间和输精量。

（10）防止鸡群发生啄癖　引起鸡发生啄癖的主要原因很多，与品种的遗传性、光照强度或饲养密度过大、日粮中的营养供应不足或营养出现不平衡、反复受到应激因素的影响等有关，应采取有针对性的措施，减少鸡群啄癖的发生。

3. 种鸡产蛋期的饲养管理

（1）确立种鸡的公母配种比例　家禽在自然交配情况下的适宜公母配种比例分别为：肉种鸡为 1：（6~8）、蛋种鸡 1：（8~10）；肉种鸭 1：（5~6）、蛋种鸭 1：（10~20）；大型鹅 1：（4~5）、中小型鹅 1：（6~8）。目前人工授精主要用在蛋种鸡生产中，配种比例一般可提高到 1：（30~50）。

（2）提高种蛋的合格率　常用的措施有：①按饲养标准配制饲料，尤其是饲料中的维生素和矿物元素量；②注意控制好种鸡舍环境，保持舍内安静；③设置合理充足的产蛋窝（箱），保持窝内清洁、舒适，并能及时拣蛋，对采用笼养的种鸡，集蛋槽前缘要设置塑料泡沫；④开产前应按免疫程序接种好所有疫苗，在产蛋期间应尽可能避免用注射方式接种疫苗和使用注射药物；⑤尽量用塑料或纸蛋托收集和运送种蛋，不要用金属网筐收集，并避免运输过程中的种蛋破损。

（3）提高种蛋的受精率　应采用下列技术措施：①培育和选择优良的种公鸡，保证公鸡有旺盛的生理机能和强壮的机体；②保持合适的公母配种比例，并保证公母间体型匹配；③采用人工授精时，必须严格按要求进行；④保证饲料中的各种营养成分符合种鸡所需；⑤保持种鸡舍内舒适的环境，要勤拣蛋，及时交蛋库保存；⑥种蛋保存时间不要超过6d，保存时最好蛋的大头朝上，从种蛋库取出的蛋需经数小时预热，避免直接在孵温下孵化；⑦根据保存时间选择合理的保存温度。

（4）保持舍内空气新鲜　鸡喜欢干燥环境，潮湿的环境不利于鸡的生长发育和产蛋。生产上必须保持鸡舍的干燥，及时清除鸡粪，并注意适当的通风换气。

（5）提高种鸡的均匀度　均匀度又称为"整齐度"，是指同一品种、同一日龄、养于同一鸡舍的鸡，在相同的饲养管理条件下，各个体体重大小的均匀程度。

（三）　肉鸡、蛋鸡饲养兽医防疫准则

1. 肉鸡饲养兽医防疫准则

（1）疫病预防　免疫接种，肉鸡场应根据《中华人民共和国动物防疫法》及其相关法规的要求，结合当地实际情况，有选择地进行疫病的预防接种工作，并注意选择适宜的疫苗、免疫程序和免疫方法。

（2）疫病监测　肉鸡场常规监测的疾病至少应包括高致病性禽流感、鸡新城疫、鸡白痢与伤寒。除上述疫病外，还应结合当地实施情况，选择其他一些必要的疫病进行监测。根据当地实际情况由动物疫病监测机构定期或不定期进行必要的疫病监督抽查，并将抽查结果报告当地畜牧兽医行政管理部门。

（3）疫病控制和扑灭　肉鸡场发生疫病或怀疑发生疫病时，应根据《中华人民共和国动物防疫法》及时采取控制和扑灭措施。病死或淘汰鸡的尸体应进行无害化处理，消毒按GB/T 16569—1996《畜禽产品消毒规范》进行。

（4）记录　每群肉鸡都应有相关的资料记录，其内容包括鸡只来源，饲料消耗情况，发病率、死亡率及发病死亡原因，无害化处理情况，实验室检查及其结果，用药及免疫接种情况，鸡只发运目的地。所有记录应在清群后保存2年以上。

2. 蛋鸡饲养兽医防疫准则

（1）疫病预防

①蛋鸡场的总体卫生要求：a. 蛋鸡场的选址、设施设备、建筑布局、环境卫生等都应符合NY/T 5038—2006《无公害食品　家禽养殖生产管理规范》和NY/T 388—1999《畜禽场环境质量标准》的要求。b. 蛋鸡场应坚持"全进全出"的原则，引进的鸡只应来自健康种鸡场，每批鸡出栏后，对整个鸡场进行彻底清洗、消毒。c. 蛋鸡场内的禽饮用水应符合NY 5027—2008《无公害食品　畜禽饮用水水质》的要求。d. 蛋鸡的饲养管理应符合NY/T 5038—2006《无公害食品　家禽养殖生产管理规范》的要求；所使用的饲料应符合NY 5032—2006《无公害食品　畜禽饲料和饲料添加剂使用准则》的要求。e. 蛋鸡场的消毒应符合GB/T 16569—

1996《畜禽产品消毒规范》，病害肉尸进行无害化处理。

②兽药和疫苗的要求：在蛋鸡整个生长发育及产蛋过程中所使用的兽药、疫苗应符合 NY 5030—2016《无公害食品　兽药使用准则》的要求，并定期进行监督检查。

③寄生虫控制：每年春秋两季对全群进行驱虫，用药应符合 NY 5030—2016《无公害食品　兽药使用准则》的要求。

④工作人员的要求：工作人员应定期进行体检，取得健康合格证后方可上岗，并在工作期间严格按照 NY/T 5038—2006《无公害食品　家禽养殖生产管理规范》的要求进行操作。

⑤免疫接种：蛋鸡场应根据《中华人民共和国动物防疫法》及其配套法规的要求，结合当地实际情况，有选择地进行疫病的预防接种工作，并注意选择适宜的疫苗、免疫程序和免疫方法。

（2）疫病监测

①蛋鸡场应依照《中华人民共和国动物防疫法》及其配套法规的要求，结合当地实际情况，制定疫病监测方案。

②蛋鸡场常规监测的疫病至少应包括：高致病性禽流感、鸡新城疫、禽白血病、禽结核病、鸡白痢与伤寒。除上述疫病外，还应根据当地实际情况，选择其他一些必要的疫病进行监测。

③根据当地实际情况由疫病监测机构定期或不定期进行必要的疫病监督抽查，并将抽查结果报告当地畜牧兽医行政管理部门。

（3）疫病控制和扑杀　蛋鸡场发生疫病或怀疑发生疫病时，应依据《中华人民共和国动物防疫法》及时采取以下措施：

①驻场兽医应及时进行诊断，并尽快向当地畜牧兽医行政管理部门报告疫情。

②确诊发生高致病性禽流感时，蛋鸡场应配合当地畜牧兽医管理部门，对鸡群实施严格的隔离、扑杀措施；发生鸡新城疫、禽白血病、禽结核病等疫病时，应对鸡群实施清群和净化措施；全场进行彻底的清洗消毒，病死或淘汰的鸡的尸体进行无害化处理，消毒按 GB/T 16569—1996《畜禽产品消毒规范》进行。

③蛋中不应检出以下病原体：高致病性禽流感、大肠杆菌 O157、李氏杆菌、结核分枝杆菌、鸡白痢与伤寒沙门氏菌。

（4）记录　每群蛋鸡都应有相关的资料记录，其内容包括：鸡只品种、来源、饲料消耗情况、生产性能、发病情况、死亡率及死亡原因、无害化处理情况、实验室检查及其结果、用药及疫苗免疫情况。所有记录应在清群后保存两年以上。

五、　其他牲畜饲养技术规范

（一）　选择优良生态环境

产地环境质量对畜禽安全生产有直接的影响，产地污染因素通过对原料的影响进而对产品有"富积"的作用。产地环境质量检测是对产地的大气、水质和土壤的污染程度作综合的评定。建场区应选择在空气清新、水质纯洁、土壤未被污染的良好生态环境地区，具体地讲饲养畜禽的场区所在位置的大气、水质、土壤中有害物质应低于国家允许的量。还必须提供良好的自然资源和社会化服务体系。

（二） 保证饲料原料质量

饲草饲料是发展畜牧业的物质基础。因此，必须优先建立安全饲草饲料原料基地，要在保护利用好现有草原的同时，开发饲草饲料基地。要选择好畜禽适宜的饲草饲料品种，保证充足的饲草饲料供应，加强饲草及饲料原料基地的管理，对饲料的施肥、灌溉、病虫害防治、贮存必须符合安全食品生态环境标准，实行土地集中连片种植，统一田间管理，采用生物防虫技术，长期稳定地保证高质量的饲草和饲料原料的供应，确保原料质量。饲料原料除要达到感官标准和常规的检验标准外，农药及铅、汞、钼、氟等有毒元素和包括工业"三废"污染在内的残留量要控制在允许范围内。不含国家明令禁止的添加剂，如安眠酮、雌激素、瘦肉精等，为饲料成品的安全提供保证。

（三） 保证畜禽用水质量

除保证水源质量外，还要对畜禽的饮用水定期进行检测，主要控制铅、砷、氟、铬及致病性微生物等指标，保证畜禽用水的安全质量，对于牲畜提倡使用乳头饮水器饮水。

（四） 加强畜禽养殖管理

畜禽的饲养管理是安全畜禽生产的重要环节，因此，要采取以下主要措施，提高畜禽及产品质量。

1. 选择优良畜禽品种

为保证畜禽产品的质量，要选用优良的畜禽品种，饲养商品杂交畜，不断改进畜肉品质，推广先进的改良技术及人工授精技术，搞好畜禽品种繁育，以满足绿色食品不但安全，并且优质的要求。

2. 坚持自繁自养

尽可能地避免疫病传入，采取全进全出的饲养模式。

3. 采用阶段饲喂法

掌握不同阶段的饲养管理技术。每一种类饲料，都有仔畜、中畜和大畜料，应根据牲畜日龄的变化，及时更换不同阶段的饲料。

4. 以粪便无害化处理为中心的环境控制技术

饲养户每天必须清理环境卫生，每户必须建适合饲养规模防渗的贮粪池，每公斤粪、尿大约用 2~5g 漂白粉消毒后，贮于地中待腐熟后送到田里。

（五） 畜禽疫病防治技术

畜禽的疫病防治，是畜禽安全饲养的关键环节，因此，必须采取综合措施，保证畜禽的健康安全。

1. 必须正视现有的畜病，了解本地畜病发生的规律，建立完善的疫病防治体系。疫病防治体系由农户、签约兽医、企业技术部兽医技术人员、乡镇畜牧站兽医和县防检疫部门组成。

2. 贯彻综合性防疫措施，坚持以防为主，认真做好卫生防疫、定期消毒和疫苗免疫。综合性防疫措施的核心是疫苗免疫，建立适合本地区的疫苗免疫制度和疫苗免疫程序，并且认真执行。

3. 定期进行舍内外环境和用具消毒。选择高效低毒的消毒剂，每周对圈舍环境消毒一次，用具消毒两次。对产仔的母畜和产房更要注意彻底消毒。

4. 对于发病的畜群，首先执行绿色治疗方案，首选符合食品安全生产的兽药和中成药，其次慎用抗生素治疗。如果治疗的效果不好，为了保护农户的利益，可以改为普通治疗，但康复后出栏的畜禽，只能做普通畜禽回收处理。

第四节　畜产品生产安全控制与检验

一、肉类生产安全控制

（一）肉类的变化

肉畜屠宰后，胴体在组织中酶和外界微生物的作用下，会发生僵直、解僵、成熟、自溶、腐败等一系列的变化。

屠宰后的肉畜随着血液和氧气的供应停止，正常代谢中断，体内自体分解酶活性作用增强。糖原分解酶首先作用于体内的碳水化合物，进行无氧酵解，产生乳酸，致使肉的 pH 下降，当组织中糖原充足，则继续产酸，在组织酶的作用下，结缔组织、蛋白质缓慢降解，使得组织比较柔软嫩化，具有弹性，切面富有水分，且有愉快香气和滋味，易于煮烂和咀嚼，使食用品质改善成为成熟。

成熟的畜肉若长时间保持较高温度，会引起组织发生自溶，这种现象的出现，主要是组成蛋白酶催化作用的结果，众所周知，内脏中组织酶较肉丰富，其组织结构也适合酶类活动，故内脏存放时比皮、骨、肌肉更易发生自溶。肉在自溶过程中，主要发生蛋白质的分解。除产生多种氨基酸外，还放出硫化氢与硫酸等不良气味的挥发性物质。自溶不同于腐败，自溶过程只将蛋白质分解成可溶性氨基酸为止。

肉在成熟和自溶阶段的分解产物，为腐败微生物生长、繁殖提供了良好的营养物质，随时间的推移，微生物大量繁殖，肉中的蛋白质不仅被分解成氨基酸，而且由于氨基酸的脱氨作用、脱羧作用、分解作用使之分解成更低的产物，生成硫化氢、甲烷、氨及二氧化碳等。这是微生物酶类所致的肉类蛋白质的腐败分解过程。

肉的新鲜度检查，一般是从感官性状、腐败分解产物的特征和数量以及细菌的污染程度三方面来衡量的。肉腐败变化时，会产生腐臭、异色、黏液组织结构崩解等。可以通过人的嗅觉、视觉、触觉、味觉来鉴定肉的卫生质量。一般认为通过感官检查，可将鲜肉分成新鲜、次新鲜和变质三级。

（二）肉制品原料卫生管理

1. 屠宰加工场（厂）须布局合理，做到畜禽病健分离和分宰。做好人畜共患病的防护工作；做好粪便和污水的处理。熟制品加工场所应按作业顺序分为原料整理、烧煮加工、成品冷却贮存或门市零售等专用，严防交叉污染。专用间必须具备防蝇、防鼠、防尘设备。

2. 屠宰后的肉，必须冲洗修割干净，做到无血、无毛、无粪便污物，无伤痕病灶；存放时不得直接接触地面，在充分凉透后再出场（厂）。

3. 生产食用血须经所在地食品卫生监督机构批准。必须采取防止毛、粪便、杂质污染的有效措施，并须煮熟煮透，充分凉透后再出场（厂）。变质、有异味的血不准供食用。

4. 需要进行无害化处理的肉，必须单独存放，防止交叉污染。凡病死、毒死或死因不明的畜禽一律不得作食用。

5. 肉制品加工单位不得采购和使用未经兽医检验、未盖兽医卫生检验印戳、未开检疫证明或虽有印戳、证明，但卫生情况不合要求的肉。经兽医卫生检验确定需要进行无害化处理的肉，必须按要求在指定地点进行复制加工，并与正常加工严格分开。

6. 肉品入库时，均须进行检验和抽检，并建立必要的冷藏卫生管理制度。

7. 肉品入库后，应按入库的先后批次、生产日期分别存放，并做到生与熟隔离、成品与半成品隔离、肉制品与冰块杂物隔离。清库时应做好清洁或消毒工作，但禁止使用农药或其他有毒物质杀虫、消毒。

8. 肉品在贮存过程中，应采取保质措施，并切实做好质量检查与质量预报工作，及时处理有变质征兆的产品。

9. 运送肉品的工具、容器在每次使用前后必须清洗消毒，装卸肉品时应注意操作卫生，严防污染。

10. 运输鲜肉原则上要求使用密封保冷车（仓），敞车短途运输必须上盖下垫；运输熟肉制品应有密闭的包装容器、尽可能专车专用，防止污染。

11. 肉品加工单位必须指定专人在发货前，对提货单位的车辆、容器、包装用具等进行检查，符合卫生要求者方能发货。

12. 销售单位在提取或接收肉品时应严格验收，把好卫生质量关，如发现未经兽医卫生检验、未盖兽医卫生检验印戳、未开检疫证明或加工不良、不符合卫生要求者不得接收和销售。

13. 销售单位应将肉品置于通风良好的阴凉地方，不得靠墙着地，不得与有害、有毒物品一起堆放，严防污染。经营熟肉制品的单位应采取以销定产、以销进货、快销勤取、及时售完的原则。对销售不完的熟肉制品应根据季节变化注意保藏。在无冷藏设备情况下，应根据各地情况限制零售时间，过时隔夜应回锅加热处理，如有变质，不得出售。

14. 盛放肉品的用具和使用的工具必须经常洗刷消毒。在出售熟肉制品时，应用工具售货。

（三）禽肉的卫生管理

1. 禽肉的主要卫生问题

（1）禽肉的微生物污染　在污染禽类的微生物中，一类为病原微生物，如沙门氏菌、金黄色葡萄球菌和其他致病菌，当侵入禽类肌肉的深部时，如果食前未充分加热，便可引起食物中毒；另一类为假单胞菌等腐败菌，能在低温下生长繁殖，引起禽肉感官的改变，甚至腐败变质，可使禽肉表面产生各种色斑。

（2）禽流感　是禽流行性感冒的简称，是一种由甲型流感病毒的亚型（也称禽流感病毒）引起的传染性疾病，被国际兽疫局定为甲类传染病。按病原体类型的不同，禽流感分为高致病性、低致病性和非致病性禽流感三大类。非致病性禽流感不会引起明显的症状，仅使染病的禽体内产生病毒抗体；低致病性禽流感可使禽类出现轻度呼吸道症状，食量减少，产蛋量下降，出现零星死亡；高致病性禽流感最为严重，发病率和死亡率均高。禽接种流感疫苗是预防禽流感最有效的根本措施。

2. 禽肉的卫生管理

为了保证禽肉的质量，必须做到以下几点：

（1）加强卫生检验　宰杀前及时发现并隔离、急宰病禽。宰后严格卫生检验，若发现病禽肉尸应根据情况及时进行无害化处理。

（2）合理宰杀　宰杀前 24h 禁食，充分喂水以清洗肠道。宰杀过程为：吊挂→放血→浸烫（50~54℃或者 56~65℃）→拔毛→通过排泄腔取出内脏，尽量减少内脏破裂造成的污染。

（3）宰后保存　宰后的禽肉应在 -30~-25℃、相对湿度 80%~90% 的条件下冷冻保存，保存期可达半年。

二、乳类生产安全控制

（一）乳的感官性状

鲜乳的芳香味一般认为是由低级脂肪酸，丙酮类，乙醛类及其他挥发性物质组成，并存在一种特征风味物质，微量的二甲基硫 $[(CH_3)_2S]$。牛乳的滋味是由甜、酸、苦、咸数种味道融合而成。甜味来自乳糖，酸味是柠檬酸和磷酸形成的，苦味来自镁和钙，咸味是氯化物引入的。

1. 乳的色泽

乳的正常色泽是一种白色或稍带微黄色的不透明液体。颜色源于乳的成分，白色是由脂肪球、酪蛋白酸钙、磷酸钙对光的折射和反射所产生，脂溶性的胡萝卜素和叶黄素使乳稍带黄色，水溶性的核黄素使乳清呈黄光性黄绿色。但一些微生物污染牛乳后可使其呈不同的颜色。

2. 乳的滋味和气味

新鲜正常的牛乳具有独特的乳香味，稍带甜味。牛乳在冷藏期间，若蛋白质被嗜低温微生物分解，则产生苦味。冬季鲜青饲料少，以青贮饲料喂的奶牛，乳中多有饲料味；牛乳在日光下暴晒后，易产生日晒味和油脂氧化味。

（二）乳的污染及其预防

1. 微生物污染与预防

乳是微生物良好的培养基，易被微生物污染繁殖。据测定，刚从乳房挤出的鲜乳中，平均菌落总数为 500~1000CFU/mL，乳桶中混合后的鲜乳可升到 10 万~1000 万 CFU/mL，这说明乳中微生物繁殖速度是十分惊人的。刚挤出的生乳含有乳素（lactcynin）、溶酶菌、乳过氧化物酶等。有一定的抑制细菌生长繁殖能力。而这种抗菌作用与乳的温度及乳的污染菌数有关。菌数少，温度低，抑菌作用维持时间就长。乳被微生物污染后，容易腐败变质。若被致病性微生物污染，还会导致食用者致病或食物中毒。

乳的腐败变质主要是微生物造成的。微生物来自奶牛的乳腺腔、乳头管、工人的手及外界环境。变质的牛乳其理化性质、营养成分会发生改变，如蛋白质分解后，生成带有恶臭的吲哚、硫醇、粪臭的硫化氢等，而失去食用价值。所以应该积极做好各生产环节的卫生工作，减少微生物的污染是防止腐败变质的有效方法之一。乳中对人体产生危害的致病菌主要是人畜共患传染病病原体。牛、羊在发生结核病、布鲁氏菌病、炭疽病、狂犬病和口蹄疫等人畜共患传染病、乳房炎等病时，其致病菌能通过乳腺排出或污染到乳中。人们若饮用不经消毒处理的乳制品则易染病，最常见的有牛结核病、牛羊布鲁氏菌病乳和乳房炎乳等，危害人体健康。因此，对于病畜乳必须按照卫生处理原则进行处理。

（1）有明显结核病状并且结核菌素呈阳性反应的奶牛的乳，一律不许食用，病畜应予以淘汰。经 70℃、30min 灭菌后，可制成乳制品。

（2）有布鲁氏菌的病牛，应予隔离；缺乏临床症状或仅呈现免疫学检验阳性但无临床症状的牛乳，需在挤出后煮沸 5min，再经巴氏灭菌后才可供食用。

（3）患有口蹄疫的病畜可经乳排出毒素，所以其乳不得食用。

（4）牛乳房炎主要是由葡萄球菌或链球菌引起的，故乳房炎患畜的乳不得混入健康乳，因为它不仅有引起相应疾病的可能，而且还有引起金黄色葡萄球菌肠毒素食物中毒的可能。

2. 化学污染与预防

奶牛在饲养过程中还可能受到抗生素、饲料中霉菌的有害代谢物、残留农药、重金属和放射性核素等化学污染，所以应引起足够的重视。

奶牛在患乳房炎等疾病时，往往使用大剂量的抗生素治疗，造成乳中抗生素的残留。抗生素残留除了影响某些乳制品的加工外，还会对人体健康产生影响，例如，可引起过敏反应，产生耐药菌株，造成肠道菌群失调，扰乱机体的内环境等。饲料如果发生霉变后仍给乳畜饲喂，则可能发生霉菌毒素的污染。霉菌毒素有很多种，其中黄曲霉毒素是毒性最大的一种。我国在有关的食品标准中对黄曲霉毒素 M_1、黄曲霉毒素 B_1 的残留做了具体的规定。在婴儿食品中不得检出黄曲霉毒素 B_1；牛乳中黄曲霉毒素 $M_1 \leqslant 0.5 \mu g/kg$。有机氯农药在牛乳中也有残留，奶牛食用污染有机氯农药的饲料后，乳中则有有机氯农药残留。

（三） 鲜乳生产的卫生管理

为了得到品质和卫生状况良好的乳，除了选育优良品种和加强饲养管理外，还应在鲜乳的生产和初步加工过程严格遵守卫生制度，最大限度地杜绝污染和阻止微生物在乳中生长繁殖。

1. 畜舍卫生

畜舍的卫生状况，对畜体的卫生起着决定性作用。不清洁的畜舍会造成乳畜体表黏附大量微生物、粪便和尘土。挤乳时就会污染乳汁。所以畜舍应保持清洁、干燥、通气、阳光充足，垫草应经常更换，粪便要及时清理。

2. 挤奶员的卫生

挤奶员的卫生习惯和健康状况，间接地影响着乳的品质。因此挤奶员应定期检查身体，经常保持个人卫生，挤乳前应用清洁水洗手，凡患有皮肤病的传染病患者均需及时调离工作岗位。

3. 挤乳及盛乳用具的卫生

不清洁的盛乳用具、挤乳工具或机器，可导致细菌的大量繁殖，成为乳被污染的重要来源。因此使用过的各种器具，应用清洁水充分刷洗后，在经消毒后备用。还要注意各用具要保持干燥状态下备用。

4. 乳畜的检疫

作为乳畜，要求每年定期接种炭疽疫苗一次（针对老疫区要求），进行结核、布鲁氏菌病检疫二次均为阳性，无乳房炎及其他疾病，方可定为健康用畜。

5. **挤乳的卫生和乳的净化**

每次挤乳前应先进行牛畜的通风，刷牛身，清除褥草和冲洗地面，间隔 20min 后方可挤乳。这样可避免不良气味混入乳中。挤乳之前还要用 0.1% 高锰酸钾或 0.5% 漂白粉温水消毒乳房。工人用肥皂洗手至肘部，穿戴工作衣帽及口罩方可挤乳。挤乳桶应选用小口桶，以减少外界细菌落入乳中，挤乳机也应及时清洗干净。在健康乳畜的乳头前部乳管，常因外界杂菌污染繁殖形成细菌栓塞，故在挤乳时，应将头几把乳汁废弃，以减少杂菌的污染数量。从每头乳畜挤出的乳应立即净化，以除去挤乳过程中可能带进的毛屑等杂质。

6. 生乳的冷却及贮运卫生

刚挤出的乳，温度约为36℃，是污染微生物生长的最适温度。所以在过滤后，应予以迅速冷却。冷却不仅可以直接抑制微生物的繁殖，而且可延长乳中固有抑菌物质的活性。因此，冷却的越早，越彻底，就能较长时间的保持乳的新鲜度。

生乳贮运应有专车，最好是运乳专用槽车。气温高时，应设有低温隔热的保冷设备，防止乳汁在高温的情况下，微生物大量繁殖，使乳的温度上升，造成乳的稳定性下降，甚至出现凝乳现象。

案例：黑龙江绿色食品质量安全保障体系日益完善

"质量为先"一直是黑龙江省绿色食品产业发展的命脉，坚持从源头基地控制安全、从产品加工监测安全、从产品运输保障安全、从餐桌饮食展现安全的基本思想，质量安全保障体系日益完善。一是绿色食品抽检合格率连创新纪录。多年来，黑龙江省绿色食品产品抽检合格率稳定在97%以上，领跑全国。2019年，抽检产品2150个，抽检数量居全国各省之首，实现了绿色有机食品基地、企业全覆盖，抽检合格率高达99.8%。二是绿色食品质量规范标准日益完善。依托省轻工科学研究院和省乳品工程技术开发中心共创的国家级食品企业质量安全监测示范中心，全面实现了"生产有记录、操作有规范、环境有监测、产品有检验、上市有标识"的全链条标准化生产模式，同时也保证了绿色食品产地环境、生产过程、投入品使用、产品质量全过程的有效监管。三是绿色食品安全监管举措不断升级。为加强绿色、有机食品原料基地监管，提升绿色、有机食品认证权威性，黑龙江省出台了《黑龙江省绿色食品管理办法》《绿色食品"四大工程"建设专项行动方案》《绿色、有机食品质量监管专项行动方案》《黑龙江省绿色食品产业发展规划（2016—2020年）》等相关政策文本，全方位保障绿色食品的质量安全。

三、 禽蛋生产安全控制

（一） 禽蛋的特点

1. 禽蛋的贮运特性

鲜蛋是一个有生物活性的个体，时刻都在进行一系列的生理生化活动。温度的高低、相对湿度的大小以及运输过程中的处理都会使鲜蛋的质量发生变化。鲜蛋在贮藏、运输过程中具有以下特点：

（1）孵育性　在较高的温度条件下，受精蛋的胚胎就会开始发育，当温度达到25~28℃发育会加快，时间长了在胚胎周围会出现树枝状血管。即使是未受精的蛋，温度过高也会引起胚珠和蛋黄扩大。

（2）易潮性　潮湿是加快禽蛋变质的一个重要因素。雨淋、水洗、受潮都会破坏蛋壳表面的胶质薄膜，造成气孔外露，细菌很容易进入蛋内，使蛋产生腐败变质。

（3）冻裂性　蛋既怕高温，又怕0℃以下的低温，当温度低于-2℃时，易使蛋壳冻裂。当温度过低时，必须做好保暖防冻工作。

（4）吸味性　禽蛋能通过气孔进行呼吸，当存放环境有异味时，蛋有吸收异味的特性。如果在收购、调运过程中与有异味的物质放在一起，就会使蛋产生异味，影响食用。

（5）易腐性　禽蛋含有丰富的营养成分，是细菌良好的培养基，当蛋受到污染时，细菌就会在蛋壳表面生长繁殖，并逐步从气孔进入内部。在温度适宜的情况下，细菌就会迅速繁殖，使蛋变质。

（6）易碎性　蛋壳很容易因挤压碰撞而破碎，使之成为破损蛋，影响蛋的品质。

由于禽蛋具有上述特性，在实际生产中，必须将其存放在干燥、清洁、无异味、温度适宜、通风良好的地方，并要轻拿轻放，保证质量。

2. 禽蛋在贮存过程中的变化

随着禽蛋贮藏时间的延长，蛋内会发生一系列的变化，包括物理和化学两方面的变化。

（1）物理变化

①质量变化：由于蛋壳上有气孔，蛋在贮藏中蛋内的水分会不断蒸发，而外界空气不断进入，使蛋的质量逐渐减轻。蛋质量减轻的程度，与温度、相对湿度、空气流通及贮藏方法等因素有关。

②气室的变化：蛋气室的变化与质量的变化有关，随着蛋质量的减轻，气室随之增大。根据气室的大小可以判断蛋的新鲜程度。

③蛋内水分的变化：蛋在贮藏期间内质量减轻，主要是水分蒸发的结果，蒸发的水分主要是蛋白内的水分。蛋白内的水分一方面向外蒸发，而另一方面又因渗透压的不同向蛋黄内渗透，使蛋黄内的水分增加。

④蛋白层的变化：鲜蛋中蛋白的分层是很明显的，但在贮藏过程中，浓厚蛋白逐渐变稀，蛋白层的组成比例发生变化。随着浓厚蛋白的减少，溶菌酶的杀菌作用也降低，蛋的贮藏性也大为降低。蛋白层的变化，主要与温度有关，降低温度是防止浓厚蛋白变稀的有效措施。

（2）化学变化

①pH的变化：鲜蛋白的pH为8左右，在贮藏初期，由于CO_2的快速蒸发，可使pH上升到9左右。但随着贮藏时间延长，蛋内CO_2蒸发减少，反而使pH降低到7左右。鲜蛋黄的pH为6左右，贮藏期间，由于蛋内化学成分的变化及CO_2的少量蒸发，蛋黄的pH会缓缓增高到7左右。

②含氮量的变化：蛋在贮藏期间，由于酶和微生物的作用，使蛋中的蛋白质发生分解，从而使蛋白质含氮量增加。

③脂肪酸的变化：贮藏期间，蛋黄内的脂类逐渐氧化，使游离脂肪酸逐渐增加。

④磷酸的变化：由于蛋黄中含有卵黄磷蛋白、磷脂类及甘油磷酸等，在贮藏期间，这些物质会分解出可溶性的无机态磷酸，尤其是腐败的蛋，其可溶性磷酸增加的更多。

除了上述变化外，蛋还会发生生理方面的变化，蛋内微生物也会发生变化。

（二）禽蛋的主要卫生问题

1. 细菌污染

刚产下的蛋一般是无菌的，主要是由于蛋壳膜能阻止微生物的进入，另外，蛋白中的溶菌酶具有杀菌作用。新鲜蛋内的环境也不利于一般细菌的生长繁殖。但是鲜蛋中有时会发现有沙门氏菌、变形杆菌、金黄色葡萄球菌等微生物的存在，即使是刚产下的蛋，也有带菌的现象。

2. 霉菌污染

霉菌的菌丝可以通过蛋壳的裂纹或气孔进入蛋内。蛋内常见的霉菌有分枝孢霉、芽枝霉、毛霉和青霉等。在相对湿度较大的情况下，霉菌能很快进入蛋内。

3. 来自饲料的污染

家禽的饲料本身可能存在黄曲霉毒素 B_1 和残留不同浓度的毒药，为了家禽的防病治病和促进生长，饲料中往往添加抗生素和激素。因此，通过食物链家禽产下的蛋会不同程度的残留有农药、抗生素、激素、黄曲霉毒素等，这些都会对消费者造成危害。

（三） 禽蛋在贮藏过程中的卫生管理

鲜蛋贮藏的目的是要将其质量的变化限制在最小限度之内，尽量延长其"新鲜"的时间。常用的贮藏方法有冷藏法，液浸法，气调法，涂膜法等。

1. 冷藏法

冷藏法是利用低温来延缓蛋内的蛋白质分解，抑制微生物生长繁殖，达到长时间保存鲜蛋的方法。

（1）冷藏前的准备

①冷库的消毒：鲜蛋入库前要对冷库进行消毒处理，可以用石灰水或漂白粉溶液对冷库进行消毒。

②选蛋：鲜蛋冷藏效果的好坏与蛋的质量直接相关，因此蛋在贮藏前要严格挑选，只有合格的才可用来保存。

③合理进行包装：用来贮存的蛋包装要清洁，干燥，完整，结实，无异味，而且还需通风良好。

④鲜蛋的预冷：蛋入库冷藏前要进行预冷，目的是防止温度下降太快，从而使蛋内容物收缩，微生物进入蛋内。

（2）贮藏期间的卫生管理

①合理间隔：为改善库内通风，垛与垛，垛与墙之间要留有一定距离。

②库内温湿度要恒定：控制冷库内温湿度是保证冷藏效果的关键。蛋冷藏最适宜的温度为 $-2\sim-1℃$，相对湿度为 $85\%\sim90\%$。

③定期检查蛋的质量：在贮藏期间，一般每隔 $15\sim30d$ 要抽样检查蛋的质量。出库前要详细检查。

④蛋出库时要逐步升温：经冷藏的蛋，如果突然升温会使蛋壳表面凝结一层水珠，有利于微生物的生长，并且容易使蛋壳膜破裂，加快蛋的变质。

⑤鲜蛋在贮藏期间，切忌同蔬菜，水果，水产品和其他有异味的物品放在同一冷库。

2. 气调法

（1）CO_2气调法 这种方法是把鲜蛋贮藏在一定浓度的 CO_2 气体的环境中，使蛋内本身含有的 CO_2 不易散发，并使蛋内 CO_2 含量增加，从而减缓蛋内酶的活性，抑制微生物的生长，保持蛋的新鲜度。适宜的 CO_2 的浓度是 $20\%\sim30\%$。

（2）化学保鲜剂气调法 这种方法是利用化学保鲜剂的脱氧作用，通过调节气体浓度，达到使蛋保鲜的目的。化学保鲜剂一般是由无机盐，金属粉末和有机物质组成，主要作用是使蛋品袋中的氧气含量在 24h 内降到 1%，并且有杀菌，防霉，调节 CO_2 浓度的作用。

（3）涂膜法 涂膜法是在蛋的表面均匀地涂上一层有效薄膜，以堵塞蛋壳的气孔，阻止微生物的侵入，减少蛋内的 CO_2 挥发，延缓鲜蛋内的生化反应速度，达到较长时间内保持鲜蛋品质和营养价值的方法。常用的涂膜剂有液体石蜡，植物油，矿物油，凡士林等。使用涂膜法保鲜时要注意以下问题：

①要注意蛋的质量，蛋越新鲜，涂膜保鲜的效果越好，蛋在涂膜前要进行检验，剔除劣质蛋。

②蛋在涂膜前要进行消毒处理，消除蛋壳上的微生物。

③库房内温度最好控制在 25℃ 以下，相对湿度控制在 70%~80%，并要保证库内通风良好。

④注意及时出库，保证涂膜的效果。

思考题

1. 鲜乳的卫生检验指标有哪些？
2. 禽肉的主要卫生问题有哪些？
3. 畜产品食品原料安全性检验的内容有哪些？
4. 禽蛋在贮存过程中的变化有哪些？

第九章

CHAPTER

9

水产品原料的安全控制

【提要】水产品是人类重要的食物来源，做好水产品原料的安全控制，对于保证人民生命健康具有重要意义。水产品原料的安全控制，包括水产品的产地环境安全控制、生产投入品的安全控制、原料的安全控制与检验等。水产品原料生产投入品包括饲料、添加剂、渔用药物、生产用水、水产品苗种等。

【教学目标】了解内容：水产品原料生产对产地环境的要求；水产饲料的卫生质量要求；主要饲料添加剂存在的毒性和安全问题；主要水产药物和禁用渔药的种类；影响养殖用水安全性的主要因素；水产品原料安全检验的主要内容；水产品原料生产技术规范；水产品原料半成品加工技术规范。掌握内容：污染饲料的主要因素的危害与控制；饲料原料中的主要有毒有害因子的种类、危害；含天然有毒物质的主要水产品的种类及其危害；影响水产品原料安全性的主要生物性污染因素及危害。

【名词及概念】水产品，水产捕捞业，水产养殖业，水产加工业，饲料，饲料添加剂，饲料卫生标准，渔业水质标准，霉菌毒素，有毒金属元素，农药，抗营养因子，水产药物，主动毒素鱼类，被动毒素鱼类，寄生虫，细菌，病毒，腐败，水产品标准，感官检验，物理检验，化学检验

【课程思政元素】中国是世界上最早开始水产养殖的国家。在长期的生产实践中，人们积累并创造了丰富的养鱼经验和完整的养鱼技术。新中国成立后，特别是改革开放以来，水产业取得了巨大进步，已多年雄居世界第一水产大国的位置。水产业为保障我国食物安全，提高人们生活水平做出了重要贡献。

水产品是指供人食用的鱼类、甲壳类、贝类、头足类、爬行类、两栖类、藻类等淡、海水产品及其加工制品。水产品是人类重要的食物来源，特别是在一些沿海、岛屿地区，水产品是主要的食物来源。水产品来源于水产业（渔业）。水产业是人类利用水域中生物的物质转化功能，通过捕捞、养殖和加工，以取得水产品的社会产业部门。水产业主要包括水产捕捞业、水产养殖业和水产加工业等。水产捕捞业是指使用捕捞工具直接获取水产经济动物的生产活动。水产养殖业是利用自然水域或人工水体从事鱼类及其他水产经济动植物养殖的生产活动。水产加工业是对鱼类等各种水产品进行保鲜、贮藏和加工的生产活动。

中国是世界上淡水养鱼发展最早的国家，其历史可追溯到 3000 多年前的殷代。春秋时期范蠡所著的《养鱼经》，是世界上最早的养鱼文献。在长期的生产实践中，人们积累并创造了丰富的养鱼经验和完整的养鱼技术。新中国成立后，通过大力改造利用可供养殖的水域，扩大

养殖面积和提高单位面积（水体）产量，开拓水产养殖的新领域、新途径，发展工厂化、机械化、高密度流水、网箱、人工鱼礁、立体、间养、套养、混养等模式，水产养殖业获得了迅速发展。目前，我国是世界第一水产大国，水产品产量占世界水产品产量的1/3，其中养殖水产品产量占世界养殖水产品产量的2/3。以2021年为例，我国水产品总产量为6690.3万t，其中养殖、捕捞的产量分别为5394.4万t和1295.9万t（中国渔业统计年鉴，2022）。随着我国经济持续增长、城乡居民收入和城市化进程提高，人民生活水平不断提高，膳食结构也逐步改善，我国水产品的消费量将会稳步增长。做好水产品原料的安全控制，对于保障人民生命健康具有重要意义。

做好水产品原料的安全控制，必须从水产品原料生产、加工的各个环节入手，包括水产品的产地环境要求、生产投入品的安全控制、原料的安全控制与检验等诸多方面。

第一节　水产品原料生产产地环境要求

目前，对水产品原料生产产地的环境要求主要是针对水产养殖而言。水产养殖地的选择、水质和底质的要求必须达到无公害水产品产地环境要求，这是水产品原料安全控制的第一步。

一、产地要求

水产养殖的场所应选择在生态环境良好，无或不直接受工业"三废"及农业、城镇生活、医疗废弃物污染的水域或地域；在养殖区域内及上风向、灌溉水源上游，没有对产地环境构成威胁（包括工业"三废"、农业废弃物、医疗机构污水及废弃物、城市垃圾和生活污水等）的污染源；在地形选择上，总的原则是要减少施工难度和施工成本，便于养殖管理。对于池塘养殖而言，还要求水源充足，水质清新，排灌方便，池塘通风向阳。

二、水质要求

在对渔业水质的要求方面，我国制定有GB 11607—1989《渔业水质标准》，以防止和控制渔业水域水质污染，保证鱼、虾、贝、藻正常生长繁殖和水产品质量，该标准适用于鱼虾类的产卵场、索饵场、越冬场、洄游通道和水产增养殖区域等海淡水的渔业水域。该标准主要对pH、溶解氧、生化需氧量、某些重金属、农药等33项指标作出了定量或定性规定。在此基础上，进一步制定了NY 5051—2001《无公害食品　淡水养殖用水水质》、NY 5052—2001《无公害食品　海水养殖用水水质》，规定了淡水、海水养殖用水水质要求、测定方法、检验规则和结果判定。淡水、海水养殖用水水质要求如表9-1所示，所有指标单项超标，均判定为不合格。

表9-1　　　　　　　　　淡水、海水养殖用水水质要求

项目	淡水	海水
色、臭、味	不得有异色、异臭、异味	不得有异色、异臭、异味

续表

项目	淡水	海水
总大肠菌数/（个/L）	≤5000	≤5000，供人生食的贝类养殖水质≤500
粪大肠菌数/（个/L）	—	≤2000，供人生食的贝类养殖水质≤140
汞/（mg/L）	≤0.0005	≤0.0002
镉/（mg/L）	≤0.005	≤0.005
铅/（mg/L）	≤0.05	≤0.05
铬（总铬）/（mg/L）	≤0.1	≤0.1
六价铬/（mg/L）	—	≤0.01
铜/（mg/L）	≤0.01	≤0.01
锌/（mg/L）	≤0.1	≤0.1
砷/（mg/L）	≤0.05	≤0.03
硒/（mg/L）	—	≤0.02
氟化物/（mg/L）	≤1	—
石油类/（mg/L）	≤0.05	≤0.05
氰化物/（mg/L）	—	≤0.005
挥发性酚/（mg/L）	≤0.005	≤0.005
甲基对硫磷/（mg/L）	≤0.0005	≤0.0005
马拉硫磷/（mg/L）	≤0.005	≤0.0005
乐果/（mg/L）	≤0.1	≤0.1
六六六（丙体）/（mg/L）	≤0.002	≤0.001
滴滴涕/（mg/L）	≤0.001	≤0.00005
多氯联苯/（mg/L）	—	≤0.00002

三、　底质要求

养殖地的底质应无工业废弃物和生活垃圾，无大型植物碎屑和动物尸体；底质应无异色、异臭，自然结构；对于池塘养殖，还要求保水性好，透气适中，堤坝结实。

第二节　水产品原料生产投入品安全控制

水产品原料生产投入品包括饲料、饲料添加剂、水产药物、生产用水、水产品苗种等。

一、　饲料

饲料是水产品原料生产中最重要的投入品，在通常的养殖生产中，饲料成本占总生产成本的60%以上，因此，饲料是对水产品原料生产投入品进行安全控制最重要的环节。影响饲料安全的因素很多，既有饲料本身的因素，也包括物理、化学和生物的污染。GB 13078—2017《饲料卫生标准》和 NY 5072—2002《无公害食品　渔用配合饲料安全限量》对影响水产饲料安全性的主要因子进行了限量规定，如表 9-2 所示。

表 9-2　　　　　　　　　　　　　　水产配合饲料的安全指标限量

项目	NY 5072—2002		GB 13078—2017	
	限量	适用范围	限量	适用范围
铅（以 Pb 计）/（mg/kg）	≤5.0	各类渔用配合饲料	≤5	配合饲料
汞（以 Hg 计）/（mg/kg）	≤0.5	各类渔用配合饲料	≤0.5	水产配合饲料
无机砷（以 As 计）/（mg/kg）	≤3	各类渔用配合饲料	≤10（总砷）	水产配合饲料
镉（以 Cd 计）/（mg/kg）	≤3	海水鱼类、虾类配合饲料	≤2	虾、蟹、海参、贝类配合饲料
	≤0.5	其他渔用配合饲料	≤1	水产配合饲料（虾、蟹、海参、贝类配合饲料除外）
铬（以 Cr 计）/（mg/kg）	≤10	各类渔用配合饲料	≤5	配合饲料
氟（以 F 计）/（mg/kg）	≤350	各类渔用配合饲料	≤350	水产配合饲料
亚硝酸盐（以 NaNO$_2$ 计）/（mg/kg）	—	—	≤15	配合饲料
游离棉酚/（mg/kg）	≤300	温水杂食性鱼类、虾类配合饲料	≤300	植食性、杂食性水产动物配合饲料
	≤150	冷水性鱼类、海水鱼类配合饲料	≤150	其他水产配合饲料
氰化物/（mg/kg）	≤50	各类渔用配合饲料	≤50	其他配合饲料[①]
多氯联苯/（mg/kg）	≤0.3	各类渔用配合饲料	≤0.04	水产浓缩饲料、水产配合饲料
异硫氰酸酯/（mg/kg）	≤500	各类渔用配合饲料	≤800	水产配合饲料
噁唑烷硫酮/（mg/kg）	≤500	各类渔用配合饲料	≤800	水产配合饲料
油脂酸价（KOH）/（mg/g）	≤2	渔用育苗配合饲料	—	—
	≤6	渔用育成配合饲料	—	—
	≤3	鳗鲡育成配合饲料	—	—
黄曲霉毒素 B$_1$/（mg/kg）	≤0.01	各类渔用配合饲料	≤0.02	其他配合饲料
赭曲霉毒素 A/（mg/kg）	—	—	≤0.1	配合饲料
玉米赤霉烯酮/（mg/kg）	—	—	≤0.5	其他配合饲料

续表

项目	NY 5072—2002		GB 13078—2017	
	限量	适用范围	限量	适用范围
脱氧雪腐镰刀菌烯醇（呕吐毒素）/（mg/kg）	—	—	≤3	其他配合饲料
伏马毒素（B_1+B_2）/（mg/kg）	—	—	≤10	鱼配合饲料
六六六/（mg/kg）	≤0.3	各类渔用配合饲料	≤0.2	配合饲料
滴滴涕/（mg/kg）	≤0.2	各类渔用配合饲料	≤0.05	配合饲料
沙门氏菌/（CFU/25g）	不得检出	各类渔用配合饲料	不得检出	饲料原料和饲料产品
霉菌/（CFU/g）	≤$3×10^4$	各类渔用配合饲料	—	—

注：①其他配合饲料是指 GB 13078—2017 中有特别规定的饲料品种之外的饲料。水产饲料均应归入此类。

②"—"表示未作规定。

（一）饲料污染的危害与控制

1. 霉菌毒素对饲料的污染

霉菌是真菌的一部分，但不是分类学上的名词，凡是在基质上长成绒状、絮状或网状菌丝体的真菌统称为霉菌。霉菌毒素是指霉菌在基质（饲料）上生长繁殖过程中产生的有毒代谢产物，或称次级代谢产物。污染饲料的霉菌主要有曲霉菌属、镰刀菌属、青霉菌属等的一些霉菌。霉菌与霉菌毒素污染饲料后，其危害性有两方面：一方面引起养殖动物霉菌毒素中毒。可引起急性中毒或慢性中毒，有的毒素还具有致癌、致畸和致突变等特殊毒性表现。另一方面引起饲料变质。饲料霉变可使饲料感官恶化，适口性严重降低；饲料霉变还可使饲料组分发生分解，营养价值严重降低。防霉是预防饲料被霉菌及其毒素污染的根本措施，包括控制饲料的水分和贮存环境的相对湿度；低温贮存；防止虫害鼠咬；应用防霉剂等。

（1）黄曲霉毒素　黄曲霉毒素是黄曲霉和寄生曲霉产毒菌株的代谢产物，主要污染玉米、花生、棉籽及其饼粕。黄曲霉毒素是一类结构相似的化合物，目前已分离到的黄曲霉毒素及其衍生物有 20 多种。根据它们在紫外线照射下发出的荧光颜色，可分为 B 族（蓝紫色荧光）和 G 族（绿色荧光）。黄曲霉毒素 B_1、B_2、G_1、G_2 是最基本的四种，其中黄曲霉毒素 B_1 的数量最多，毒性与致癌性最大，故对饲料进行卫生评价时一般以黄曲霉毒素 B_1 作为指标。

黄曲霉毒素属剧毒物质，主要损伤肝脏，同时也是强烈的化学致癌物，具致突变性和致畸性。防霉是预防饲料被黄曲霉毒素污染的根本措施，如果饲料已被污染，则应设法将毒素除去或破坏。在碱性条件下，黄曲霉毒素结构中的内酯环被破坏，形成溶于水的香豆素钠盐，故加碱再水洗的方法可将毒素除去。在饲料中添加吸附剂如活性炭、沸石等，也可吸附毒素。

（2）其他霉菌毒素　常见的霉菌毒素还有赭曲霉毒素、玉米赤霉烯酮、伏马毒素等。赭曲霉毒素主要由赭曲霉及鲜绿青霉产生，损害动物的肾脏和肝脏。玉米赤霉烯酮主要由禾谷镰刀菌产生，具雌激素样作用，因首先由赤霉病玉米中分离而得名。伏马毒素是由串珠镰刀菌产生的水溶性代谢产物，污染粮食及其制品，并对某些动物产生急性毒性及潜在的致癌性。此外，稻米易被青霉属、曲霉属的霉菌感染，产生展青霉素等毒素。

表9-3列出了几种霉菌毒素对鱼类的毒性影响。

表9-3　　　　　　　　　　　　霉菌毒素对鱼类的毒性影响

霉菌毒素	鱼类	剂量、作用方式与时间	症状
黄曲霉毒素	尼罗罗非鱼 （Oreochromis niloticus）	0.2mg/kg， 口服（饲料），10w	红细胞、白细胞和血红蛋白下降；体增重和存活率降低，体表发黄
	虹鳟 （Oncorhynchus mykiss）	1.19mg/kg， 口服（饲料），21d	死亡
	海鲈（Dicentrarchus labrax L.）	0.18mg/kg， 口服（饲料），96h	失去平衡，背部皮肤出血
	海鲈（Dicentrarchus labrax L.）	0.018mg/kg， 口服（饲料），6w	ALT、AST和ALP酶活性升高；总蛋白、白蛋白和球蛋白增加
伏马毒素	尼罗罗非鱼 （Oreochromis niloticus）	150mg/kg， 口服（饲料），10w	体增重、红细胞比容降低
	斑点叉尾鮰 （Ictalurus punctatus）	5～15mg/kg， 口服（饲料），6w	体增重、红细胞比容降低，红细胞、血红蛋白减少
赭曲霉毒素	斑点叉尾鮰 （Ictalurus punctatus）	0.5～8mg/kg， 口服（饲料），8w	体增重、饲料效率、存活率降低

2. 有毒金属元素对饲料的污染

自然界存在的，在常量甚至微量的接触条件下可对人和动物产生明显毒性作用的金属元素，称为有毒金属元素或金属毒物。目前已发现的具有较大危害性的有毒金属元素有汞、镉、铅、砷、铬等。实际上，有毒金属元素的划分是相对，过去认为有毒的金属元素如铬、硒等，现在发现是动物机体所需要的元素，而在动物营养上所必需的金属元素如铜、锌、铁等，如果摄入量过多，也会产生毒性作用。

金属元素的潜在毒性不仅取决于饲料中的浓度，也与饲料或水中其他矿物元素的浓度有关。饲料中的一些成分如植酸可降低金属元素的毒性，添加金属螯合剂如EDTA可降低镉、铜、铅等的毒性。有毒金属元素污染饲料的途径主要有三条：①工业"三废"的排放和农用化学物质的使用，使有毒金属元素或其化合物污染环境，并转移到饲料中。②某些地区自然地质条件特殊，土壤或岩石中的有毒金属元素含量较高，其可溶性盐类广泛移行于天然水，通过作物根系吸收进入饲用植物。③饲料加工生产过程中所使用的机械、管道、容器等可能含有某些有毒金属元素，在一定条件下，通过各种途径进入饲料。

对于饲料中有毒金属元素污染的预防，主要针对上述三条途径进行。各种饲料原料的使用应符合有关卫生标准，重点加强对原料中有毒金属元素的检测，并对配方作相应调整，以保证最终的配合饲料产品中有毒金属元素的含量在安全限量以内。对于鲜活饵料，则要注意不要投喂来自污染区的饵料，特别是底栖软体动物。

（1）汞　汞离子进入机体后，与蛋白质活性中心的巯基结合，形成较稳定的硫醇盐，使一系列具有重要功能的含巯基活性中心的酶失去活性，机体的代谢过程发生障碍，这是汞产生毒性效应的基础。无机汞和有机汞均具毒性，其中有机汞对神经系统的损害更为显著。汞可通过水生生物的富集作用和食物链，在鱼虾贝的体内蓄积，被汞污染的水生动物是人类食物中汞的主要来源。20世纪50年代发生在日本熊本县水俣湾的"水俣病"即为典型的食源性甲基汞中毒。因此，避免水体和饲料的汞污染，对于防止人类的食物汞中毒具有重要意义。

（2）铅　铅的毒性与其化合物的形态、溶解度大小有关，通常易溶解的铅化合物毒性较大。铅对机体的很多器官系统都有毒性作用，主要损害神经系统、造血器官和肾脏。

（3）镉　镉主要损伤肾小管，由于肾小管上皮细胞通透性功能损害，引起肾功能障碍。日本曾出现的"痛痛病"（或称骨痛病），即是由于人们食用了被镉污染海域的水产品而引起的慢性镉中毒，特征是骨质疏松、骨骼畸形、多发性骨折及关节痛疼。

（4）砷　自然界的砷多为五价，污染环境的砷多为三价的无机化合物，三价砷的毒性大于五价砷。砷及其化合物主要影响酶的功能。三价砷可与体内酶蛋白分子的巯基结合，使之失去活性，阻碍细胞的正常呼吸和代谢，导致细胞死亡。

（5）铬　铬是动物体必需的元素，自然界的铬有多种价态，最多的是三价和六价。动物体内存在的铬主要是三价铬，可协助胰岛素发挥作用，为糖和胆固醇代谢所必需。六价铬对动物有毒害作用，可影响体内的氧化、还原、水解过程，干扰酶系统。

3. 农药对饲料的污染

农药是用于防治农作物及农副产品的病虫害、杂草与其他有害生物的药物的统称。农药的广泛应用，对农业、养殖业以及公共卫生等方面起到了重要的积极作用，但是不适当地长期和大量使用农药，可使环境和饲料受到污染，破坏生态平衡，对动物健康和生产，以及对人类健康造成危害。农药的种类繁多，按其化学成分可分为有机氯制剂、有机磷制剂、有机氮制剂、氨基甲酸酯类、拟除虫菊酯类和砷制剂、汞制剂等。

饲料中农药污染的来源主要有施用农药或含农药的废水、废气对饲用作物的直接污染；作物从污染的环境中对农药的吸收；粮库或饲料库内施用农药防虫防鼠所导致的污染；此外，由于生物富集与食物链的传递，可导致动物性饲料原料，特别是一些水生动物来源的原料（如鱼粉等）富集多量的农药。

（1）有机氯杀虫剂　根据生产原料的不同，可分为以苯为原料（如六六六、滴滴涕、林丹等）和不以苯为原料（如七氯、氯丹等）的两大类。有机氯杀虫剂属神经毒和细胞毒，对中枢神经系统有强烈刺激作用，对肝脏等实质性脏器也有显著损害。有机氯杀虫剂化学性质稳定，不易分解，在环境中的残留期长，可在动植物体内长期蓄积，通过食物链对人体产生中毒效应。我国已于1983年停止生产，1984年停止使用有机氯杀虫剂，但其长期的环境效应，估计需要数十年才能基本消除。

（2）有机磷杀虫剂　与有机氯杀虫剂相比，有机磷杀虫剂的化学性质较不稳定，在外界环境和动植物组织中能迅速进行氧化和加水分解，残留量少，残留时间短。有机磷杀虫剂属于神经毒，主要毒害作用是与体内的胆碱酯酶结合，使其分解乙酰胆碱的能力受到抑制，神经系统出现中毒症状。

（3）氨基甲酸酯类杀虫剂　氨基甲酸酯类杀虫剂是继有机氯、有机磷农药之后应用越来越广泛的一类农药，具有选择性杀虫效力强，作用迅速，易分解等特点，其毒害机理与有机磷杀虫剂类似，即抑制胆碱酯酶活性。与有机磷杀虫剂中毒相比，其症状较轻，消失也较快。

（4）拟除虫菊酯类杀虫剂　拟除虫菊酯类杀虫剂是模拟天然除虫菊素，由人工合成的一类广谱高效杀虫剂。拟除虫菊酯对昆虫具有强烈的触杀作用，其作用机理是扰乱昆虫神经的正常生理，使之由兴奋、痉挛到麻痹而死亡。

（5）杀菌剂　用于防治农作物病害的杀菌剂种类很多，可分为三类：有机硫杀菌剂、有机汞杀菌剂、有机砷杀菌剂。有机硫杀菌剂对动物的毒性较低，但大量食入后也可引起中毒，主要侵害神经系统，对肝肾也有一定损害。有机汞杀虫剂和有机砷杀虫剂的毒理作用同汞、砷。

（6）除草剂　用于防除杂草的化学药剂统称为除草剂或除莠剂，按其化学成分可分为无机除草剂（已基本被淘汰）和有机除草剂。多数除草剂对动物的急性毒性较低，目前所关注的是除草剂的致畸、致突变和致癌作用，其原因主要是多数除草剂含有致癌物亚硝胺类，部分除草剂含有杂质二噁英（强致畸原和致癌原）。

4. 其他有害化学物质对饲料的污染

（1）*N*-亚硝基化合物　*N*-亚硝基化合物是含 N—N ≡O 基团的化合物，按结构可分为 *N*-亚硝胺和 *N*-亚硝酰胺两大类。通常，饲料中天然存在的 *N*-亚硝基化合物含量极微或没有，但在某些加工或贮存不当的饲料中则含量较高。如挪威（1964）用亚硝酸钠作防腐剂，使鲱鱼粉中含二甲基亚硝胺达 30~100mg/kg，引起了牛羊的急性中毒死亡。*N*-亚硝基化合物为强致癌物，还具有致突和致畸作用。

维生素 C 可阻断体内亚硝基化合物形成，因此增加饲料维生素 C 水平，具有一定的预防作用。维生素 E、酚类等也具有抑制亚硝基化过程的作用。对贮存饲料与粮食进行曝晒，可使已形成的亚硝基化合物光解破坏，并可减少霉菌与细菌，减少了亚硝基化合物合成作用的促进因素。

（2）多环芳烃类　由两个或两个以上的苯环组成的芳烃称为多环芳烃，其中具代表性的是苯并［a］芘，由 5 个苯环构成。多环芳烃是各种燃料如石油、煤等不完全燃烧的产物，其在饲料中的来源比较复杂，主要有：工业生产、交通运输和日常生活中使用的燃料燃烧产生，并污染了空气、水和土壤，使得饲用植物也带有多环芳烃；利用燃料对饲料进行烘干及加热处理时可形成多环芳烃；受多环芳烃污染水域的水产品及由其制得的动物性饲料；以石油工业产品作基质培养生产的石油酵母存在少量多环芳烃。

多环芳烃是一类致癌物，其中以苯并［a］芘的致癌作用最强，并且具有致突变作用。对多环芳烃污染的防止应针对污染的几条途径进行。此外，采用日光或紫外线照射饲料，可使苯并［a］芘的含量降低，对谷实类饲料采用碾磨加工除皮，也可降低谷实的苯并［a］芘含量。

（3）多氯联苯　多氯联苯是由一些氯置换联苯分子中的氢原子而形成的化合物，常见的为三氯联苯和五氯联苯，广泛应用于工业，如电器设备的绝缘油、塑料和橡胶的软化剂等。生产和使用多氯联苯的工厂"三废"的任意排放是产生多氯联苯的主要污染源。此外，含多氯联苯的固体废物的燃烧以及生活污水、工业废水排放，也可造成污染。

多氯联苯具有亲脂性，主要蓄积在脂肪组织及各脏器中，其急性毒作用较低，但可蓄积而产生中毒，严重时可产生死亡。鱼油和鱼粉是饲料受多氯联苯污染的主要来源。

（二） 饲料原料的有毒有害因子

影响饲料安全的因素，除各种污染物外，饲料原料本身也含有一些有毒有害物质，影响饲料的卫生质量和养殖动物的健康安全，也称抗营养因子，包括蛋白酶抑制因子、植酸、棉酚、噁唑烷硫酮、异硫氰酸酯等，本节仅对在 NY 5072—2002《无公害食品 渔用配合饲料安全限量》和 GB 13078—2017《饲料卫生标准》中列出的几种有毒有害因子作简单介绍。

1. 棉酚

棉籽饼（粕）中的主要毒害物质是棉酚，棉酚有结合棉酚、游离棉酚之分，只有游离棉酚才具有毒性。由于加工工艺的不同，棉籽饼（粕）中所残留的游离棉酚的量不同。游离棉酚对动物的影响主要表现为对肝、肾、神经和血管的毒性。相对于陆地动物，鱼类对棉酚的耐受性较强，但过高的棉酚也会引起中毒，表现为食欲下降、生长受阻，影响繁殖性能，对虹鳟还表现出肾小球基底膜变厚，肝脏坏死并有蜡样质沉积。

游离棉酚的解毒方法主要有蒸煮法、碱水浸泡法、酵母发酵法、亚铁盐法等，其中以硫酸亚铁法较为简便实用，成本低。硫酸亚铁的添加量一般为游离棉酚的 5 倍。

2. 噁唑烷硫酮与异硫氰酸酯

菜籽饼（粕）中含有一系列有毒有害物质，如单宁、植酸、硫葡萄糖苷等，其中以硫葡萄糖苷最为重要。硫葡萄糖苷本身无毒，但在硫葡萄糖苷酶的作用下可水解成为有毒产物：异硫氰酸酯、噁唑烷硫酮、硫氰酸酯、腈（可在菜籽饼粕、饲料的贮存过程和动物消化道内发生）。

异硫氰酸酯具辛辣味，严重影响适口性，对消化道黏膜有强烈刺激性；硫氰酸酯具有与异硫氰酸酯相同作用机制；噁唑烷硫酮则阻碍甲状腺素合成，导致甲状腺肿大。由于这些毒素的存在，菜籽饼（粕）在畜禽饲料中的使用量受到较为严格限制，水产动物对上述毒素的耐受力相对较强。硫葡萄糖苷的去毒处理方法有：

（1）水浸法 硫葡萄糖苷具水溶性，故可用水浸法去毒，但水溶性营养物质损失较多。

（2）热处理法 高温可使硫葡萄糖苷酶失活，但饼（粕）中蛋白质中利用率下降。

（3）坑埋法 将菜籽饼（粕）用水拌和后封埋于土坑中 30~60d，可除去大部分毒物。

（4）化学处理法 可采用碱、氨、硫酸亚铁等，可加在饼（粕）中处理，也可在制油工艺各阶段中加入进行处理。

（三） 水产饲料的卫生质量要求

水产饲料的卫生质量要求包括感官指标、毒理性指标、生物性指标。

1. 感官指标

感官指标是指人们感觉器官所辨认的饲料性质，主要是饲料的色、香、味、组织构型等。水产饲料的通常要求：具有饲料正常气味，无酸败、油烧等异味，色泽均匀一致，无发霉、变质、结块等现象，饲料无虫害。

2. 毒理性指标

毒理性指标是根据毒理学原理和检测结果规定的饲料中有毒有害物质的限量标准，主要包括饲料中的天然有毒物质或在某种情况下由饲料正常成分形成的有毒有害物质、霉菌毒素、各种农药残留、有毒金属元素及其他化学性污染物等。

3. 生物性指标

包括各种生物污染物，其中主要是霉菌和细菌的数量。

对于毒理性指标和生物性指标的具体规定见 GB 13078—2017《饲料卫生标准》和 NY

5072—2002《无公害食品　渔用配合饲料安全限量》（表9-2）。

二、饲料添加剂

饲料添加剂是指在饲料加工、制作、使用过程中添加的少量或微量物质。饲料添加剂的种类繁多，在《饲料添加剂品种目录（2013）》中，共有13大类，包括：氨基酸、氨基酸盐及其类似物，维生素及类维生素，矿物元素及其络（螯）合物，酶制剂，微生物，非蛋白氮，抗氧化剂，防腐剂、防霉剂和酸度调节剂，着色剂，调味和诱食物质，黏结剂、抗结块剂、稳定剂和乳化剂，多糖和寡糖及其他类。饲料添加剂在发挥有益作用的同时，也可能带来某些毒性和安全问题。

（一）　维生素添加剂

应用维生素类添加剂时可能出现的毒性问题主要有两类：

1. 维生素过多症

某些维生素，特别是脂溶性的维生素A、维生素D，可在动物体内贮存，当摄入量显著多于需要量时，可引起动物中毒，人类食用富含维生素A的水产品后也可能引起中毒。曾有大量摄入鲨鱼肝引起维生素A中毒的报道，主要症状为胃肠道症状、皮肤症状（鳞状脱皮，毛发脱落等）、头痛、结膜充血等。在一般情况下，维生素过多症不易发生，但在配方设计、预混料和配合饲料的生产中，由于失误而导致某些维生素的添加量远远超出标准量的可能性是存在的。

2. 维生素中的有毒成分

维生素品质不良时，可能含有某些有害杂质，如铅、砷等。表9-4所示为部分饲用维生素的有害杂质容许含量。

表9-4　　　　　　　　　　部分饲用维生素的有害杂质容许含量

维生素	重金属（以Pb计）	总砷（以As计）	铬（以Cr计）
L-抗坏血酸（维生素C）/（mg/kg）	≤10	≤2.0	—
氯化胆碱/（mg/kg）	≤20	≤2.0	—
维生素B₆（盐酸吡哆醇）/（mg/kg）	≤10	≤2.0	—
亚硫酸氢钠甲萘醌（维生素K₃）/（mg/kg）	≤20	≤2.0	≤50
肌醇/%	≤0.002	≤0.0003	—
D-泛酸钙/%	≤0.002	—	—

资料来源：GB 7294—2017《饲料添加剂　亚硫酸氢钠甲萘醌（维生素K₃）》、GB 7298—2017《饲料添加剂　维生素B₆（盐酸吡哆醇）》、GB/T 7299—2006《饲料添加剂　D-泛酸钙》、GB 7303—2018《饲料添加剂　L-抗坏血酸（维生素C）》、GB/T 23879—2009《饲料添加剂　肌醇》、GB 34462—2017《饲料添加剂　氯化胆碱》。

（二）　微量矿物元素添加剂

应用微量矿物元素所产生的毒性问题主要有两类：

1. 有害物质的超标而中毒

微量矿物元素添加剂产品中有毒金属元素或其他有害杂质的含量较高，易引起中毒。在矿物质添加剂中，主要对砷、铅、氟等指标作出了限量规定，如表9-5所示。砷、铅、氟等的危害见"重金属对饲料的污染"。

2. 微量矿物元素的过量而中毒

铁、铜、锰、锌等微量元素，是动物健康生长所必需营养成分，但如果摄入量过多，也会产生毒性作用，鱼类通常会表现出生长抑制、饲料效率低下等。如当饲料中铜的添加量超过15mg/kg 或 16mg/kg 时，青鱼和虹鳟均表现出生长抑制，死亡率增加。为防止微量元素添加剂引起的中毒，在此类添加剂的使用生产过程中需注意以下事项：

（1）在生产饲用微量元素时，除保证产品中该元素的有效含量外，应对原料中有毒有害杂质的含量进行严格控制。

（2）合理确定饲料中微量元素的添加量，切勿过量使用。

（3）严格操作工艺，确保微量元素添加剂的混合均匀。

表9-5　　　　　　　　　　　　　矿物质添加剂中有害物质限量　　　　　　　　　　单位：mg/kg

矿物质添加剂	铅	砷	氟	镉	汞	铬
磷酸二氢钙	≤30	≤20	≤1800	≤10	—	≤30
硫酸锌	≤10	≤5	—	≤10		
硫酸镁	≤2	≤2	—	—	≤0.2	
硫酸铜	≤5	≤4	—	≤0.1	≤0.2	
硫酸亚铁	≤15	≤2	—	≤3	—	—
硫酸锰	≤5	≤3	—	≤10	≤0.2	—

资料来源：GB 22548—2017《饲料添加剂　磷酸二氢钙》、GB/T 25865—2010《饲料添加剂　硫酸锌》、GB 32449—2015《饲料添加剂　硫酸镁》、GB 34459—2017《饲料添加剂　硫酸铜》、GB 34465—2017《饲料添加剂　硫酸亚铁》、GB 34468—2017《饲料添加剂　硫酸锰》。

（三）　抗生素类添加剂

水产养殖中抗生素的使用可分为三种情况：水体杀菌消毒使用；饲料中添加用以预防治疗疾病使用（重在治疗，短期使用）；饲料中添加防病促生长使用。关于前两类，本文将在水产药物一节予以介绍。

在水产饲料中使用抗生素作为抗病促生长剂的历史较晚，曾经使用过的主要抗生素有喹乙醇、土霉素、呋喃唑酮、杆菌肽锌、黄霉素等。近年来，抗生素使用所带来的弊端，包括药物残留、耐药性问题等，已得到广泛关注，这些品种已在水产饲料中被禁止用作药物饲料添加剂。2019 年，农业农村部公告第 194 号发布，规定自 2020 年 1 月 1 日起，退出除中药外的所有促生长类药物饲料添加剂品种；从 2020 年 7 月 1 日起，饲料生产企业停止生产含有促生长类药物饲料添加剂（中药类除外）的商品饲料。这也意味着饲料"禁抗"时代的到来。

（四）　激素类添加剂

许多种类的水产动物，其生长速度与性别有关。有的是雄性生长速度快于雌性，如罗非鱼、青虾等，有的则是雌性生长速度快于雄性，如鲤鱼等。因此，通过控制和改变水产动物的性别，可达到增产和提高经济效益的目的。在单雄性罗非鱼的生产中，早期多采用在鱼苗阶段投喂含甲基睾丸酮饲料的方式，目前主要采用杂交育种的方式。

性激素属固醇类激素，可为动物或人体的消化道完整吸收，对人体健康存在潜在的危害。在《食品动物禁用的兽药及其他化合物清单》中已将性激素类药物列为禁用药物，包括雄性激素类如甲基睾丸酮、丙酸睾酮，雌性激素如苯甲酸雌二醇及其盐、酯及制剂、己烯雌酚及其盐、酯制剂；在《无公害食品 渔用药物使用准则》中，上述药物也同样被列为禁用渔药。

三、 水产药物

水产药物又称渔用药物，是指用以预防、控制和治疗水产动植物的病、虫、害，促进养殖品种健康生长，增强机体抗病能力以及改善养殖水体质量的一切物质，根据其使用对象和作用效果，大致可分为环境改良剂、消毒剂、杀虫驱虫剂、抗微生物药和中草药等几大类。

（一） 水产药物使用基本原则

水产养殖业的迅速发展，养殖密度的提高，养殖环境的恶化，导致养殖病害的发生呈增加趋势，水产药物使用的数量和种类也不断增加。水产药物的使用，一方面可以达到治疗、预防病害和改善环境的目的，另一方面不可避免地会对养殖水体和水产品产生短期或长期的影响。因此，合理使用水产药物，包括药物选择与使用，停药期的掌握等，成为安全水产品生产过程中非常重要的环节。水产药物的使用应遵循以下基本原则：

（1） 水产药物的使用应以不危害人类健康和不破坏水域生态环境为基本原则。

（2） 在动物增养殖过程中对病虫害的防治，应坚持"以防为主，防治结合"。

（3） 严格遵循国家和有关部门的规定，严禁生产、销售和使用未取得生产许可证、批准文号与没有生产执行标准的渔药。

（4） 积极鼓励研制、生产和使用"三效"（高效、速效、长效）、"三小"（毒性小、副作用小、用量小）的渔药，提倡使用水产专用渔药、生物源渔药和渔用生物制品。

（5） 病害发生前应对症用药，防止滥用渔药与盲目增大用药量、增加用药次数、延长用药时间。

（6） 食用鱼上市前，应有相应的休药期。休药期的长短，应确保上市水产品的药物残留限量符合 NY 5070—2002《无公害食品 水产品中渔药残留限量》的要求。

（7） 水产饲料中不得选用国家规定禁止使用的药物或添加剂，也不得在饲料中长期添加抗菌药物。

（二） 水产药物的安全控制

目前使用的水产药物种类很多，本文仅对一些常用种类作介绍。

1. 环境改良与消毒药

（1） 含氯消毒剂　溶于水时能产生次氯酸的一类消毒剂称为含氯消毒剂。目前常用的主要有次氯酸钠、漂白粉、二氧化氯、氯胺-T、二氯异氰尿酸钠、三氯异氰尿酸等，其杀菌机制主要包括三方面：次氯酸的氧化作用、新生氧作用和氯化作用。含氯消毒剂可用于清塘和改善水体环境，也可用于防治细菌性皮肤病、烂鳃病和出血病等。

①用法与用量：全池泼洒，漂白粉 $1.0 \sim 1.5 mg/L$；二氧化氯 $0.1 \sim 0.2 mg/L$；二氯异氰尿酸钠 $0.3 \sim 0.6 mg/L$；三氯异氰尿酸 $0.2 \sim 0.5 mg/L$。

②使用注意事项：勿用金属容器盛装，置于阴凉干燥处保存，漂白粉忌与酸、铵盐、生石灰混用。

③休药期：漂白粉≥5d；二氧化氯、二氯异氰尿酸钠、三氯异氰尿酸≥10d。

（2）氧化钙　氧化钙又名生石灰，是在水产养殖上使用十分广泛的消毒剂和环境改良剂，还可清除部分敌害生物，预防部分细菌性疾病。

①用法与用量：带水清塘，200~250mg/L（虾类：350~400mg/L）；全池泼洒：20~25mg/L（虾类：15~30mg/L）。

②使用注意事项：不能与漂白粉、有机氯、重金属盐、有机络合物混用，无休药期的规定。

（3）重金属盐类

①硫酸铜：硫酸铜中的铜离子与蛋白质中的巯基结合，干扰巯基酶的活性，因而具有杀灭病原体的作用，用于治疗纤毛虫、鞭毛虫等寄生性原虫病，也可控制藻类，杀灭某些细菌。

a. 用法与用量。浸浴，8mg/L（海水鱼类8~10mg/L），15~30min；全池泼洒，0.5~0.7mg/L（海水鱼类0.7~1.0mg/L）。

b. 使用注意事项。常与硫酸亚铁合用；广东鲂慎用；勿用金属容器盛装；使用后注意池塘增氧；不宜用于治疗小瓜虫病。此外，硫酸铜可产生溶血反应，对肾毒性较大，用量过大会对环境造成污染，还可能引起休克和死亡，需加以注意。

②硫酸亚铁：主要用于治疗纤毛虫、鞭毛虫等寄生性原虫病，全池泼洒的用量为0.2mg/L，需与硫酸铜合用，乌鳢慎用硫酸亚铁。

③高锰酸钾：为强氧化剂，通过氧化细菌体内的活性基团而发挥杀菌作用，此外高锰酸钾还具有解毒、除臭、收敛的作用，可用作消毒、防腐、防治细菌性疾病，杀灭原虫类、锚头鳋等寄生虫。无休药期的规定。

a. 用法与剂量。浸浴，10~20mg/L，15~30min；全池泼洒，4~7mg/L。

b. 注意事项。密闭于阴凉干燥处保存，不宜在强烈阳光下使用，水中有机物含量高时药效降低。

2. 抗微生物药

抗微生物药种类很多，包括抗生素类、喹诺酮类、磺胺类等药物，大多数抗生素药物具有一定的副作用。本文仅对NY 5071—2002《无公害食品　渔用药物使用准则》中列出的几种予以介绍。

（1）土霉素　土霉素属四环素类抗生素，为广谱抗生素类药，通过干扰细菌蛋白质的合成而起抑菌作用，在养殖业中曾经广泛使用。目前常见致病菌对土霉素耐药现象严重。土霉素可用于防治淡水养殖鱼类的烂鳃病、赤皮病等，也可用于治疗肠炎病、弧菌病等。

①用法与剂量：拌饵投喂，50~80mg/kg体重，连用4~6d（虾类连用5~10d）。

②注意事项：勿与铝、镁离子及卤素、碳酸氢钠、凝胶合用。休药期为鳗鲡≥30d，鲶鱼≥21d。

（2）磺胺嘧啶　磺胺嘧啶为广谱抗菌剂，结构与对氨基苯甲酸（PABA）类似，可与PABA竞争性作用于细菌体内的二氢叶酸合成酶，减少或抑制叶酸的合成，从而达到抑菌目的。磺胺嘧啶主要用于治疗鲤科鱼类的赤皮病、肠炎病等以及海水鱼类的链球菌病。

① 用法与剂量：拌饵投喂，100mg/kg体重，连用5d。

② 注意事项：与甲氧苄嘧啶同用可产生增效作用；第一天用量加倍。

（3）磺胺甲噁唑　磺胺甲噁唑的抗菌谱与磺胺嘧啶类似，属广谱抗菌剂，但抗菌作用较磺胺嘧啶强，主要用于治疗鲤科鱼类的肠炎病，也可用于防治弧菌病、竖鳞病等。

①用法与剂量：拌饵投喂，100mg/kg体重，连用5~7d。

②注意事项：不能与酸性药物同用；与甲氧苄嘧啶同用可产生增效作用；第一天用量加倍。休药期为≥30d。

（4）磺胺间甲氧嘧啶 磺胺间甲氧嘧啶的抗菌谱与磺胺甲噁唑、磺胺嘧啶相似，其抗菌作用是所有磺胺类药物中最强的。主要用于治疗鲤科鱼类的赤皮病、弧菌病、竖鳞病等。

①用法与剂量：拌饵投喂，50~100mg/kg体重，连用4~6d。

②注意事项：不能与酸性药物同用；甲氧苄嘧啶同用可产生增效作用；第一天用量加倍。休药期为鳗鲡≥37d。

3. 杀虫驱虫药

杀虫驱虫药包括抗原虫药、驱杀蠕虫、绦虫、线虫药、杀甲壳虫药等。

（1）敌百虫 敌百虫为广谱、高效、低毒有机磷杀虫药，其机理是抑制胆碱酯酶活性，引起虫体组织功能的改变及神经失常而中毒死亡，用于防治三代虫、指环虫、线虫、绦虫、寄生甲壳虫等。

①用法与剂量：全池泼洒，90%晶体敌百虫0.2~0.5mg/L，可防治三代虫、指环虫、锚头鳋等；拌饵投喂，按0.3~1.0g/kg鱼体重连续投喂4~6d，可驱杀似棘头吻虫，连续投喂0.2~0.5g/kg鱼体重6d，可驱杀毛细线虫。

②注意事项：鳜鱼、加州鲈、淡水白鲳、虾蟹对敌百虫敏感，不宜使用；在碱性池水中或高温条件下易水解，变成敌敌畏，毒性大增；不得用金属容器盛装。另外值得注意的是目前寄生甲壳动物对敌百虫已产生了严重的耐药性。

（2）亚甲蓝 又名次甲蓝、美蓝，为深绿色有铜光的柱状结晶或结晶性粉末，可治疗小瓜虫病、三代虫病、指环虫病等，也可用于治疗其他皮肤及鳃的寄生虫。

（三） 禁用渔药

某些渔药毒性强、残留量大、难以降解，或具有三致毒性（致畸、致癌、致突变），严重破坏水域环境且难以修复，因而被列为禁用渔药。此外，新近开发的人用新药也被禁止用作渔药的主要成分或次要成分。禁用渔药如表9-6所示。

表9-6　　　　　　　　　　　　禁用渔药表

药物名称	药物名称	药物名称	药物名称
地虫硫磷	呋喃丹	酒石酸锑钾	红霉素
六六六	杀虫脒	磺胺噻唑	杆菌肽锌
林丹	双甲脒	磺胺脒	泰乐菌素
毒杀芬	氟氯氰菊酯	呋喃西林	环丙沙星
滴滴涕	氟氰戊菊酯	呋喃唑酮	阿伏帕星
甘汞	五氯酚钠	呋喃那斯	喹乙醇
硝酸亚汞	孔雀石绿	氯霉素	速达肥
乙酸汞	锥虫胂胺	甲基睾丸酮	已烯雌酚

资料来源：NY 5071—2002《无公害食品　渔用药物使用准则》。

四、 生产用水安全控制

水环境是水产动物生活的介质，养殖生产用水的安全性关系到水产养殖的产量和经济效益，也直接影响水产动物健康和水产品安全性。影响养殖用水安全性的因素很多，可以分为水化学因子和水生态因子两大类。GB 11607—1989《渔业水质标准》对 pH、溶解氧、重金属等 33 项指标作出了定量或定性规定。本文对一些重要的且具有可控制性的因子作一简介。

（一） pH

通常养殖用水的 pH 应为中性或中性略偏碱性。《渔业水质标准》中规定，淡水、海水水域的 pH 为 6.5~8.5、7.0~8.5。pH 过高或过低，均影响鳃的呼吸功能。

水体 pH 的测定，通常采用 pH 试纸、测试盒或便携式水质分析仪。水体 pH 的调节方法也较简单。若水体 pH 偏低，可依情况施用适量的熟石灰或粉碎的石灰石；若水体 pH 偏高，可以施用适量的石膏、酸（如磷酸、乙酸、盐酸等），培养适量的藻类也有一定作用。

（二） 溶解氧

充足的溶解氧是生活在水中以鳃呼吸的水产动物生存和健康生长所必需的，同时还可以降低水体中某些有毒物的危害。溶解氧过低，可引起养殖鱼虾的窒息死亡，俗称"泛池"。常见家鱼在水体溶氧低于 1mg/L 时会发生浮头，溶解氧在 0.4~0.6mg/L 时会发生窒息死亡。过高的溶解氧会引发气泡病，对鱼苗产生危害（对成鱼影响不大），这在生产中需加以注意和预防。

水体中的溶解氧只有小部分为养殖动物所消耗，大部分溶解氧为非养殖水生动物呼吸消耗和排泄物、残饵等有机物分解消耗。可以通过两条途径来提高溶解氧中用于养殖动物的比例和数量。一是减少非养殖动物的氧消耗比例，清除过多的池塘淤泥，吸除污物，增加水体的有益微生物数量，如光合细菌等；二是采用增加溶解氧的方法，包括机械增氧（增氧机增氧）、生物增氧（适当丰度藻类的光合作用）、化学增氧（过氧化钙等）。

《渔业水质标准》中对溶解氧的规定：连续 24h 中，16h 以上必须大于 5mg/L，其余任何时候不得低于 3mg/L，对于鲑科鱼类栖息水域任何时候不得低于 4mg/L（冰封期除外）。

（三） 氨氮

水体中氮的存在形式包括有机氮、氨氮、硝酸氮、亚硝酸氮等，其中毒性最大的是氨氮，可损伤鳃组织，降低呼吸机能和采食量，抑制水产动物生长等。《渔业水质标准》中对非离子氨（氨氮）的规定为 ≤0.02mg/L。减少水体中的氨氮水平，可以从减少水体的氮来源和促进分子氨的消除两方面入手。

（1）减少水体的氮来源　配制氨基酸平衡的优质饲料以降低饲料的粗蛋白水平；良好的饲料加工工艺以减少养分在水中的溶失；规范投饲技术，调整投饲率，减少残饵；做好清除淤泥和残饵的工作。

（2）促进分子氨的消除　可采用更换新水，降低 pH，培植藻类、浮萍等水生植物，也可利用化学吸附剂如沸石粉、麦饭石粉、活性炭等吸附水中分子氨。

（四） 硫化氢

鱼类硫化氢中毒时表现为鳃丝紫红，鳃盖张开，死亡鱼失去光泽，悬浮于水的表层。对于大多数的淡水鱼类而言，水体的硫化氢 ≤0.002mg/L 时是安全的。《渔业水质标准》中对硫化物（总硫）的规定为 ≤0.2mg/L。在一定条件下，其他形式的硫化物可转化为硫化氢。防止水体中硫化氢的生成，可采取如下措施：

（1）促进水体的垂直对流，避免底泥和底层水处于厌氧状态。

（2）适量施用石灰，保持底泥、底层水呈中性或微碱性。

（3）施用铁剂，提高 Fe^{2+} 浓度，使之生成无毒的 FeS 固定在底泥中。

（4）避免大量 SO_4^{2-} 进入养殖水体。

（五）藻类

藻类是水域系统中最重要的生产者，在光照条件下，它利用水中的无机盐和 CO_2 制造组成自身的有机物，同时释放出氧气。在养殖系统中，藻类的主要作用有：制造氧气，为食藻的鱼、虾、贝等提供饵料，消耗无机营养盐（如氮、磷等）。

值得注意的是，藻类在养殖系统中也存在不利的一面。藻类大量繁殖时，在强烈的阳光照射下，可使水体中的溶解氧达到过饱和，诱发鱼苗的气泡病产生；藻类大量繁殖后，遇天气突变，可大量死亡，导致水体严重缺氧，引发鱼类浮头甚至死亡。某些藻类本身就是致病因子或有毒藻类，如微囊藻、三毛金藻、嗜酸性卵甲藻等。

1. 微囊藻

微囊藻（铜绿微囊藻、水花微囊藻等）大量繁殖，在水面形成一层翠绿色的水花，微囊藻死后，分解产生硫化氢等有毒物质，毒害水产动物。对于微囊藻的预防，重在调控水质，保持水质清新，避免水中有机质和水体 pH 过高。当微囊藻已大量繁殖时，可全池遍洒硫酸铜或硫酸铜、硫酸亚铁合剂杀灭，也可在清晨藻体上浮时撒生石灰粉（连续 2~3 次）杀灭。

2. 三毛金藻

三毛金藻大量繁殖时可产生大量溶血毒素、神经毒素、细胞毒素等，主要作用的靶器官为鳃，引起鱼类及用鳃呼吸的动物中毒死亡。在发病鱼池早期，全池遍洒 0.3% 黏土泥浆水吸附毒素，在 12~24h 内中毒鱼类可恢复正常（但三毛金藻不会被杀死）；杀藻可采用遍洒含氨 20% 左右的铵盐类化合物，使藻体膨胀解体而死亡（鲴、梭鱼苗不能用此法）。

3. 赤潮

赤潮是在海洋，特别是内湾及浅海地区，由于某些浮游生物异常增殖，引起水质败坏，海水变色的现象，由于常出现红色，故名赤潮。实际上，不同的赤潮生物引起的海水变色不同，有红、褐、灰等。近些年来，赤潮发生的频率和范围不断增加，其直接原因是大量的工业废水和城镇生活污水排放入海，造成水质严重污染和富营养化。赤潮生物有 130 种以上，主要是甲藻中的夜光藻、膝沟藻、硅藻、蓝藻、金藻及原生动物中的一些种类。赤潮发生时，可引起当地水生动物大批死亡，人和哺乳动物吃了赤潮区的贝类、鱼类也会引起中毒。沿海养殖如引入这些水，也会引起养殖水产动物的大批死亡。赤潮生物的危害方式主要有三类：一为赤潮生物直接分泌毒素于水中，或死后产生毒素；二为赤潮生物吸附于鳃上引起水产动物窒息死亡；三为赤潮生物死后分解，消耗大量氧气，引起水产动物窒息死亡。

对于赤潮的防治，首先要加强环保工作，控制水质，严防污染及富营养化；其次要做好预报工作，在发生赤潮时，不进行排灌水，不食用来源于赤潮区的水产品。

（六）水体的重金属污染

水体的重金属污染具有来源广、残毒时间长，蓄积性强、沿食物链转移浓缩、污染后不易察觉、难以恢复等特点，对水产动物和人类的健康存在长久的不良影响，是最危险的一类水体污染物。水生生物如藻类、鱼类等，对水体重金属具有较高的富集倍数，这些水产品为人类所食用，从而对人类健康产生危害。

污染水体的常见重金属有汞、镉、铅、铜、砷等。水体中微量的重金属即可产生毒性，直接影响鱼苗的孵化、发育和生长，导致出现畸形和死亡（表9-7）。水体重金属的毒性首先取决于重金属本身的化学性质，许多物理化学及生物因素都会影响重金属的毒性，如温度、溶解氧、pH、碱度等。一般重金属产生毒性的范围为1~10mg/L，毒性较强的重金属如汞、镉产生毒性的浓度范围更低，在0.001~0.01mg/L；有一些重金属还可以在微生物作用下转化为毒性更强的有机金属化合物。

表9-7　　　　　　　　　　几种水体重金属对稚鱼和胚胎发育的影响

鱼类	重金属（浓度）	暴露阶段与时间	症状与发生率
鲫鱼 （Carassius auratus）	铜（0.1~1mg/L）	胚胎（从受精到孵化后24h）	脊柱侧凸，尾部弯曲（1%~10%）
高体雅罗鱼 （Leuciscus idus）	铜（0.1mg/L）	胚胎（从受精到孵化）	脊柱弯曲，卵黄囊变形（15%）
鲤鱼 （Cyprinus carpio）	镉（0.001~0.05mg/L）	胚胎（至孵化）	头部变形，脊柱弯曲（0~47%）
尖齿胡鲶 （Clarias gariepinus）	铅（0.1~0.5mg/L）	6h胚胎（48~168h）	头部不规则（0~34.3%），脊索缺损（4.3%~69.7%），鳍条缺损（0~35%）
虹银汉鱼 （Melanotaenia fluviatilis）	锌（0.33~33.3mg/L）	受精后3、46、92h（暴露2h）	脊柱变形（3%~27%）

在某种程度上，来源于水体的重金属污染比来源于饲料的重金属污染对鱼体和人体的危害更大。历史上曾多次发生由于水体重金属污染而导致人员中毒甚至死亡的事件，如20世纪50年代日本发生的水俣病，其原因是当地盲目发展化工业，含汞的废水未经处理便排入了海湾，海域受到严重污染。据调查，海底淤泥的汞含量达2.01g/kg，鱼体的汞含量达20~24mg/kg，当地居民食用了被严重污染的水产品，从而导致了灾难的发生。

鉴于重金属对人体健康的严重危害，NY 5051—2001《无公害食品　淡水养殖用水水质》、NY 5052—2001《无公害食品　海水养殖用水水质》均对水体中的重金属含量作出了严格规定（表9-1）。

（七）　水体的农药和其他毒害物质污染

各种天然水体均可受到农药和多氯联苯、多环芳烃等有害物质的污染，这些毒物进入水体后，或为水生生物富集浓缩，或发生降解转化。

有机磷农药、拟除虫菊酯类农药降解较快，残效期短，污染较少。目前来看，污染严重的是有机氯类农药。这类农药水溶性低，脂溶性高，生物富集效应强，在环境中稳定性高，难降解。由于该类农药杀虫效力强，价格低廉，曾被广泛使用，其对环境的负面影响，可能需要数十年的时间才能消除。有机氯制剂中研究最多的是滴滴涕。对美国密执安湖的调查表明，湖水的滴滴涕含量为2×10^{-6}mg/L，湖泥为0.014mg/L，虾体为0.041mg/kg，鳟鱼、石斑鱼为3~6mg。如果长期食用这种水环境中的水产品，会对人体造成蓄积中毒。

多氯联苯主要通过对水体的大面积污染和食物链的生物富集作用污染水生生物，特别是鱼类和贝类。美国大湖地区受污染湖水中的多氯联苯含量 0.001mg/L，经过生物富集作用后，在鱼体和海鸥脂肪中的含量分别达到了 10~24mg/kg 和 100mg/kg。

鉴于农药及多氯联苯、多环芳烃等其他有害物质的严重危害，我国的养殖用水标准中对甲基对硫磷、马拉硫磷、乐果、六六六、滴滴涕、多氯联苯等含量作出了规定（表9-1）。

第三节　水产品原料的安全控制与检验

一、含天然有毒物质的水产品

（一）鱼类

含天然有毒物质的鱼类可分为两大类：主动毒素鱼类和被动毒素鱼类。前者有一个发达的产毒器官，作为进攻和防御的武器，如鲉科、魟科的一些鱼类；后者是体内含有毒素，仅在人们食用时引起中毒，如鲤科的一些鱼类。也可以根据毒素的位置，将有毒鱼类分为肝毒鱼类、胆毒鱼类、血毒鱼类、卵毒鱼类等。

1. 河鲀

全世界有河鲀 200 多种，我国有 70 多种。河鲀肉味鲜美，但含有剧毒，民间素有"拼死吃河鲀"一说。河鲀毒素是一种很强的神经毒素，对神经细胞的钠离子通道有专一作用，可阻断神经冲动的传导，使呼吸肌麻痹，呼吸抑制，导致死亡。河鲀毒素为一小分子化合物，微溶于水，对热稳定，普通的加热烹调或其他加工方法如盐腌、日晒等均不能破坏该毒素。因此，预防措施至关重要。

河鲀的有毒部位主要是卵巢和肝脏，其含量随季节而变化。在繁殖季节，毒素含量最高，而此时也正是河鲀风味最佳的时候。河鲀中毒是最严重的动物性食物中毒之一，各国均很重视。我国《水产品卫生管理办法》中严禁餐馆将河鲀作为菜肴经营，也不得流入市场销售。

2. 胆毒鱼类

胆毒鱼类是指胆汁有毒的鱼类，其典型代表为草鱼，青鱼、鲤鱼、鲢鱼、鳙鱼等也属于胆毒鱼类。由于民间流传鱼胆可清热、明目、止咳、平喘等，所以因食用鱼胆而中毒的事件时有发生，严重者可引起死亡。胆毒鱼类的胆汁中含有组胺、胆盐及其氧化物等毒素，少数中毒者可能还与过敏因素有关。胆汁毒素耐热，乙醇也难将其破坏，故食用蒸熟鱼胆或以酒冲服鲜胆，仍可能发生中毒。鱼胆中毒主要是胆汁毒素损伤肝、肾，肝变性坏死和肾小管损害，脑细胞也可受损，发生脑水肿等。一次性摄入过量鱼胆（体重 2kg 以上鱼的胆）即可引起不同程度的中毒反应。中毒后也无特效疗法，因此，只有将鱼胆去掉才是最好的预防措施，如需药用，需在医生指导下慎用。

3. 肝毒鱼类

某些鲨鱼（扁头哈拉鲨、灰星鲨等）、比目鱼、鳕鱼等的肝脏中含有丰富的维生素 A，一次性大量摄入这些鱼类的肝脏后可引起中毒反应。鲨鱼肝中的维生素 A 含量为 1 万 IU/g，一次性食入 200g 鲨鱼肝，即可引起急性中毒（成人的急性中毒剂量为一次性摄入 200 万 IU 维生素

A）。海豹、北极熊等生活于寒冷地带的哺乳动物肝中也含有丰富的维生素 A，有报道称北极探险者因食用了海豹、北极熊的肝脏而引起急性中毒。中毒反应通常在过量食用鱼肝后 2~3h 发生，初期为胃肠道症状，之后有皮肤症状，自口唇周围及鼻部开始，逐渐延至四肢及躯干，重者毛发脱落，此外还有结膜充血、剧烈头痛等症状。

一般的烹调加工方法不足以破坏肝毒鱼类的肝脏毒性，因此，应当禁食或少食肝毒鱼类的肝脏。如已发生中毒，可采用催吐、导泻等方式促进排毒，并辅以大剂量的维生素 C 等保护肝脏，同时采用输血、输液等措施。

4. 血毒鱼类

血毒鱼类是指血液中含有毒素的鱼类，最为典型的是黄鳝，还包括日本鳗、欧鳗等。这些鱼类的血液中含有血毒素，属蛋白类肠道外毒素，加热可破坏，故食用烹调熟透的鳝鱼、鳗鱼不会引起中毒，但生食可引起中毒。鱼血毒素主要作用于中枢神经系统，可抑制呼吸和循环，并可直接作用于心脏，导致心动过缓等。全身症状表现为口吐白沫，发绀，全身无力，麻痹，呼吸困难等；局部症状则表现为直接接触生鱼血的部位皮肤、黏膜损伤，局部炎症。

鱼血毒素中毒无特殊解药，以预防为主，不要生饮鳗鱼、鳝鱼的血，加工、烹调时应防止生血入眼，避免生血与破损皮肤接触。

5. 刺毒鱼类

刺毒鱼类可分为软骨刺毒鱼类和硬骨刺毒鱼类，其毒器由毒腺、毒棘和沟管组成。毒棘刺伤人体，毒腺分泌的毒液通过沟管排入人体而引起中毒。软骨刺毒鱼类包括某些鲨类（宽纹虎鲨、狭纹虎鲨等）、鳐类、魟类等。硬骨刺毒鱼类中分布最广的是鮋鱼类，其体态与周围环境相似，不易被发觉，易造成人体戳伤；鲶鱼、胡子鲶等也属于硬骨刺毒鱼类，刺伤皮肤和肌体后，不仅可造成剧烈疼痛，还可产生红肿、发炎、溃疡等，并易导致继发性感染。

不同的刺毒鱼类，其毒素种类不同，有氨基酸、多肽类、蛋白质毒素，有核苷酸酶、磷酸二酯酶类毒素等，分属于细胞毒、神经毒、血液毒等。被刺毒鱼类刺伤后，治疗原则以止痛、抗毒和防继发感染为主。

除以上介绍的几种鱼类毒素外，在鱼类的腹腔内壁上存在一层薄薄的黑膜，它既可保护鱼体的内脏器官，又可阻止内脏器官分泌的有害物质渗透到肌肉中去。由于这层膜易被有害物质污染，故不应食用这层黑膜。

（二）　贝类

1. 双壳贝类

双壳贝类的种类很多，是贝类中经济价值较大的一类。相当部分的双壳贝类含有一定数量的有毒物质，但这些有毒物质并不是由贝类直接产生，而是它们通过食物链摄入了有毒藻类而产生的。这些有毒藻类包括涡鞭毛藻、原膝沟藻、裸甲藻等，当其大量繁殖时，可形成赤潮，感染蛤、牡蛎、贻贝、扇贝等。主要的贝类毒素包括麻痹性贝类毒素和腹泻性贝类毒素，这些毒素对于贝类并无毒害作用，因其在体内呈结合状态，但为人类所食用后，毒素被迅速释放，引起中毒反应。严重者常在食后 2~12h 呈呼吸麻痹死亡（与河鲀中毒类似）。

目前，对于麻痹性贝类中毒尚无有效的解毒剂，而且这种毒素在一般烹调中不易完全去除。据测定，经 116℃ 加热的罐头，仍有 50% 以上的毒素未被除去。因此，有效的方法是加强监管，重在预防。应定期对水域进行检查，如有毒藻类大量存在（特别是赤潮发生时），说明有发生中毒的危险，并对贝类作毒素含量测定，如超出标准，则应作出禁食的决定和措施。

2. 螺类

螺的布很广，与人类关系密切，大部分具有一定的经济价值，但少数种类含有毒害物质，误食或食用过量，可引起中毒。这些毒害物质一般位于螺的肝脏或鳃腺、唾液腺内。按中毒类型，常引起中毒的螺类可分为两类。

（1）麻痹型　麻痹型的毒螺含有影响神经的毒素，可使人发生麻痹性中毒。

①节棘骨螺：在其鳃下腺或紫色腺的提取液中含有骨螺毒素，能兴奋颈动脉窦的受体，刺激呼吸和兴奋交感神经带，并阻碍神经的传导作用。

②红褐织纹螺：壳小、结实，壳面有紫红棕色和白色相间的环节。肝、肉和卵内含有贝类麻痹性毒素，为水溶性，耐热、耐酸、耐消化酶，能阻断神经冲动。

（2）皮炎型　食用此类毒螺后，经日光照射，颜面、颈部和四肢等暴露部位出现皮肤潮红、浮肿等，呈红斑或荨麻疹症状。

3. 鲍类

鲍鱼肉味鲜美，有海中珍品之称，其壳为名贵药材，在医学上称石决明，有平肝明目的功效，因而鲍具有很高的经济价值。但其中的某些种类含有有毒物质，如杂色鲍、耳鲍等。在鲍的内脏特别是肝脏和中肠腺中，含有鲍鱼毒素，这些毒素主要来源于鲍摄食的某些有毒藻类。该毒素为光敏性毒素，人和动物食用鲍肝等内脏后，可出现皮肤症状（皮炎症状）和全身症状（流泪、流涎等，过敏者可出现麻痹、抽搐等）。这是一种特殊的光敏反应，不会致死。预防鲍类中毒的主要措施是不要食用鲍鱼的肝及其他内脏，一旦误食，应避免接触阳光。

（三）海参类

海参属于棘皮动物，是珍贵的滋补食品，还可入药。少数海参含有海参毒素，常见的有紫轮参、荡皮海参等。但大部分食用海参的毒素含量很少，且少量的海参毒素在胃酸的作用下可被水解为无毒产物，故人们一般常吃的食用海参是安全的。

海参毒素大部分集中在与泄殖腔相连的细管状的居维叶氏器里面，荡皮海参的体壁中也含有较多的毒素。海参毒素经水解后可产生海参毒苷，具有很强的溶血作用。人除了误食有毒海参发生中毒外，还可因接触由海参消化道排出的黏液而引起中毒。因接触发生中毒时，常局部有烧灼样疼痛、红肿等皮炎反应，当毒液接触眼睛时可引起失明。

（四）蟾蜍

蟾蜍，俗称癞蛤蟆，其耳后腺及皮肤腺能分泌一种具有毒性的白色浆液，在肌肉、肝脏等部位也含有一定的毒性成分。蟾蜍中毒主要是有人将蟾蜍剥皮充当田鸡（青蛙）销售而引起的。蟾蜍也是我国的传统中药如六神丸、金蟾丸等的主要原料。有人为治病而服用鲜蟾蜍或蟾蜍焙粉末，服用量过大也可引起中毒。

蟾蜍分泌的毒液成分复杂，有30多种，主要是蟾蜍毒素，其中毒与洋地黄类似，主要是直接或通过迷走神经中枢作用于心肌，使心跳加速，此外还有催吐、升压、刺激胃肠道及对皮肤的麻醉作用。表现为胃肠道症状、循环系统症状和神经系统症状等，可在短时间内因心跳剧烈、呼吸停止而死亡。

蟾蜍中毒无特效疗法，应以预防为主，严格不食蟾蜍，如用蟾蜍治病，需由有经验的医生认可，服用量不可过大。

二、 生物性污染对水产品原料安全性的影响

（一） 细菌引起的水产品中毒

源于水产品的致病菌可分为自身原有细菌和非自身原有细菌。自身原有细菌广布于各地水域，包括肉毒梭状芽孢杆菌、霍乱弧菌、副溶血性弧菌、嗜水气单胞菌等，其中嗜冷性的肉毒梭状芽孢杆菌和李斯特菌常见于较冷气候的地区，而嗜热性的霍乱弧菌、副溶血性弧菌则代表着部分滨海和温暖热带水域中鱼体上的自然种群。非自身的细菌包括沙门氏菌、大肠杆菌、金黄色葡萄球菌等，与水污染和在不卫生条件下加工水产品有关，最为常见的感染途径是水环境被粪便或其他污物污染以及通过带菌的水产品加工者传播。由于人畜粪便和生活废水的污染，水产生物越靠近水域滩涂等，各种肠道致病菌污染越重。水产品卫生应控制的病原菌主要是肠道致病菌和副溶血性弧菌。

1. 沙门氏菌

沙门氏菌是细菌性食物中毒中最常见的致病菌，种类多，分布广，为兼性厌氧菌，适宜温度为37℃，对热的抵抗力很弱，60℃下20~30min 即可被杀死，在自然环境的粪便中可生存1~2个月，在水、牛乳及肉类中可生存数月。

当沙门氏菌随食物进入人体后，可在肠道内大量繁殖，经淋巴系统进入血液，潜伏期平均为12~24h，有时可长达2~3d。感染型食物中毒的症状为急性胃肠炎症，如果细菌已产生毒素，可引起中枢神经系统症状，出现体温升高、痉挛等。

2. 肉毒梭状芽孢杆菌

肉毒梭状芽孢杆菌，广布于自然界，可引起严重的毒素型食物中毒。肉毒梭状芽孢杆菌是革兰氏阳性的产芽孢细菌，其繁殖体对热的抵抗力较弱，易于杀灭，但其芽孢耐热，一般需煮沸1~6h，或121℃高压蒸汽4~10min 才能杀死。所以罐头的杀菌效果一般以肉毒梭状芽孢杆菌为指标。

肉毒梭状芽孢杆菌产生的毒素称肉毒毒素，毒力远强于氰化钾，与神经有较强亲和力，经肠道吸收后作用于颅脑神经核和外周神经，阻止乙酰胆碱的释放，导致肌肉麻痹和神经功能不全。症状出现初期是胃肠病，随后出现全身无力，头晕，视力模糊，眼睑下垂，瞳孔放大，吞咽困难，语言障碍，最后因呼吸困难，呼吸麻痹而死亡。通常在食入后24h 内出现中毒，也有两三天后才发生的，主要与进食毒素的量有关。

3. 副溶血性弧菌

副溶血性弧菌是分布很广的海洋性细菌，在沿海地区的夏秋季节，常因食用大量被此菌污染的海产品而引起爆发性食物中毒。副溶血性弧菌是革兰氏阴性无芽孢、兼性厌氧菌，不耐热，50℃、20min 或65℃、5min 或80℃、1min 即可被杀死。但此菌可产生耐热性的溶血毒素，使人的肠黏膜溃烂，红细胞溶解破碎，这也是此菌名称的由来。此外，毒素还具有细胞毒、心脏毒和肝脏毒等作用。

在引起中毒的水产品中，以各种海鱼和贝蛤类为多见，潜伏期为2~24h，发病急，以腹痛为主，并有腹泻、恶心、呕吐、畏寒发热等症状，重者因脱水、皮肤干燥及血压下降而休克，少数病人有意识不清、痉挛、面色苍白、发绀等现象。若抢救不及时，呈虚脱状态，则易导致死亡。

（二） 病毒引起的水产品中毒

自 20 世纪 50 年代以来，人们已经了解到某些病毒性疾病在人群的传播是通过食用水产品而引起的，水产品上出现病毒主要是由被污染的水体或带病毒的食品加工者造成的，如甲型肝炎病毒、诺瓦克病毒、雪山力病毒等。这些水产品主要是一些滤食性的贝类，这些贝类生活在沿海水域和滩涂中、其滤水量相当惊人。一只毛蚶每小时滤水量为 5~6L，牡蛎可达 40L。当这些贝类生活在具有病毒的水中时，可将病毒粒子吸附到体内，由于浓缩效应，导致贝类体内的病毒含量远高于周围水体，成为病毒的传染源和富集池。

我国沿海或靠近湖泊地区的人们，喜食毛蚶、蛏子、蛤蜊等贝类，为食其鲜美的味道，往往仅以开水烫一下，取出贝肉辅以酱油、米醋等调料蘸食。这种食法，贝肉尚处于半生不熟的状态，不能杀死细菌、病毒、寄生虫等有害生物，极易引起相应的疾病。1987 年底至 1988 年初，发生于上海地区的甲型肝炎大爆发，其原因正是食用了被甲肝病毒污染而又未经充分烹调的毛蚶。因此，在一般的情况下，食用贝类时一定要反复冲洗，漂养 1~2d，使其吐净污物，烹调时不要贪图其味道鲜美，一定要充分加热，烧熟煮透，进食时多加米醋、大蒜等调味品。如果该地区已有病毒病发生，则不要食用附近水域的贝类。

（三） 水产品中常见的寄生虫病

目前，已知鱼类和贝类中有 50 多种蠕虫寄生可引起人类疾病，其中最为常见的是华支睾吸虫，其次还有棘颚口线虫、裂头蚴等。人们常因食用了生的或未经充分烹调的水产品而被感染。因此，要预防感染这些寄生虫，须改变饮食习惯，不吃生鱼或半生不熟的鱼，采用不同的加工技术如腌渍处理等杀死鲜鱼肉中的线虫等。

1. 华支睾吸虫病

华支睾吸虫是一种雌雄同体的吸虫，虫体扁平，（3~5）mm×（10~25）mm，呈乳白色半透明。成虫寄生在终寄主人、猪、猫、狗等的胆管里，虫卵随寄主粪便排出，被螺蛳吞食后，经胞蚴、雷蚴和尾蚴阶段，从螺体逸出后侵入淡水鱼的肌肉、鳞下或鳃部，发育为后囊蚴，如果终寄主食用了含后囊蚴的鱼体，则幼体在消化道中破囊而出，移行至胆管和胆道内发育为成虫。人食入少量囊蚴无症状出现，但食入量较多或反复多次感染，可出现腹痛、肝肿大、黄疸、腹泻和浮肿等症状，重者可引起腹水。胆道内成虫死亡后的碎片和虫卵又可作为胆石的核心而引起胆结石。

2. 并殖吸虫病

引起并殖吸虫病的主要是卫氏并殖吸虫和斯氏并殖吸虫，该虫体表布满体棘，有腹吸盘和口吸盘，虫体椭圆肥厚，背面较隆起，长 7~12mm，宽 4~6mm，厚 2~4mm。并殖吸虫的第一中间寄主为淡水螺类，第二中间寄主为虾蟹等甲壳类，人及哺乳动物为其终寄主。成虫在终寄主体内可生存 5~6 年甚至更长时间，可寄生在胸腔、腹腔、肺等处，因寄生部位的不同而表现出不同的慢性症状：①胸肺型，以咳嗽、胸痛为主；②皮肤肌肉型，以游走型皮下结节为主；③腹型，以腹泻、便血及肝肿大为主；④神经系统型，脑内寄生时可致癫痫、瘫痪。也有感染后在短期内发作的急性病，表现为腹痛、腹泻、高热、荨麻疹、胸痛、咳嗽等。

经口传染是此病传播的唯一途径，如我国南方地区吃醉蟹、腌蟹，东北地区吃蝲蛄酱、蝲蛄豆腐，还有在溪边捕捉虾蟹、蝲蛄后即烧烤食用等，这些方法均不能彻底消灭寄生虫，因而易受感染；喝含有囊蚴的生水也可被感染；此外，食用含并殖吸虫的转续寄主（如野猪、兔、鼠等）的肉，也可受到感染。

3. 裂头蚴病

裂头蚴病是孟氏迭宫绦虫的幼虫——孟氏裂头蚴寄生于人、兽所致的疾病。其成虫长 60~100cm，幼虫为扁平的乳白色带状，在人体内长 4~6cm，在猪体内长 8~30cm。孟氏迭宫绦虫的终寄主为猫、犬、狐等，在其生活史中需要两个中间寄主：第一中间寄主为淡水桡足类，第二中间寄主为蝌蚪、青蛙。人可作为孟氏迭宫绦虫的第二中间寄主、转续寄主或终寄主，但由于人不是正常的终寄主，故成虫很快被排出。

人感染裂头蚴的途径：食用含裂头蚴的蛙肉、猪肉、蛇肉等；喝生水时误食含原尾蚴的蚤类；用生蛙肉或蛙皮贴敷眼部，皮肤创面或脓肿处，用作消炎治病，裂头蚴即可侵入。由于感染途径和寄生部位的不同，其症状表现也不同：在眼部表现为结膜出血、红肿、发痒，寄生部位有硬结，时而呈游走性；在皮肤伤口处，表现为病变扩大、溢脓，时有虫体蠕动逸出；在皮下表现为皮下结节；此外，裂头蚴还可侵入肠黏膜、肾周组织及肠壁等处。

4. 棘颚口线虫病

棘颚口线虫虫体鲜红色，略透明，头部呈球形，雄虫长 11~25mm，雌虫长 25~54mm。成虫寄生于终寄主犬、猫、貂等的胃内，在其生活史中需要两个中间寄主。第一中间寄主剑水蚤，第二中间寄主淡水鱼。许多鸟类、哺乳类、鱼类及甲壳类食入第二中间寄主后可作为转续寄主，终寄主食入第二中间寄主或转续寄主而被感染。人不是适宜的终寄主，在人体内幼虫不能发育为成虫。

人由于食入生的或未煮熟的含第三期幼虫的鱼或转续寄主的肉而被感染，潜伏期一般为 3~4d，有腹痛、呕吐、发热等前期症状。幼虫在皮肤、肌肉等处移行时，可形成界限清晰的肿块，时隐时现，并伴有瘙痒或皮疹。幼虫移行至重要器官如脑、眼、泌尿系统等处时，可产生严重后果。

5. 肾膨结线虫病

肾膨结线虫寄生于人和多种哺乳动物（终寄主）的肾或腹腔内，虫卵随尿液排出，中间寄主寡毛环节动物食入这些卵而被感染，卵在其体内发育为第三期幼虫，终寄主食入带虫的中间寄主而被感染。作为此虫转续寄主的有多种淡水鱼类、蛙等。人类感染主要是由于食入生的鱼、蛙所致。寄生于人体肾盂中的成虫，可造成肾实质坏死；由于成虫的取食活动，可使肾组织遭到破坏；临床症状有腰痛、肾绞痛、血尿、肾盂肾炎、肾结石、肾机能障碍等；当虫体自尿道逸出时可引起尿路阻塞、急性尿中毒等。

三、　其他影响水产品原料安全性的因素

（一）　组胺中毒

组胺中毒是由于摄食了含组胺较多的鱼类而引起的。金枪鱼、鲐鱼、鲣鱼等肌肉呈红色的鱼类含组氨酸丰富，经细菌的组氨酸脱羧酶作用后可产生大量组胺。这些细菌主要是一些肠杆菌、弧菌、乳酸杆菌等。

组胺中毒发病快，潜伏期短，从数分钟至数小时，主要症状为脸红、头晕、头痛、胸闷、心跳加快、呼吸急迫等；部分病人有眼结膜充血、瞳孔散大、唇水肿、口舌四肢发麻、荨麻疹、全身潮红、血压下降等症状。

由于组胺的形成是微生物作用的结果，所以，最有效的措施是防止鱼类腐败。此外，腐败鱼类还可产生其他胺类化合物，通过与组胺的协同作用，使毒性大为增强。无公害水产品要求

鲐鲹鱼类的组胺含量≤50mg/100g，其他海水鱼类应≤30mg/100g。

（二） 腐败

水产动物的组织中含有丰富的蛋白质和非蛋白氮，碳水化合物较少，这导致水产动物死后的肌肉 pH 较高，此外，深海的多脂鱼类含较多的长链高度不饱和脂肪酸，这些条件均导致水产动物的组织比陆地动物更易腐败变质。水产品中的微生物作用、化学性作用和自溶现象是造成腐败的原因，使水产品产生臭味、变色、组织结构改变，甚至产生毒害物质。

1. 微生物导致的腐败

腐败主要是细菌作用的结果。细菌在其生长繁殖过程中，不断降解组织蛋白，产生多种降解产物和代谢产物，其中相当一部分具有恶臭或毒害作用。鱼体上初期的菌落常由嗜冷性革兰氏阴性菌占优势，在贮存过程中会有一种特征菌群生长，其中部分菌群与腐败产生的异味和臭味有关。如某些淡水鱼、热带鱼在好气冷藏中假单胞菌属是典型腐败生物；气调贮藏（含CO_2）中嗜冷发光杆菌是主要的腐败细菌；盐渍或发酵产品上引起变质的菌落是革兰氏阳性、嗜盐或耐盐的小球菌、酵母、芽孢杆菌、乳酸菌和霉菌。

2. 化学性腐败（氧化作用）

不饱和脂肪酸的氧化形成过氧化物，使鱼体组织变色，过氧化物随后分解产生醛、酮，一方面损失了必需脂肪酸，降低了脂肪的营养价值，另一方面，产生的醛、酮具有异味、恶臭，严重影响适口性，某些醛、酮还具有毒害作用。

3. 自溶腐败

鱼体死后，依生物化学过程可分为体表的黏液分泌、死后僵硬过程、自溶过程和腐败过程。自溶过程是鱼体蛋白质在组织蛋白酶的作用下逐渐降解的过程，此时肌肉组织变软，失去弹性，pH 比僵硬期有所上升，这些特点为细菌的生长繁殖提供了良好条件，鱼体的鲜度随之开始下降，很快进入腐败阶段。腐败阶段的主要特征是肌肉与骨骼之间易于分离，并且产生腐臭等异味和有毒物质。腐败与自溶作用之间并无明确界线。

四、 水产品原料的安全检验

（一） 水产品标准

为保证水产品的品质和安全性，必须对水产品的性状和影响水产品安全卫生的诸多有害因素进行定量或定性的规定，即制定水产品标准，作为检验水产品质量的依据。所有在我国生产并销售的产品必须符合相应的国家标准或行业标准，对进出口产品应按照合同规定和输入、输出国相应的标准进行检验。目前，我国已制订了一系列有关水产品的国家标准和行业标准。这些标准可分为卫生标准和质量标准两大类。卫生标准一般包括感官指标、理化指标和生物指标；质量标准包括的内容较多，除卫生指标外，还规定了具体产品的技术要求、试验方法、检验规则、标签、包装、运输和贮存等方面的内容。

（二） 感官检验

感官检验是通过人的感觉器官——味觉、视觉、嗅觉、触觉等，以语言、文字、符号、数值作为分析数据对水产品色泽、气味、风味、组织状态、硬度等外部特征进行评定的方法。

现以鲜海水鱼的感官检验为例说明。检验时，一般将样品放于清洁的白色搪瓷盘或不锈钢工作台上，在光线充足无异味或其他干扰的环境中进行，按要求逐项检验，包括鱼体、肌肉、眼球、鳃、气味和杂质等项目，如表9-8所示。进行气味项目评定时，剪开或用刀切开鱼体的若干处，嗅其气味。进行蒸煮试验时，取 100g 鱼肉，清水冲洗后，切成约 2cm×2cm 的鱼块备用；在容器中加入 500mL 饮用水，煮沸，放入切好的鱼块，加盖，蒸煮 5~10min，揭盖后嗅其气味，品尝滋味。

表 9-8　　　　　　　　　　　　　　　　鲜海水鱼的感官要求

项目	优级品	合格品
鱼体	鱼体硬直、完整，具有鲜鱼固有色泽，色泽明亮，花纹清晰	鱼体较软、基本完整，鱼体色泽较暗，花纹较清晰
肌肉	肌肉组织紧密，有弹性，切面有光泽，肌纤维清晰	肌肉组织尚紧密，有弹性，肌纤维较清晰
眼球	眼球饱满，角膜透明明亮	眼球平坦或微陷，角膜稍混浊
鳃	鳃丝清晰，色鲜红，有少量黏液，黏液透明	鳃丝稍浊，色粉红到褐色，有黏液覆盖，黏液略浑浊
气味	具海水鱼固有气味	允许鳃丝有轻微异味但无臭味、无氨味
杂质	无外来杂质，去内脏鱼腹部应无残留内脏	—
蒸煮试验	具鲜鱼固有的鲜味，肌肉组织口感紧密有弹性，滋味鲜美	气味较正常，肌肉组织口感较松软，滋味稍鲜

资料来源：GB/T 18108—2019《鲜海水鱼通则》。

（三）　物理检验

水产品的物理检验一般包括以下几项：

1. 规格

水产品的规格包括三种，是按照产品的用途而制定的。

（1）切割规格　按产品要求检查切割是否正确、整齐，其类型有整条、去内脏、鱼段、鱼块、鱼尾、碎肉、冻块等。

（2）长度规格　以长度分规格的产品，检验时将抽取的样品逐只或逐条放在检验台上，测量其长度。

（3）只数规格　按个体大小分类的产品，规定产品单位质量的只数和每只质量。

2. 杂质

杂质是指水产品本身不应有的夹杂物或外来杂物，可分为动物性杂质，如昆虫、苍蝇等，植物性杂质，如植物种子、茎叶等，矿物性杂质，如砂、金属、玻璃等。检验时以目测方法检查，必要时借助放大镜或显微镜确定。

3. 温度

温度是影响冷冻、冰鲜水产品质量的重要因素，温度的测定对于了解产品质量具有重要意义。温度测定要选择不影响产品中心温度的合适地方，测温器具需预冷后才可使用。

4. 质量

质量检验一般包括毛重、皮重、净重等项目。

（四） 化学检验

化学检验的指标很多，既包括水分、蛋白质、脂肪等常规化学成分检验，也包括与水产品的安全卫生性密切相关的某些重金属、农药、毒素等指标。NY 5073—2006《无公害食品 水产品中有毒有害物质限量》对这些指标作出了规定（表9-9）。

表9-9 水产品中有毒有害物质限量

项目	指标	项目	指标
组胺/（mg/kg）	≤100（鲐鲹鱼类） ≤30（其他红肉类鱼）	镉/（mg/kg）	≤0.1（鱼类） ≤0.5（甲壳类） ≤1.0（贝类、头足类）
麻痹性贝类毒素/（MU/100g）	≤400（贝类）	铜/（mg/kg）	≤50
腹泻性贝类毒素/（MU/g）	不得检出（贝类）	氟/（mg/kg）	≤2.0（淡水鱼类）
无机砷/（mg/kg）	≤0.1（鱼类） ≤0.5（其他动物性水产品）	石油烃/（mg/kg）	≤15
甲基汞/（mg/kg）	≤0.5（所有水产品，不包括食肉鱼类） ≤1.0（肉食性鱼类，如鲨鱼、金枪鱼等）	多氯联苯 其中： PCB 138 PCB153	≤2.0（海产品） ≤0.5 ≤0.5
铅/（mg/kg）	≤0.5（鱼类，甲壳类） ≤1.0（贝类，头足类）	—	—

1. 新鲜度指标

（1）挥发性盐基氮 挥发性盐基氮是指动物性食品在贮藏过程中，由于肌肉中的内源酶和细菌的共同作用，蛋白质分解而产生的氨、胺类等碱性含氮物质。该值是判断水产品腐败程度的良好指标。挥发性盐基氮的测定一般采用微量定氮法和微量扩散法。

（2）组胺 组胺是鱼体蛋白质中的组氨酸在微生物的组胺酸脱羧酶作用下脱去羧基后形成的一种胺类物质，是判断水产品腐败程度的重要指标。组胺的含量通常采用比色法测定。

此外，pH、酸价、过氧化值等指标在一定程度上也可反映水产品的新鲜程度。

2. 重金属指标

污染水产品的重金属可来源于水环境、饲料等，也有可能在水产品的捕捞、加工、贮存、运输等环节受到污染。

3. 农药、渔药残留指标

水域的污染、养殖过程中大量渔用药物的使用，均会残留于水产品体内，对人体健康造成极大危害，必须对其残留量作出限量标准，如表9-10所示。

表 9-10   水产品中渔药残留限量

药物名称	指标限量/（μg/kg）	药物名称	指标限量/（μg/kg）
金霉素	≤100	磺胺甲噁唑	≤100
土霉素	≤100	甲氧苄啶	≤50
四环素	≤100	噁喹酸	≤300
氯霉素	不得检出	呋喃唑酮	不得检出
磺胺嘧啶	≤100	己烯雌酚	不得检出
磺胺甲基嘧啶	≤100	喹乙醇	不得检出
磺胺二甲基嘧啶	≤100	—	—

　　资料来源：NY 5070—2002《无公害食品　水产品中渔药残留限量》。

（五）　生物指标

　　生物指标包括微生物指标和对寄生虫的要求。在微生物指标中，主要是细菌总数、大肠菌群和致病菌（沙门氏菌、李斯特菌、副溶血性弧菌）等。寄生虫卵检验时，需将水产品解剖后在灯光下目测检验，对于寄生虫的囊蚴，可采用胃蛋白酶消化法破坏其囊壁，再以显微镜观察。致病寄生虫卵如曼氏双槽蚴、阔节裂头蚴、鄂口蚴等，不得在水产品中检出。

第四节　水产品原料生产技术规范

一、　鱼类食品原料生产技术规范

　　我国的鱼类养殖品种繁多，既有传统养殖品种如"四大家鱼"（青鱼、草鱼、鲢鱼、鳙鱼）、鲤鱼、鲫鱼等，也有引进的养殖品种如罗非鱼、斑点叉尾鮰、大口黑鲈等，而且由于新品种的不断引进以及对原有资源的开发，养殖品种呈不断增加的趋势。

　　依养殖水环境的特点，可分为淡水养殖和海水养殖；依养殖方式，有池塘养殖、网箱养殖、围栏养殖等；依养殖的集约化程度，有粗放式养殖、半集约化养殖和集约化养殖。不同的养殖模式其技术规范不同。本文以尼罗罗非鱼的池塘养殖和网箱养殖模式为例，介绍养殖鱼类的生产技术规范 NY/T 5054—2002《无公害食品　尼罗罗非鱼养殖技术规范》。

（一）　环境条件

1. 场地的选择

　　水源充足，排灌方便；水源没有对渔业水质构成威胁的污染源；池塘通风向阳；网箱设置在背风向阳处，水体微流，水深 4m 以上的水体中。

2. 水质

　　水源水质应符合 GB 11607—1989《渔业水质标准》的规定；养殖池塘水质应符合 NY 5051—2001《无公害食品　淡水养殖用水水质》的规定；池水透明度 30cm 以上。

3. 鱼池要求

　　鱼池要求如表 9-11 所示。

表 9-11 鱼池要求

鱼池类别	面积/m²	水深/m	底质要求	淤泥厚度/cm	清池消毒
产卵池	650~1500	1~1.5	池底平坦，壤土或沙壤土	≤10	鱼入池前 15d 左右进行；药物清池按 SC/T 1008—2012 的规定进行
鱼种池	1000~2000			≤20	
食用鱼饲养池	1000~10000	2~3			

（二） 亲鱼

1. 来源

（1）从尼罗河水系引进经选育的尼罗罗非鱼鱼种，专门培育成亲鱼，或直接从原产地引进亲鱼。苗种或亲鱼需经鉴定认可。

（2）持有国家发放的原（良）种生产许可证的原（良）种场生产的苗种，经专门培育成亲鱼。

2. 生物学特性

生物学特性应符合 SC/T 1027—2016《尼罗罗非鱼》的规定。

3. 繁殖体重

繁殖亲鱼的体重：雌鱼应在 0.25kg/尾以上，雄鱼应在 0.5kg/尾以上。

（三） 繁殖

1. 亲鱼的放养

（1）雌雄鉴别 雌鱼腹部臀鳍前方有肛门、生殖孔和泌尿孔，成熟个体的生殖孔突出；雄鱼腹部臀鳍前方有肛门、泄殖孔，成熟个体的泄殖孔大而突出，用手轻压鱼体腹部有乳白色的精液流出。

（2）性比 雌雄亲鱼的放养比例为 3 : 1。

（3）亲鱼消毒 亲鱼放养时应进行药物消毒，可用 2%~4%食盐浸浴 5min，或高锰酸钾 20mg/L（20℃）浸浴 20~30min，或 30mg/L 聚维酮碘（1%有效碘）浸浴 5min。

（4）放养时间 池塘水温回升并稳定在 18℃以上时，即可放养亲鱼。长江中下游地区一般为 4 月下旬，北方地区推迟 15~30d。

（5）放养密度 1~2 尾/m²。

2. 饲养管理

（1）巡池 观察池水水色和透明度变化，严防缺氧浮头；观察亲鱼活动情况，及时清除病鱼。

（2）投饲 以配合饲料为主，辅以饼粕糠麸；日投饲率为体重的 3%~5%。

（3）鱼苗捕捞 产卵的适宜水温为 25~30℃。亲鱼下池后 10~20d 即见鱼苗，可开始捞苗；见到池边有集群的鱼苗后，采用三角抄网每天捞取，或用密网每周全池捕捞一次。鱼苗移至鱼种池培育。

（四） 鱼苗、 鱼种

鱼苗、鱼种的质量应符合 SC/T 1044.3—2001《尼罗罗非鱼养殖技术规范 鱼苗、鱼种》的规定。

（五） 池塘饲养

1. 鱼种培育

（1）施肥、注水 鱼苗、鱼种投放前 5~7d，施绿肥 6000~7000kg/hm²，或粪肥 3000~

4000kg/hm^2。有机肥需经发酵腐熟，并用1%~2%石灰消毒，使用原则应符合 NY/T 394—2021《绿色食品　肥料使用准则》的规定。施肥2~3d后，将鱼种池池水加深至1.5m。

（2）鱼苗放养　当水温回升并稳定在18℃以上时，即为适宜投放的时间。长江中下游地区一般为4月中、下旬，华南、华北地区相应提前或推迟20~30d。

（3）饲养管理　鱼苗入池后，每5天划分为一个培育阶段。第一阶段喂豆浆，每万尾鱼每天喂0.1~0.2kg黄豆；第二阶段起，改为配合饲料等，每万尾鱼每天喂0.25~0.3kg。以后每阶段逐渐增加投喂量，增加量为前阶段的20%~25%。培育期间，每5~7d加注一次新水，使池水在最后培育阶段达1~1.5m。

2. 食用鱼饲养

（1）鱼苗、鱼种的投放规格、密度　鱼苗、鱼种的投放规格、密度如表9-12所示。

表9-12　　　　　　　　　　罗非鱼鱼种、鱼苗的投放规格、密度

鱼种类别	投放规格（全长）/cm	主养（搭养草鱼、鲢、鳙等）密度/（尾/m^2）	单养密度/（尾/m^2）
越冬鱼种	6~10	0.6~0.7（轮捕）	2~3或4（轮捕）
夏花鱼种	4~5	0.7~0.8（轮捕）	4~5
鱼苗	1.5~2	—	6~7.5

（2）饲养管理　以投喂配合饲料为主，日投饲量为鱼体体重的5%~7%，每天投喂4~5次；每15~20d（高温季节10~15d）注水一次，使池水保持在2m以上。每0.5~1.0hm^{2}配备增氧机一台，每天午后及清晨各开机一次，每次2~3h，高温季节，每次增加1~2h。

（3）起捕　按鱼体出池规格要求确定起捕时间。当水温下降至15℃时，所有罗非鱼均需捕完。

（六）网箱饲养

1. 网箱规格设置

按 SC/T 1006—1992《淡水网箱养鱼通用技术要求》规定执行。

2. 鱼种放养

（1）鱼种消毒　按亲鱼消毒进行。

（2）鱼种规格　体重为20~50g/尾。

（3）投放密度　按规格决定投放密度，一般每平方米为600~1000尾。

（4）饲养　宜投喂膨化配合饲料，根据水温、溶氧等决定投饲率（一般为3%~5%），每日投喂3~5次。

（七）越冬

1. 越冬方式

鱼池可建在玻璃温房或塑料大棚内，进行室内加温保暖越冬，也可利用热源进行室外流水保温越冬。

2. 越冬池

越冬池结构为砖砌的水泥池，位置应靠近水源，避风向阳；形状以圆形或椭圆形为宜；室内越冬池面积以10~50m^{2}为宜，池深1.5m；室外越冬池面积100~200m^2，水深1.5~2.0m；鱼

入越冬池前应清理池底污物，并用 30mg/L 漂白粉液泼洒池壁和池底进行消毒处理。

3. 越冬时间

秋季室外水温降至 18℃ 前鱼入越冬池，春末室外水温回升并稳定在 18℃ 以上后，鱼可出越冬池。长江流域一般从 10 月中旬到次年 5 月，珠江流域一般从 11 月到次年 4 月上旬，北方地区则相应延长越冬时间。

4. 越冬鱼的选择

越冬鱼应选择体质健壮、体形匀称、无伤无病、体型饱满的个体；越冬鱼规格以体重 0.2~0.5kg 为宜，每立方米放亲鱼 7~8kg，雌雄比例为 (4~5)∶1；进行越冬的鱼种按全长 3~5cm 和 6~10cm 两种规格分类，每立方米水体放鱼种 7~8kg。

5. 越冬期饲养管理

（1）越冬鱼消毒　按亲鱼消毒进行。

（2）水质调节　水温保持在 18~22℃，换水时水温不得超过 ±2℃；每天排污一次，每隔 3~5d 清洗鱼池一次，使池水溶氧保持在 3mg/L 以上。

（3）投饲　投喂配合颗粒饲料，投饲率为 0.5%~0.8%，越冬鱼出池前一个月可增至 1%，投饲次数为一日两次。

（八）饲料

饲料安全卫生指标应符合 NY 5072—2002《无公害食品　渔用配合饲料安全限量》的规定；配合饲料营养要求应符合 SC/T 1025—2004《罗非鱼配合饲料》的规定。

（九）鱼病防治

鱼病防治以预防为主，一般措施为：

（1）鱼苗、鱼种入塘（网）前，严格进行消毒。

（2）鱼苗、鱼种下塘半月后，每立方米用 1~2g 漂白粉（28% 有效氯）泼洒一次。

（3）高温季节，饲料中按每千克鱼体重每天拌 5g 大蒜头或 0.47g 大蒜素，连续 6d，同时加入适量食盐。

（4）死鱼应及时捞出，埋入土中。

（5）病鱼池（网）中使用过的渔具要浸洗消毒，消毒方法同亲鱼的消毒。

（6）病鱼池水未经消毒不得任意排放。

渔药的使用和休药期按 NY 5071—2002《无公害食品　渔用药物使用准则》的要求执行。

二、壳贝类食品原料生产技术规范

常见的壳贝类有扇贝、贻贝、蛤类、牡蛎等，本文以海湾扇贝为例介绍壳贝类的生产技术规范，包括亲贝选择、幼虫培育、苗种中间培育与养成等技术环节，参照 NY/T 5063—2001《无公害食品　海湾扇贝养殖技术规范》。

（一）亲贝

1. 要求

亲贝应满足以下要求：

规格：壳高 ≥5.5cm，湿重 ≥30g，肥满度（软体部湿重占体重的百分比）≥30%。

形态：符合贝类分类学中有关海湾扇贝特征描述。

壳面：比较洁净、光滑，无附着物。

健康状况：体质健壮，活力强，外套膜伸展并贴壳口，生殖腺肥大。

2. 培育技术

培育池为水泥池或玻璃钢水槽，$10 \sim 30 \mathrm{m}^3$，水深 $1.1 \sim 1.5 \mathrm{m}$；水源符合 GB 11607—1989《渔业水质标准》的规定，培育用水符合 NY 5052—2001《无公害食品　海水养殖用水水质》的规定，盐度为 $25 \sim 31$，其水温从亲贝所在的生境水温逐渐提升至 $18 \sim 20 \mathrm{℃}$，光照强度为 $500 \sim 1000 \mathrm{lx}$。

培育期间投喂硅藻、金藻、扁藻等单细胞藻类或代用饵料，严禁投喂含激素或激素类物质的饵料；连续充气；早期和中期每天早、晚各吸底一次，隔天倒池清底一次，晚期适当增加吸底次数，临近产卵前不倒池；用药和停药期按 NY 5071—2002《无公害食品　渔用药物使用准则》的规定执行。

（二）　幼虫培育

1. 采卵与孵化

采卵密度应 $\leqslant 50$ 粒/mL，让精子和卵子在海水中自行受精；孵化时水温 $22 \sim 24 \mathrm{℃}$，盐度 $25 \sim 31$，密度 $30 \sim 50$ 粒/mL；当亲贝移走后，加大充气，捞取水面泡沫（泡沫中含有大量精子），清除多余精液，提高孵率。

2. 培育条件

培育用水符合 NY 5052—2001《无公害食品　海水养殖用水水质》的规定，盐度为 $25 \sim 31$，水温 $22 \sim 24 \mathrm{℃}$，光照强度应在 $500 \mathrm{lx}$ 以下，密度为 10 个/mL。

3. 日常管理

（1）投饵　受精卵孵化至 D 形幼虫期，即受精后 24h，即可投喂硅藻、金藻、扁藻等小型单细胞藻类。一般日投喂量为 2×10^4 细胞/mL；随幼虫生长，投饵量应逐步增加，后期达到 8×10^4 细胞/mL，分 $6 \sim 8$ 次投喂。

（2）其他　每天早、晚各吸底一次，每天换水 2 次，每次换水 1/3；第一次倒池应在产卵后 $25 \sim 30 \mathrm{h}$ 进行，以后每 3 天倒池一次；培育期间，应以 100 号或 120 号散气石连续微量充气。

4. 采苗

采苗器为聚乙烯网片或细棕绳等，其中聚乙烯网片使用前，务必以 $0.5 \text{‰} \sim 1.0 \text{‰}$ 的氢氧化钠溶液浸泡清洗油污；棕绳需经反复浸泡、敲打、冲洗，清除碎屑、杂质及可溶性有害物质。当眼点幼虫达到 30% 以上后，应立即倒池并投放采苗器，聚乙烯网片按 $2.0 \sim 2.5 \mathrm{kg/m}^3$ 投放，直径 3mm 的棕绳按 $1000 \sim 1500 \mathrm{m/m}^3$ 投放。投放采苗器后可提高 $1 \sim 2 \mathrm{℃}$ 水温，并适当加大换水量，减少充气量，检查附着变态情况，根据附苗数量调整投饵量。

用药和停药期按 NY 5071—2002《无公害食品　渔用药物使用准则》的规定执行。

5. 出池苗

出池苗壳高 $400 \sim 600 \mathrm{\mu m}$，大小均匀，健壮，足丝黏附力强；规格合格率 $\geqslant 95\%$，畸形率和伤残死亡率总和 $\leqslant 3\%$。

（三）　出池苗中间培育

1. 培育条件

培育池应选择虾池、蓄水池或风平浪静的内湾，使用前，虾池、蓄水池应用 $500 \mathrm{mg/L}$ 的生石灰或 $30 \sim 50 \mathrm{mg/L}$ 的漂白粉消毒。培育用水符合 NY 5052—2001《无公害食品　海水养殖用水水质》的规定，盐度为 $25 \sim 33$，水温 $13 \sim 26 \mathrm{℃}$，透明度 $60 \sim 80 \mathrm{cm}$。

2. 日常管理

（1）肥水　购苗前一周，先纳水 50~60cm，施入无机肥（氮 3~5mg/L，磷 0.3~0.5mg/L），接种人工培养的硅藻，金藻或扁藻等单胞藻饵料。

（2）冲刷苗袋　苗袋入池 3~4d 后，人工进行提、放或轻轻摆动，借以冲刷苗袋上的浮泥，维持袋内外水交换良好，确保优良水质和饵料的供应。

（3）分苗和倒袋　随着稚贝的生长应及时分苗和倒袋，疏散密度。

（4）水质调控　根据实际情况进行换水和肥水，创造适于稚贝生长发育的条件。

（5）生长和死亡观察　定期观察稚贝的生长和死亡情况，及时清除死贝。

（6）应急处理　当毗连或养殖海区发生有害赤潮或溢油等事件时，应及时采取有力措施，避免贝苗受到污染。

3. 商品苗

商品苗的壳高应为 3.0~5.0mm，大小均匀，色泽鲜艳，壳厚适中，壳缘薄，活力强（在水中壳开、闭活跃）；规格合格率 ≥ 90%，畸形率和伤残死亡率总和 ≤3%。

（四）　商品苗中间培育

1. 培育技术

场地应选择在水清流缓、无大风浪、饵料丰富的海区或利用养成扇贝的海区，水质应符合 NY 5052—2001《无公害食品　海水养殖用水水质》的规定。

商品苗首先吊养在海上适应和恢复 3~5d，再分苗到 18 目或 16 目网袋继续暂养，再经 15d 左右，壳高达到 10mm 以上时，移到网目为 8~10mm 的暂养笼中暂养。采用网袋法，每袋装 300~500 粒，每串挂 10 袋，一根 60m 的浮缆可挂 100~120 串；采用网笼法，每层装 300~500 粒，一根 60m 的浮缆可挂 100 笼。

当毗连或养殖海区发生有害赤潮或溢油等事件时，应及时采取有力措施，避免苗种受到污染。

2. 苗种

苗种壳高 ≥2.0cm，大小均匀，色泽鲜艳，壳厚适中，壳缘薄，活力强（在水中壳开、闭活跃）；规格合格率 ≥90%，畸形率和伤残死亡率总和 ≤5%。

（五）　养成

海湾扇贝的养成方式有浅海筏式养殖和池塘底播养殖。

1. 浅海筏式养殖

（1）环境条件　应符合表 9-13 的要求。

表 9-13　　　　　　　　　　浅海养殖环境条件

环境因子	要求	环境因子	要求
水质	应符合 NY 5052—2001《无公害食品　海水养殖用水水质》的规定	水温/℃	5~28
水深/m	大潮期低潮时水深为 5~25	盐度	25~33
流速/（cm/s）	10~40	透明度/m	≥0.6

（2）浅海养殖设施　由浮缆、浮漂、固定橛、橛缆、养殖笼等部分组成，严禁使用有毒材料。

（3）养殖设施的位置　划分海区并确定位置，留出航道，行向与流向成垂直，行距 10~20m；笼间距为 0.5~0.7m，一根 60m 的浮缆可挂 80~100 笼。

（4）养殖水层　养殖笼最上层距水面 1~2m。

（5）养殖密度　每公顷水面放养 $7×10^4$ ~ $10×10^4$ 粒（航道等空置水面计算在内）；直径 30cm 的养殖笼每层 25~35 粒。

（6）日常管理　清除敌害生物和附着物，及时刷洗清除敌害生物，查清种苗暂养海区的藤壶、牡蛎等的产卵和附着时间及其幼虫垂直分布和平面分布，尽量避开在藤壶和牡蛎高峰期时进行分袋倒笼等生产操作。

在附着物大量附着季节，应适当下降水层；大风浪来临前，应将整个筏架下沉，以减少损失。随着扇贝的生长，体重增加，应及时增补浮漂，防止筏架下沉，使浮漂保持在水面将沉而未沉状态。

当毗连或养殖海区发生有害赤潮或溢油等事件时，应及时采取有力措施，避免苗种受到污染。如果海湾扇贝已经受到污染，应就地销毁，严禁上市。

2. 池塘底播养殖

池塘养殖的环境条件应符合表 9-14 的规定。

表 9-14　　　　　　　　　　池塘养殖环境条件

环境因子	要求
水质	应符合 NY 5052—2001《无公害食品　海水养殖用水水质》的规定
水温/℃	5~30
盐度	25~33
底质	较硬的泥砂质

池塘养殖宜使用无机肥肥水，接种人工培养的硅藻、金藻、扁藻等单胞藻或代用饵料，严禁投喂含激素或激素类物质的代用饵料。放养密度为每公顷 $10×10^4$ ~ $15×10^4$ 粒。

为保证所产扇贝的卫生安全性，应在养殖环境良好的海区暂养 15d 以上，直至达到无公害食品质量要求为止。

三、　藻类食品原料生产技术规范

藻类是一类结构简单，无根、茎、叶的分化的低等自养植物，其体型除部分海产品较大外，一般均相当微小。我国的藻类资源丰富，具经济价值的有 100 多种，主要的经济种属于红藻门和褐藻门等。目前养殖的品种主要是海带、紫菜、裙带菜等，本文以海带为例介绍其养殖技术规范。NY/T 5057—2001《海带养殖技术规范》包括夏苗的培育、养成、收割等及对环境条件和病害防治的要求。

（一）　夏苗培育

1. 水质条件与水质处理

培育用水应符合 GB 11607—1989《渔业水质标准》和 NY 5052—2001《无公害食品　海水养殖用水水质》的规定。使用前应进行水质处理：沉淀、一次过滤、冷却、二次过滤。使用后的海水应回收到回水池内，经再冷却和再过滤后使用。

2. 育苗器的处理

苗绳为直径 0.5cm 的红棕绳，经干捶和湿捶直到去掉杂质，绳索柔软为止；其后以淡水浸泡 30d，每 10d 换水一次；浸泡过的棕绳用淡水煮 12h，以淡水洗净晒干，拉直伸开，其后经编帘、燎毛、煮毛等工序，备用。

3. 育苗池的清理

新池应疏通管道，清除杂质，浸泡两周以上并多次刷洗；旧池应用漂白粉溶液喷洒，以清洁海水多次洗刷。

4. 种海带培育（以南方为例）

6 月初（水温 20℃左右）选叶厚色浓、未发生孢子囊的藻体绑到苗绳上，挂于水流畅通的外海区暂养 30d；7 月上旬（水温 26℃左右）进行复选，剪去藻体边缘和梢部，保留长 0.6~0.7m，宽 0.2m，洗净移入育苗池内；育苗池内水温 8~10℃，光照 3000~4000lx，每天换水 1/3，培育 40d 孢子囊表皮破裂，光照降至 700~1000lx，水温每 3 天提高 0.5~1℃，达 13℃后稳定，50d 后即 8 月下旬至 9 月初可采孢子育苗。

5. 采孢子

南方海区需对种海带进行阴干 3~4h，其后以浸泡法或滴水法刺激孢子释放；南方每个苗帘用 0.3 株海带，游孢子放散的适宜水温为 8.5℃左右；游孢子的附着通常采用两种方法，一为放育苗帘 4~6 层，加 1/3 的 8~8.5℃海水，注入清除掉黏液的孢子水；二将孢子水清除黏液后直接放入育苗帘；通常游孢子 2h 左右附着牢固，然后换水移帘。

6. 夏苗培育

夏苗培育期间的光照、水温及施肥、换水量等技术条件如表 9-15 所示。

表 9-15　　　　　　　　　　　　夏苗培育的技术条件

时间	水温/℃	光照/lx	施肥/（mg/L）		每小时换水率/%	日加新鲜海水率/%
			NO_3—N	PO_4^-—P		
7 月下旬~8 月上旬	8~9	800~1500	1~2.5	0.05~0.13	20	25
8 月中旬~9 月上旬	7~8	1500~2500	2.5~3.5	0.13~0.17	25~30	35
9 月中旬~10 月上旬	5.5~6.5	2500~400	3.5~4.5	0.17~0.23	30~50	40~50
10 月中旬	8~10	5000	—	—	—	—

夏苗培育期间需进行育苗池的清洗、苗帘的洗刷等工作，并注意病害的防治。

待海水水温降至 20℃以下（北方 10 月中旬前后，南方 11 月下旬），可将夏苗下海暂养。运输时可采湿运法或浸水运输法。

（二）夏苗暂养和分苗

暂养海区应风浪小，潮流畅通，水质肥沃，透明度 1~3m，浮泥杂草少。

暂养时可采用平挂法或垂挂法，暂养水层初期为 50~80cm，逐渐调节至 30cm 左右；在幼苗长到 20±2cm 时，即可分苗。

（三）海带养成

1. 养成区环境条件

养成区应设在无城市污水、工业污水和河流淡水排放的海域，水质应符合 GB 11607—1989

《渔业水质标准》和 NY 5052—2001《无公害食品　海水养殖用水水质》的规定；海水流速 0.17~0.70m/s，透明度的变化幅度应小于 3m，水深 8~30m 均可，其中 20~30m 海区为高产海区。

2. 养殖筏设置

单式筏由浮绠、橛缆、木橛、砣子、浮子、吊绳、苗绳、单筏等部件组成，设筏时要统一规划，筏间距 5~8m，每小区设筏 20~40 行，区间距 30~50m，区与区之间呈"田"字形纵横排列。

3. 养成

我国目前普遍采用平养法。浮筏设置与海流平行，连接相邻两行浮筏之间的苗绳，苗绳平挂于海水中，使海带受光均匀；初挂水层深度为 80~120cm，当水温升至 12℃以上时，应提升水层为 30~40cm；平养后每 30 天倒置一次。

水温 5~6℃时进行切梢（北方约在 3 月底 4 月初），一般切去海带全长的 1/3~2/5，切下的海带梢不得扔入海内。

4. 病害与防治

在养成期，由于受光不足易出现绿烂病；营养不足，受光过强易出现白烂病；光照突然增强则会出现点状白烂病。应针对病因加以预防和治疗。

5. 收割

北方海区在 5 月上中旬，鲜干比达到 6.5∶1 即可间收，水温 15℃以上可整绳收割；南方海区为 4 月中下旬，水温 17℃以上，苗绳上部的海带鲜干比达到 6.5∶1 即可收割。

第五节　水产品原料半成品加工技术规范

水产品原料半成品加工的种类和方法很多，有冷冻加工、干制品加工、腌制品加工、鱼糜制品加工等。本节以无公害冷冻水产品加工和无公害鱼糜制品加工的质量管理为例，介绍水产品原料半成品加工技术规范。

一、　无公害冷冻水产品加工的质量管理

（一）　环境、设施、设备

定期对工厂周围的环境、废弃物处理设备、原料处理室与加工车间的卫生状况进行检查，并记录。加工用水及生产过程中所用海水、冰应符合《生活饮用水卫生规范》（卫生部卫生法制与监督司 2001 年 6 月颁布）、NY 5052—2001《无公害食品　海水养殖用水水质》、SC/T 9001—1984《人造冰》的要求。

车间的所有工具、容器须采用不锈钢或无毒塑料制品（不得使用竹、木制品）。

速冻机版带、平板等必须用消毒液喷洒消毒后用清水冲洗干净；加工用的计量器、塑料盒定时清洗消毒；搬运水产品的箱子每循环使用一次需清洗干净；工作结束后将洗净的箱子放入消毒液中浸泡消毒，以清水洗净；车间每天需在作业前对加工台面、各种工具进行净水冲洗和检查。

设备器具排列有序，初加工、精加工、包装器具专物专用，不同工序不得混用。

（二） 原辅材料

1. 原料

海水鱼原料、头足类海产原料、淡水鱼原料应分别符合有关规定。原料中如含有农药、兽药残留，生物毒素，重金属等毒害物质时，其含量应符合 NY 5073—2006《无公害食品 水产品中有毒有害物质限量》、NY 5070—2002《无公害食品 水产品中渔药残留限量》的规定。

新鲜及冰鲜的水产原料在加工前不允许在室外堆放，要使用足够的冰冷却或在规定的温度下保藏，并应尽快加工；冻藏水产原料需在 −18℃的冷藏库中贮存，并定期测定库温；原料使用要按照先进先出的原则进行管理。

2. 辅料

冷冻加工过程中使用的辅料如盐、味精等，必须符合有关要求；生产中需要加入添加剂时，添加剂的种类、数量、加入方法等，必须符合 GB 2760—2014《食品安全国家标准 食品添加剂使用标准》及其随后增补品种的有关规定。

3. 包装材料

包装材料必须是国家批准可用于食品的材料；所用材料必须保持清洁卫生；直接接触水产品的包装必须符合食品卫生的要求，不能对内容物造成直接和间接的污染。

（三） 操作人员

操作人员上岗前必须经过卫生培训；操作人员应穿戴清洁的工作衣和帽子，操作前要洗手并用消毒液浸泡消毒，操作时不可佩带项链、戒指等饰物；操作人员应定期进行健康检查和便检，不符合要求者应进行工作调整；操作人员进入车间前，应先用带有胶纸的辊筒互相除去衣物上的头发，再进除尘间吹去身上的灰尘。

（四） 制造工序

冷冻食品从原料处理到成品要经过很多工序，不同的水产冷冻食品也具有不同的工艺和工序。下面以冷冻淡水鱼片的加工工艺为例作介绍。

1. 工艺流程

原料鱼 → 冲洗 → 前处理（去鳞、头、内脏）→ 洗净 → 剥皮 → 剖片 → 整形 → 挑刺修补 → 冻前检验 → 浸液 → 装盘 → 速冻 → 镀冰衣 → 包装 → 冷藏

2. 操作要点

（1）前处理 去鳞、头、内脏，洗净血污与黑膜。

（2）剥皮 一般可使用剥皮机，掌握好刀片的刃口。

（3）剖片 手工切片，根据原料鱼的不同，采用合适的切割方法。

（4）整形 切割好的鱼片在带网格的塑料框中漂洗后再进行整形，切去残存鱼鳍，除去鱼片中的骨刺、黑膜、鱼皮、血痕等杂物。

（5）冻前检验 将鱼片进行灯光检查，挑出寄生虫。

（6）浸液 一般采用多聚磷酸盐复合液。

（7）装盘 将沥完水的鱼按规定放在盘内，上下放平整。

（8）速冻 将盘送速冻装置中快速冻结，待鱼片温度达 −18℃时即可出冻脱盘。

（9）包装 出冻后的鱼片包冰衣后装入聚乙烯薄膜袋内。

（10）冷藏 于 −18℃以下冷库中冷藏。

3. 卫生管理

加工过程符合安全卫生原则；各工序间的时间间隔应尽量短，减少微生物的繁殖与污染；相关设备、容器、用具等在使用中不能受污染；加工过程中原料应充分洗净，水不可循环使用；加工用冰以合格的自来水制作；加工中的下脚料由专用废物筒盛放，专人处理，处理完后彻底消毒；冷冻包装阶段主要监控冷冻设备的温度和冻后产品中心温度；包装应按产品的要求正确包装，包装不良者应重新包装；产品包装完毕后应及时入库冷藏，以免温度回升。

（五） 产品质量检验

每批成品需经过严格检验，符合所规定的品质、安全、卫生要求后方可出货。

（六） 仓储及运输

冷库应保持清洁、整齐，库内空气温度应低于-18℃，相对湿度应不低于90%；贮存物品应定期清理与抽查，并做好记录；冷库应定期清扫、消毒，要做到无鼠害、无霉菌、无污垢、无异味。

运输时应采用冷藏运输的方式，如冷藏汽车、冷藏船、冷藏飞机等，运输过程中的品温应保持在-18℃以下，避免日光直射、雨淋、撞击等，防止变质；器具在装运货物前应清洁、消毒。

二、 无公害鱼糜制品加工的质量管理

（一） 环境、 设施、 设备

对环境、设施、设备的要求同无公害冷冻水产品加工的质量管理。

（二） 原、 辅材料

对原、辅材料的要求同无公害冷冻水产品加工的质量管理。值得注意的是鱼糜制品的加工必须使用鲜度良好的原料鱼，以利于制品的质量和贮存。

（三） 操作人员

对操作人员的要求同无公害冷冻水产品加工的质量管理。

（四） 制造工序

鱼糜及鱼糜制品的生产要经过很多工序，下面以冷冻鱼糜的生产为例作介绍。

1. 工艺流程

原料鱼→ 冲洗 → 形态处理（去鳞、头、内脏） → 清洗 → 采肉 → 漂洗 → 脱水 → 精滤分级 → 混入添加物 → 混合 → 定量、包装 → 冻结贮存 → 镀冰衣 → 包装 → 冻结、贮藏

2. 操作要点

（1）形态处理　去鳞、头、内脏，洗净血污与黑膜。

（2）采肉　机械方法分离鱼肉，除骨、皮，得净鱼肉，常用滚筒式采肉机，网眼孔径稍大为好。

（3）漂洗　除去血液、色素、脂肪等，改良鱼糜色泽、气味及组织特性；浓缩功能蛋白，提高肌纤凝蛋白浓度，使鱼糜具弹性；白色鱼肉类及介于红、白色之间的鱼肉类可采用清水漂洗法，多脂的红色鱼肉类采用稀碱盐水漂洗法；漂洗水的pH为6.8，漂洗时间10min左右。

（4）脱水　螺旋压榨机压榨去水或离心机离心脱水（2000～2800r/min，20min），温度以10℃为宜。

（5）精滤、分级　多脂的红色鱼肉类漂洗后脱水，滤出骨刺、鱼皮等杂物，无分级；少脂

的白色鱼肉类漂洗后预脱水、精滤、分级、再脱水。

（6）混入添合物　混入添加物（即2%蔗糖、2%山梨糖醇和0.3%多聚磷酸钠）。

（7）混合　使用的机械有夹套冷却式混合机（5min）和斩拌机（2～3min）。

（8）定量、包装　由包装机按规定要求包装为厚度为6～8cm的长方块，包装袋为聚乙烯塑料袋。包装后由传送带送入金属检测器检查，确保产品中无金属杂物混入。

（9）冷藏　常用平板冻结机，冻结温度为-35℃，3～4h，使鱼糜中心温度达-20℃；冷藏库温度一般-25～-20℃。

3. 卫生管理

重点是温度、时间、机器、用具和操作人员的卫生管理。冻藏原料鱼的解冻应在低温、卫生场所进行，解冻水是必须符合卫生要求的流动水，解冻后温度不得超过5℃；原料鱼在采肉前要充分洗净，然后装入清洁易洗的金属或树脂的不渗透性专用容器中；使用清洁的调理器具剔肉，剔下精肉装入清洁易洗不渗透性专用容器中；使用滚筒式采肉机时，滚筒及橡胶皮带圈应清水冲洗干净；漂洗时应用卫生的低温水，并充分换水；用于储存、输送原料、半成品、成品的设备、器具及用具在使用前应彻底清洗消毒，使用中不能受到污染；容器不可直接放在地上，以防水污染或容器外面污染所引起的间接污染。

（五）产品质量检验

每批成品需经过严格检验，符合所规定的品质、安全、卫生要求后方可出货。

（六）仓储及运输

贮存温度是决定贮藏性能的关键因素，一般要求采用低温流通的途径，以确保鱼糜制品的贮存期。

其他的仓储及运输注意事项同无公害冷冻水产品加工的质量管理。

🔍 思考题

1. 常见污染饲料的霉菌有哪些？有何危害？

2. 污染饲料和水产品的主要重金属主要有哪些？其危害如何？

3. 污染饲料的主要农药有哪些？

4. 棉籽饼粕中的主要毒害因子是什么？有何危害？

5. 菜籽饼粕中的主要毒害因子是什么？有何危害？

6. 水产药物的使用应遵循哪些原则？

7. 影响养殖水体安全性的主要因素有哪些？

8. 含天然有毒物质的鱼类主要有几类？有何危害？

9. 污染水产品原料的细菌主要有哪些？有何危害？

10. 污染水产品原料的寄生虫有哪些？有何危害？

11. 水产品原料腐败的原因和危害是什么？

12. 对鲜海鱼的感官要求有哪些？

13. 水产品原料的化学检验有哪些指标？

其他食品原辅料的安全控制

【提要】其他食品原辅料的安全控制，包括香辛料、调味料、酒类、茶、咖啡及蜂王浆和食品添加剂的安全控制等。

【教学目标】了解内容：常用香辛料的种类；常用香辛料的香气及形成风味的化合物；常用香辛料的生理活性；调味品的分类；酒类的概况；葡萄酒、果酒、露酒、黄酒及其他酒的安全控制要求；茶、咖啡、蜂王浆、蜂蜜及花粉的概况；蜂王浆、蜂蜜及花粉的安全控制要求；食品添加剂的定义、分类及使用原则；禁用的添加剂种类。掌握内容：熟悉辣椒干、生姜、胡椒、花椒、八角、桂皮及孜然等的安全控制要求；熟悉食盐、酱油、食醋、味精及酿造醋的安全控制要求；熟悉白酒、啤酒的安全控制要求；熟悉茶、咖啡的安全控制要求；熟悉食品添加剂的毒理性及安全性的问题；熟悉食品添加剂的安全控制。

【名词及概念】香辛料，调味品，复合调味料，露酒，保健酒，食品添加剂。

【课程思政元素】白酒生产过程中使用的曲是世界上最早的一种含多种微生物的复合酶制剂，也是古代人们保存微生物菌种的有效方法，我们对用曲来酿酒这一项伟大发明应产生强烈的民族自豪感和文化自信；近年来，有些不法商贩为了追逐眼前利益违法使用禁用添加剂，致使我国食品产业遭遇了"诚信危机"，我们应当培养学生的诚信意识，在将来从事食品相关工作时把人民群众的健康安全始终放在第一位。

第一节　香辛料的安全控制

香辛料又称辛香料，是一类可用于各种食品，赋予食物香、辛、辣等风味，并有增进食欲作用的植物性物质的总称。我国批准使用的食用香辛料多达 700 余种，应用历史悠久，可追溯到五万年前的原始狩猎时期。香辛料是一些干制的植物种子、果实、根、树皮等，如胡椒、豆蔻、肉桂等，起作用的成分是能产生香气和形成风味的化合物，主要是萜烯类化合物、萜的衍生物、小分子芳香化合物、小分子酚类物质及含杂原子的化合物。

一、常用香辛料

（一）红辣椒干

红辣椒干即采用成熟的鲜红辣椒经自然晾晒或人工干燥制成的产品。辣椒的主要成分有三种，分别是维生素 C、风味物质（即多种芳香化合物，是辣椒香味的来源）、辣椒碱类化合物。辣椒碱类化合物是单脂肪酸的香兰基酰胺，是辣椒的主要呈辣物质，由辣椒素、高辣椒素、二氢辣椒素、二氢高辣椒素、脱氢辣椒素等组成，其中，辣椒素又称辣椒碱，含量最大，其和脱氢辣椒素辣味最强。

（二） 生姜

生姜自远古起就在中国、印度、阿拉伯传统草药中作为药用，在中国，其主要被用作助消化、治疗胃部不适和恶心呕吐等。生姜含有辛辣和芳香成分，姜辣素是生姜辣味物质的总称，主要为姜酚类、姜烯酚类、姜酮类、姜二酮类及姜二醇类等；芳香成分主要为单萜类，包括 α-姜烯、β-倍半水芹烯、β-红没药烯等。

（三） 胡椒

胡椒素有"香料之王"的美称，原产于印度，主要分布在热带及亚热带地区，在我国主要分布在广东、广西、云南、海南及台湾等地，海南省是胡椒的主产区，目前占全国胡椒总产量的 90% 以上。胡椒按不同加工方式分为黑胡椒、白胡椒和青胡椒。黑胡椒是胡椒果不脱皮直接干燥而成，白胡椒是胡椒鲜果脱皮干燥而成，青胡椒是采用七八成熟胡椒鲜果脱皮干燥而成。胡椒具有广谱抑菌活性、抗氧化活性、抗肿瘤活性，还具有抗惊厥、抗肥胖、抗抑郁等多种生理活性。胡椒的香气和香味主要由胡椒挥发油的组成决定，这些成分一起赋予了胡椒清香和辛辣的风味。在胡椒挥发油中，烯类化合物占比很大，主要有 E-β-石竹烯、柠檬烯、β-蒎烯、β-水芹烯等。而胡椒的辣味成分除了少量类辣椒素外，主要是胡椒碱。胡椒碱是酰胺类化合物，有不饱和烃基顺、反异构体之分，顺式的含量越多越辣，全反式结构称为异胡椒碱，辣度远不及顺式结构。

（四） 花椒

花椒在全世界约有 250 种，主要分布在亚洲、非洲、美洲及大洋洲的热带及亚热带地区。目前，中国约有 45 种，13 个变种，主要分布在长江以南及西南诸省。花椒作为香辛料的部分是其干燥成熟的果皮，具有抗癌、麻醉、镇痛、抑菌、杀虫等功效。花椒的主要辣味成分为酰胺类化合物，此外还伴有少量异硫氰酸烯丙酯。花椒酰胺类化合物多为链状不饱和脂肪酰胺，其中山椒素类为代表，具有强烈刺激性，是花椒麻味的主要来源。花椒在粉碎时，这两种化合物会迅速分解从而损失其麻辣味，因此，花椒需要整粒存储，现用现粉碎。

（五） 八角

八角又称大茴香，味香甜，分布于东南亚和北美洲，其中亚洲占 80%，以中国为主，其次是越南、柬埔寨、缅甸、印度尼西亚的苏门答腊、菲律宾的加里曼丹等国家和地区。在中国，八角主要分布在广东、广西、云南、四川、贵州、湖南、湖北、江西、江苏、浙江、福建、台湾等省份。香料八角是干燥的成熟果实。八角果实含有挥发油、有机酸类、黄酮类、苯甲醚、茴香醛等有效成分，具有抑菌及抗氧化的作用。八角茴香精油主要成分是大茴香醛、柠檬烯及 β-石竹烯等化合物。

（六） 肉桂

肉桂是樟科樟属中等大乔木，肉桂的树皮常被用作香料。肉桂原产于斯里兰卡，其产量约占全球的 70%，此外，中国、东南亚及世界上许多热带地区都有栽种。中国主要分布在广西、广东、云南、福建、海南等省份。肉桂中主要含有挥发油、二萜及其糖苷、黄烷醇，还有黄酮类、多酚类等多种类型的化合物，肉桂具有降血糖、降血脂、抗醛糖还原酶活性、抗炎、抗补体、抗肿瘤、抗菌、抑制黑色素等作用。肉桂挥发油中主要含有桂皮醛、反式肉桂醛、邻甲氧基肉桂醛，及少量的乙酸桂皮酯、桂皮酸、乙酸苯丙酯等。

（七） 孜然

孜然又称小茴香，是孜然芹的种子，被认为是继胡椒外世界第二重要的香料作物，原产于埃及、埃塞俄比亚，现在俄罗斯、地中海地区、伊朗、印度、北美地区及中国均有分布，我国主要在新疆栽培。孜然主要含有挥发油、苷类和油脂类，其总油脂量约为干品的 14.5%。孜然具有抗氧化、杀虫、广谱抑菌、对多种酶有明显的抑制作用等多种生理功能。孜然挥发油含量较高，水蒸馏法收率可达 4.5% 左右，主要成分为枯茗醛、枯茗醇、枯茗酸、α-蒎烯、β-蒎烯、月桂烯、水芹烯等。

（八） 肉豆蔻

肉豆蔻是肉豆蔻科肉豆蔻属常绿乔木，其成熟种仁是热带著名的香料，原产于马来西亚、印度尼西亚，现于中国广东、广西、云南等地皆有栽培。肉豆蔻含挥发油、脂肪油、苯丙素、木质素和黄酮等多种化学物质，具有抗菌消炎、镇静、止泻、心血管药理作用、镇痛、对中枢神经系统的作用、抗肿瘤等多种生理功能。肉豆蔻挥发油含量较高，可达 8%~15%，主要成分为蒎烯、松油烯、水芹烯、肉豆蔻酸、肉豆蔻醚等。

（九） 干迷迭香

迷迭香是双子叶植物纲唇形科迷迭香属灌木，原产于欧洲、非洲北部地中海沿岸，现中国主要在南方大部分地区及山东地区栽种。整个新鲜迷迭香植物或干燥的迷迭香叶用作调味。迷迭香叶可作为原料提取制备迷迭香精油，用于各种香精产品的原料。从迷迭香中提取制备的鼠尾草酸、鼠尾草酚、迷迭香酸可用于食物的抗氧化剂。此外，迷迭香具有抗氧化、抑菌、抗肿瘤、消炎、抗抑郁、代谢调节等多种生理功能。迷迭香主要含有酚酸类、黄酮类及挥发油等成分。其挥发油的主要成分为 α-蒎烯、莰烯、龙脑、β-蒎烯、α-水芹烯、樟脑、β-月桂烯、1,8-桉叶素、乙酸龙脑酯、α-松油醇等。

（十） 干罗勒

罗勒是唇形目唇形科罗勒属植物，味似茴香，原产于非洲、美洲及亚洲热带地区，现中国主要在新疆、吉林、河北、河南、浙江、江苏、安徽、江西、湖北、湖南、广东、广西、福建、台湾、贵州、云南及四川等地栽培。干燥的罗勒茎叶用作调味。罗勒主要含挥发油、黄酮类、香豆素等化学成分，具有抗炎镇痛、抗氧化、抗肿瘤转移、抗血栓形成、抗消化道溃疡、抑菌、杀虫、降血糖、降血脂等多种生理功能。其挥发油主要成分为 α-蒎烯、香桧烯、1,3-辛二烯、β-蒎烯、月桂烯、柠檬烯、1,8-桉叶素等。

（十一） 辣根

辣根是白花菜目十字花科辣根属多年生直立草本，具有独特的刺激性。原产于欧洲东部和土耳其，现中国主要在黑龙江、吉林、辽宁、北京等地栽种。辣根具有独特的刺激性和辛香辣味，具有提鲜和杀菌作用，是日式料理、凉拌菜、生食海鲜等常用佐料。辣根具有抗肿瘤、抗菌、杀虫等多种生理功能，其主要成分为硫代葡萄糖苷。我国辣根挥发油的化学成分与英国、匈牙利和日本的有较大差异，3-丁烯基异硫氰酸酯、苯基异硫氰酸酯和苄基异硫氰酸酯为我国辣根的特有成分。此外，我国辣根挥发油的主要成分还有烯丙基异硫氰酸酯、4-戊烯基异硫氰酸酯、β-苯基乙基异硫氰酸酯和5-已烯基异硫氰酸酯。

（十二） 月桂叶

月桂叶又称香叶，是樟科甜月桂的叶，原产于南欧地中海，现我国江苏、浙江、福建、台湾、四川、云南等地都有栽种。月桂叶有肉桂的甜味，油含量约为 2%，是全球香料工业中最重要的精油之一。月桂叶有抑菌、抗氧化、杀虫等多种生理活性。月桂叶挥发油的主要成分为1,8-桉油醇，乙酸松油酯、丁香酚甲醚等。

（十三） 藏红花

藏红花是鸢尾科多年生草本花卉，可制成一味极其昂贵的香料。藏红花香料原料仅是花朵中的三丝红色柱头，约 10 万朵藏红花经干燥后，最终成品为 500g。藏红花是美食界的珍贵食材，被美食家誉为"香料皇后"，其风味独特，具有标志性的精细苦味和微妙甜感，还有类似蜂蜜、干草及花粉的香气及迷人色泽。藏红花原产于亚洲西南部，现主要分布在欧洲、地中海及中亚等地，我国的上海、浙江、河南等地也有种植。藏红花还是一味名贵的中药材，具有镇静、祛痰、散郁开结和活血化瘀等多种功效。此外，藏红花提取物中的西红花苷、西红花酸、藏红花醛和藏红花苦苷等活性成分表现出对多种神经系统疾病具有一定的潜在疗效。藏红花挥发油的主要成分为藏花醛、α-异佛尔酮、优香芹烷、双环［3,2,0］-4-乙氧基-庚烯、4-羟基-2,6,6-三甲基-1-环己烯-1-醛等。

（十四） 薄荷

薄荷是一类唇形科植物，广泛分布于北半球的温带，中国各地均有分布，其中江苏、安徽为传统产区。薄荷的食用部位为茎和叶，可做调味剂、香料，还可配酒和冲茶。薄荷还是一味常用中药，多用于热风感冒、头痛、目赤、口疮等。薄荷的非挥发性成分表现出抑菌、抗病毒、抗炎、保肝利胆等功效，其主要组成为大黄素、大黄酚、大黄素甲醚、苯甲酸、反式桂皮酸、β-谷甾醇、芦荟大黄素、熊果酸和胡萝卜苷等。薄荷的挥发油具有清凉止痒、解痉、抗炎、镇痛等作用，其组成主要为 L-薄荷脑、L-薄荷酮及薄荷酯类。

（十五） 丁香

丁香是桃金娘科常绿乔木，香料丁香是其干燥花蕾。丁香原产于印度尼西亚，已经被引种到世界各地的热带地区，现中国广东、广西有栽种。丁香主要含有机酸类、苷类、黄酮类、挥发油等，丁香挥发油的主要成分为丁子香酚、石柱烯、异丁香酚、檀香醇等。丁香挥发油具有消炎、杀菌、驱虫、镇痛等多种功效。

二、 常用香辛料的安全控制

（一） 辣椒干

辣椒种植自然条件：辣椒种植环境条件按照 NY/T 5010—2016《无公害农产品　种植业产地环境条件》要求，另外，辣椒宜在土层深厚肥沃、富含有机质和透气性良好的沙壤土中种植，幼苗期需充足氮肥，开花结果期需较多磷、钾肥；辣椒耐旱，宜采用深沟高畦，大雨后要及时排水；其最适生长温度为 25～30℃，低于 12℃基本停止生长，高于 35℃对开花、授粉不利。

依据 SB/T 10967—2013《红辣椒干流通规范》的要求，红辣椒干在品质上应满足如下基本要求：大小基本均匀，具有该品质固有颜色、色泽；无腐烂变质、无外来异物；水分含量≤14%；允许使用食品添加剂的品质及最大使用量应符合 GB 2760—2014《食品安全国家标准　食品添加剂使用标准》的规定；污染物、农药最大残留应分别符合 GB 2762—2017《食品

安全国家标准　食品中污染物限量》、GB 2763—2021《食品安全国家标准　食品中农药最大残留限量》的规定。另外，辣椒干中的致病菌和真菌毒素的限量标准应分别符合 GB 29921—2021《食品安全国家标准　食品中致病菌限量》和 GB 2761—2017《食品安全国家标准　食品中真菌毒素限量》的规定。

（二）生姜

生姜的种植过程，应按照 GB/Z 26584—2011《生姜生产技术规范》来实施，主要防治对象为姜瘟病、斑点病、线虫、地下害虫、姜螟、异型眼蕈蚊、杂草等，坚持"预防为主，综合防治"的植保方针，以农业和物理防治为基础，优先采用生物防治技术，辅之化学应急控害措施的防治原则。生姜收获后，切除茎叶，应随收随贮存。贮存时要轻拿轻放，以免碰伤。井窖贮存是经济实用的方法，窖底铺一层沙，摆一层姜，一层沙，再摆一层姜，一直摆至距离洞顶不足 30cm 时，再盖 5~10cm 湿沙，也可用其他传统经验的适宜贮存方法。

按 GB/T 30383—2013《生姜》的要求，生姜应具有特有清新的刺激性气味，不得发霉、腐烂或带苦味。生姜应符合食品安全和消费者保护法规有关的掺杂（包括天然或合成色素）、残留（如重金属、霉菌毒素）、杀虫剂和卫生规范的相关要求。另外，生姜不得带活虫、可见的死虫或虫尸碎片，生姜的外来物含量应不大于 1%、异物含量不大于 1.0%（质量分数）。此外，生姜中的致病菌和真菌毒素的限量标准应分别符合 GB 29921—2021《食品安全国家标准　食品中致病菌限量》和 GB 2761—2017《食品安全国家标准　食品中真菌毒素限量》的规定。

（三）胡椒

胡椒按照 NY/T 969—2013《胡椒栽培技术规程》来种植。胡椒应种植在接近水源、土质肥沃、土层深厚、易于排水、pH 5.0~7.0 的沙壤土至中壤土。在胡椒的种植过程中，要注意胡椒瘟病、胡椒细菌性叶斑病、胡椒花叶病、胡椒根结线虫病等病害的防治工作，应以"预防为主、综合防治"为方针，以农业防治为基础，科学使用化学防治，按照 GB/T 8321《农药合理使用准则》和 NY/T 1276—2007《农药安全使用规范　总则》的规定执行。

依据 NY/T 455—2001《胡椒》，黑胡椒和白胡椒的农药残留限量应符合 GB 2763—2021《食品安全国家标准　食品中农药最大残留限量》的规定；黑胡椒和白胡椒应使用密封、洁净、无毒、完好且不影响胡椒质量的材料包装；黑胡椒和白胡椒应贮存在通风、干燥的库房中，地面要有垫仓板，并能防虫、防鼠，严禁与有毒、有害、有异味的物品混放；在运输过程中，应注意避免雨淋、日晒，严禁与有毒、有害、有异味的物品混运。禁用受污染的运输工具装载。另外，胡椒中的致病菌和真菌毒素的限量标准应分别符合 GB 29921—2021《食品安全国家标准　食品中致病菌限量》和 GB 2761—2017《食品安全国家标准　食品中真菌毒素限量》的规定。

（四）花椒

依据 GB/T 30391—2013《花椒》，采摘伞状、总状果穗或果实采用晾晒或加热（50~60℃）干燥进行干制，晾晒时应将鲜花椒平摊于洁净、无污染的场所，以制备干花椒。鲜花椒、冷藏花椒、干花椒及花椒粉均以花椒精油含量为依据，分为一、二两个等级。花椒的卫生指标应符合表 10-1 的要求。

表 10-1　　　　　　　　　　　　　　花椒的卫生指标

项目		指标		检验方法
		鲜花椒及冷藏花椒	干花椒及花椒粉	
总砷/（mg/kg）	≤	0.07	0.30	GB 5009.11—2014《食品安全国家标准　食品中总砷及无机砷的测定》
铅/（mg/kg）	≤	0.42	1.86	GB 5009.12—2017《食品安全国家标准　食品中铅的测定》
镉/（mg/kg）	≤	0.11	0.50	GB 5009.15—2014《食品安全国家标准　食品中镉的测定》
总汞/（mg/kg）	≤	0.01	0.03	GB 5009.17—2021《食品安全国家标准　食品中总汞及有机汞的测定》
马拉硫磷/（mg/kg）	≤	1.82	8.00	GB/T 5009.20—2003《食品中有机磷农药残留量的测定》
大肠菌群/（MPN/100g）	≤	30	30	GB/T 4789.3—2003《食品卫生微生物学检验　大肠菌群测定》
霉菌/（CFU/g）	≤	10000	10000	GB/T 4789.16—2016《食品安全国家标准　食品微生物学检验　常见产毒霉菌》
致病菌（肠道致病菌及致病性球菌）		不得检出		

花椒的包装材料应符合食品卫生要求，内包装应用聚乙烯薄膜袋（厚度≥0.18mm）密封包装，外包装可用编织袋、麻袋、纸箱（盒）、塑料盒或袋等。所有包装应封口严实、牢固、完好、洁净。冷藏花椒应在-5～3℃下冷藏，冷库应干燥、洁净，不得与有毒、有异味物品混放；干花椒、花椒粉常温贮存，库房应通风、防潮，严禁与有毒害、有异味物品混放；运输途中应防止日晒雨淋，严禁与有害、有异物物品混运，严禁使用受污染的运输工具装载。

（五）八角

大红八角、角花八角分别于秋季和春季成熟期采收，经脱青处理（加热处理使八角鲜果的叶绿素消失的方法）后晒干或烘干。干枝八角是落地自然干燥的八角果实。八角应贮存在通风、干燥的库房中，并能防虫、防鼠，堆垛要整齐、堆间要有适当的通道以利通风，不得与有毒、有害、有污染、有异味的物品混放；在运输中应注意避免雨淋、日晒，不得与有毒、有害、有异味物品混运，不得用受污染的运输工具装载。八角中的致病菌和真菌毒素的限量标准应分别符合 GB 29921—2021《食品安全国家标准　食品中致病菌限量》和 GB 2761—2017《食品安全国家标准　食品中真菌毒素限量》的规定。

（六）　桂皮

依照 GB/T 30381—2013《桂皮》，桂皮应具有该产地产品所特有的新鲜气味和滋味，不得发霉，不得带异味；桂皮粉为淡黄色至红棕色；整桂皮不得带活虫，不得霉变，更不得带肉眼可见的死虫、虫尸碎片及啮齿动物的残留物。桂皮应包装在洁净、完好、干燥的包装中，包装材料不得影响产品风味，并能防止湿气的进入和挥发性物质的散失。桂皮中的致病菌和真菌毒素的限量标准应分别符合 GB 29921—2021《食品安全国家标准　食品中致病菌限量》和 GB 2761—2017《食品安全国家标准　食品中真菌毒素限量》的规定。

（七）　孜然

依照 GB/T 22267—2017《孜然》，孜然及孜然粉应具有特有的香味、滋味，不得发霉，不得带活虫，也不得带有肉眼可见的死虫、虫尸碎片、啮齿动物残留物，孜然产品不得染色、不得含有有害物质。孜然产品不得检出沙门氏菌。孜然中的致病菌和真菌毒素的限量标准应分别符合 GB 29921—2021《食品安全国家标准　食品中致病菌限量》和 GB 2761—2017《食品安全国家标准　食品中真菌毒素限量》的规定。

（八）　肉豆蔻

依照 GB/T 32727—2016《肉豆蔻》，肉豆蔻分类为肉豆蔻、肉豆蔻衣，这二者应具有特征芳香味，肉豆蔻衣的芳香味更加明显，滋味略苦辣和带刺激性。此两者不得带有活虫，更不得霉变或带死虫、肉眼可辨的虫尸碎片、啮齿动物残留物，应包装在洁净、完好的容器中，包装材料不得影响产品质量，并能防止水分的进入和挥发性物质的散失。肉豆蔻中的致病菌和真菌毒素的限量标准应分别符合 GB 29921—2021《食品安全国家标准　食品中致病菌限量》和 GB 2761—2017《食品安全国家标准　食品中真菌毒素限量》的规定。

（九）　干迷迭香

依据 GB/T 22301—2021《干迷迭香》，干迷迭香略有樟脑和桉树脑的特征气味，其滋味芬芳、宜人、清新略苦，干迷迭香不得带有活虫、长霉，更不得带有死虫、虫尸碎片和排泄物。干迷迭香应贮存在通风、干燥的库房中，地面要有垫子仓板并能防虫、防鼠。堆垛要整齐，堆间要有适当的通道以利于通风，严禁与有毒、有害、有污染、有异味的物品混放；在运输中应注意避免日晒、雨淋，严禁与有毒、有害、有异味的物品混运，禁用受污染的运输工具装载。干迷迭香中的致病菌和真菌毒素的限量标准应分别符合 GB 29921—2021《食品安全国家标准　食品中致病菌限量》和 GB 2761—2017《食品安全国家标准　食品中真菌毒素限量》的规定。

（十）　干甜罗勒

依照 GB/T 22304—2021《干甜罗勒规范》，干甜罗勒应具有似茴香的特征气味，其滋味微苦，不得霉变，不得带有活虫、死虫、虫尸碎片及昆虫排泄物。干甜罗勒应包装在洁净、完好和干燥的容器中，包装材料不得影响其质量，包装应能防止污染，阻断水分增减和挥发性物质的损失；应贮存在通风、干燥的库房中，地面要有垫子仓板并能防虫、防鼠。堆垛要整齐，堆间要有适当的通道以利于通风，严禁与有毒、有害、有污染、有异味的物品混放；在运输中应注意避免日晒、雨淋，严禁与有毒、有害、有异味的物品混运，禁用受污染的运输工具装载。干甜罗勒中的致病菌和真菌毒素的限量标准应分别符合 GB 29921—2021《食品安全国家标准　食品中致病菌限量》和 GB 2761—2017《食品安全国家标准　食品中真菌毒素限量》的规定。

（十一）　辣根

参考 DB21/T 1529—2007《农产品质量安全　辣根生产技术规程》，辣根产地应生态条件良好、远离污染源。辣根种植要求冷凉气候，生长发育适温20℃左右，防止高温；其种植过程中，注意软腐病、疮痂病、地下害虫等病虫害的防治工作。应选新鲜、无泥土、无病虫害、无腐烂和无严重机械伤的主根及末端直径超过2cm的侧根贮藏，并且贮藏库房应专用，入贮过程应在3~5d内完成，最适贮藏温度为-2~0℃，相对湿度为90%~95%。辣根中的致病菌和真菌毒素的限量标准应分别符合GB 29921—2021《食品安全国家标准 食品中致病菌限量》和GB 2761—2017《食品安全国家标准 食品中真菌毒素限量》的规定。

（十二） 月桂叶

依据GB/T 30387—2013《月桂叶》，月桂叶味微苦，略带刺激性，揉搓时会散发出令人愉快、浓烈、清新的气味，不得有异味，更不得发霉，不得带活虫，更不得带肉眼可见的死虫、虫尸碎片及啮齿动物的残留物。月桂叶应包装在洁净、完好的包装中，包装材料不得影响月桂叶。月桂叶中的致病菌和真菌毒素的限量标准应分别符合GB 29921—2021《食品安全国家标准 食品中致病菌限量》和GB 2761—2017《食品安全国家标准 食品中真菌毒素限量》的规定。

（十三） 藏红花

依据GB/T 22324.1—2017《藏红花 第1部分：规格》，藏红花应具有略带刺激性和微苦的特有气味，不得有其他异味，不得带有活虫、死虫、虫尸肢体及其排泄物。按GB/T 22324.2—2017《藏红花 第2部分：试验方法》规定，花丝藏红花和藏红花粉不得检出含有非藏红花特有的色素或有机物。花丝藏红花和藏红花粉应包装在牢固、防水、洁净、完好的容器里，包装材料不得影响其质量，若使用玻璃容器，应标注"玻璃·易碎！"字样。藏红花中的致病菌和真菌毒素的限量标准应分别符合GB 29921—2021《食品安全国家标准 食品中致病菌限量》和GB 2761—2017《食品安全国家标准 食品中真菌毒素限量》的规定。

（十四） 干薄荷

依据GB/T 32736—2016《干薄荷》，干薄荷尤其在刚研碎后，具有浓烈的、薄荷脑的刺激性、令人愉悦的气味，不得有异味（如霉味，其他令人不适的气味或滋味）。干薄荷不得带活虫，不得霉变或带死虫、虫尸碎片、啮齿动物残留物，应采用盒装（三合板或纤维板盒、布袋），内衬纸张，以保持内容物蓬松。所用容器应洁净、完好，包装材料不得影响产品质量，并能防止水分进入。干薄荷中的致病菌和真菌毒素的限量标准应分别符合GB 29921—2021《食品安全国家标准 食品中致病菌限量》和GB 2761—2017《食品安全国家标准 食品中真菌毒素限量》的规定。

（十五） 丁香

依据GB/T 22300—2008《丁香》，整丁香或丁香粉应具有浓烈刺激性芳香味和特有的滋味，不得有异味、霉变。整丁香应呈红棕至黑棕色，丁香粉应呈淡紫罗兰棕色。丁香中不得带有活虫、死虫、昆虫肢体及其排泄物。整丁香和丁香粉应包装在洁净、完好的容器里，包装材料不得影响其质量、应能防潮和防止挥发性物质的散失；应贮存在通风、干燥的库房中，地面要有垫仓板并能防虫、防鼠。堆垛要整齐，堆间要有适当的通道以利于通风，严禁与有毒、有害、有污染、有异味的物品混放；在运输过程中，应注意避免日晒、雨淋，严禁与有毒、有害、有异味的物品混运，禁用受污染的运输工具装载。整丁香和丁香粉中的致病菌和真菌毒素的限量标准应分别符合GB 29921—2021《食品安全国家标准 食品中致病菌限量》和GB 2761—2017《食品安全国家标准 食品中真菌毒素限量》的规定。

第二节 调味品的安全控制

调味品能增加菜肴的色、香、味，增进菜品质量，满足消费者感官需要，从而刺激食欲，增进人体健康。调味品包括咸味剂、酸味剂、鲜味剂、甜味剂和辛香剂等，像食盐、酱油、醋、味精及糖等。

一、 食盐的安全控制

依据 GB/T 5461—2016《食用盐》，食盐应色白、味咸、无明显与盐无关的外来异物，食盐中的添加剂和营养强化剂的质量应符合相应的标准规定，其品种和使用量应符合表 10-2 的规定。食盐污染物的限量应按 GB 2762—2017《食品安全国家标准　食品中污染物限量》和 GB 2721—2015《食品安全国家标准　食用盐》规定执行。

表 10-2　　　　　　　　　食盐中使用添加剂和营养强化剂的品种和使用量

项目	指标
碘强化剂[①]（以 I 计）/（mg/kg）	按 GB 26878—2011《食品安全国家标准　食用盐碘含量》规定执行
亚铁氰化钾（以 $[Fe(CN)_6]^{4-}$ 计）/（mg/kg）	按 GB 2760—2014《食品安全国家标准　食品添加剂使用标准》规定执行

注：①未加碘食盐碘含量应<5mg/kg，应在包装显著位置标注"未加碘"字样。

食盐的直接接触包装材料应符合相应的食品安全国家标准和相关卫生标准的规定；其运输工具应清洁、干燥、无污染，运输途中应防雨、防潮、防暴晒，不应与能导致产品污染的货物混装；存放仓库应清洁、干燥，不应与可能对产品造成污染的物品混存，防止雨淋、受潮，产品存放应隔墙离地。

二、 酱油的安全控制

酱油是以大豆和（或）脱脂大豆、小麦和（或）麸皮为原料，经蒸煮、曲霉菌发酵制成的具有特殊色、香、味的液体调味品。酿造酱油的主要原料和辅料应符合 GB/T 18186—2000《酿造酱油》的规定，酱油中的铵盐含量不得超过氨基酸态氮含量的 30%，产品卫生指标应符合 GB 2717—2018《食品安全国家标准　酱油》的规定。酱油的标签标注内容应符合 GB 7718—2011《食品安全国家标准　预包装食品标签通则》的规定，产品名称应标明"酿造酱油"，还应标明氨基酸态氮的含量、质量等级，用于"佐餐和/或烹调"。酱油的包装材料和容器应符合相应的国家卫生标准；在运输过程中应轻拿轻放，防止日晒雨淋，运输工具应清洁卫生，不得与有毒、有污染的物品混运；应贮存在阴凉、干燥、通风的专用仓库内，瓶装产品的保质期不应低于 12 个月，袋装产品的保质期不应低于 6 个月。

三、 食醋的安全控制

酿造的食醋按发酵工艺分为两类：固态发酵食醋，以粮食及其副产品为原料，采用固态醋醅酿制而成；液态发酵食醋，以粮食、糖类、果类或酒精为原料，采用液态醋醪发酵酿制而成。酿造食醋产品的卫生指标应符合 GB 2719—2018《食品安全国家标准 食醋》规定；其标签的标注内容应符合 GB 7718—2021《食品安全国家标准 预包装食品标签通则》规定，产品名称应标明"酿造食醋"，还应标明总酸的含量；其包装材料和容器应符合相应的国家卫生标准；在运输过程中应轻拿轻放，防止日晒雨淋，运输工具应清洁卫生，不得与有毒、有污染的物品混运；应贮存在阴凉、干燥、通风的专用仓库内，瓶装产品的保质期应不低于 12 个月，袋装产品的保质期应不低于 6 个月。另外，在 GB 2719—2018《食品安全国家标准 食醋》中还增加了甜醋的定义，甜醋是指单独或混合使用糯米、大米等粮食、酒类或食用酒精，经微生物发酵后再添加食糖等辅料制成的食醋，其总酸 ≥2.5g/100mL（以乙酸计）。

四、 味精的安全控制

味精是以淀粉、玉米、糖蜜等糖质为原料，经微生物（谷氨酸棒杆菌等）发酵、提取、中和、结晶、分离、干燥而制成的具有特殊鲜味的白色结晶或粉末状调味品。此外，还有加盐味精（谷氨酸钠中定量添加精制盐）、增鲜味精（谷氨酸钠中定量添加核苷酸二钠，5′-鸟苷酸二钠和/或 5′-肌苷酸二钠等增味剂）。依照 GB 2720—2015《食品安全国家标准 味精》，味精产品的污染物限量应符合 GB 2762—2017《食品安全国家标准 食品中污染物限量》对调味品类别中鲜味剂的规定，食品添加剂的使用应符合 GB 2760—2014《食品安全国家标准 食品添加剂使用标准》的规定；味精的感官特性要求如表 10-3 所示；理化指标要求如表 10-4 所示。

表 10-3　　　　　　　　　　　味精的感官特性要求

项目	要求
色泽	无色至白色
滋味、气味	具有特殊的鲜味，无异味
状态	结晶状颗粒或粉末状，无正常视力可见外来异物

表 10-4　　　　　　　　　　　味精的理化指标要求

项目		指标	检验方法
谷氨酸钠（以干基计）/%			
味精	≥	99.0	GB 5009.43—2016《食品
加盐味精	≥	80.0	安全国家标准 味精中麸氨
增鲜味精	≥	97.0	酸钠（谷氨酸钠）的测定》

五、 酿造酱的安全控制

酿造酱是以谷物和/或豆类为主要原料，经微生物发酵而制成的半固态调味品，如面酱、黄酱、蚕豆酱等。依照 GB 2718—2014《食品安全国家标准 酿造酱》，酿造酱的原料谷物、豆类等应符合 GB 2715—2016《食品安全国家标准 粮食》的规定，其他原辅料应符合相应的食品标准和有关规定；酱中的污染物限量应符合 GB 2762—2017《食品安全国家标准 食品中污染物限量》的规定，真菌毒素限量应符合 GB 2761—2017《食品安全国家标准 食品中真菌毒素限量》的规定，致病菌限量应符合 GB 29921—2021《食品安全国家标准 食品中致病菌限量》的规定，微生物限量应符合相关规定；食品添加剂的使用应符合 GB 2760—2014《食品安全国家标准 食品添加剂使用标准》的规定。酿造酱的感官特性和理化指标要求如表 10-5 所示。

表 10-5　　　　　　　　　　酿造酱的感官特性和理化指标要求

项目	要求及指标	检验方法
滋味、气味	无异味，无异嗅	取适量试样于白瓷盘中，自然光线下观察，闻气味，用温水漱口，品滋味
状态	无正常视力可见霉斑、外来异物	
氨基酸态氮／（g/100g）　≥	0.3	GB/T 5009.40—2003《酱卫生标准的分析方法》

六、 复合调味料的安全控制

复合调味料是用两种或两种以上的调味料为原料，添加或不添加辅料，经相应工艺加工制成的液态、半固态或固态产品。依照 GB 31644—2018《食品安全国家标准 复合调味料》，复合调味料的原料应符合相应的食品标准和有关规定；复合调味料中的污染物限量应符合 GB 2762—2017《食品安全国家标准 食品中污染物限量》的规定，致病菌限量应符合 GB 29921—2021《食品安全国家标准 食品中致病菌限量》的规定，食品添加剂的使用应符合 GB 2760—2014《食品安全国家标准 食品添加剂使用标准》的规定。

第三节　酒类的安全控制

我国是最早酿酒的国家，早在 2000 年前就发明了酿酒技术。酒的种类包括白酒、啤酒、葡萄酒、黄酒等。酒的主要成分是乙醇，一般还含有微量的杂醇和酯类物质。

一、 白酒的安全控制

白酒分为固态法白酒、液态法白酒和固液法白酒。固态法白酒是以粮谷为原料，采用固态或半固态糖化、发酵、蒸馏、经陈酿、勾兑而成，未添加食用酒精及非白酒发酵产生呈香呈味物质；液态法白酒是以含淀粉、糖类物质为原料，采用液态糖化、发酵、蒸馏所得的基酒（或食用酒精），可用香醅串香或用食品添加剂调味调香，勾调而成的白酒；固液法白酒是以固态法白酒、液态法白酒勾调而成的白酒。酒精含量41%~60%（体积分数）是高度酒，酒精含量

18%~40%（体积分数）是低度酒。固态、液态、固液态白酒的感官特性理化指标及卫生要求应分别符合 GB/T 26761—2011《小曲固态法白酒》、GB/T 20821—2007《液态法白酒》、GB/T 20822—2007《固液法白酒》的规定；三种白酒的卫生要求还应符合 GB/T 2757—2012《食品安全国家标准　蒸馏酒及其配制酒》的相关规定，其检验规则、标志、包装、运输和贮存按GB/T 10346—2006《白酒检验规则和标志、包装、运输、贮存》执行。

二、 葡萄酒及果酒的安全控制

葡萄酒是以鲜葡萄或葡萄汁为原料，经全部或部分发酵酿制而成，含有一定酒精度的发酵酒。按色泽可分为白葡萄酒、桃红葡萄酒、红葡萄酒；按含糖量可分为干葡萄酒、半干葡萄酒、半甜葡萄酒和甜葡萄酒；按二氧化碳含量可分为平静葡萄酒、起泡葡萄酒，起泡葡萄酒又分为高泡葡萄酒和低泡葡萄酒。各种葡萄酒的感官特性要求和理化要求应符合 GB/T 15037—2006《葡萄酒》的规定。卫生要求应符合 GB 2758—2012《食品安全国家标准　发酵酒及其配制酒》的规定。包装材料应符合食品卫生要求，起泡葡萄酒的包装材料应符合相应耐压要求，包装容器应清洁、封装严密、无漏酒现象，外包装应使用合格的包装材料，应符合相应标准；在贮运时，用软木塞封装的酒应"倒放"或"卧放"，贮运时应保持清洁，避免强烈振荡、日晒、雨淋、防止冰冻，装卸时应轻拿轻放，存放地点应阴凉、干燥、通风良好，成品不得与潮湿地面直接接触，不得与有毒、有害、有异味、有腐蚀性物品同贮同运，运输温度宜保持在 5~35℃，贮存温度宜保持在 5~25℃。

果酒是以新鲜水果或果汁为原料，经全部或部分发酵酿制而成的、含有一定酒精度的发酵酒；露酒（配制酒）是以发酵酒、蒸馏酒或食用酒精为酒基，加入可食用的辅料或食品添加剂，进行调配、混合或再加工制成的、已改变了其原有酒基风格的酒。利用植物的花、叶、根、茎、果或食用动物及其制品为香源及营养源，经再加工制成的、具有明显植物香及有效成分或具有明显动物有效成分的配制酒，即植物类露酒和动物类露酒。也可同时利用动物、植物有效成分制成动植物类露酒。

果酒按含糖量可分为干果酒、半干果酒、半甜果酒、甜果酒，按二氧化碳含量可分为平静果酒、起泡果酒，起泡果酒又分为高泡果酒和低泡果酒。目前，已有多种果酒产品，如荔枝酒、蓝莓酒、桑葚酒、杨梅酒、火龙果酒、猕猴桃酒等。果酒及露酒的理化特性应参照 QB/T 5476—2020《果酒通用技术要求》和 GB/T 27588—2011《露酒》要求。

三、 黄酒的安全控制

黄酒以稻米、黍米、玉米、小米、小麦、水等为主要原料，经蒸煮、加酒曲、糖化、发酵、压榨、过滤、煎酒（除菌）、贮存、勾调而成。按风格分为传统型黄酒、清爽型黄酒、特型黄酒，按含糖量分为干黄酒、半干黄酒、半甜黄酒、甜黄酒。黄酒的酒龄是指发酵后的成品原酒在酒坛、酒罐等容器中贮存的年限。在甜黄酒和半甜黄酒的生产过程中，可通过适量加入白酒或食用酒精来抑制发酵。依照 GB/T 13662—2018《黄酒》，酿造黄酒用水应符合 GB 5749—2022《生活饮用水卫生标准》的规定；稻米等粮食原料应符合 GB 2715—2016《食品安全国家标准　粮食》的规定；在特型黄酒生产过程中，可添加符合国家规定的、按照传统既是食品又是中药材的物质；用于抑制发酵的白酒或食用酒精应符合相关标准要求；黄酒可按照GB 2760—2014《食品安全国家标准　食品添加剂使用标准》的规定添加焦糖色；其他原、辅料应符合国家相关标准和食品安全法规的规定。传统型、清爽型、特型黄酒的感官特性要求和理化要求均应依照 GB/T 13662—2018《黄酒》的规定。

黄酒的预包装产品标签应按 GB 7718—2011《食品安全国家标准 预包装食品标签通则》和 GB 2758—2012《食品安全国家标准 发酵酒及其配制酒》规定执行，还应标明产品风格（传统型黄酒可不标注产品风格）和按产品分类标示含糖量范围；若产品涉及酒龄的标注，标注酒龄的标示值应小于或等于加权平均计算值。包装材料应符合食品安全要求，包装容器应封装严密、无渗漏；运输工具应清洁、卫生，产品不得与有毒、有害、有腐蚀性、易挥发或有异味的物品混装混运，搬运时应轻拿轻放，不得扔摔、撞击、挤压，运输过程中不得暴晒、雨淋、受潮。贮存时产品不得与有毒、有害、有腐蚀性、易挥发或有异味的物品同库贮存，且宜贮存于阴凉、干燥、通风的库房中，不得露天堆放、日晒、雨淋或靠近热源，接触地面的包装箱底部应垫有 100mm 以上的间隔材料，产品宜在 5~35℃贮存。

四、 啤酒的安全控制

啤酒是以麦芽、水为主要原料，加啤酒花，经酵母发酵酿制而成的、含有二氧化碳的、起泡的、低酒精度的发酵酒。鲜啤酒是不经巴氏灭菌或瞬时高温灭菌，成品中允许含有一定量活酵母菌并达到一定生物稳定性；生啤酒是不经巴氏灭菌或瞬时高温灭菌，而采用其他物理方法除菌并达到一定生物稳定性；熟啤酒是经过巴氏灭菌或瞬时高温灭菌的啤酒。啤酒按色度分为淡色啤酒（2~14EBC）、浓色啤酒（15~40EBC）、黑色啤酒（≥41EBC），这三种啤酒的感官特性要求和理化特性要求依照 GB/T 4927—2008《啤酒》的规定。

啤酒的销售包装标签应符合 GB/T 4927—2008《啤酒》的有关规定，外包装纸箱上标明产品名称、制造者名称和地址、生产日期、单位包装的净含量、总数量；销售包装标签应标明产品名称、原料、酒精度、原麦汁浓度、净含量、制造者名称和地址、灌装日期、保质期、执行标准号及质量等级。用玻璃瓶包装的啤酒，还应在标签、附标或外包装上印有"警示语"——"切勿撞击，防止爆瓶"。瓶装啤酒，应使用符合 GB 4544—2020《啤酒瓶》有关要求的玻璃瓶和符合 GB/T 13521—2016《冠形瓶盖》有关要求的瓶盖；听装啤酒，应使用有足够耐受压力的包装容器包装，如使用铝易开盖两片罐，应符合 GB/T 9106.1—2019《包装容器 两片罐 第 1 部分：铝易开盖铝罐》的有关要求；桶装啤酒，应使用符合 GB/T 17714—1999《啤酒桶》有关要求的啤酒桶。产品应封装严密，不得有漏气、漏酒现象。搬运啤酒时，应轻拿轻放，不得扔摔，应避免撞击和挤压；啤酒不得与有毒、有害、有腐蚀性、易挥发或有异味的物品混装、混贮、混运；啤酒宜在 5~25℃下运输和贮存，低于或高于此温度范围，应采取相应的防冻或防热措施；啤酒应贮存于阴凉、干燥、通风的库房中，不得露天堆放，严防日晒、雨淋，不得与潮湿地面直接接触。

五、 其他酒的安全控制

保健酒是以蒸馏酒、发酵酒或食用酒精为基酒，加入符合国家有关规定的原料、辅料或食品添加剂，经注册或备案，并声称具有保健功能的饮料酒，适用于特定人群食用，有调节机体功能，但不以治疗为目的，且对人体不产生任何急性、亚急性或慢性危害。地瓜酒是以地瓜为主要原料，经蒸煮、发酵、蒸馏、勾兑等工艺制成。糯米酒是以糯米为主要原料，经浸米、蒸煮、糖化、发酵、压榨、过滤、煎酒、贮存和勾兑等工序加工制成的酿造酒。保健酒、地瓜酒和孝感米酒的感官特性、理化指标及卫生要求应分别符合 T/CBJ 5102—2019《保健酒》、DB46/T 121—2008《地瓜酒》、T/XMM001—2008《孝感米酒》的规定。

依照 T/CBJ 5102—2019《保健酒》的规定，保健酒的原料和辅料应符合相应的食品标准和有关规定，所使用的食品添加剂应符合 GB 2760—2014《食品安全国家标准　食品添加剂使用标准》的规定，其产品中真菌毒素的限量应符合 GB 2761—2017《食品安全国家标准　食品中真菌毒素限量》相关规定；保健酒的预包装应符合 GB 2757—2012《食品安全国家标准　蒸馏酒及其配制酒》、GB 2758—2012《食品安全国家标准　发酵酒及其配制酒》、GB 7718—2011《食品安全国家标准　预包装食品标签通则》、《保健食品标识管理办法》及有关规定，包装材料和容器应符合相应国家标准和有关规定。依照 DB46/T 121—2008《地瓜酒》规定，地瓜酒酿造原料地瓜要无黑斑、无霉变和水腐味，食用酒精应符合 GB 10343—2008《食用酒精》的要求；地瓜酒预包装标签应符合 GB 7718—2011《食品安全国家标准　预包装食品标签通则》的有关规定。依照 T/XMM001—2008《孝感米酒》规定，孝感米酒的原料孝感籼糯应符合 GB/T 1354—2018《大米》的规定，酿造用水应符合 GB 5749—2022《生活饮用水卫生标准》的规定，使用的食品添加剂应按照 GB 2760—2014《食品安全国家标准　食品添加剂使用标准》中黄酒的相关规定执行；孝感米酒的产品标志应符合 GB/T 191—2008《包装储运图示标志》规定。

保健酒、地瓜酒和孝感米酒产品在运输过程中应轻拿轻放，避免日晒、雨淋，运输工具应清洁卫生，不得与有毒、有害、有异味或影响产品质量的物品混装运输；产品应贮存于阴凉、避免阳光直射、通风良好的场所，不得与有毒、有害、有异物，易挥发、易腐蚀的物品同贮。另外，地瓜酒的运输温度和贮存温度在 5~5℃为宜，孝感米酒的贮存温度不高于 20℃为宜，低于或高于此温度范围，应有防冻或防热措施。

第四节　茶、咖啡及蜂产品的安全控制

茶是仅次于水的第二大饮料，世界各地的人们饮用各种各样的茶已经有几千年的历史。根据发酵程度不同可将茶叶分为不发酵茶、半发酵茶、全发酵茶，根据制法不同又可分为六大基本茶类和再加工茶类，即绿茶、红茶、乌龙茶（青茶）、黄茶、白茶、黑茶和花茶。绿茶是不发酵茶，白茶是微发酵茶，乌龙茶是半发酵茶，红茶是全发酵茶，黑茶如普洱茶属于后发酵茶，具有显著陈香特点，黄茶是经过闷黄工艺加工的微发酵茶。茶富含丰富的次生代谢产物，这些代谢产物有助于茶叶品质的形成，如茶汤色、滋味和香味。从化学结构上看，茶叶中的代谢产物可分为酚类化合物、氨基酸和芳香类化合物（挥发物）；茶叶中的代谢产物决定着茶叶中"苦、涩、鲜、甜"滋味，香气化合物对茶的风味起着重要作用。

咖啡为世界三大饮料之一，已被消费饮用了 1000 多年，巴西是世界上最大的咖啡豆种植国家。咖啡中含有丰富的功能性成分，咖啡生豆的主要成分是酚酸类化合物绿原酸，类黑精只存在于烘焙后的咖啡豆中，咖啡因也是咖啡的主要功能成分。这些功能性成分除了赋予咖啡独特的风味口感外，还具有醒脑提神、抗菌抗炎、抗氧化、抗癌、治疗机体代谢综合征和抑制体质量等生物活性。

一、茶的安全控制

绿茶产品根据加工工艺的不同，分为炒青绿茶、烘青绿茶、蒸青绿茶和晒青绿茶。乌龙茶根据茶树品种不同，分为铁观音、黄金桂、水仙、肉桂、单枞、佛手、大红袍等产品。红茶用茶树新梢的芽、叶、嫩茎，经萎凋、揉捻、发酵、干燥等工艺加工，并表现出红色特征。

绿茶的理化指标应符合 GB/T 14456.1—2017《绿茶 第1部分：基本要求》的规定；乌龙茶和红茶应具有正常的色、香、味，无异味，无异臭，无裂变，不含有非茶类物质，不着色，无任何添加剂，其产品理化特性要求应分别符合 GB/T 30357.1—2013《乌龙茶 第1部分：基本要求》和 NY/T 780—2004《红茶》的规定。

绿茶和乌龙茶产品的污染物限量应符合 GB 2762—2017《食品安全国家标准 食品中污染物限量》的规定，农药残留限量应符合 GB 2763—2021《食品安全国家标准 食品中农药最大残留限量》的规定；产品标志应符合 GB/T 191—2008《包装储运图示标志》的规定，标签应符合 GB 7718—2011《食品安全国家标准 预包装食品标签通则》和国家质量监督检验检疫总局《关于修改〈食品标识管理规定〉的决定》；包装应符合 GH/T 1070—2011《茶叶包装通则》的规定。

绿茶、乌龙茶和红茶产品的运输工具应清洁、干燥、无异味、无污染，运输时应有防雨、防潮、防晒措施，不得与有毒、有害、有异味、易污染的物品混装、混运；产品应在包装状态下贮存于清洁、干净、无异气味的专用仓库中，按 GH/T 1071—2011《茶叶贮运通则》的规定执行，不得与有毒、有害、有异味、易污染的物品混放，仓库周围应无异气污染。

二、咖啡的安全控制

将咖啡果实进行加工处理，使其变成可出口的咖啡生豆，主要有干法和湿法。干法即日晒法或自然干燥法，就是将果实晒干后再用机器处理外果皮和果肉；湿法即水洗法，就是先将果肉去除再清洗、干燥。烘焙过程中由于美拉德反应和其他化学反应，使生咖啡豆的口味改变而产生咖啡特有风味。未经烘焙的咖啡豆所含的酸、蛋白质、糖和咖啡因的含量与经烘焙的咖啡豆相似或更高，但缺乏烘焙过的咖啡豆味道。

生咖啡和焙炒咖啡分为一级、二级、三级，各等级的外观、感官特性、物理特性及化学特性应依照 NY/T 604—2020《生咖啡》和 NY/T 605—2021《焙烤咖啡》的规定；其农药残留限量和污染物限量都应分别符合 GB 2763—2021《食品安全国家标准 食品中农药最大残留限量》和 GB 2762—2017《食品安全国家标准 食品中污染物限量》的规定；焙烧咖啡中的真菌毒素限量和致病菌限量应分别符合 GB 2761—2017《食品安全国家标准 食品中真菌毒素限量》和 GB 29921—2021《食品安全国家标准 预包装食品中致病菌限量》的规定，而生咖啡未对此两个指标做出规定。另外，NY/T 604—2020《生咖啡》适用于阿拉比卡咖啡（小粒种咖啡）和罗巴斯塔咖啡（中粒种咖啡），该标准规定，生咖啡必须是同一产区、同一品种、同一等级的产品，包装物必须牢固、干燥、洁净、无异味、完好无损。

依照 NY/T 605—2021《焙烤咖啡》，焙烤咖啡的外包装用的瓦楞纸箱所用材料卫生要求应符合 GB/T 6543—2008《运输包装用单瓦楞纸箱和双瓦楞纸箱》规定，内包装用的铝塑复合包装袋或马口铁罐所用材料的卫生要求应符合 GB 9683—1988《复合食品包装袋卫生标准》规定；其产品标识按 GB 7718—2011《食品安全国家标准　预包装食品标签通则》执行；产品在运输时，车、船必须遮盖，避免日晒雨淋，同时要小心轻放，避免剧烈震动，严禁与有毒、有害、有异味的物品混装运输；产品贮藏库应通风良好，保持干燥，堆放时与周围墙壁隔离20cm 以外，离开地面 10cm 以上，不应与潮湿、有异味的物品堆放在一起。

咖啡类饮料是以咖啡豆和/或咖啡制品（研磨咖啡粉、咖啡的提取液或其浓缩液、速溶咖啡等）为原料，可添加食糖、乳和/或乳制品、植脂末、食品添加剂等，经加工制成的液体饮料。咖啡类饮料分为咖啡饮料、浓咖啡饮料、低咖啡因咖啡饮料和低咖啡因浓咖啡饮料。

依照 GB/T 30767—2014《咖啡类饮料》，咖啡类饮料的原料咖啡豆及辅料应符合相应的国家标准、行业标准等有关标准；产品应具有该产品特有的色泽、香气和滋味，允许有少量浮油、悬浮物和沉淀物，无异味，无外来杂质；产品的标签应符合 GB 7718—2011《食品安全国家标准　预包装食品标签通则》、GB 28050—2011《食品安全国家标准　预包装食品营养标签通则》，还应标示产品的咖啡因含量，当某种或某产地咖啡使用量占咖啡原料总量的比例大于50%时，可声称使用某品种或某产地的咖啡原料；产品包装材料和容器除应符合相关标准外，还应符合 GB/T 10789—2015《饮料通则》的相应要求。产品在运输过程中应避免日晒、雨淋、重压；产品应在清洁、避光、干燥、通风、无虫害、无鼠害的仓库内贮存；不应与有毒、有害、有异味、易挥发、易腐蚀的物品混装运输或贮存；产品不应浸泡在水中，以防止造成污染；需冷链运输贮藏的产品，应符合产品标示的贮运条件。

三、 蜂产品的安全控制

蜂王浆是工蜂咽下腺和上腭腺分泌的，主要用于饲喂蜂王和蜂幼虫的乳白色、淡黄色或浅橙色浆状物质；蜂蜜是蜜蜂采集植物的花蜜、分泌物或蜜露，与自身分泌物混合后，经充分酿造而成的天然甜物质；花粉是显花植物雄性生殖细胞。花粉又分为蜂花粉和松花粉，蜂花粉就是工蜂采集的花粉，松花粉是松科松属植物马尾松、油松或同属数种植物的雄性生殖细胞。

蜂王浆、蜂蜜和花粉的感官要求应分别依照 GB 9697—2008《蜂王浆》、GB 14963—2011《食品安全国家标准　蜂蜜》和 GB 31636—2016《食品安全国家标准　花粉》的规定。蜂王浆产品的包装容器应符合安全卫生要求，包装严密、牢固，产品包装上应标明产品名称、产地、收购单位、检验员姓名、收购日期、净含量/毛重及皮重，用作预包装食品时，其标签应符合 GB 7718—2011《食品安全国家标准　预包装食品标签通则》要求，运输包装应标明产品名称、数量和运输图示标志；贮存温度应在-18℃以下，不同产地、不同时间生产的蜂王浆要分别存放（装瓶、装箱），不得与有异味、有毒、有腐蚀性和可能产生污染的物品同库存放；产品应低温运输，不得与有异味、有毒、有腐蚀性和可能产生污染的物品同装混运。

依照 GB 14963—2011《食品安全国家标准　蜂蜜》、GB 31636—2016《食品安全国家标准　花粉》的规定，蜂蜜和花粉产品的污染物限量应符合 GB 2762—2017《食品安全国家标准　食品中污染物限量》的规定。蜂蜜的兽药残留限量应符合相关标准的规定，农药残留限量应符合 GB 2763—2021《食品安全国家标准　食品中农药最大残留限量》及相关规定。

第五节　食品添加剂的安全控制

近年来，我国出现了一些食品安全事件，使人们"谈添色变"，然而这些事件没有一件是由合理合法使用了食品添加剂造成的，食品添加剂却成了这些事件的替罪羊。其实，食品添加剂的研究与应用水平是一个国家食品科学技术与经济发展水平的标志之一，没有食品添加剂就没有现代食品工业，合法合理地使用食品添加剂对维护食品安全起到了重要作用。

一、食品添加剂的定义、分类及使用原则

《中华人民共和国食品卫生法》中明确定义了食品添加剂，它是为改善食品品质和色、香、味，以及为防腐、保鲜和加工工艺的需要而加入食品的人工合成或天然物质。目前，我国允许使用的食品添加剂共有 23 个类别，2000 多个品种，包括酸度调节剂、抗结剂、消泡剂、抗氧化剂、漂白剂、膨松剂、胶姆糖基础剂、着色剂、护色剂、乳化剂、酶制剂、增味剂、面粉处理剂、被膜剂、水分保持剂、营养强化剂、防腐剂、稳定剂、凝固剂、甜味剂、增稠剂、其他香料、加工助剂等。

GB 2760—2014《食品安全国家标准　食品添加剂的使用原则》中明确规定了食品添加剂的使用原则。首先，食品添加剂的使用应符合以下基本要求：①不应对人体产生任何健康危害；②不应掩盖食品腐败变质；③不应掩盖食品本身和加工过程中的质量缺陷或以掺杂、掺假、伪造为目的而使用食品添加剂；④不应降低食品本身的营养价值；⑤在达到预期效果的前提下尽可能降低在食品中的使用量。其次，在以下情况下可使用食品添加剂：①保持或提高食品本身的营养价值；②作为某些特殊膳食用食品的必要配料或成分；③提高食品的质量和稳定性，改进其感官特性；④便于食品的生产、加工、包装、运输或贮藏。再次，按 GB 2760—2014《食品安全国家标准　食品添加剂的使用原则》规定使用的食品添加剂应符合相应的质量规格要求。最后，带入原则。在下列情况下食品添加剂可通过食品配料（含食品添加剂）带入食品中：①根据本标准，食品配料中允许使用该食品添加剂；②食品配料中该添加剂的用量不应超过允许的最大使用量；③应在正常生产工艺条件下使用这些配料，并且食品中该添加剂的含量不应超过由配料带入的水平；④由配料带入食品中的该添加剂的含量应明显低于直接将其添加到该食品中通常所需要的水平。另外，当某食品配料作为特定终产品的原料时，批准用于上述特定终产品的添加剂允许添加到这些食品配料中，同时该添加剂在终产品中的量应符合本标准的要求。在所述特定食品配料的标签上应明确标示该食品配料用于上述特定食品的生产。

二、食品添加剂的毒理性及安全性问题

食品安全问题是全球关注的重大问题，不仅关乎人民的身体健康，还关系到整个社会的安定。目前，我国常见的四类食品安全风险如下：①病原微生物污染；②农兽药滥用；③重金属、真菌毒素污染；④非法添加、掺杂使假。食品添加剂的安全性直接关系到食品安全，是食品安全的重要问题之一。

联合国粮农组织（FAO）和世界卫生组织（WHO）专门成立了国际专家咨询组织——食品添加剂联合专家委员会（JECFA），对食品添加剂的安全性进行评估，国际食品添加剂法典委员会（CCFA）负责制定食品添加剂通用标准，作为各国参考。

食品添加剂安全性评价主要是对化学资料和毒理学资料两个方面的评价，尽管各国对食品添加剂安全性评价资料的要求有所不同，但必须满足食品添加剂联合专家委员会（JECFA）资料评估要求。食品添加剂联合专家委员会（JECFA）对食品添加剂的安全性评价的一般原则包括：①再评估原则：随着食品工业的发展，如发现新的杂质、发现新的特征和生物学特性、摄入量模式改变或安全性评价标准的改进如出现新的化学和毒理学资料，均需要对食品添加剂进行再评估。②个案处理原则：对不同的食品添加剂安全性评价所要求的试验资料有所不同，应综合考虑其潜在毒性、暴露水平、是否为食品中天然存在、是否是机体正常成分、是否有传统使用历史以及对人体健康影响等因素。③分两个阶段评价：第一阶段，收集相关评价资料；第二阶段，对资料进行评价。

食品添加剂的化学资料评价主要涉及三个方面：食品添加剂的化学资料、食品添加剂对食品成分的影响及食品添加剂的质量规格。"化学资料"指如果一种食品添加剂为单一化学物质，应关注其杂质及毒性；如果一种食品添加剂为混合物，应关注各物质含量组成、生产工艺和每种物质的检测方法；如果一种食品添加剂是天然提取物，应明确其来源和生产提取方法，还应关注其未知成分组成和成分检测。食品添加剂会对食品成分产生一定的影响，它可能与食品中的某些成分发生反应，如抗氧化剂与食品中氧发生反应，乙二胺四乙酸（EDTA）与食品中微量元素发生反应，食品添加剂也可能在食品加工过程中降解，因此还应提供稳定性资料和对食品添加剂与食品的作用进行评估。另外，由于食品添加剂的使用模式、生产方法或原料的改变，其质量规格可能发生改变，因此食品添加剂联合专家委员会（JECFA）对质量规格会实施周期性再评估。

食品添加剂毒理学评价试验分为四个阶段：急性毒性试验即一次性投较大剂量后观察动物的变化，以确定食品添加剂的半致死量（LD_{50}）；遗传毒性试验即 30d 喂养的致畸试验；亚慢性毒性试验即 3 个月喂养的对代谢、繁殖产生影响的试验；慢性毒性试验即考查少量的某种食品添加剂长期对机体的影响，以确定最大无作用量（MNL），一般以寿命较短动物的一生为一个试验阶段。依据 MNL，采用一定的安全系数以确定食品添加剂的每日允许摄入量（ADI）。

根据食品添加剂在其他国家的批准应用情况、来源等决定了我国对不同的食品添加剂进行毒理学试验的要求不同，具体情况如下：①凡属毒理学资料比较完整，世界卫生组织（WHO）已公布日允许摄入量或不需规定日允许摄入量的添加剂，要求进行急性毒性试验和两项致突变试验，首选 Ames 试验和骨髓细胞微核试验。但生产工艺、成品的纯度和杂质来源不同者，进行第一、二阶段毒性试验后，根据试验结果考虑是否进行下一阶段试验；②凡属有一个国际组织或国家批准使用，但世界卫生组织（WHO）未公布日摄入量，或资料不完整者，在进行第一、二阶段毒性试验后做初步评价，以决定是否需要进行进一步的毒性试验；③对于由动、植物或微生物制取的单一组分、高纯度的添加剂，凡属新品种需进行第一、二、三阶段毒性试验；凡属国外有一个国际组织或国家已批准使用的，则进行第一、二阶段毒性试验，经初步评价后，决定是否需进行进一步试验；④对于进口食品添加剂，要求进口单位提供毒理学资料及出口国批准使用的资料，由国务院卫生行政主管部门制定的单位审查后决定是否需要进行毒性试验。

三、　食品添加剂的安全控制

20 世纪 50 年代开始，我国政府就开始了对食品添加剂的管理；20 世纪 60 年代后加强了对食品添加剂的生产管理和质量监督；1986 年，我国还制定了一系列相关法规，如 GB 2760—1986《食品添加剂使用卫生标准》、《食品添加剂卫生管理办法》、《食品营养强化剂使用卫生标准（试行）》和《食品营养强化剂卫生管理办法》。此后，每隔几年，都会对 GB 2760 进行修订，目前最新版本为 GB 2760—2014《食品安全国家标准　食品添加剂使用标准》。

各国对食品添加剂都有限量标准，我国食品添加剂的使用应符合 GB 2760—2014《食品安全国家标准　食品添加剂使用标准》附录的规定，营养强化剂的使用应符合 GB 14880—2012《食品安全国家标准　食品营养强化剂使用标准》的相关规定。GB 2760—2014《食品安全国家标准　食品添加剂使用标准》的附录表中规定了我国允许使用的食品添加剂品种、每种食品添加剂允许使用的范围和在规定使用范围中的最大使用量或残留量。"使用范围"是指某一食品添加剂被允许应用于某一食品类别，并允许其应用于该类别下的所有类别食品，另有规定的除外。食品添加剂不能超范围、超限量使用；另外，GB 2760—2014《食品安全国家标准　食品添加剂使用标准》规定了对于同一功能的食品添加剂混合使用时，各自用量占其最大使用量的比例之和不应超过 1。

四、　禁止使用的添加剂

2004—2006 年我国相继发生了"苏丹红"鸭蛋、孔雀石绿现身水产品、陈化粮、"瘦肉精"中毒等食品安全事件，这些事件被大众误认为与食品添加剂有关，其实苏丹红、孔雀石绿、工业用矿物油、瘦肉精都是工业添加剂，国家已明文禁止其使用于食品。

2011 年卫生部公布了食品中可能违法添加的非食用物质名单：吊白块、苏丹红、王黄金、蛋白精、三聚氰胺、硼酸、硼砂、硫氰酸钠、玫瑰红 B、美术绿、碱性嫩黄、工业用甲醛、工业用火碱、一氧化碳、硫化钠、工业硫黄、工业染料、罂粟壳、β-内酰胺酶、富马酸二甲酯、废弃食用油脂、工业用矿物油、工业明胶、工业酒精、敌敌畏、毛发水、工业用乙酸、肾上腺素受体激动剂类物（盐酸克伦特罗、莱克多巴胺）、硝基呋喃类药物、玉米赤霉醇、抗生素、镇静剂、荧光增白物质、工业氯化镁、磷化铝、馅料原料漂白剂、酸性橙Ⅱ、氯霉素、喹诺酮类、水玻璃、孔雀石绿、乌洛托品、五氯酚钠、喹乙醇、碱性黄、磺胺二甲嘧啶、敌百虫等。

其中苏丹红、王黄金（主要成分碱性橙Ⅱ）、玫瑰红 B（主要成分罗丹明 B）、美术绿、碱性嫩黄、酸性橙Ⅱ、碱性黄、工业染料等被滥用于食品染色；吊白块、工业用甲醛是工业漂白剂，被滥用于食品增白、防腐；硼酸、硼砂等毒化工原料被滥用于食品增弹、改善口感；敌百虫、敌敌畏等农药和乌洛托品被滥用于食品防腐、防臭；肾上腺素受体激动剂类物、孔雀石绿为禁用兽药；三聚氰胺、硫氰酸钠等毒化工原料被滥用于乳及乳制品中。

思考题

1. 常用香辛料有哪些？它们有哪些特征风味物质？它们具有哪些生理活性功能？

2. 食盐的安全控制涉及哪些方面的内容？

3. 如何对酱油、食醋实施有效的安全控制？

4. 如何对黄酒、葡萄酒实施有效的安全控制？

5. 茶的主要类别及应如何对其进行安全控制？

6. 如何对咖啡进行安全控制？

7. 应如何对蜂王浆、蜂蜜、花粉产品进行全面有效的安全控制？

8. 我国对食品添加剂毒理学试验的要求是什么？

9. 如何对食品添加剂进行安全控制？

第十一章　CHAPTER 11

食品原料的运输、检验与法规

【提要】本章包括食品原料的安全运输、食品原料检验程序与内容、食品原料法律法规等。

【教学目标】了解内容：食品原料运输要求；食品原料运输方法；食品原料运输发展趋势；食品原料质量检验方法；理化检验标准及技术；微生物检验标准及技术；我国食品原料法律法规；国际食品原料法律法规；食品原料标准。掌握内容：熟悉食品原料运输要求和特点；掌握食品原料质量检验方法；熟悉国内外食品原料法律法规和相关标准。

【名词及概念】食品原料运输，感官检验，理化检验，微生物检验，食品原料标准。

【课程思政元素】食品原料是影响食品品质的重要因素之一，食品品质的优劣很大程度上取决于食品原料的好坏，因此加强对食品原料进厂检验，严把食品原料入厂验收至关重要，同学们要认真领悟和深刻理解食品原料检验的重要性。

第一节　食品原料的安全运输

运输是实现产品从原料生产领域到加工或消费领域的转移过程。食品原料在运输过程中，容易受到污染或发生腐败变质，从而给企业造成损失，给人们的健康带来危害。因此，为了保障运输过程中食品原料的安全，防止和杜绝运输中的二次污染，应不断改善食品运输条件，严格按照国家食品运输安全规范的要求，加强卫生安全管理，认真执行防止污染的各项法律规定。

一、食品原料运输要求

食品运输是食品从供应地向接收地的实体流动过程。食品原料来源广泛，品种众多，食品原料大多属于鲜活易腐的农产品，具有易碰损、难保质贮藏等特点，因此食品原料的运输安全也不容忽视。在装运这些产品时，应根据其类型、特性、运输距离以及产品贮藏的要求，合理地选择运输工具，最大程度地保护食品原料，在运输过程中实现食品原料供应链的无缝对接。不论采取何种形式进行运输，都需对食品原料的搬运方式、运输工具的选择、运输过程管理有严格的规定。

运输食品原料时，应根据原料的特性要求选择合适的运输工具，同时配备运输时原料所需的储存措施。食品安全法规要求运输工具应具备基本的冷藏、冷冻设施和预防机械系损伤的保护性装备。对于运输工具和装卸原料的容器、工具以及设备应保持清洁和定期消毒。食品原料的运输工具不得运输有毒有害物质，防止食品原料污染。同一运输工具运输不同食品原料时，也应该注意交叉污染，做好分装或分隔。因此，需要根据原料类型、特性要求、运输季节、运输距离以及产品贮藏条件，选择运输温度、空间相对湿度、环境气体、防腐条件和包装方式等比较合适的运输工具，来开展食品原料的运输工作，从而满足相应的安全要求。

食品原料在运输过程中应注意轻拿轻放，避免食品受到机械性损伤。此外，在运输过程中应符合保证食品原料安全所需的温度环境等特殊要求。装卸产品也应按照食品原料的特点，使用相应的装卸方法和装卸工具。

二、 食品原料运输方式

目前我国食品原料最基本的运输方式有货运铁路、公路、道路和机动车运输网络、港口和多式联运以及航空运输。各种运输方式采用不同的运输工具，具有不同的运输效能和适用范围。

（一） 货运铁路

货运铁路就是采用铁路货车运输货物的方式，目前在食品原料的运输过程中发挥着至关重要的作用。货运铁路的优点是输送能力强，运输成本低，较少受到天气、季节等自然条件的影响，能够保证运行的经常性和持续性，同时铁路是互相衔接的整体，运输的区域局限性相对较小，而且便于统一管理，相对计划性强，运输速度也较快，安全程度较高，在廉价的大宗运输上有着明显的优势。但是货运铁路的运输方式受到铁路设施的限制，缺乏一定的灵活性，短期内也受到经济和地理条件的限制。

（二） 公路、 道路和机动车运输网络

公路、道路和机动车运输网络是最重要和普遍的中短途运输方式，虽然载运量小、运价较高、安全性较差、环境污染严重，但是对不同的自然条件适应性很强，且基建投资较小，因而空间活动的灵活性很大，技术速度与送达速度均较快。公路、道路和机动车运输网络广泛服务于地方和城乡的物资交流和旅客来往，为干线交通集散客货，并便于实现货物运输"门到门"。近年来，由于高速公路以及城镇道路的发展，公路、道路和机动车运输网络正逐步向中长途距离发展，运输的范围也在不断地扩大。公路、道路和机动车运输网络除了承担中、短途客货运输之外，还为其他运输方式集散客货，因此在综合运输体系中起到有效地补充和衔接作用。

（三） 港口和多式联运

港口和多式联运分为海洋和内河运输，海洋和主要内河干线的轮船及拖驳船队载重量大，航道航线通过能力所受限制小，运输成本低，劳动生产率较高，特别是土地占用和能源消耗量方面比其他运输方式要低，对环境的污染也较轻。但是由于水上航道的地理走向和水情变化难以全面控制，因此运输的连续性、灵活性和时间的精准性方面相对较差，运送速度也相对较慢。港口和多式联运主要适用于一些国际货物的运输，特别是一些大宗、笨重货物的长途运输，因此在综合运输体系中发挥着骨干作用。

（四） 航空运输

航空运输是最近 20 年来迅速崛起的一种新的运输方式，运输速度较快，运输距离也相对较长，这是其他任何一种运输方式都无法比拟的，航空运输的科技含量较高，这也成为国家科技水平的一个重要标志。航空运输灵活机动，不受自然地理条件限制，对加强与边远闭塞地区的联系作用较大，安全性较高，同时对土地占用和环境污染较少，缺点就是运输成本较高，运输量相对较小。但是，随着我国国民经济的发展和对外联系的增加，航空运输也已成为我国食品原料一个重要的运输方式，每年冬天市场上出现南美智利生产的新鲜蓝莓，就是采用航空运输方式。相信在不久的将来，航空运输的重要性会进一步得到体现。

三、 食品原料运输发展趋势

目前，食品原料运输的总体发展趋势是更加便捷，更加迅速，更加安全。从单一的传统运输发展为多种运输途径交融，从过去的单一运输功能向多功能模式发展。此外，随着一系列的工程技术革新，食品原料的运输正在向科技密集型发展。如人工智能、无人驾驶等技术手段的发展，也深深地促进了运输模式的改变，卫星定位导航系统的进一步精准化，也给运输行业的安全提供更大保障。因此，未来的食品原料运输一定是向多媒介、高科技、更安全、更便捷和更人性化的方向发展。

第二节　食品原料检验程序与内容

食品质量主要有三项基本要求：具有营养价值；较好的色、香、味和外观性状；无毒、无害，符合食品卫生质量要求。

质量检验是指采用一定的分析方法，测定食品原料、半成品和成品的质量特性，然后把测定的结果同规定的质量标准进行比较，从而对产品做出合格或不合格的判断。食品质量检验是食品质量管理中一个十分重要的组成部分，是保证和提高食品质量的重要手段，也是食品生产现场质量保证体系的重要内容。质量检验步骤通常如下：

（1）要求根据产品技术标准和考核指标，明确检验的项目及其质量标准，在抽样检验的情况下，需要明确采用什么样的抽样方案。

（2）采用一定的方法和手段来检测产品，得到相应的质量特性值和检测结果。

（3）通过将测试得到的数据同质量标准比较，确定是否符合质量要求。

（4）根据比较的结果，来判定单个产品是否为合格品，批量产品是否为合格批。

（5）对单个产品是合格品的放行，对不合格品打上标记，隔离存放，另作处置；对批量产品决定接收、拒收、筛选、复检等。

（6）应将记录的数据和判定的结果，及时向上级或有关部门做出报告，以便促使各个部门保证或改进食品质量。

一、 食品原料质量检验方法

由于食品原料种类繁多，成分复杂，检验的目的也有所不同。因此，要求根据不同情况，选择适宜的食品检验方法，来满足不同的实际需要。通常把食品原料检验分为感官检验、理化检验和微生物检验三部分。

（一） 感官检验

1. 概念

感官检验是以人的感觉为依据，用科学试验和统计方法来评价食品质量的一种检验方法，或者说是根据食品的颜色、气味等外部特征直接作用于人体感觉器官所引起的反应，从而对食品进行检验的一种方法。

由于感官检验方法直观，手段简便，灵敏度高，不需要借助任何仪器设备和专用、固定的检验场所，因此可以及时、准确地检验出食品质量有无异常，从而判断食品良莠或真伪，特别对肉、水产品、蛋类等动物食品，具有非常明显的现实意义。在一般情况下，通过感官检查即可明显地辨别该食品是否腐败变质或霉变，如果从感官检查上已发现有明显的腐败变质和霉变现象，即可以考虑不必再进行其他的理化指标和细菌指标的检验。因此，它常作为检验食品质量的最直接有效的方法，也是食品生产、销售、管理人员所必须掌握的一门技能。

2. 食品感官检验的适用范围

（1）肉及肉制品。

（2）乳及乳制品。

（3）水产品及水产制品。

（4）蛋及蛋制品。

（5）冷饮与酒类。

（6）调味品与其他食品。

3. 食品感官检验基本方法

（1）视觉检验法 视觉检验法是判断食品质量的一个重要感官手段。食品的外观形态和色泽对于评价食品的新鲜程度、食品是否有不良改变以及蔬菜、水果的成熟度等有着重要意义。视觉检验应在白昼的散射光线下进行，以免灯光阴暗发生错觉。检验时应注意整体外观、大小、形态、块形的完整程度、清洁程度、表面有无光泽、颜色的深浅色调等。在检验液态食品时，要将它注入无色的玻璃器皿中，透过光线来观察；也可将瓶子颠倒过来，观察其中有无夹杂物或絮状物悬浮。

（2）嗅觉检验法 食品的气味通常是由具有挥发性气味的物质所形成的，进行嗅觉检验时常需稍稍加热，但最好是在15~25℃的常温下进行，因为食品中的挥发性气味物质常随温度的高低而增减。在检验食品异味时，液态食品可滴在清洁的手掌上摩擦，以增加气味的挥发。识别畜肉等大块食品时，可将一把尖刀稍微加热刺入深部，拔出后立即嗅闻气味。

（3）味觉检验法 感官检验中的味觉对于辨别食品品质的优劣是非常重要的一环。味觉器官不但能品尝到食品的滋味如何，而且对于食品中极轻微的变化也能敏感地察觉。如做好的米饭存放到尚未变馊时，其味道即有相应的改变。味觉器官的敏感性与食品的温度有关，在进行食品的滋味检验时，最好使食品处在20~45℃，以免温度的变化会增强或降低对味觉器官的刺激。几种不同味道的食品在进行感官评价时，应当按照刺激性由弱到强的顺序，最后检验味道强烈的食品。在进行大量样品检验时，中间必须休息，每检验1种食品之后采用温水进行漱口。

（4）触觉检验法 通过凭借触觉来鉴别食品的膨、松、软、硬、弹性、稠度等特征，来评价食品品质的优劣，这也是目前常用的感官检验方法之一。例如，根据鱼体肌肉的硬度和弹性，常常可以判断鱼是否新鲜或腐败；评价动物油脂的品质时，常需检验其稠度等。在感官测定食品硬度时，要求温度应在 15~20℃，因为温度的升降会影响到食品状态的改变。

4. 感官检验程序

感官检验需要一定量的感官检验人员、适宜的感官环境和合适的检验方法。首先挑选一定数量的感官检验人员，他们应具有灵敏的感觉器官，经过专门训练与考核，符合感官分析要求，熟悉感官评价标准，掌握食品的品质性能，进而组成专门的评定小组；感官检验环境要求光线充足柔和、温湿度适宜、空气新鲜、无香气和异味干扰等，同时样品制备也要科学合理；然后选择适宜的方法来开展检验，采用数据统计手段来分析处理试验数据，最终做出正确地判断，具体可参看 GB/T 10220—2012《感官分析　方法学总论》。

一般食品的性状多用文字作定性描述，进行鉴别时也多凭经验来评定。但人的器官，由于受生理、经验、环境等各种因素的影响，认识和判别均可能出现差异，这样就容易引起争议。在贸易中，为了避免纠纷，有些产品的感官性状，必须制定出相应的标准。如新鲜水果和蔬菜（主要是果蔬类，如番茄）的成熟度，要定出色度来做比较，淀粉的白度以光的反射率来检查，酒的香气用成分来鉴别等。

（二）　理化检验

食品理化检验是运用现代科学技术手段，检验食品中与营养及卫生有关的化学物质，具体指出这些物质的种类和含量，说明是否合乎卫生标准和质量要求，是否存在危害人体健康的因素，从而决定有无食用及应用价值的检验方法。食品理化检验的目的在于根据测得的分析数据对被检食品的质量做出正确客观地判断和评定。

（三）　微生物检验

食品微生物检验是运用微生物学的理论与方法，研究外界环境和检验食品中微生物的种类、数量、性质及其对人的健康的影响，以判别食品是否符合质量标准的检验方法。食品微生物检验方法是食品质量管理必不可少的重要组成部分。

二、　微生物检验标准及技术

随着人民生活水平的提高，对食品的质量和食品的安全性要求越来越高，不仅要求营养丰富、美味可口，而且要卫生安全，因而对食品进行微生物检验至关重要。它是衡量食品卫生质量的重要指标之一，也是判定被检食品能否食用的科学依据之一。通过食品微生物检验，可以判断食品的加工环境和卫生情况，能够对食品被细菌污染的程度做出正确地评价，为各项卫生管理工作提供科学依据，对人类、动物的食物中毒和某些传染病提供预防措施，可以有效地防止或者减少食物中毒和人畜共患病的发生，保障人民的身体健康。

（一）　食品微生物检验的范围

食品不论在产地或加工前后，均可能遭受微生物的污染。污染的机会和原因很多，根据食品被细菌污染的原因和途径可知，食品微生物检验的范围包括以下几点：

1. 生产车间环境的检测，如车间内空气、用水、地面、墙壁等。

2. 原辅料检验，包括食用动物、谷物、添加剂等一切原辅料。

3. 食品加工、贮藏、销售诸环节的检验，包括食品从业人员的卫生状况、加工工具、运输车辆、包装材料等。

4. 食品检验的重点是食品原料、出厂食品和抽检食品。

（二） 食品微生物检验指标

食品微生物指标主要有菌落总数、大肠菌群和致病菌三项。

1. 菌落总数

菌落总数是指食品检验样品经过处理，在一定条件下培养后所得即为 1g 或 1mL 检验样品中所含细菌菌落的总数。菌落总数一方面作为食品被污染程度的标志，另一方面可用来预测食品耐存放程度和期限。因此，它是判断食品卫生质量的重要依据之一。

2. 大肠菌群

大肠菌群包括大肠杆菌和产气杆菌的一些中间类型的细菌。这些细菌是寄居于人及温血动物肠道内的常居菌，它随着大便排出体外。食品中如果大肠菌群数越多，说明食品受粪便污染的程度越大。故以大肠菌群作为粪便污染食品的卫生指标来评价食品的质量，具有广泛的意义。

3. 致病菌

致病菌是指能引起人们发病的细菌。致病菌一般是指肠道致病菌、致病性球菌等。食品中含有致病菌时，食后往往使人患食物中毒或其他肠道传染病。因此，食品卫生标准一般都规定致病菌不得检出。

（三） 食品原料微生物检验一般程序

食品原料微生物检验是应用微生物学理论与实验方法的一门科学，是对食品中微生物的存在与否及种类和数量的验证。食品微生物检验的一般步骤，可按图 11-1 进行。

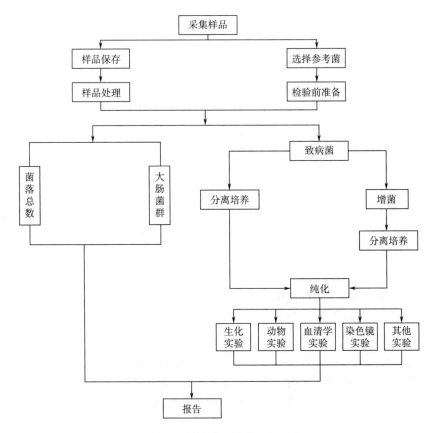

图 11-1　微生物检验的一般程序

1. 样品送检

（1）将样品采集好后，应及时保存并送往微生物检测室。若路程较远，可将不需冷冻的样品保持在 1~5℃ 的环境中，勿使冻结，以免细菌遭受破坏；如需保持冷冻状态，则需保存在泡沫塑料隔热箱内（箱内有干冰可维持在 0℃ 以下），应防止反复冰冻和溶解。

（2）样品送检时，必须认真填写申请单，以供检验人员参考。

（3）检验人员接到送检单后，应立即登记，填写序号，并按检验要求，立即将样品放在冰箱或冰盒中，同时积极准备条件进行检验。

2. 样品处理

样品处理应在无菌条件下进行；若是样品处于冷冻状态，则应在 2~5℃ 条件下解冻 18h 或 45℃ 条件下解冻 15min。对于固态的样品，有以下几种处理方法：

（1）捣碎法 取 25g 样品捣碎，加入 225mL 的稀释液，8000~10000r/min 离心 1~2min。该方法适用于大多数食品样品的处理。

（2）剪碎振摇法 取 25g 的样品剪碎混匀，加入 225mL 的稀释液，放入装有 5mm 大小玻璃珠的稀释瓶中，盖紧瓶盖，用力快速振摇 50 次左右。

（3）研磨法 取 25g 的样品剪碎混匀，放入到无菌研钵中进行研磨，之后加入 225mL 的稀释液，放入到稀释瓶中，盖紧盖后充分摇匀。

（4）整粒振摇法 对于有自然保护膜的样品（如蒜瓣、青豆等），可以直接称取整粒的样品，加入 225mL 的无菌稀释液和玻璃珠后，直接放入稀释瓶中，盖紧瓶盖，用力快速摇晃 50 次左右。

3. 样品检验

每种指标都有相应的检验方法，应根据不同的原料、不同的检验目的来选择合适的检验方法。一般而言，首选国家标准中规定的检验方法。

4. 结果报告

样品检验完毕后，检验人员应立即填写报告单，并送主管人员进行核实，签字盖章后，交予食品卫生监督人员处理。

三、 理化检验标准及技术

食品原料理化检验是一项极为重要的工作，它在保证人类健康和社会进步方面有着重要的意义和作用。食品的理化检验通常分为食品营养成分检验、食品添加剂检验、食品中有害有毒物质检验和食品中常微量元素的检验。此外，有些也将食品新鲜度的检验和掺假食品的检验作为检验内容，其目的是对食品进行卫生检验和质量监督，使之符合营养需要和卫生标准，从而保证食品的质量，防止食物中毒和食源性疾病发生，力求确保食品的食用安全；研究食品化学性污染的来源、途径，控制化学性污染的措施及食品的卫生标准，提高食品的卫生质量，减少食品资源的浪费。

（一） 常用方法

在食品卫生检验工作中，由于测定的目的不同与被检物质的性质各异，所用的方法也比较多。一般将理化检验法分为以下两类：

1. 物理检验法

根据食品的相对密度、折射率、旋光度等物理常数与食品的组成及含量之间的关系进行检验的方法称为物理检验法，物理检验法是食品分析及食品工业生产中常用的检测方法之一。

2. 化学分析法

化学分析法是以物质的化学反应为基础的检验方法，主要包括经典化学法（重量法、体积法、比色法等）和仪器分析法。

理化检测方法的正确选择是食品质量控制的关键。选择检验方法应遵循精密度高、重复性好、判断正确和结果可靠的原则。此外，理化检验方法的选择还应参照《中华人民共和国国家标准食品卫生检验方法（理化部分）》来进行。

对于食品中含量较多的成分如糖、脂肪、水分、灰分、蛋白质等，通常采用体积法、重量法和比色法进行检验。对于食品中含量较低的成分如维生素、多酚、黄酮等物质，一般多采用荧光法、色谱法（包括气相色谱法、高效液相色谱法和薄层层析法）等仪器分析法进行检验。对于食品中的矿物质检验，多采用原子吸收分光光度法和等离子原子发射光谱法。

近年来，随着科学技术的飞速发展，尤其是计算机技术在食品领域的广泛应用，使得食品检测分析过程更加智能化和自动化。这不仅提高了检测的效率、灵敏度和准确度，而且也大大降低了实验人员的劳动强度，为食品安全的进一步提升奠定了基础。

（二） 食品理化检验基本程序

1. 样品前处理

样品前处理的目的是最大限度地提取目标物，把干扰降到最低、误差降到最小。样品前处理应根据不同样品类型和实验目的，采取相应的方法来进行。

（1）溶剂提取法　溶剂提取法主要是利用样品中不同组分在溶剂中溶解度或分配系数的差异来进行分离提取。所用的溶剂可以是有机溶剂，也可以是水溶液、酸溶液或碱溶液等。

（2）干法灰化法　干法灰化法是测定食物中无机物含量的一种方法。具体操作是将一定量样品置于坩埚中加热，使有机物脱水、炭化、分解、氧化，再于高温电炉中（500~550℃）灼烧灰化，得到的残渣即为无机成分，可供测定用。

（3）蒸馏法　蒸馏法是分离、纯化液态混合物的一种常用方法，主要利用液体混合物中各组分挥发度的差别，使液体混合物部分汽化并随之使蒸汽部分冷凝，从而实现所含组分的分离。根据样品中有关成分性质的不同，一般采取常压蒸馏、减压蒸馏以及水蒸气蒸馏等方式，达到分离净化的目的。

（4）吸附法　吸附法是利用多孔性的固体吸附剂将水样中的一种或数种组分吸附于表面，再用适宜溶剂、加热或吹气等方法将预测组分解吸，从而达到分离富集的目的。

（5）磺化法和皂化法　磺化法和皂化法是处理油脂和含脂肪样品经常使用的分离方法。油脂通过强酸进行磺化或强碱皂化，由疏水性转变为亲水性，而使样品中要测定的非极性成分被非极性或弱极性溶剂提取出来。

2. 样品测定

食品理化检验方法的选择是否恰当是控制食品质量的关键。食品理化检验方法的确立应以《中华人民共和国国家标准食品卫生检验方法（理化部分）》为参照。

3. 数据处理

通过测定结果获得一系列有关分析数据以后，需按以下原则记录、运算和处理。

（1）食品理化检验测定的量一般都用有效数字表示，在测定值中只保留最后1位有效数字。

（2）食品理化检验中的数据计算均按有效数字计算法则进行。

（3）食品理化检验中多次测定的数据应按统计学方法计算其算术平均值、标准差，同时绘制标准曲线。

（4）检验结果的表达方法应与食品卫生标准的表达方法一致。

4. 检验报告

理化检验完成后应出具相关的检验报告，检验报告应注意正确性与规范性。

不同食品原料标准示例

GB/T 27658—2011《蓝莓》

NY/T 844—2017《绿色食品　温带水果》

GB 19301—2010《食品安全国家标准　生乳》

第三节　食品原料的法律法规与标准

现代化国家的食品管理主要是法制管理，也就是要建立一套完整的法规体系，其中包括法律、法规和相关标准。每个国家都有食品方面的法律法规，我国于 1995 年 10 月 30 日公布了《中华人民共和国食品卫生法》，废止于 2009 年 6 月 1 日，同日，我国开始施行《中华人民共和国食品安全法》，并在 2015 年进行了修订，2018 年和 2021 年进行了修正。此外，国家行政管理部门也会颁布相应的法规制度和行业标准，如卫生部 1996 年 3 月 15 日颁布了《保健食品管理办法》，农业农村部、国家市场监督管理总局等单位也会发布食品行业标准和地方标准等。目前我国还没有单独的食品原料法律法规，相关原料的管理要求还只是包含于部分食品的法规与标准之中，因此，本节就涉及食品原料的国内外相关法律法规进行介绍。

一、我国食品原料的法律法规

（一）中华人民共和国食品安全法

1. 《中华人民共和国食品安全法》的颁布及意义

《中华人民共和国食品安全法》是为保证食品安全，保障公众身体健康和生命安全制定。由于食品行业快速发展，我国先后于 2015 年 4 月 24 日、2018 年 12 月 29 日和 2021 年 4 月 29 日对该部法律进行了重新修订和修正。

2. 《中华人民共和国食品安全法》的立法宗旨

《食品安全法》第一章第一条规定："为了保证食品安全，保障公众身体健康和生命安全，制定本法。"在制定《食品安全法》过程中，如何从食品链的各环节、各方面保证食品安全、保障公众身体健康和生命安全称为立法宗旨所在。

3. 《中华人民共和国食品安全法》的适用范围

《食品安全法》在第一章第二条规定了该法的范围，具体如下。

第二条　在中华人民共和国境内从事下列活动，应当遵守本法：

（1）食品生产和加工（以下称食品生产），食品销售和餐饮服务；

（2）食品添加剂的生产经营；

（3）用于食品的包装材料、容器、洗涤剂、消毒剂和用于食品生产经营的工具、设备（以下称食品相关产品）的生产经营；

（4）食品生产经营者使用食品添加剂、食品相关产品；

（5）食品的贮存和运输；

（6）对食品、食品添加剂、食品相关产品的安全管理。

对于食用农产品，质量安全管理需要遵守《中华人民共和国农产品质量安全法》的规定。而质量安全标准的制定和食用农产品有关信息的发布，应当遵守本法的有关规定。

4. 《中华人民共和国食品安全法》的内容体系

《中华人民共和国食品安全法》共分十章：

第一章　总则，共13条。主要规定了立法宗旨和法律适用范围。总则中对于国务院食品安全监督管理部门的职责进行明确的界定。国务院质量监督、工商行政管理和国家食品安全监督管理部门依照《食品安全法》和国务院规定的职责，分别对食品生产、食品流通、餐饮服务活动实施监督管理。国务院食品安全监督管理部门依照本法和国务院规定的职责，对食品生产经营活动实施监督管理。国务院卫生行政部门依照本法和国务院规定的职责，组织开展食品安全风险监测和风险评估，会同国务院食品安全监督管理部门制定并公布食品安全国家标准。国务院其他有关部门依照本法和国务院规定的职责，承担有关食品安全工作。

第二章　食品安全风险监测和评估，共10条。主要规定了国务院卫生行政部门会同国务院食品安全监督管理等部门，制定、实施国家食品安全风险监测计划。国家建立食品安全风险评估制度，运用科学方法，根据食品安全风险监测信息、科学数据以及有关信息，对食品、食品添加剂、食品相关产品中生物性、化学性和物理性危害因素进行风险评估。国务院卫生行政部门负责组织食品安全风险评估工作，成立由医学、农业、食品、营养、生物、环境等方面的专家组成的食品安全风险评估专家委员会进行食品安全风险评估。食品安全风险评估结果由国务院卫生行政部门公布。

第三章　食品安全标准，共9条。为解决食品标准在结构上的重复、品种上的缺失和内容上的矛盾，以及标准过高或过低引起争议等问题，规定食品安全国家标准由国务院卫生行政部门会同国务院食品安全监督管理部门制定、公布，国务院标准化行政部门提供国家标准编号。

第四章　食品生产经营，分为4小节，共51条。本法强化了生产经营者是保证食品安全第一责任人的概念，明确了生产、流通、餐饮服务许可制度；索证索票制度、台账制度；建立食品召回制度、停止经营制度；企业食品安全管理制度；以及建立风险预警机制。同时，对保健食品、特殊医学用途配方食品和婴儿配方食品等特殊食品实行严格监督管理。

第五章　食品检验，共7条。主要规定了食品检验机构的资质认定条件和检验规范，由国务院食品安全监督管理部门规定；食品检验由食品检验机构指定的检验人独立进行；食品检验实行食品检验机构与检验人负责制。

第六章 食品进出口，共 11 条。主要规定了进出口食品安全实施监督管理。进口食品、食品添加剂、食品相关产品应当符合我国食品安全国家标准。进口尚无食品安全国家标准的食品，需由境外出口商、境外生产企业或者委托进口商向国务院卫生行政部门提交所执行的相关国家（地区）标准或国家标准。国务院卫生行政部门对相关标准进行审查，认为不符合食品安全要求的，决定暂停适用，并及时制定相应的食品安全国家标准。

第七章 食品安全事故处置，共 7 条。主要规定了食品安全事故处置机制，包括：①报告制度：事故单位和接受病人进行治疗的单位应当及时向事故发生地县级人民政府食品安全监督管理部门、卫生行政部门报告。②事故处置措施：开展应急救援工作，组织救治因食品安全事故导致人身伤害的人员；封存可能导致食品安全事故的食品及原料，并立即进行检验。③责任追究：市级以上人民政府食品安全监督管理部门应当立即会同有关部门进行事故责任调查，督促有关部门履行职责，向本级人民政府和上一级人民政府食品安全监督管理部门提出事故责任调查处理报告。

第八章 监督管理，共 13 条。规定县级以上人民政府食品安全监督管理部门根据食品安全风险监测、风险评估结果和食品安全状况等，确定监督管理的重点、方式和频次，实施风险分级管理。县级以上地方人民政府组织本级食品安全监督管理、农业行政等部门制定本行政区域的食品安全年度监督管理计划，向社会公布并组织实施。

第九章 法律责任，共 28 条。本法对于食品安全相关的刑事、行政和民事责任进行了规定，以切实保障人民群众的生命安全和身体健康。

第十章 附则，共 4 条。规定食品、食品安全、预包装食品、食品添加剂等相关用语的含义；转基因食品和食盐的食品安全管理，本法未作规定的，适用其他法律、行政法规的规定；保健食品的具体管理办法由国务院食品安全监督管理部门依照本法制定；食品相关产品生产活动的具体管理办法由国务院食品安全监督管理部门依照本法制定；国境口岸食品的监督管理由出入境检验检疫机构依照本法以及有关法律、行政法规的规定实施，军队专用食品和自供食品的食品安全管理办法由中央军事委员会依照本法制定。

《中华人民共和国进出口食品安全管理办法》

（二） 进出口食品安全管理办法

食品是国际贸易中的大宗商品，也是我国进出口贸易的重要商品。进出口食品的卫生问题关系到国家信誉和消费者利益。随着我国对外贸易的发展，进出口食品的数量与品种不断增加。进出口食品因卫生质量不符合要求而造成的索赔、退货等问题也时有发生。因此，为了维护国家的信誉和消费者的利益，就必须加强进出口食品的安全管理。《中华人民共和国进出口食品安全管理办法》已于 2021 年 3 月 12 日经海关总署署务会议审议通过，自 2022 年 1 月 1 日起实施。

（三） 中华人民共和国农产品质量安全法

1. 《中华人民共和国农产品质量安全法》的颁布及意义

人们每天消费的食物，有相当大部分直接来源于农业的初级产品，如水果、蔬菜、水产品等；也有些是以农产品为原料加工、制作的食品。农产品的质量安全状况如何，直接影响人民群众身体健康乃至生命安全。为了从源头上保障农产品质量安全，维护公众的身体健康，促进农业和农村经济发展，《中华人民共和国农产品质量安全法》应运而生。

《中华人民共和国农产品质量安全法》于 2006 年 4 月 29 日由第十届全国人民代表大会常务委员会第二十一次会议表决通过，2006 年 11 月 1 日起实施。2018 年 10 月 26 日第十三届全国人民代表大会常务委员会第六次会议对其进行修正，2022 年 9 月 2 日，第十三届全国人民代表大会常务委员会第三十六次会议修订。这部法律填补了我国农产品质量监管的法律空白，是农产品质量安全监管的重要里程碑。该法使得我国农产品从数量管理进入数量、质量并重，而且更注意安全的新阶段，也标志着农产品质量安全监管从此走上依法监管的轨道，是农业行政管理部门加强农产品质量安全监管的有效手段。

2. 《中华人民共和国农产品质量安全法》的基本内容

《中华人民共和国农产品质量安全法》主要内容包括：（1）关于调整的产品范围问题，该法定义农产品是指来源于种植业、林业、畜牧业和渔业等的初级产品，即在农业活动中获得的植物、动物、微生物及其产品；（2）规范调整行为主体范围问题，即农产品的生产者和销售者、农产品质量安全管理者、相应的检测技术机构及人员；（3）关于规范调整的管理环节问题。

《中华人民共和国农产品质量安全法》还规定了相应的"六个禁止"和"八个不得"。其中，"六个禁止"具体如下：禁止生产、销售不符合国家规定的农产品质量安全标准的农产品；禁止在有毒有害超过规定标准的区域生产、捕获、采集食用农产品和建立农产品生产基地；禁止违反法律、法规的规定向农产品产地排放或者倾倒废水、废气、固体废弃物或者其他有毒有害物质；禁止伪造农产品生产记录；禁止在农产品生产过程中使用国家明令禁止使用的农业投入品；禁止冒用无公害农产品等农产品质量标准。

"八个不准"具体如下：经检测不符合农产品质量安全标准的农产品，不得销售；有下列情形之一的农产品，不能销售：含有国家禁止使用的农药、兽药或者其他化学物质的；农药、兽药等化学物质残留或者含有的重金属等有毒有害物质不符合农产品质量安全标准的；含有致病性寄生虫、微生物或者生物毒素不符合农产品质量安全标准的；使用的保鲜剂、防腐剂、添加剂等材料不符合国家有关强制性的技术规范的；其他不符合农产品质量安全标准的；监督抽查检测应当委托符合规定条件的农产品质量安全检测机构进行，不得向被抽查人收取费用；监督抽查监测抽取的样品，不得超过国务院农业行政主管部门规定的数量；上级农业行政主管部门监督抽查的农产品，下级农业行政主管部门不得另行重复抽查；对采用快速监测方法检测结果有异议的，被抽检人申请复检，复检不得采用快速检测方法；农产品销售企业对其销售的农产品，应当建立健全进货检查验收制度；经查验不符合农产品质量安全标准的，不得销售；对同一违法行为不得重复处罚。

（四） 新食品原料安全性审查管理办法

《新食品原料安全性审查管理办法》是为规范新食品原料安全性评估材料审查工作而制定的法规，经 2013 年 2 月 5 日中华人民共和国卫生部部务会审议通过，2013 年 5 月 31 日国家卫生和计划生育委员会令第 1号公布，自 2013 年 10 月 1 日起施行。2017 年 12 月 5 日修订版经国家卫生计生委委主任会议讨论通过，2017 年 12 月 26 日中华人民共和国国家卫生和计划生育委员会令第 18 号公布，自 2017 年 12 月 26 日起施行。

《新食品原料
安全性审查管
理办法》

（五） 其他食品原料法规

国家卫生和计划生育委员会颁布的《食品添加剂新品种管理办法》，颁布日期为 2017 年12 月 26 日，实施日期为 2017 年 12 月 26 日。

国家质量监督检验检疫总局颁布的《进出境粮食检验检疫监督管理办法》，颁布日期为2016年1月20日，实施日期为2016年7月1日。

国家质量监督检验检疫总局颁布的《有机产品认证管理办法》，颁布日期为2013年11月15日，实施日期为2014年4月1日。

二、国际食品原料的法律法规

（一）美国食品安全法律法规体系

1. 美国食品监管机构

美国食品安全监管是建立在联邦制基础上多部门联合监管模式。美国建立了由总统食品安全顾问委员会负责协调，卫生部、农业部、环境署等多部门负责监管的综合性食品安全监管体系。

（1）美国农业部（USDA）　主要负责农产品质量安全标准的制定、检测与认证体系的建设和管理。承担农产品质量安全管理的主要机构有食品安全检验局（FSIS）、动植物健康检验局（APHIS）、农业市场局（AMS）。食品安全检验局（FSIS）负责制定并执行国家残留监测计划、肉类及家禽产品质量安全检验和管理，并被授权监督执行联邦食用动物产品安全法规。动植物健康检验局（APHIS）负责对动植物及其产品实施检疫，植物产品出口认证，审批转基因植物和微生物有机体的移动，履行濒危野生动植物国际贸易公约（CITES）等。农业市场局（AMS）的新鲜产品部（FPB）主要负责向全国的承运商、进口商、加工商、销售商、采购商（包括政府采购机构）以及其他相关经济利益团体提供检验和分级服务，并收取服务费用；颁布指导性材料及美国的分级标准以保持分级的统一性；现场实施对新鲜类农产品分级活动的系统复查；在影响食品质量及分级的官方方法与规定方面，它还作为与食品和药物管理局、其他政府机构、科学团体的联络部门；定期监督检查计划的有效性，考察是否遵守公民平等就业机会和公民权利的要求的。

（2）美国联邦环境保护署（EPA）　在食品（农产品）安全管理方面的主要使命是保护公众健康、保护环境不受杀虫剂强加的风险、促进更安全的害虫管理方法，负责饮用水、新的杀虫剂及毒物、垃圾等方面的安全管理，制定农药、环境化学物的残留限量和有关法规。

（3）美国食品与药物管理局（FDA）　负责除畜、禽肉、蛋制品（不包括鲜蛋）外所有食品的监督管理。主要任务是制定联邦法规、标准；食品添加剂生产使用前的食用安全性评价与审批；低酸性、酸性罐头的注册登记；食品质量、装量规格的监督；食品生产经营条件和过程的现场监督；食品标签的管理；进口食品检验；食品安全研究；食用动物饲料的安全性监测。美国食品与药物管理局（FDA）下设的主要食品安全监管机构有食品安全与应用营养中心（CFSAN）、兽药中心（FDA/CVM）、毒理学研究中心（FDA/NCTR）。

2. 美国食品安全法规体系

美国食品安全的主要法令包括《联邦食品、药品和化妆品法》（FFDCA），《联邦肉类检测法》（FMIA），《禽类产品检测法》（PPIA），《蛋类产品检测法》（EPIA），《食品质量保护法》（FQPA），《公共健康安全与生物恐怖主义预防应对法》。

《联邦食品、药品和化妆品法》是美国关于食品和药品的基本法，该法的基本目的是保护公众不受有毒或有害的、不洁的，或腐烂的，或在不卫生条件下生产的、可能遇到污染的，或对健康有害的产品伤害。

《2002 公共健康安全与生物恐怖主义预防应对法》（简称生物反恐法），有四个条款涉及食品。第 303 节——行政扣留：授权执行人员可以扣留可疑的食物；第 305 节——注册：所有生产/加工、包装及储存食品及动物饲料的企业均须于 2003 年 12 月 12 日前向 FDA 完成注册；第 306 节——记录保存：要建立和保持记录，以便追溯食品来源；第 307 节——预先通报：对美出口食品必须在出口前办理事先通知。

2011 年 1 月 4 日，美国总统奥巴马签署了《食品安全现代化法案》。2014 年 9 月，美国食品与药物管理局（FDA）发布了关于《食品安全现代化法案》4 项新的修订法案。《食品安全现代化法案》授予了美国 FDA 新的执法权力。FDA 首次拥有强制召回权，美国食品与药物管理局（FDA）可以直接下令召回而无需要求生产厂家自愿召回；强化对食品生产者的监管，新法案要求美国食品与药物管理局（FDA）将食品设备检查的频率提高至每年一次，国外零售商进口至美国的食品也必须面临同样严格的标准，当国外企业或政府拒绝检查时，可禁止批准其食品的进口；严格进口食品监管，输美食品企业需要事先向美国食品与药物管理局（FDA）进行备案；食品供应链上每一个环节的所有人都必须承担责任。

2015 年 9 月 17 日，美国食品与药物管理局（FDA）发布《食品现行良好操作规范和危害分析及给予风险的预防控制》最终法规。该法规是《食品安全现代化法案》的重要配套法规，目的是采用现代化、预防性、给予风险控制的方法构建食品安全管理体系。

2016 年 4 月 6 日，美国食品与药物管理局（FDA）发布《人类和动物食品卫生运输法规》，通过确立食品运输的卫生标准，确保在运输期间人类和动物食品安全，推进美国食品与药物管理局（FDA）保护从农田到餐桌的过程安全无害。

2018 年 12 月 7 日，美国农业部食品安全检验局（FSIS）发布《统一肉类和禽类标签合规日期》法规，该法规指出，对在 2019 年 1 月 1 日至 2020 年 12 月 31 日期间发布的新的肉类和家禽产品标签法规的合规日期统一为 2022 年 1 月 1 日。FSIS 定期公布新的肉禽产品标签法规的统一遵守日期，以最大限度地减少标签变更的经济影响。

2018 年 12 月 21 日，美国农业部发布《国家生物工程食品信息披露标准》，要求含有通过体外重组脱氧核糖核酸（DNA）技术修饰的遗传物质的生物工程食品/配料在食品标签上明确标示该产品含有生物工程食品/配料，并对标示的要求做出了具体规定。该标准于 2019 年 2 月 9 日生效。

2020 年 8 月 13 日，美国食品与药物管理局（FDA）发布对《发酵食品或水解食品的无麸制标签要求》对发酵食品和水解食品的各生产阶段是否含麸质的情况进行分类，并针对各情况下食品是否需使用"无麸质"标签标示进行要求。

（二）欧盟食品安全法律法规体系

1. 欧盟食品质量安全管理机构及职责

在欧盟政策、法令、条例等制定和决策过程中，起重要作用的四个主要机构是欧洲委员会、欧洲议会、欧盟理事会（部长理事会）和经济与社会委员会。欧盟食品管理机构与欧洲委员会、各个成员国当局以及生产者和经营者共同组成食品安全管理体系。欧盟食品安全管理机构由管理董事会、执行主任和职员、咨询论坛和一个科学委员会及若干个科学小组构成。欧盟食品安全管理机构是在食品和饲料安全所涉及的所有领域，为共同体立法及制定政策提供科学建议和技术支持。同时，对内部同一市场运行框架内的动物健康和福利、植物健康和环境给予关注，并对人类生命和健康给予高度保护。另外，就直接和间接地影响到食品和饲料安全的风险监测和风险特征进行信息收集和分析。

2. 欧盟食品标准法规体系

（1）食品安全白皮书　欧盟食品安全白皮书包括执行摘要和9章内容，用116项条款对食品安全问题进行了详细阐述，制定了一套连贯透明的法规，提高了欧盟食品安全科学咨询体系的能力。白皮书不是规范性的法律，但是它确立了欧盟食品安全法规体系的基本原则，是欧盟食品和动物饲料生产和食品安全控制的法律基础。白皮书确立了以下战略思想：提出了一项根本改革，就是食品法以控制从"农田到餐桌"全过程为基础；建立欧洲食品安全局，主要负责食品风险评估和食品安全议题交流；设立食品安全程序；建立紧急情况下的综合快速预警机制。

（2）食品安全法（EC）178/2002号条例　178/2002号条例是2002年1月28日颁布的，主要拟订了食品法规的一般原则和要求、建立欧洲食品局（EFSA）和拟订食品安全事务的程序，是欧盟的又一个重要法规。178/2002号条例包含5章65项条款。范围和定义部分主要阐述条例的目标和范围，界定食品、食品法律、食品商业、饲料、风险、风险分析等20多个概念。

（3）食品卫生条例（EC）852/2004号条例　该条例规定了食品企业经营者确保食品卫生的通用规则，主要包括企业经营者承担食品安全的主要责任；从食品的初级生产开始确保食品生产、加工和分销的整体安全；全面推行危害分析和关键控制点（HACCP）；建立微生物准则和温度控制要求；确保进口食品符合欧洲标准或与之等效的标准。

（4）动物源性食品特殊卫生规则（EC）853/2004号条例　该条例规定了动物源性食品的卫生准则，包括只能用饮用水对动物源性食品进行清洗；食品加工设施必须在欧盟获得批准和注册；动物源性食品必须加贴识别标签；只允许从欧盟许可清单所列国家进口动物源性食品。

（5）人类消费用动物源性食品官方控制组织的特殊规则（EC）854/2004号条例　该条例规定了对动物源性食品实施官方控制的规则。

（6）饲料卫生要求（EC）183/2005号条例　为确保饲料和食品安全，欧盟的183/2005号条例对动物饲料的生产、运输、贮存和处理做了规定。饲料商应确保投放市场的产品安全、可靠，而且负主要责任，如违反欧盟法规，饲料生产商应支付损失成本。

（7）有机生产及有机产品标签法规　2018年5月30日，欧盟委员会修订《有机生产及有机产品标签法规》EU2018/848，本法规规定了有机生产的一般原则、相关条例、有机认证、标签标识及广告宣传等，适用于欧盟进出口农畜产品的生产、加工、标签、销售等，涉及产品包括未加工农产品、用作食品的加工农产品及饲料。

（8）食品微生物标准　2019年2月7日，欧盟委员会修订（EC）2073/2005食品微生物标准，针对发芽种子中李斯特菌的食品安全标准、食品加工卫生标准和未经灭菌的果汁和蔬菜汁的食品安全标准以及微生物检测方法修订食品微生物标准（（EC）No2073/2005）。过渡规定：食品企业直到2021年12月31日之前，仍然可用之前的检验方法。

（三）　日本食品安全法律法规体系

1. 日本食品安全管理体制

日本的食品卫生监督管理由中央和地方两级政府共同承担，中央政府负责有关法律规章的制定，进口食品的检疫检验管理，国际性事务及合作；地方政府负责国内食品卫生及进口食品在国内加工、使用、市场销售的监管和检验。

2. 日本食品安全法律法规

目前日本颁布的食品安全相关法律法规300多种，其中《食品安全基本法》和《食品卫生法》是两大基本法律。《食品卫生法》适用于国内产品和进口产品，该法规定了食品的成分规格、农药残留标准、食品标识标准、食品生产设施标准，明确了中央政府对进口食品的监督检查框架，对国内流通及进口食品生质量监管的程序和处罚。《食品安全基本法》明确了食品质量安全相关政策措施的制定和监管管理。与此相关的主要法规还有：《产品责任法（PL法）》《屠宰场法》《禽类屠宰及检验法》《关于死毙牲畜处理场法》《自来水法》《水质污染防止法》《植物检疫法》《保健所法》《营养改善法》《营养师法》《厨师法》《糕点卫生师法》《生活消费用品安全法》《家庭用品品质标示法》《关于化学物质的审查及对其制造等进行限制的法律》等。

三、 食品原料标准

（一） 食品原料标准的作用

标准是在一定的范围内获得最佳秩序，对活动和其结果规定共同的和重复使用的规则、指导原则或特性文件，该文件经协商一致制定并经一个公认机构的批准。食品及食品原料标准的水平代表一个国家在食品安全性、食品质量方面的保护水平，也体现了一个国家在国际食品贸易中的保护水平，是食品行业中的技术规范。涉及食品领域的方方面面，包括食品原料及产品标准、污染物、农药残留、生物毒素、食物中毒诊断技术、食品工业基础及相关标准、食品包装材料及容器标准、食品添加剂标准、食品原料检验方法标准、各类食品原料卫生管理办法等。它从多方面规定了食品的技术要求和品质要求，它与食品安全性有着不可分割的联系，是食品安全的保证。食品原料标准除了具有保护消费者的健康和权益、促进食品工业的发展的功能外，还有促进国际食品贸易的重要作用。具体表现在以下几个方面：

（1）食品原料可供人直接食用或用来加工成其他食品，如果没有规范的食品原料标准，就难以判定其质量和安全性是否符合要求。因此，在制定过程中，食品原料标准充分考虑了可能存在的有害因素和潜在的不安全因素，通过规定食品原料的理化指标、微生物指标、检测方法、保质期等一系列的内容，使符合标准的食品原料具有安全性。因此，食品原料标准可以保证食品卫生、防止食品污染和有害化学物质对人体健康的危害。

（2）食品原料标准是国家行政部门开展监督检查的重要依据和抓手。行政部门通过对食品原料抽查和质量追踪，来提高原料产品质量，从而保护消费者利益。同时，对标准本身的完善也是一种促进，通过监督检查发现问题，及时进行更正和完善，也可以进一步明确行业发展的管理方向。此外，食品原料标准还是食品企业提高产品质量的前提和保证。食品企业在原料的采购、运输、贮藏时，都要按照标准来检验一些控制指标，要确保产品最终能够达到合格。因此，食品企业管理中离不开食品原料标准。

（二） 食品原料标准的分类

1. 按级别分类

根据标准的适应领域和有效范围，把食品原料标准分为4级，即国家标准、行业标准、地方标准和企业标准。

（1）国家标准　由国务院标准化行政主管部门制定并颁发的需要全国范围内统一的技术要求，称为国家标准。国家标准的编号由国家标准代号，标准发布顺序号和发布的年号组成。国家标准的代号由大写的汉语拼音字母组成，即"GB"。

（2）行业标准　对没有国家标准而又需要在全国某一行业范围内统一的技术要求，由国务院有关的行政主管部门制定、颁发，并报国家标准化机构备案的标准，称为行业标准。行业标准的编号由行业标准代号、标准顺序号和年号组成。行业标准的代号由国务院标准化机构规定，不同行业的代号各不相同。主要有商业（SB）、农业（NY）、商检（SN）、轻工（QB）和化工（HG）等行业标准。

（3）地方标准　在没有国家和行业标准，而又需要在省、自治区或直辖市范围内统一的工业产品的安全、卫生要求，由省、自治区、直辖市标准化行政主管部门制定、颁发，并报国务院标准化机构和国务院有关行政主管部门备案的标准，称为地方标准。地方标准的代号为汉语拼音字母"DB"加上省、自治区、直辖市行政区划代码前两位数字。

（4）企业标准　企业生产的产品没有国家标准和行业标准的，应当制定企业标准，作为组织生产的依据。由企业自行制定，作为企业生产的技术依据，在企业内部适用，并报上一级主管部门备案。企业法人代表对企业产品标准负责。已有国家标准或者行业标准的，国家鼓励企业制定严于国家标准或行业标准的企业标准，在企业内部适用。

企业标准的编号由企业标准代号、标准顺序号和发布年号组成。企业标准代号由汉语拼音字母加斜线再加上企业代号组成。企业代号可用汉语拼音字母或用阿拉伯数字或两者兼用，具体办法由当地行政主管部门规定。

2. 按标准的约束性分类

根据《中华人民共和国标准化法》第七条的规定，国家标准和行业标准分为强制性标准和推荐性标准。

对于强制性标准，要求所有进入市场的同类产品（包括国产和进口）都必须达到的标准，有关各方都必须严格执行，任何单位和个人不得擅自更改或降低标准。对违反强制性标准而造成不良后果以至重大事故者由法律、行政法规规定的行政主管部门依法根据情节轻重给予行政处罚，直至由司法机关追究刑事责任。为使我国强制性标准与WTO/TBT规定衔接，其范围要严格限制在国家安全、防止欺诈行为、保护人身健康与安全、保护动植物的生命和健康以及保护环境五个方面。

对于推荐性标准，是建议企业参照执行的标准，有关各方有选择的自由，但一经选定，则该标准对采用者来说，便成为必须绝对执行的标准了。"推荐性"便转化为"强制性"。食品卫生标准属强制性标准，因为它是食品的基础性标准，关系到人体健康和安全。食品产品标准，一部分为强制性标准，也有一部分为推荐性标准。

强制性标准用国家（或行业或地方）标准代号、标准发布顺序号和发布的年号来表示：GB XXXX（标准发布顺序号）—XXXX（标准发布年号）、QB XXXX—XXXX；推荐性标准在字头后添加/T字样（字母T表示推荐的意思）来表示：GB/T XXXX—XXXX。

国家对食品企业的最低要求是其产品必须达到国家强制性标准，但企业也可以执行行业或企业标准，说明其产品质量更优。无论食品外包装上标明的产品标准号属哪一级别的标准，都应当是很郑重、严肃的行为，都是企业向消费者作出的保证和承诺，表明本产品的各项指标均达到了相关标准要求。国家监督执法部门在监督检查当中，对未达到国家强制性标准和未达到产品外包装上所标明的标准者，一律判为不合格产品。

3. 按内容分类

从内容上分类，食品标准一般包括食品产品标准、食品原料卫生标准、食品工业基础及相关标准、食品原料包装材料及容器标准、食品原料检验方法标准、各类食品原料卫生管理办法等。

（三） 食品原料标准的主要内容

1. 食品原料卫生标准的内容

食品原料卫生标准的内容可以分为感官指标、理化指标和微生物指标三个部分。感官指标一般规定食品的色泽、气味和组织形态。

理化指标是食品原料卫生标准中重要的组成部分，包括原料中金属离子和有害元素的限定，如砷、锡、铅、铜、汞的规定，可能存在的农药残留、有毒物质（如黄曲霉毒素数量的规定）及放射性物质的量化指标等。这些指标在不同的食品原料卫生标准中有所不同，并不是所有卫生标准都有上述指标，根据食品卫生标准的不同和需要，还可能增加一些其他理化指标。

微生物指标通常包括菌落总数、大肠菌群和致病菌三项指标，有的还包括霉菌指标。菌落总数可以作为判定食品被污染程度的标志，大肠菌群主要来源于人畜粪便，故以此作为粪便污染指标来评价食品的卫生质量，是食品卫生中重要的微生物指标。常见的致病菌主要是指肠道致病菌和致病性球菌如沙门氏菌、金黄色葡萄球菌、致病性链球菌等。食品卫生标准中一般对致病菌都做出"不得检出"的规定，以确保食品的安全。

食品卫生标准除规定以上内容外，还规定相应指标的检测方法。目前为止，检测方法已逐步形成标准，在食品卫生标准的制定中引用。

2. 食品原料标准的内容

食品原料标准既有国家标准、行业标准、地方标准，也有企业标准。食品原料标准内容较多，一般包括主体内容与适用范围、引用标准、名词术语、技术要求、检验方法、检验规则、包装、标志、运输和贮存、补充说明和附录。

我国食品原料标准与国际接轨情况

思考题

1. 如何保障食品原料在运输过程中的安全？
2. 简述食品原料不同运输方式的特点。
3. 简述食品原料感官检验的方法。
4. 什么是食品微生物检验？其主要程序是什么？
5. 简述我国现行食品原料法律法规。

参考文献

[1]艾启俊，陈辉．食品原料安全控制[M]．北京：中国轻工业出版社，2006.

[2]辛志宏．食品安全控制[M]．北京：化学工业出版社，2017.

[3]郑坚强．食品安全学[M]．北京：中国轻工业出版社，2019.

[4]张小莺，殷文政．食品安全学[M]．2版．北京：科学出版社，2017.

[5]纵伟，郑坚强．食品安全学[M]．北京：中国轻工业出版，2019.

[6]史贤明．食品安全与卫生学[M]．北京：中国农业出版社，2003.

[7]冯翠萍．食品卫生学[M]．2版．北京：中国轻工业出版社，2020.

[8]张华荣．绿色食品工作指南[M]．北京：中国农业出版社，2020.

[9]邱礼平．食品原材料质量控制与管理[M]．北京：化学工业出版社，2009.

[10]骆世明．农业生态学[M]．北京：中国农业出版社，2012.

[11]林文雄，陈雨海．农业生态学[M]．北京：高等教育出版社，2015.

[12]刘德江．生态农业技术[M]．北京：中国农业大学出版社，2014.

[13]刘静玲．食品安全与生态风险[M]．北京：化学工业出版社，2003.

[14]金鉴明等．生态农业—21世纪的阳光产业（修订版）[M]．北京：清华大学出版社，2012.

[15]骆世明．生态农业的模式与技术[M]．北京：化学工业出版社，2009.

[16]李素珍等．生态农业生产技术[M]．北京：中国农业科学技术出版社，2015.

[17]张妍，赵欣．食品安全认证[M]．2版．北京：化学工业出版社，2017.

[18]杨琳，丰东升等．绿色食品管理信息化探讨与实践[J]．农产品质量与安全，2021.

[19]张延龙，王明哲等．中国农业产业化龙头企业发展特点、问题及发展思路[J]．农业经济问题，2021.

[20]王志芳，谢世豪．农产品质量安全及其产业发展问题研究[J]．新农业，2021.

[21]齐雨桐．无公害果蔬农产品生产质量安全控制思考[J]．现代食品，2021.

[22]姚晓琴．农产品质量安全的影响因素及监管措施研究[J]．种子科技，2021.

[23]李娟．绿色食品产业对中国农村经济发展的影响[J]．食品工业，2021.

[24]池根生．安全认证食品管理问题研究[J]．食品安全导刊，2021.

[25]贺光云，侯雪．国际有机农业发展及其对我国的启示[J]．农产品质量与安全，2020.

[26]何平敬文，陈可凡．发展绿色食品促进农产品质量安全体系建设[J]．食品安全导刊，2020.

[27]肖放．十四五时期我国绿色食品、有机农产品和地理标志农产品工作发展方略[J]．农产品质量与安全，2021.

[28]张华荣．2020年我国绿色食品、有机农产品和农产品地理标志工作成效及2021年工作重点[J]．农产品质量与安全，2021.

[29]于康震．十四五期间我国农产品质量安全工作目标任务及2021年工作重点[J]．农产

品质量与安全, 2021(2).

[30]刘平. 地理标志农产品特征特性描述研究[J]. 农产品质量与安全, 2019.

[31]王志刚等. 欧盟农产品地理标志制度的特点及其对我国的启示[J]. 现代管理科学, 2014.

[32]赵萍. 国际农产品地理标志保护模式分析[J]. 世界农业, 2016.

[33]陈晖等. 国内外地理标志保护管理体制的演变与趋势[J]. 世界农业, 2021.

[34]姜岩等. 关于地理标志农产品保护与发展的研究[J]. 天津农学院学报, 20(2).

[35]李顺德. 中国地理标志法律制度的回顾与思考[J]. 中华商标, 2018.

[36]穆建华. 欧盟农产品地理标志体系研究及启示[J]. 农产品质量与安全, 2021.

[37]王笑冰. 法国对地理标志的法律保护[J]. 电子知识产权, 2006.

[38]吴彬, 刘珊. 法国地理标志法律保护制度及对中国的启示[J]. 华中农业大学学报(社会科学版), 2013.

[39]蒋爱民, 赵丽芹. 食品原料学[M]. 南京：东南大学出版社, 2007.

[40]陈辉. 食品原料与资源学[M]. 北京：中国轻工业出版社, 2007.

[41]李里特. 食品原料学[M]. 2版. 北京：中国农业出版社, 2011.

[42]石彦国. 食品原料学[M]. 北京：科学出版社, 2016.

[43]王颖, 易西华. 食品安全与卫生[M]. 北京：中国轻工业出版社, 2018.

[44]曾绍校, 宁喜斌, 黄现青. 食品安全学[M]. 河南：郑州大学出版社, 2019.

[45]钱庆英. 探讨土壤污染及农业环境保护[J]. 低碳世界, 2019.

[46]姜桂斌, 刘维屏. 环境化学前沿[M]. 北京：科学出版社, 2017.

[47]姜桂斌等. 环境化学前沿[M]. 第二辑. 北京：科学出版社, 2019.

[48]杨洁彬等. 食品安全性[M]. 北京：中国轻工业出版社, 1998.

[49]赵晓军. 农业污染国内外研究进展及防控对策建议[J]. 农业环境与发展, 2013.

[50]申欢. 基于新冠疫情下对进口冷链食品安全的监管路径[J]. 肉类工业, 2021.

[51]钱庆英. 探讨土壤污染及农业环境保护[J]. 低碳世界, 2019.

[52]李民, 解小明. 农业面源污染防控技术及措施分析[J]. 南方农业, 2019.

[53]俞伦琴. 主要农业污染源的防治对策研究[J]. 安徽农学通报, 2019.

[54]王海潇等. 我国农业污染研究进展[J]. 种子科技, 2020.

[55]姚振军. 农业生产面临的土壤污染及对策研究[J]. 山西农经, 2019.

[56]梅津宪治. 傅正伟译. 农药与食品安全[M]. 北京：中国农业出版社, 2018.

[57]郑永权, 董丰收. 农药残留与分析[M]. 北京：化学工业出版社, 2019.

[58]王海阳, 刘燕德, 张宇翔. 表面增强拉曼光谱检测脐橙果皮混合农药残留[J]. 农业工程学报, 2017.

[59]段丽芳, 张峰祖, 赵尔成, 等. 国际食品法典农药残留限量标准2016年制修订情况分析[J]. 农药科学与管理, 2016.

[60]2019年全球生物技术/转基因作物商业化发展态势[J]. 中国生物工程杂志, 2021.

[61]高永清, 吴小南. 营养与食品卫生学[M]. 北京：科学出版社, 2017.

[62]包世俊, 王思珍. 兽药残留危害及控制措施[J]. 农村经济与科技, 2020.

[63]吴俊伟. 兽医药理学[M]. 重庆：西南师范大学出版社, 2017.

[64]王福财．兽药安全使用与经营使用指南[M]．北京：中国农业科学技术出版社，2016．

[65]何永梅，陈胜文等．生物菌肥的种类及功效[J]．新农村，2020．

[66]胡淑娟．微生物肥料的研究现状与发展趋势分析[J]．中国标准化，2018．

[67]李常猛．微生物肥料研究文献综述[J]．河南农业，2018．

[68]罗琴．微生物肥料研究现状及发展趋势分析[J]．现代农业科技，2019．

[69]李俊等．新形势下微生物肥料产业运行状况及发展方向[J]．植物营养与肥料学报，2020．

[70]郑茗月等．微生物肥料的研究现状及发展趋势[J]．江西农业学报，2018．

[71]周璇等．我国微生物肥料行业发展状况[J]．中国土壤与肥料，2020．

[72]黄世慧．大力推广使用微生物肥料 促进绿色生态农业健康发展[J]．现代化农业，2020．

[73]傅建炜，陈青．蔬菜病虫害绿色防控技术手册[M]．北京：中国农业出版社，2013．

[74]高益．上海市崇明区绿色食品生产操作规程[M]．上海：上海科学技术出版社，2020．

[75]程智慧．蔬菜栽培学总论[M]．北京：科学出版社，2010．

[76]李守龙．枯草芽孢杆菌 BS05 防治小麦纹枯病的研究[D]．河南：郑州大学，2018．

[77]张广荣等．不同土壤添加剂及高温闷棚对防治根结线虫病的影响[J]．植物保护，2016．

[78]石琳琪等．土壤湿度及填充物对高温闷棚地温及茄子黄萎病防治效果的影响[J]．河北农业科学，2010．

[79]黄保宏等．防虫网对设施蔬菜害虫控害作用研究[J]．植物保护，2013．

[80]戈峰．论害虫生态调控策略与技术[J]．应用昆虫学报，2020．

[81]黄保宏等．防虫网对设施蔬菜害虫控害作用研究[J]．植物保护，2013．

[82]任顺祥，陈学新．生物防治[M]．北京：中国农业出版社，2011．

[83]高莹莹，顾淑琴．农产品地理标志质量控制技术规范—大庙香水梨[J]．林业科技，2019．

[84]赵昌喜．家禽健康养殖生产技术要点[J]．畜牧业环境，2020．

[85]陈祥勇．新形势下畜产品安全面临的风险与管控措施[J]．四川畜牧兽医，2022．

[86]林悦．浅谈家禽健康养殖策略[J]．中国畜牧兽医文摘，2018．

[87]程军军．畜产品质量安全检测的难点及应对方法[J]．吉林畜牧兽医，2022．

[88]兰厚芬．规模养殖场畜禽粪污处理和资源化利用[J]．农家参谋，2022．

[89]张冠华．农畜产品质量安全检验检测工作现状及对策[J]．南方农业，2021．

[90]梁海军．浅谈我国饲料质量监督抽检方式的变化[J]．中国饲料，2020．

[91]何丹等．乳制品安全风险认知及对策[J]．邵阳学院学报(自然科学版)，2022．

[92]程璞等．家禽环境控制与禽蛋安全生产的人才培养新体系构建[J]．中国畜禽种业，2021．

[93]吴时敏，葛雨星．我国乳品、油脂安全现状分析及提升策略[J]．粮食与油脂，2021．

[94]李春梅．饲料卫生学[M]．北京：中国农业出版社，2017．

[95]张彦明，余锐萍．动物性食品卫生学[M]．北京：中国农业出版社，2021．

[96]章宇．现代食品安全科学[M]．北京：中国轻工业出版社，2020．

[97]陈明勇，胡艳欣．动物性食品卫生学[M]．北京：中国农业大学出版社，2020.

[98]黄昆仑，车会莲．现代食品安全学[M]．北京：科学出版社，2018.

[99]高雅琴．畜产品质量安全知识问答[M]．北京：中国农业科学技术出版社，2017.

[100]Anater A., Manyes L., Meca G., et al. Mycotoxins and their consequencesina quaculture：Areview. Aquaculture, 2016, 451：1−10.

[101]Sfakianakis D. G., RenieriE., Kentouri M., et al. Effect of heavy metal sonfi shlarvaede for mities：Areview. Environmental Research, 2015, 137：246−255.

[102]雷衍之．养殖水环境化学[M]．北京：中国农业出版社，2004.

[103]林洪．水产品安全性[M]．北京：中国轻工业出版社，2015.

[104]瞿明仁．饲料卫生与安全学[M]．北京：中国农业出版社，2008.

[105]农业农村部渔业渔政管理局，全国水产技术推广总站，中国水产学会．中国渔业统计年鉴[M].2021.

[106]姜太玲等．胡椒的化学成分生理功能及应用研究进展[J]．农产品加工（下），2018.

[107]梁辉等．花椒化学成分及药理作用的研究进展[J]．华西药学杂志，2014.

[108]权美平．八角茴香精油的成分分析及生物活性研究进展[J]．中国调味品，2017.

[109]赵凯等．肉桂的化学成分及其生物活性研究进展[J]．内蒙古医科大学学报，2013.

[110]方爱娟，徐凯节．肉豆蔻的化学成分及生物活性研究进展[J]．中国药业，2013.

[111]吴蒙，徐晓军．迷迭香化学成分及药理作用最新研究进展[J]．生物质化学工程，2016.

[112]董泽科等．罗勒的化学成分和药理作用研究[J]．中国民族民间医药，2013.

[113]钱源等．月桂叶油树脂的提取及呈香物质分析[J]．食品科学，2016.

[114]张晓岩，芦殿香．藏红花活性成分对神经系统疾病的作用[J]．中国高原医学与生物学杂志，2020.

[115]隋昊彬．藏红花挥发油共有组分的气相色谱−质谱分析[J]．分析科学学报，2011.

[116]刘颖等．薄荷化学成分的研究[J]．中国中药杂志，2005.

[117]赵晨曦．丁香挥发油化学成分与抗菌活性研究[J]．天然产物研究与开发，2006.

[118]辛董董等．不同茶类挥发性成分中主要呈香成分研究进展[J]．河南科技学院学报（自然科学版），2019.

[119]杨剀舟等．咖啡中功能性成分分离检测技术及安全性评价[J]．食品科学，2014.

[120]王静，孙宝国．食品添加剂与食品安全[J]．科学通报，2013.

[121]侯春平等．食品安全法律法规[M]．北京：清华大学出版社，2019.

[122]彭亚锋．食品安全法律法规汇编[G]．北京：中国质检出版社，2019.

[123]康姗姗．国外食品药品法律法规编译丛书 FDA 医药产品现行生产质量管理规范指南汇编[G]．北京：中国医药科技出版社，2018.

[124]冯治芳．食品标准与法规[M]．北京：中国质检出版社，2018.

[125]江正强．现代食品原料学[M]．北京：中国轻工业出版社，2020.

[126]孟德梅．食品感官评价方法及应用[M]．北京：知识产权出版社，2020.

[127]尹凯丹，万俊．食品理化分析技术[M]．北京：化学工业出版社，2021.

[128]李道敏．食品理化检验[M]．北京：化学工业出版社，2020.

[129]潘红，孙亮．食品安全标准应用手册［M］．杭州：浙江工商大学出版社，2018.

[130]江正强．现代食品原料学［M］．北京：中国轻工业出版社，2020.

[131]史淑菊．乳制品加工［M］．北京：中国农业大学出版社，2020.

[132]林婵．食品理化检验技术［M］．北京：九州出版社，2019.

[133]扈艳萍，白鸥．绿色食品生成控制［M］．北京：中国农业大学出版社，2020.

[134]李勇．绿色食品综合法律法规［M］．汕头：汕头大学出版社，2017.

[135]陈晓华．"十二五"农产品质量安全监管目标任务及近期工作重点［J］．农产品质量与安全，2011（1）：5-10.

[136]陈晓华．"十三五"期间我国农产品质量安全监管工作目标任务［J］．农产品质量与安全，2016（1）：3-7.

[137]于康震．2019年我国农产品质量安全监管成效及2020年重点任务［J］．农产品质量与安全，2020（1）：3-7.

[138]于康震．我国质量兴农推进方向及策略［J］．农产品质量与安全，2019（2）：3-7.

[139]于康震．"十四五"期间我国农产品质量安全工作目标任务及2021年工作重点［J］．农产品质量与安全，2021（2）：5-9.

[140]马有祥．2021年我国农产品质量安全工作进展及2022年重点任务［J］．农产品质量与安全，2022（2）：5-8.

[141]金书秦，林煜，栾健．农业绿色发展有规可循—《"十四五"全国农业绿色发展规划》解读［J］．中国发展观察，2021（21）：47-49.